4차 산업혁명의 테크놀로지

무인항공기 「드론」 운용총론

The Complete Drone Engineering

하늘의 산업혁명을 위해 . . .

우리나라는 드론 산업을 미래의 먹거리로 '**국가의 4차 산업혁명**'의 기치 아래 매년 막대한 예산을 편성 지원하고 있다.

무인항공기 즉 드론을 산업으로 접목시키자는 바람은 십여년 이내이다. 이제는 드론을 활용하여 **농업, 임업, 수산업, 공간정보, 재해 대응, 경비, 물류, 창고관리, 공중 촬영, 정보통신, 교통 단속, 레포츠 등** 그 용도는 우리의 상상을 초월할 정도로 다종다양하다.

드론이 시작된 것은 군용으로써 적의 동태를 살피거나 전쟁시에 민첩하게 가공할 무기로 활용하겠다는 것이 원초적 탄생 설화이다.

이 편리한 드론의 문제점은 기체 자체의 결함도 있겠지만 조종시의 오조작 및 미숙련, 기본 구조나 원리, 관련 법규 및 안전관리의 이해 부족 등으로 인명 피해나 기체의 망실 그리고 범칙금에 이르기까지 매년 사고건수는 가파르게 증가하고 있다.

오늘날 드론 교육의 현주소는 자격증을 따는 데만 급급하다.

교수나 학생들에게 드론을 체계적으로 운용 심화 학습할 수 있도록 참신한 텍스트를 제공하겠다는 것이 집필의 동기이자 배경이다.

대학 및 전문 교육기관에서 기본적이고 필수 전공과목의 교과서로서 확실하게 자리매김 할 수 있는 것을 말이다.

본 교재의 구성은 다음과 같이 분류하였다.

- 제1장에서는 개관편으로 역사, 종류, 구성 요소
- 제2장에서는 활용편으로 항공 촬영, 방제 살포, 감지, 물류, 공간정보, 콘텐츠 운용, 소방 방제, 인명 구조, 조수 통제, 레포츠
- 제3장에서는 시스템 설계 및 정비편이다.
- 제4장에서는 운용과 안전관리편으로 교육 훈련, 관련 법규, 비행교수법, 관제와 공역, 안전관리
- 제5장에서는 드론의 발전 계획과 비즈니스편으로 실태 분석, 목표 및 추진 전략, 국내 드론 활용 분야, 기대 효과 등으로 편성하였다.

본 교재의 자랑이라면 부분적으로 동영상(QR)을 곁들여 이해를 높이면서 단순히 기술을 전달하는 것으로만 멈추지 않고, 미래 산업의 기술 인력들에게 일터를 귀띔하고 창업할 수 있는 비즈니스의 길을 제시하고 있다.

끝으로 산만하기 그지없는 원고를 차분히 에디팅해 준 김주휘님을 비롯하여 ㈜골든벨 대표이사 및 임직원들에게 지면으로나마 진심으로 고마움을 표한다.

2019. 3월에
저자 일동

차례

하늘의 산업혁명을 위해

수업에 앞서	1. 강의 계획표
	무인항공기(드론) 진도표

PART1 무인항공기「드론」개관

CHAPTER

1. 무인항공기(드론) 용어의 정의 10

2. 무인항공기(드론)의 분류 12
비행체 형상에 따른 드론 분류 / 크기에 따른 분류 / 운용 고도에 따른 분류 / 운용목적에 따른 분류 / 비행거리에 따른 분류

3. 드론의 개발역사 18
세계의 무인항공기(드론)의 개발역사

4. 무인항공기(드론)의 종류 41
세계의 무인항공기(드론)의 종류

5. 체계와 구성요소 66
무인항공기 체계분류와 구성요소 / 무인항공기 분류별 구조와 구성요소 / 드론 조종기와 비행제어시스템 운용 / 멀티콥터의 비행제어시스템 구조와 원리 / 드론의 동력시스템

PART2 무인항공기「드론」활용

CHAPTER

1. 항공촬영 QR 92
개요 / 항공촬영이란 / 항공촬영의 역사 / 항공촬영용 드론의 종류 / 항공촬영 실무 / 항공촬영 시장과 미래 전망

2. 항공방제(살포) QR 110
개요 / 항공방제란 / 항공방제의 역사 / 항공방제용 드론과 살포장치 / 항공방제 실무

CHAPTER

3. 감지운용 QR 128
개요 / 감지 운용이란 / 감지측정 운용의 대상 / 감지운용에 활용 무인기(드론) 종류 / 무인기(드론)에 장착되는 주요 감지측정 장치 / 감지측정운용 절차

4. 이송(택배) QR 139
개요 / 택배 정의 / 택배 드론 역사 / 택배 드론 종류 / 드론 택배(이송) 운영 / 우리나라 택배(이송) 전망

5. 공간정보운용 QR 152
개요 / 공간정보란 / 공간정보의 역사 / 공간정보의 필요성과 관련법령 / 공간정보에 운용되는 무인기(드론) 및 촬영장비

6. 콘텐츠 운용 188
개요 / 콘텐츠의 정의 / 드론 콘텐츠 운용 / 단계별 콘텐츠 운용

7. 소방방재운용 QR 197
개요 / 드론 소방방재운용이란? / 드론의 소방방재 운용사례 / 소방방재 드론의 종류 / 소방방재 드론의 활용/운용

8. 인명구조운용 208
개요 / 인명구조 드론 운용

9. 과수 인공수분 운용 QR 213
개요 / 인공수분이란 / 과수 인공수분 분사 시스템

10. 조수통제 운용 QR 217
서론 / 조수충돌이란 / 조수통제용 드론 / 기술 융합의 힘. 미래형 조수통제 드론

11. 드론 축구 QR 221
개요 / 드론 축구 경기 / 드론 축구대회 / 드론 축구선수단 / 드론 축구 심볼 및 마스코트

PART3 무인항공기「드론」시스템 설계 및 정비

CHAPTER

1. 무인항공기(드론) 시스템 설계 QR — 238
   무인항공기(드론) 시스템 설계 / 시스템 요소 / 비행 플랫폼 / 통신 Data Link / 임무탑재장비 / 지상지원체계

2. 무인항공 정비 QR — 262
   조종기 / 기체 / 배터리 / 정비 실무

PART4 무인항공기「드론」의 운용과 안전관리

CHAPTER

1. 무인항공기(드론)의 교육훈련(학과필기) — 278
   운용비행원리 / 항공기상 / 법규 / 비행교수법

2. 무인항공기(드론) 관제와 공역운영 — 388
   관제 / 공역

3. 무인항공안전관리 — 416
   안전관리 / 사고 / 보험 / 벌칙 / 전파법규 / 사생활 침해법

PART5 무인항공기「드론」의 발전계획과 비즈니스

CHAPTER

1. 드론 발전 계획과 비즈니스 — 434
   개요 / 드론 산업의 특징 / 국내현황 및 실태분석 / 목표 및 추진전략 / 주요 추진 과제 / 국내 드론 활용분야 / 기대효과

강의 계획표

※ 3학점, 3시수(연속 3시간 강의) 조건

교시	수업내용
1~3교시	PART1 무인항공기(드론) 개관
	chapter1 무인항공기(드론) 용어의 정의
	chapter2 무인항공기(드론)의 분류
	chapter3 무인항공기(드론)의 개발역사
4~6교시	chapter4 무인항공기(드론)의 종류
7~9교시	chapter5 무인항공기(드론)의 체계와 구성요소
10~12교시	PART2 무인항공기(드론)의 활용
	chapter1 항공촬영
	chapter2 항공방제(살포)
13~15교시	chapter3 감지
	chapter4 이송(택배)
	chapter5 공간정보운용
16~18교시	chapter6 콘텐츠 운용
	chapter7 소방방재운용
	chapter8 인명구조운용
19~21교시	chapter9 과수수정
	chapter10 조수통제
	chapter11 드론축구
	중간 고사
25~27교시	PART3 무인항공기(드론) 시스템 설계 및 정비
	chapter1 무인항공기(드론) 시스템 설계
	chapter1.1 개요
	chapter1.2 시스템 요소
	chapter1.3 비행 플랫폼
28~30교시	chapter1.4 지상통제 시스템
	chapter1.5 통신 Data Link
	chapter1.6 임무탑재장비
	chapter1.7 지상지원체계
31~33교시	chapter2 무인항공 정비
34~36교시	PART4 무인항공기(드론)의 운용과 안전관리
	chapter1 무인항공기(드론)의 교육훈련
37~39교시	chapter2 무인항공기(드론) 관제와 공역
	chapter3 무인항공안전관리
40~42교시	PART5 드론의 발전계획과 비즈니스
	chapter1 개요
	chapter2 드론산업의 특징
	chapter3 국내현황 및 실태분석
	chapter4 목표 및 추진전략
	chapter5 주요 추진 과제
	chapter6 국내 드론 활용분야
	chapter7 기대효과
	기말 고사

무인항공기 (드론) 개관

1. 무인항공기(드론) 용어의 정의
2. 무인항공기(드론)의 분류
3. 드론의 개발역사
4. 무인항공기(드론)의 종류
5. 체계와 구성요소

CHAPTER 01
무인항공기(드론) 용어의 정의

무인항공기, 무인비행장치는 다양하게 변화되어 사용되고 있다.

'드론drone' 이란 단어의 어원은 열심히 꽃가루를 모으는 일벌과는 달리 게으른 수컷 꿀벌로서 여왕벌과의 교미를 준비하며 대부분의 시간을 보내는 벌을 의미한다.

요즘 미디어를 통해 자주 접할 수 있는 '드론'은 1930년대에 영국과 미국에서 대공포 훈련용으로 개발된 무인항공기(군용표적기)를 타겟 드론target drone이라고 명명하며 드론이라는 용어가 처음 사용되었는데, 일반인들에게는 무인기 또는 무인항공기Unmanned aerial vehicle, UAV 전체를 의미하는 것으로 통용되고 있다.

드론이란 조종사가 탑승하지 않고 무선전파 유도에 의해 비행 및 조종이 가능한 비행기나 헬리콥터 모양의 무인기 또는 무인항공기를 총칭하며 대중적으로 사용되는 용어이다. 또한, 드론은 무인비행장치Unmanned Aerial Vehicle, UAV, 무인항공기시스템Unmanned Aircraft System, UAS, 원격조종항공기시스템Remotely Piloted Aircraft System, RPAS으로도 불린다. 이러한 명칭들은 조종사가 탑승하지 않는다는 공통점을 포함하고 있지만 용어의 쓰임에는 약간의 차이가 존재한다.

미국은 드론을 주로 UASUnmanned Aerial System라고 하고, UN산하 국제민간항공기구International Civil Aviation Organization, ICAO는 드론을 RPASRemotely Piloted Aircraft System라고 하는 등 통합된 체계System임을 강조하고 있다.

드론은 무인 비행체를 의미하는 시사적 용어로 현재는 무게를 기준으로 150kg 초과는 무인항공기로 150kg 이하는 무인비행장치로 구분하며, 일상생활에서 드론의 정식 명칭은 '무인비행장치' 이다.

대한민국 국토교통부 법령인 항공안전법 2조(정의)에서는 "초경량비행장치"를 항공기와 경량항공기 외에 공기의 반작용으로 뜰 수 있는 장치로서 자체중량, 좌석 수 등 국토교통부령으로 정하는 기준에 해당하는 동력비행장치, 행글라이더, 패러글라이더, 기구류 및 무인비행장치 등으로 정의하고 있다. 또한, 국토교통부 항공안전법 시행규칙 제5조(초경량비행장치의 기준)에는 '무인비행장치'를 연료의 중량을 제외한 자체중량이 150kg 이하인 무인비행기, 무인헬리콥터 또는 무인멀티콥터로 정의하고 있다. 고정익 무인비행장치는 무인비행기라고 하고, 회전날개가 2개 이하인 것은 무인헬리콥터, 3개 이상의 것은 무인멀티콥터라고 하며(헬리콥터가 1 또는 2 copter라면 멀티콥터는 3, 4, 6, 8, 12 등의 Multi로 된 copter이다.) 일반인들이 부르는 드론의 대다수는 무인멀티콥터를 말한다. 우리나라에서 드론조종자는 무인멀티콥터 조종자 증명을 받은 사람을 말하며, 현재 초경량 무인동력비행장치 자격증에 "초경량 무인회전익 동력비행장치(멀티콥터)"라고 표기되어 있다.

드론의 일반적인 개념과 용어

드론 (Drone)
대중 및 미디어에서 가장 많이 사용되는 용어 중 하나로, 무인항공기를 통칭함. 실제로는 군용 표적기를 부를 때 처음 사용되었고, 영국의 경우 소형 무인항공기(Small Unmanned Aircraft, SUAV)로 정의함.

1970년 이전

무인비행장치 (UAV)
항공기의 분류를 명확하게 하는 점진적 과정에서 생겨난 용어로, 비행체 그 자체를 의미한다. 우리나라 등 대다수 국가에서 사용함.

1980년

무인항공기 시스템 (UAS)
UAV 등의 비행체, 임무장비, 지상통제장비, 데이터링크, 지상지원 체계를 모두 포함한 개념으로, 전반적인 시스템을 지칭할 때 사용함.

1990년

원격조종 항공기 시스템(RPAS)
· 2013년 이후 ICAO에서 공식용어로 채택하여 사용하고 있는 용어.
· 비행체만을 지칭할 때는 Remotely Piloted Aircraft이라하고, 통제시스템을 지칭할 때는 Remote Pilot Station이라고 한다.

2013년 이후

CHAPTER 02 무인항공기(드론)의 분류

드론은 군사용으로 개발되던 초기에는 대공표적용 드론, 정찰/감시용 무인항공기, 공격용 무인항공기 등으로 분류되었다.

드론Drone은 군사용으로 개발되던 초기에는 **대공표적용 드론**Target Drone, **정찰/감시용 무인항공기**Reconnaissance/Surveillance UAV, **공격용 무인항공기**Attack UAV 등으로 분류되었다.

대표적인 표적 드론에는 1950년대 제작된 **라이언 파이어비**Ryan Firebee, 정찰/감시 드론에는 핵무기활동 감시용으로 1998년 도입된 **글로벌 호크**Global Hawk **RQ-4**, 그리고 정찰과 공격이 가능한 다목적 드론에는 중형급인 **프레데터**Predator MQ-1와 대형급인 **리퍼**Reaper **MQ-9** 등이 있다.

▼ 군사용 무인기의 활용 분야

구분	특성	운용기종
표적용	· 대공포, 지대공유도탄, 함대공 및 공대공 사격훈련과 무기체계 개발을 위한 시험평가 등에서 표적용으로 활용	BQM-34 Firebee
정찰/감시용	· EO/IR 및 SAR/MTI 등 고해상도 탑재센서, 영상정보 수집 등의 임무수행 · 전장 감시 및 정찰 주임무, 공격표적 확인, 표적의 위치정보 제공 및 폭격피해평가 등의 임무 수행	송골매, Searcher, RQ-4 Global Hawk, RQ-1 Predator, RQ-2 Pioneer
공격용	· 지상에서 발사되는 소모성 무기체계(1회용)로 적 방공망 체계, 지휘소, 탱크 및 군수시설을 무력화시키는 역할 수행 · 적 레이더에서 방사되는 전파를 감지, 레이더를 추적 파괴	MQ-1 Predator, MQ-9 Reaper
기만용	· 소모성 무기체계로 적 방공망에 전술적 기만작전을 수행, 공격 편대군의 임무수행과 생존성을 증대시키는 역할 수행	AGM-160 MALD
전투용 (미래형)	· 공격용 무장 및 전자전 장비를 장착하여 대공제압 및 종심표적 공격 임무수행, 향후 공대공 무기체계로 발전 전망	X-47B
전자전용	· 비행체에 각종 전자전용 장비를 탑재하여 통신정보, 신호정보 획득 등의 임무를 수행함. · 통상 일부 정찰용에 탑재장비를 교체하여 운용하고 있음.	RQ-4 Global Hawk

상용드론 활용분야

① 물품배송　　② 통신　　　③ 재난구조
④ 기상연구　　⑤ 설비감시　⑥ 영화제작

물품배송
Amazon 프라임에어

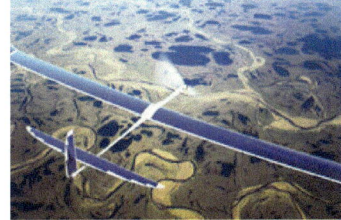
통신
Google 스카이벤더

재난구조
AeroVironment 화재현장지원

기상연구
Aerosonde 태풍관측

설비감시
ALSOK 태양광설비

영화제작
VotexAerial 영화촬영

　드론은 운용 주체에 따라 군용 드론과 상용 드론으로 구분되며, 현재 90% 이상의 드론이 군사용으로 활용되고 있다. 군용 무인기는 **표적용, 정찰용, 공격용, 기만용, 전투용, 전자전용** 등의 목적으로 운용되며, 중량, 고도 등 성능기준에 따라 세분화될 수 있다.

　상용 드론은 **물품배송용, 통신용, 재난구조용, 기상연구용, 설비감시용, 영화제작용** 등으로 사용되고 있으며, 최근에는 Amazon, Google 등 글로벌 기업이 드론을 활용한 서비스를 준비하고 있어 상용드론의 발전이 기대되고 있다.

　드론의 분류는 국가별로 분류방법이 매우 다양하나 주로 비행체 형상, 크기, 운용고도, 운용목적 및 비행거리 등에 따라 구분 지을 수 있다.

1. 비행체 형상에 따른 드론 분류

　비행체 형상에 따라 **고정익형, 회전익형, 혼합형(수직이착륙형)**으로 분류되며, 혼합형은 **고정익형**과 **회전익형**의 특성을 함께 나타낸다.

비행체 형상에 따른 드론 분류

· 고속 및 장거리 비행이 가능
· 활주로 또는 발사대를 이용하여 이륙
· 주로 군수용으로 사용

· 수직 이착륙 및 제자리 비행이 가능
· 속도, 항속거리 등에서 고정익형 대비 불리
· 주로 농업방제, 영상촬영, 함상용 등으로 사용
· 주로 소형 드론에 적용되는 멀티콥터는 회전익형의 일종

· 고정익과 회전익의 특성을 동시 보유
· 고속 비행과 수직 이착륙 가능
· 날개의 양력을 사용한 비행으로 회전익형 대비 연료효율 양호

2. 크기에 따른 분류

크기에 따라서 무게 25g의 초소형 드론에서부터 12,000kg에 40시간 이상 하늘에 머무를 수 있는 것까지 매우 다양하다. 드론은 크기에 따라 **초소형 무인기, 소형무인기, 중소형 무인기, 중형 무인기, 대형 무인기**로 구분하기도 한다.

▼ 크기에 따른 분류

구분	설명
초소형 무인기 (MAV: Micro Air Vehicle)	· 크기는 15Cm 이내 1인이 손으로 던져서 운용
소형 무인기 (Mini UAV)	· 1-2명이 휴대하면서 운용
중소형 무인기 (OAV: Organic Aerial Vehicle)	· 차량 1대에 장비 및 운용자가 탑재되어 이동하면서 운용
중형 무인기	· SR(단거리)급 이상의 무인기
대형 무인기	· MR(중거리)급 이상의 무인기

3. 운용고도에 따른 분류

비행할 수 있는 고도에 따라 **저고도 무인기**Low Altitude UAV, **중고도 체공형 무인기**Medium Altitude Endurance UAV, **고고도 체공형 무인기**High Altitude Endurance UAV로 구분할 수 있다.

▼ 운용고도에 따른 분류

구분	설명
저고도 무인기	· 6,000m(20,000ft) 이하의 무인기로서 저고도 비행을 하며 전자광학 카메라, 적외선 감지기 등을 탑재
중고도 체공형 무인기	· 13,700m(45,000ft) 이하의 무인기로서 대류권 비행을 하며 전자광학 카메라, 레이더 합성 카메라 등을 탑재
고고도 체공형 무인기	· 13,700m(45,000ft) 이상의 무인기로서 성층권을 비행하며 레이더 합성 카메라 등을 탑재

운용고도에 따른 세계 무인기의 종류

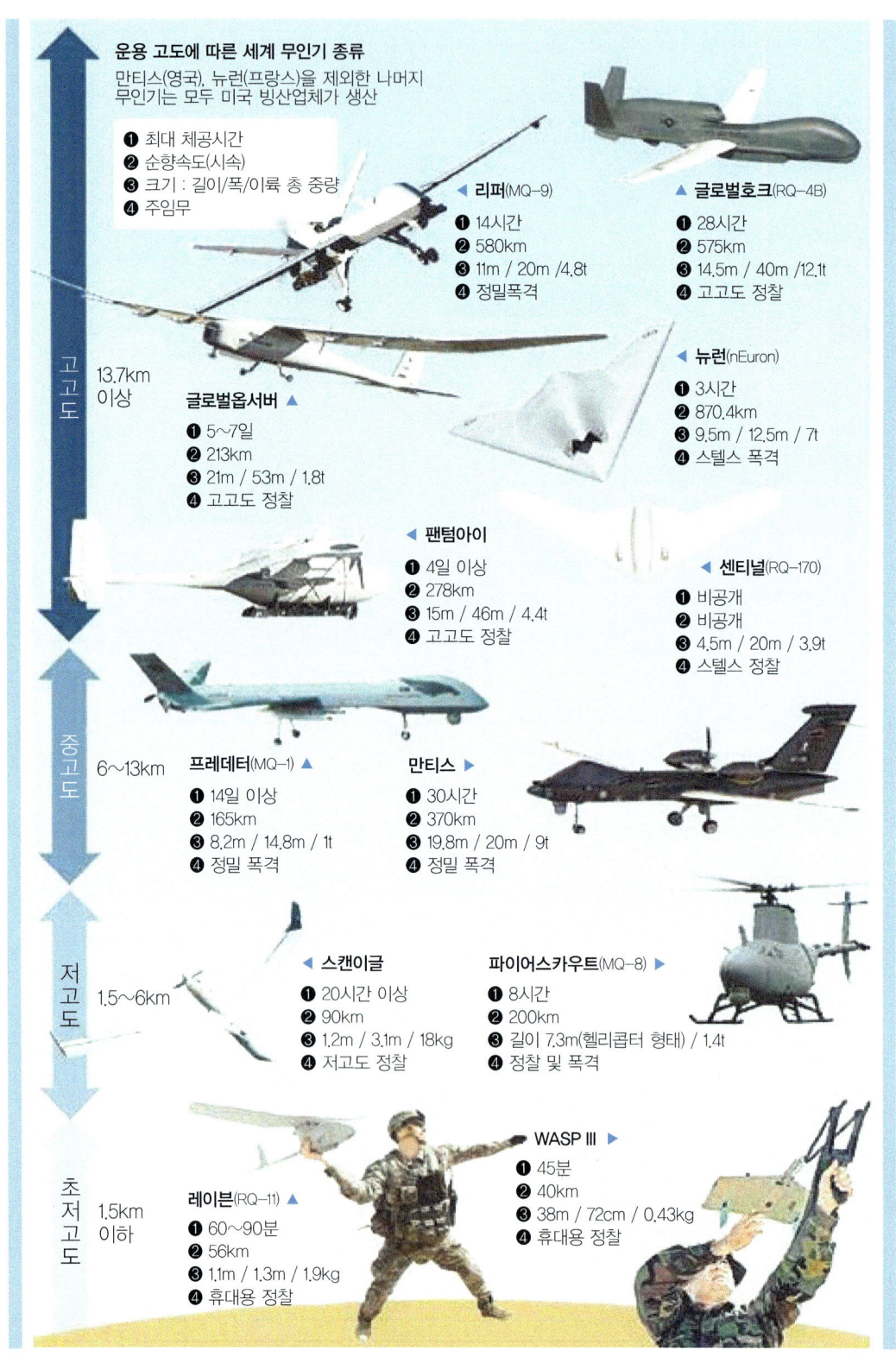

4. 운용목적에 따른 분류

운용목적에 따라 **정찰용, 공격용, 전자전용, 무인전투기, 통신 중계용** 등으로 분류할 수 있다.

▼ 운용목적에 따른 분류

구분	설명
정찰용	· 특정지역에 대한 실시간 감시, 정찰 및 정보수집을 수행, 행동반경 및 작전운용 가능 시간에 따라 근거리 무인기, 단거리 무인기, 중거리 무인기, 장기체공 무인기로 구분
공격용	· 유인 전투기를 대체하여 공중 전투 및 지상 폭격 임무까지도 수행
전자전용 (EW : Electronic Warfare)	· 주로 전자전 임무를 수행하는 무인기로 통신감청, 전자정보수집, 방향탐지 등의 임무를 수행
무인 전투기 (UCAV : Unmanned Combat Aerial Vehicle)	· 무인전투기는 공격용 무인기와 달리 자폭하는 것이 아니라 유도탄 등으로 무장을 하고 공대지 또는 공대공 전투 임무를 수행
통신중계용	· 통신용 저궤도 위성을 대체하는 고고도 장기체공 무인기로 통신 중계기의 역할을 담당

5. 비행거리에 따른 분류

비행가능 거리에 따라 **근거리 무인기, 단거리 무인기, 중거리 무인기** 및 **장거리 체공형 무인기**로 구분할 수 있다.

▼ 비행거리에 따른 분류

구분	설명
근거리 무인기 (CR : Close Range)	· 약 30㎞ 이내에서 활동할 수 있으며 여단급 이하 부대를 지원하는 전술 무인기
단거리 무인기 (SR : Short Range)	· 약 70㎞ 이내에서 활동할 수 있으며 사단급 이하 부대를 지원하는 무인기
중거리 무인기 (MR : Medium Range)	· 약 200㎞ 내에서 활동할 수 있으며 군단급 이하 부대를 지원하는 무인기
장거리 체공형 무인기 (LR : Long Range)	· 약 3,000㎞ 내외에서 활동할 수 있으며 전략정보지원임무를 수행

CHAPTER 03 드론의 개발역사

드론은 군사적 용도로 사용되기 시작하였고 현재 정의하는 무인기에 가까운 형태는 제2차 세계대전 직후 수명을 다한 낡은 유인 항공기를 '공중 표적용 무인기'로 재활용하는 데에서 만들어졌다.

냉전시대에 들어서면서 무인기는 적 기지에 투입돼 정찰 및 정보수집의 임무를 담당했고, 기술이 발달함에 따라 기체에 원격탐지장치, 위성제어장치 등 최첨단 장비를 갖춰 사람이 접근하기 힘든 곳이나 위험지역까지 그 영역을 확대하게 됐다. 나아가 공격용 무기를 장착해서 지상군 대신 적을 공격하는 공격기로 활용되기 시작했다. 최근에는 과학기술, 통신, 배송, 촬영 등 다양한 분야에 확대되어 사용되고 있다.

1. 세계의 무인항공기(드론)의 개발역사

1) 1900년대

드론의 유래에 대해서는 아직까지 정확하게 밝혀지지 않고 있으나, 유인항공기가 처음 비행에 성공한 1903년 이전 이미 사람을 태우지 않은 무인기가 정찰용으로 사용됐다.

최초의 형태는 열기구에 폭탄을 달아 떨어트리는 방식이었고, 오스트리아는 1849년 베니스와의 전투에서 실제로 사용했다. 미국 역시 1863년 남북전쟁에서 열기구에 폭탄을 떨어트리는 방식을 사용한 바 있다. 이후 1883년 미국의 더글라스 아치볼드는 열기구에 타이머를 설치한 카메라를 태워 최초의 항공사진을 찍는 데 성공하였다.

2) 1910년대

지상에서 조종이 가능한 드론이 개발된 것은 1차 세계대전이 일어난 후로, 통신 기술의 발달이 이를 가능하게 했다. 미국에서 1916년 공중표적기 개발을 위한 프로젝트인 "Aerial Target Project"를 진행하면서 첫 무인기 제어에 성공했고, 미국 제네럴모터GM의 천재 엔지니어링 찰스 케터링이 1918년 "Sperry Aerial Torpedo"를 개발하면서 수평비행을 가능하게 했다.

이때까지도 완벽한 제어는 아니었으며 목표물에 접근해 날개를 떨어뜨린 후 추락해 자폭하는 방식의 "카미카제"의 무인기 버전으로 적중률이 형편없어 실전 배치는 되지 못했다. 지상에서 제어가 보다 원활하고 이륙지점으로 다시 돌아와 재사용이 가능한 드론은 2차 세계대전 시 영국에서 개발되었다.

▲ 미국 GM의 드론 "Sperry Aerial Torpedo"

3) 1920년대

1차 세계대전이 끝난 후 전세계적으로 무인기의 개발이 크게 감소했다. 미국 항공서비스는 1차 세계대전 이후 자신들만의 항공기를 설계하고 구축하기 위해 항공산업에 자문을 구했다. Sperry Messenger는 육군의 메시지를 전달하는 오토바이 서비스를 더 빠른 방식으로 대체하기 위해 1920년에 McCook에서 설계되었다. 그렇게 1922년 "Sperry Messenger"는 메신저를 이용하는 비행기가 후킹의 유연성을 테스트하기 위해 비행했고, 이는 진정한 최초의 원격조종 비행기였다. 하지만 1차 세계대전이 끝난 뒤 평화로운 시기여서 관심을 받지 못하고 사라졌다.

▲ 미국 항공서비스의 "Sperry Messenger"

4) 1930년대

제2차 세계대전을 거치면서 무인기가 중요한 전투무기로 발돋움했다. 영국에서 최초의 왕복 재사용 무인기 **"Queen Bee"**를 개발하여 400기 이상을 양산했으며, "Queen Bee"는 오늘날 "Drone"이라는 용어로 널리 불리는 무인표적기의 원조라 할 수 있다. 공항에서의 이륙을 위해 바퀴를 달았고, 바다에서도 사용하기 위해 **플로트**float를 장착했다.

미국에서도 무인표적기 개발에 착수하여 "Queen Bee"와 비슷한 형태의 무인표적기를 15,000대나 생산하는 등 본격적으로 전쟁에 투입되기 시작했으며, '드론'이란 이름으로 무인기가 불린 것도 이때부터이다.

▲ 영국의 "Queen Bee"

5) 1940년대

제2차 세계대전 당시 독일 나치가 전투용 무인기 V-1을 실전에 투입했고 효과가 성공적이었다. V-1은 한 번에 2,000 파운드의 탄두를 운반 할 수 있으며, 폭탄을 투하하기 전에 150마일을 비행 하도록 미리 입력되었다. V-1은 1944년 영국에 처음 투입되었는데 영국 도시에서 900여명의 시민들을 죽였고, 35,000명 가량의 시민들에게 부상을 입혔다.

▲ 독일 나치의 V-1

미국에서는 V-1에 대응하기 위해 PB4Y-1과 BQ-7 무인기를 개발하였다. 제 2차 세계대전 당시 독일군의 V-1은 미해군이 그것에 대항할 수 있는 무인기를 개발하는데 영향을 미쳤다. 미해군 특수항공기Special Attack Unit-1는 TV가이드 시스템을 이용하여 원격으로 비행하면서 폭발물 25,000파운드를 옮기기 위해 PB4Y-1와 BQ-7으로 변환되었다. 이 무인기는 2,000피트 상공을 나는 비행기에 탑승하면서 독일군의 V-1의 경로를 설정하는 두 명의 승무원을 태우고 이륙했으며, 승무원들은 착륙해 있는 V-1이 회수되기 전에 V-1을 성공적으로 제압했다.

▲ 미국의 PB4Y-1와 BQ-7

6) 1950~60년대

1950년대 베트남 전쟁을 거치면서 전투용으로 사용되던 드론은 적진감시목적으로 이용되면서 눈부시게 발전했다. 당시 과학의 발전 속도가 엄청난 것도 배경이었겠지만 숲이 많은 베트남에서 드론이 활동하기 위해서는 좀 더 정교한 조종이 가능해야 했기 때문이다.

아울러 기존까지 그저 목표물에 접근해 폭격을 하는 데서 정찰용으로 드론의 활용폭이 넓어졌다. 첫 모델은 미국의 "Fire Bee"였는데, 이는 현재 정찰용 드론의 효시라고 볼 수 있다.

▲ 미국의 "Fire Bee"

1960년에는 스텔스 기능(레이더 망에 걸리지 않는 기술)을 갖춘 드론이 미국에서 개발됐다. 미국은 이외에 마하 4(시속 약 4,900km/h)라는 무시무시한 속도로 비행하는 드론 "D-21"도 극비리에 개발했다. 그러나 미국의 군용 드론 시장은 베트남전 이후 주도권을 이스라엘에 내어주게 된다.

▲ 록히드마틴에서 제작한 드론 "D-21"

7) 1970년대

미국의 Firebee가 베트남에서 성공을 거두자 다른 나라에서도 무인기 개발을 시작했다.

1970~80년대 이스라엘 공군은 새로운 무인기 개발을 개척했다. 이스라엘은 세계 최초로 기만용 항공기인 "Decoy"무인기를 개발하여 사용했다.

이스라엘 공군의 Firebee 1241은 미국의 AQM-34 Ryan Firebee기술에 감명받아 1970년 비밀리에 미국에서 Firebee 12대를 구입하여 기만정찰기로 발전시킨 것이다. 1973년 개발된 Decoy는 이집트의 방공군 미사일을 피해 적의 기지에 치명적인 타격을 주었고 레이더 미사일 11발을 파괴하는 등의 성과를 거뒀다.

▲ 세계 최초의 기만용 무인기인 이스라엘의 "Decoy"

8) 1980년대

드론의 활용도를 확인한 이스라엘은 군사용 드론에 대규모 투자를 아끼지 않았고 1980년 이후에는 미국과 함께 군사용 드론 시장의 최강국으로 부상했다. 1982년 만든 Scout는 초경량 군사용 무인기로 크기가 약 3m에 불과해 지상에서 격추가 거의 불가능했으며, Scout는 시리아에 있던 17개 미사일 기지 중 15개를 격추시키는 위력을 과시했다.

▲ 이스라엘 경량용 드론 "SCOUT"

1980년대 말에는 Pioneer라는 저렴하고 가벼운 무인기가 이스라엘 IAI사에서 만들어졌다. Pioneer는 로켓부스터엔진을 탑재하여 땅이나 바다 위의 배 갑판에서도 이륙이 가능했다. 걸프전Gulf War에서 533회 출격함으로써 임무를 수행했고, 모니터링 작업에 특히 효과적임이 입증되어 현재에도 이스라엘과 미국 등지에서 사용되고 있다.

▲ 이스라엘 IAI사의 "RQ-2 Pioneer"

9) 1990년대

1990년대의 무인기는 미국과 유럽에서부터 아시아와 중동 전역에서 군용첨단무기 발전에 중요한 역할을 했고, 지구환경을 감시함으로써 평화에 기여했다.

이스라엘에서 개발된 정찰용 무인기 Firebird 2001은 **글로벌 포지셔닝시스템 기술**Global positioning system technology, **지리정보시스템 매핑**Geographic information systems mapping 및 전방 감시 카메라를 이용해 산불의 크기와 속도, 주변, 움직임을 실시간으로 정확하게 전송할 수 있다.

1990년대에는 미국도 무인기 개발에 활발하게 참가하여 5대의 새로운 모델을 개발했다. 먼저 Pathfinder는 환경조사를 위해 개발된 태양전지식의 초경량연구 항공기로 작은 센서를 이용해 바람이나 날씨데이터를 수집하고 고해상도의 디지털이미지를 찍어서 전송할 수 있다. 다음으로 DarkStar는 미국 **방위고등연구계획국**Defence Advanced Research Projects Agency의 주도로 무인정찰임무를 수행하기 위해 45,000피트 상공에서 날면서 스텔스기능을 가질 것으로 기대된 무인기이었으나 재정적인 문제로 개발이 취소되었다. 또한, Helios는 대기 연구 작업과 통신플랫폼역할을 하는 무인기이며, Helios는 아직 개발 중인데 100,000 피트 상공을 비행하는 것과 24시간 비행 중 14시간 이상 50,000피트 위에서 비행하는 것을 목표로 하고 있다.

▲ 미국의 "Pathfinder"와 "Helios"

▲ 미국의 "RQ-1 Predator"와 "RQ-4 Global Hawk"

1990년대 드론의 발전을 이야기하면 1998년 벌어진 코소보 전쟁을 빼놓을 수 없으며, 미국은 드론계의 괴물로 불리는 '**프레데터**RQ-1 Predator'와 '**글로벌호크**RQ-4 Global Hawk'를 이 전쟁에서 처음 선보였다. 1990년대 드론의 발전을 이야기하면 1998년 벌어진 코소보 전쟁을 빼놓을 수 없으며, 미국은 드론계의 괴물로 불리는 '프레데터RQ-1 Predator'와 '글로벌호크RQ-4 Global Hawk'를 이 전쟁에서 처음 선보였다.

RQ-1 Predator는 순수하게 정찰용으로 개발되었으나 일부는 대전차미사일을 탑재하여 성공적으로 임무수행을 하였다. RQ-1 Predator는 발칸반도에서 가치를 인정받았고, 최근에는 아프가니스탄과 중동에서 인정받고 있다.

RQ-4 Global Hawk는 세계적인 무인기회사 텔레다인 라이언사가 만든 무인기로서 감시하고 싶은 곳이면 언제든지 감시가능하다.

10) 2000년대

군사용 드론은 첨단기술로 발전했고, 군사 목적 이외에도 촬영, 배송, 통신, 환경 등 여러 분야로 뻗어나가고 있다. 미군이 2000년부터 본격적으로 사용하고 있는 Global Hawk는 현존하는 최고의 성능의 무인정찰기이다. 최대 20km 상공까지 비행할 수 있고, 지상에 있는 30cm의 물체를 식별할 수 있는 전략무기이다. 35시간 동안 운용이 가능하고, 작전반경이 3,000km에 이르며, 첨단 합성 영상레이더SAR와 전자광학·적외선 감시장비EO/IR 등으로 날씨에 관계없이 밤낮으로 정보를 수집할 수 있는 것으로도 알려져 있다. 민간 촬영 분야에서는 헬리캠이라는 드론이 사용되고 있는데, 헬리캠은 'Helicopter'와 'Camera'의 합성어다. 이 드론은 사람이 접근하기 어려운 곳을 촬영하기 위한 소형 무인 헬기로 본체에 카메라를 달고 원격으로 무선 조종할 수 있다. 그리고 무인기는 배송분야에서도 이용되고 있는데, 아마존의 무인드론 Prime Air는 배송지의 위치를 확인하고 날아가서 택배를 집에 배송해주는 소형 무인기이다.

마지막으로 통신 분야에서는 타이탄 에어로 스페이스의 Solara 50이 있다. Solara 50은 보통 무인기 운항 항로보다 배는 높은 2만m 상공에서 날 수 있다. 태양광을 동력으로 하기 때문에 충전 없이 수년간 사용 가능하며, 훨씬 싼값에 다목적 인공위성처럼 이용할 수 있다.

▲ 아마존의 Prime Air와 미국 타이탄 에어로 스페이스의 Solara 50

11) 2010년대 이후

2010년대 군사용 드론 분야에서는 Phantom Ray나 Hermes900같은 최첨단 무인항공기의 개발도 있지만 그보다는 민수용 드론이 비약적으로 발전한 시대라고 볼 수 있다. 이전에는 군사용 드론이 무인항공기 분야를 거의 대부분을 차지하였으나 2010년대 들어서는 항공촬영, 항공방제, 경찰치안감시, 소방, 재난구조, 산불감시, 해안선감시, 3D지도제작 등 군사용이 아닌 일반 사회 분야에 드론이 활용되는 빈도가 높아지고 이에 따라 관련 기술과 장비가 날로 발전되어 가면서 또한 그 시장이 하루가 다르게 커지고 있다. 태양광으로 운용되는 고고도 무인항공기 분야에서는 Airbus사에서 개발한 태양광으로 운용되는 고고도 유사위성 [HAPSHigh Altitude Pseudo-Satellite]인 ZephyrS가 26일간 624시간 비행에 성공하면서 저비용으로 인터넷서비스, 통신중계 및 정찰임무를 가능하게 하였다.

2011년도 독일에서 16개의 멀티로터를 장착한 멀티콥터가 등장한 이후 전 세계적으로 회전익계통의 멀티콥터(4개; Quad-copter, 6개; Hexa-copter, 8개; Octo-copter, 12개; Dodeca)가 급성장 및 등장하게 되었다. 이중 2013년 이후 농업방제용 멀티콥터 5리터, 10리터, 15리터, 20리터 등 다양하게 선보였다. 우리나라는 2013년 카스컴의 AFOX-1(농업방제용)을 시발점으로 하여 2015년 연말부터 현재까지 개인이 개발한 기체를 포함하여 약 50여 종의 멀티콥터가 시중에 개발되어 있다.

▲ Airbus사의 ZephyrS 와 Boeing사의 Phantom Ray

▲ 농어방제용 드론인 TTA사의 M6E 와 전문촬영용 드론인 DJI사의 Matrice600

2. 우리나라의 무인항공기(드론)

우리나라의 무인기 역사는 다음의 도표로 전체를 알아 볼 수 있다.

기간	내용	발주 소요기관	주관 개발기관	참여기관 Agent	비고
1977 ~1984	기만용 무인기 "솔개" 개발진행	공군	국방과학연구소	영국 기술이전	개발사업 종료
1991 ~1995	농업용 무인헬기 개발 진행	농업 진흥청	대우중공업	러시아 KAMOV사 공동	개발사업 종료
1991 ~2002	육군 무인정찰기 "비조(송골매)" 개발	육군	국방과학연구소	대우중공업 → KAI	운용 중
1999	"Searcher" UAV 도입	육군	이스라엘 IAI		운용 중
1999	"Harpy" UAV 도입	공군	이스라엘 IAI		운용 중
1999 ~2004	소형 장기 체공형 무인기 "두루미" 개발진행	항우연 자체	항공우주연구원 (무인기 그룹)		과제 종료
2000 ~2005	소형 무인기 개발 "Scanner"		서원무인기술		개발 종료
2002	"Shadow 400" UAV 도입	해군	미국, AAI	보스 인터네셔널	사고 발생 2009 운용중단
2002. 6 ~2012. 4	스마트 무인기 기술개발 사업 진행	과학 기술부 → 산업 자원부	항공우주연구원 (Smart 무인기 개발 사업단)		파생 TR-60 사업 추진 중
2003~	"RMAX" 농업용 무인헬기 도입	민수	일본 Yamaha Motor	무성항공	도입 운용 중
2006~	농업용 무인헬기 개발	농협 외	원신 스카이텍	스위스 WeControl	농업용 사업 중단
2007~	"Remo-H" 농업용무인헬기 개발	민수	성우엔지니어(기체), 유콘시스템(항전)	충남 대학교	생산 운용 중
2007~	이스라엘 "SKY Lark 2"	전투 실험용	이스라엘, Elbit		
2008~	함상운용 수직이착륙 UAV 도입사업	해군	오스트리아, Shiebel	무인항공센터	운용 중
2009~	"Remo-Eye" 소형무인정찰기 개발	군수/민수	유콘시스템	성우엔지니어링 (기체프레임)	생산 운용 중
2008~ 2011(2012)	중 고고도 무인기 탐색개발(MUAV)	공군/ 방위사업청	국방과학연구소	대한항공	연구 중

기간	내용	발주 소요기관	주관 개발기관	참여기관 Agent	비고
2012~	차기 OO급 무인정찰기 개발	육군/방위사업청	대한항공		개발 진행 중
2012~	OOO 정찰용 UAV	육군	한국항공우주산업		개발 중
2015~	서북도서 전력증강 사업	육군/해군	이스라엘, IAI		진행 중
2013~	OO 정찰용 UAV	육군/해병대	유콘시스템	네스엔텍 외	진행 중
2013~	소형무인기 개발 "Remo eye"	육군(대대급)	유콘 시스템	성우 엔지니어링	양산배치 운용 중
2013~	소형무인기 개발 "Crow"	육군(대대급)	한화 (마이크로 에어 로봇)		양산배치 운용 중
2012~	차기 군단급 무인정찰기	육군(군단급)	한국항공우주 산업		
2014	송전선순시용 무인헬기	한전	원신 스카이텍	스위스 WeControl	농업용 사업 중단
2013~	무인멀티콥터(AFox-1)	농협 등	카스컴(주)	카스컴	운용 중
2015~	농업용 방제 멀티콥터	농협 등	중국/국내 다수		운용 중
2015~	촬영용 멀티콥터	방송국, 개인 등	다수 기관	다수 기관	운용 중
2015~	특수목적 멀티콥터	경찰청 등	다수 기관	다수 기관	

1) 1992~1995년 KA-37 / ARCH-50개발

구 (주)대우중공업은 농업진흥청의 개발 의뢰에 따라 러시아의 KAMOV사의 기술 방식으로 1992년부터 1995년까지 농약 살포 등의 농업용 무인헬기 개발을 진행했다. 이 개발 사업은 1994년 ARCH-50(러시아 KA-37)이란 시제기를 제작하였고 자동제어 기술을 적용하여 Tie-down 시험비행까지 실시하고 개발과제를 종료하였다.

▲ 그림. KA-37 / ARCH-50 시험비행

2) 1991~2002년 송골매(비조, Night Intruder 300) 개발

자동비행장치Autopilot Flighta Control System를 탑재하는 무인항공기 시스템으로 본격적인 개발의 시작은 1991년 대우중공업(현 한국항공우주산업)과 국방과학연구소에서 2년간의 탐색 개발로 시작한 〈도요새〉무인정찰기 사업이라 할 수 있다. 1993년에 첫 비행시험을 실시하여 4년간의 실용개발에 착수하였다. 이는 〈비조〉란 이름으로 명명되다가 대외적으로 〈송골매〉로 군에 배치가 되기 시작하였다. 또한 해외 수출을 위해 영문으로 〈Night Intruder 300〉이라 명명되었으며, 해외 수출은 성사되지 못하였다. 특히 연구개발사업의 추가예산 배정 한계성과 맞물려 추가적인 성능개량의 지연으로 인해, 이스라엘, 미국 등 선진국들의 빠른 성능개량 및 새로운 장비의 출시에 비해 가격대비 성능면에서 시장 경쟁력을 확보하기에 어려움이 있었다.

▲ 서울에어쇼 2001

3) 1995~1999년 이스라엘 무인정찰기 도입

① Searcher UAV

국방부는 1993년 9식(최초 8식 개발, 1식 해외도입)의 무인항공기(육군용)를 국내 연구개발로 획득하는 계획 하에 연구개발을 진행하였으나, 여러 가지 기술적인 문제들로 인해 개발이 지연됨에 따라 전력화 목표연도를 2년 4개월 연장하였으나 전력화 개발 완료 가능성이 희박하였다. 이에 따라 육군은 전력화 기간을 단축하고 국내개발 부족기술의 확보 및 운용/정비 기술습득, ILS기반 구축 등을 위해 1996년에 해외 장비도입을 결정하였다.

육군은 여러 장비 중 이스라엘의 IAI사 Searcher를 선정하여 구매하기로 하고, 1997년에 본격 도입을 추진하면서 도입 인수요원(창설 모체요원) 약 40여명을 선발하여 국내 관련교육을 실시한 후 1999년에 이스라엘 IAI에 파견하여 최종 운용자 교육을 이수시킨 후 시스템을 도입하게 되었다. Searcher 무인항공기를 도입하고 운용하면서 많은 선진국의 관련 기술들이 습득되면서 〈비조〉의 개발에 적용하여 국내 개발 및 전력화를 촉진하는 계기가 되었다.

1999년 말 O개의 UAV부대가 창설되어 실 임무 수행에 돌입하게 되었다.

▲ 무인항공기 비행체 및 지상통제장비

② HARPY 무인공격기

O군에서는 폭격용 무인항공기로서 1997년 이래 약 OOO여기를 도입하여 운용하게 되었다. 이는 대 레이더 임무수행을 위해 개발되어 차량에서 발사하여 5,000~10,000ft 상공에서 선회비행을 하다가 레이더 신호를 추적 자폭하는 운용 개념을 가지고 있다.

4) 2000~2002년 기상관측 무인항공기 'Aerosonde' 와 항우연 '두루미'

2000년 장기 체공형 무인항공기는 항공우주연구원 무인항공기 그룹에서 시작되었다. 당시 호주의 Aerosonde 형의 장기체공형 무인항공기인 두루미를 개발하고 있었고, 2001년 기상청 기상연구소에서 Aerosonde UAV를 이용하여 2차에 걸쳐 무인기를 이용한 태풍관측 시험을 제주도 모슬포 비행장에서 실시할 때 이어서 비행시험을 실시했다.

① 기상연구소 KEOP 1차 년도(2001년 7월) 시험

기상연구소에서는 2001년 태풍관측을 위해 기상관측용 무인항공기를 도입하여

비행시험을 실시하였다.

이 시험은 2001년 8월 제주도 모슬포 비행장에서 실시되었는데, 이때 비행시험에서 Aerosonde는 7리터의 연료로 24시간 비행을 실시하고, 악 기상 속 비행 등 당시로서 뿐만 아니라 현재까지도 경이적인 비행 성능을 보여 주었다. 하지만 태풍을 실제로 관측하는 것에는 성공하지 못했는데, 태풍이 시험 기간 중에 계획된 예상 진로로 다가와 주지 않았기 때문이었다.

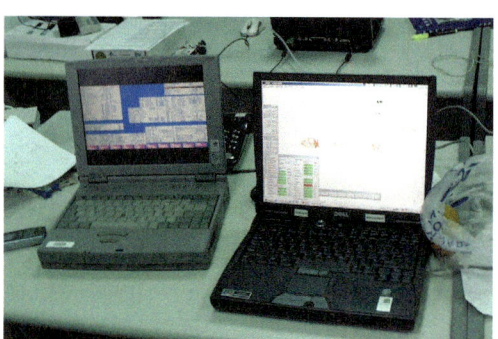

▲ 호주 기상관측용 Aerosonde UAV의 기상청 기상연구소 도입 및 기상시험

② KEOP 2차년도 시험

2002년 2차 KEOP에서는 Aerosonde UAV는 170km 이상 비행, 2대 동시 비행, 위성 통신망을 이용한 호주에서 원격조종통제 등의 성능을 보여주었다. 2차에서도 태풍의 진로 등의 문제로 인해 실제 태풍 속으로 진입시키는 것에는 성공하지 못했다. 이 후 Aerosonde 사는 일본, 대만, 미국 등지에서 유사한 시험들을 용역으로 진행했다.

▲ KEOP 2차년도 시험

③ 두루미 시험비행

항공우주연구원 무인기 팀 주도로 개발해 왔던 두루미 UAV 시험비행을 2001년 Aerosonde 시험에 이어서 실시하였다.

▲ 두루미 시험비행

④ 2004년 기상연구소 인공증우 시험

무인헬리콥터를 이용한 기상연구소 인공증우 시험이 진행되었다.

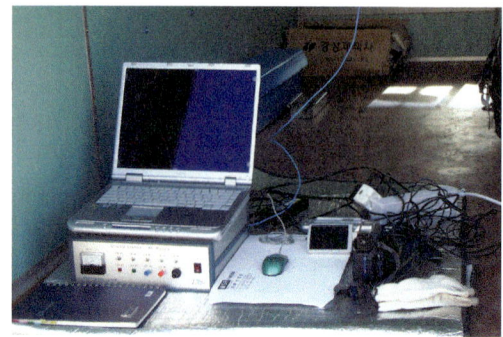

▲ 인공증우 시험비행

▲ 2004년 무인헬기를 이용한 기상연구소 인공증우 시험

5) 항공우주연구원 스마트무인기 개발 사업
① 과학기술부 프론티어 개발 사업

　과학기술부의 대규모 실 기술 개발사업인 프론티어 개발사업으로 무인항공기 개발사업이 만들어졌다. 항공우주연구원이 제안서를 제출하여 결국 항공우주연구원이 수주하게 되었다. 최초 수주 당시 제안된 비행체 모델은 미국 DARPA와 보잉에서 개발하고 있던 CRW 형상이었다. 2002년 개발 착수되면서 국내 기술로는 CRW 형상의 개발이 불가능하다는 판단 아래, 개발 목표를 기존 Bell Helicopter사에서 시제 개발을 완료한 Tilt-rotor 형으로 형상을 변경했다.

▲ 보잉 CRW   ▲ Bell helicopter사 Eagle Eye

이 사업은 10년간 1,000억원의 정부자금과 400억의 기업 참여금으로 구성된 대규모 개발사업이었다. 이 사업을 통해 국내의 많은 관련 기업, 기관, 대학 등이 참여했으나, 정작 최종 단계에선 운용상의 문제점들로 인해 사업화가 되기 어려웠다. 즉, 자중대비 탑재중량 등이 현저하게 비효율적인 부분과 이로 인해 발생하는 과다한 운영유지비가 큰 부담요소로 작용하였다.

CRW 형상은 국내에선 불가능한 기체로 보였으나, 2011년 중국의 국제무인항공기대회에서 대학생 팀에서 색다른 아이디어로 비록 소형기체이지만, 완벽한 비행성능을 보여주었다.

▲ 중국 UAV 대회 참가팀의 CRW 비행체

6) 농업용 무인 헬리콥터 국내 운용 및 개발

① 민수용 무인헬리콥터의 시작

우리나라 민수용 무인항공기의 본격적인 시작은 농업용 무인헬리콥터에서 시작되었다. 그리고 농업용 무인헬리콥터 사업의 시작은 YAMAHA-Motor RMAX 도입 사업으로 볼 수 있다. 1995년의 농진청이 발주한 무인헬리콥터 개발사업은 러시아 KAMOV사와 기술 이전으로 줄을 맨 상태의 제자리 비행 시험까지만 진행되었고, 그 후에 일부회사에서 방제용 무인헬리콥터 개발을 시도하였으나 자동비행 시스템이 없이 모형항공기 상태로 시도하다가 실패하여 중단되었다.

② YAMAHA RMAX 무인헬리콥터의 도입과 무성항공

2003년 3월 충남 연기군 서면 월하리에 (주)무성항공을 설립하여 RMAX L-15 Type-IIG 1대를 수입하고, 국내 최초의 무인헬기 조종자 3명(저자 박장환 포함 2명)이 조종자 양성교육을 받게 되었다.

▲ 2003년 충남 최초 조종자 훈련

이 후 회사를 평택으로 옮겨 2003년 2대, 2004년 5대, 2005년 10대를 추가 도입하여 운영하였다.

③ 국내 농업용 무인헬기와 멀티콥터의 개발

2006년부터 야마하모토의 중국 부정수출 조사로 인한 수출 중단에 따라 국내 무인헬기 개발 진행이 본격화되었다. 이중 성우엔지니어링(기체), 유콘시스템(항공전자 H/S), 충남대학교(자동비행 S/W)와 원신 스카이텍이 본격적인 개발 경쟁에 돌입하였다.

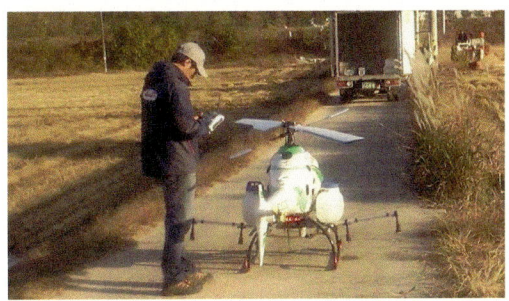 

▲ REMO-H

▲ X-Copter 농업용 무인헬기

    2013년부터는 농업용 멀티콥터를 본격적으로 제작하여 시험 운용을 하다가 2014년 10월에 (주)카스컴에서 AFOX-1이란 명칭으로 출시하게 되었다.

    2014년 개정 항공법이 시행되면서, 무인비행장치의 조종자 자격제도가 시행되고, 필수적으로 전문교육기관이 필요하게 됨에 따라 전문교육기관을 설치하고, 본격적인 사업을 진행하여 출시 첫 해인 2015년에 20대의 판매를 기록하기도 하였다.

▲ 카스컴 AFOX-1 농업용 멀티콥터

    한국의 농업용 무인비행장치 시장은 중국 DJI의 농업용 멀티콥터 출시에 따라 심각한 판도 변화를 겪게 되었다. 기존 무성항공의 Fazer(220,000,000원, 20리터 탑재), 성우엔지니어링의 REMO-H(165,000,000원, 20리터 탑재), 카스컴 AFOX-

1(70,000,000원, 10리터 탑재)에 비해 DJI 농업용 무인헬기는 10리터 이상을 탑재하며 자동 경로비행까지 하는 우수한 성능을 갖추고 한국 내 판매가격이 20,000,000원대였다. 이에 따라 국내의 기존 업체들은 상당한 타격을 입게 되었다. 장비 또한 처음에는 자중이 12kg 이하로서 초경량비행장치 조종자 자격이 필요 없는 등급으로서 조종자 양성에 많은 투자를 하고 있는 기존 국내업체들에 비해 상당히 높은 경쟁력을 확보하게 되었다.

2015년 후반기부터 중국의 무인 멀티콥터가 본격적으로 국내에 상륙하기 시작하면서 국내의 무인 멀티콥터 시장도 개발을 위해 노력하기 시작하였다.

④ Shadow 400과 Camcopter S-100

우리나라 해군에서는 함정 운용이 가능한 단거리 무인항공기로 2002년에 미국 AAI사로부터 Shadow 400을 도입하였다. 하지만 이 고정익 무인항공기는 사실상 함상 운용에 적합하지 않아 비행체 0대 중 0대가 2008년 이전에 추락하고 연 평균 운용시간도 100시간을 넘지 못하였다. 그럼에도 불구하고 국내 에이전트인 보스인터네셔널과 AAI는 다시 이 Shadow 400 무인기를 해군에서 추가 도입하도록 하였고, 2008년 두 번째 해군 도입 사업 경쟁에 참여하였다. Camcopter S-100 무인헬기는 2006년에 개발이 완료되면서 군용 장비로서의 면모를 갖추고 2008년 해군에서 채택된 후 전력화 되었다.

▲ 서울에어쇼 2007에 전시된 Camcopter S-100

Camcopter 무인헬기의 본격적인 한국 소개는 2007년부터 시작되었다.

▲ 해군 사업 성능 실증 시험

7) 무인항공기 Road-Map

산업자원부에서는 2003년부터 각 12개 미래성장동력을 위한 산업분야별 산업기술 Road-Map을 작성하였다. 그중 무인항공기 분야에서는 당시 무인항공기 관련 산,학,연의 최고 전문가들이 참여하였는데, 한양대학교 조진수 교수가 총괄위원장을 담당하였으며 사업기술평가원의 김봉균 선임이 간사를 담당했다.

▲ 2003년 산업자원부 미래성장동력 산업기술 로드맵(무인항공기) 워크샵

약 1년여의 활동 결과 한국 최초의 무인항공기 산업기술 Road-Map이 완성되어 관련 산업 전반에 방향성을 제시하는 기준이 되어 오고 있다. 당시 무인항공기 Road-Map의

결과에 따라 산업자원부에서는 우선 과제로 근접감시무인기 연구개발을 추진하기로 하고 개발 사업을 만들었다.

8) 우리나라 멀티콥터의 발전

멀티콥터는 로터와 모터 등으로 결합된 copter가 Multi로 된 것이다. 헬리콥터를 One-Copter, Two-Copter이라고 한다면 멀티콥터는 copter가 여러 개(4개; Quad-copter, 6개; Hexa-copter, 8개; Octo-copter, 12개; Dodeca)가 결합된 비행체이다. 이는 속도가 빠르지 않은 반면 copter가 여러 개로 구성되어 비행이 안정적이어서 촬영, 방제 등에 유용하게 운용할 수 있다. 우리나라에 산업용 멀티콥터가 등장한 것은 2013년 (주)카스컴이 AFox-1을 출시하면서 시작되었다고 할 수 있다. 농업방제용으로 개발되어 우리나라에서 멀티콥터로 방제를 처음 시작하게 되었다고 할 수 있다.

당시에는 개발비와 인건비 등으로 인하여 가격도 1대당 약7,500만원 수준이었다. (조종교육비, 운반차량비 등이 포함) 그 후 2015년 들어 매스컴에서 드론 열풍을 쏟아내자 2015년 후반기부터 우리나라에서 멀티콥터를 개발하기 시작하였다.

▲ 카스컴의 AFox-1

2015년 후반기나 지금도 대부분 그렇지만 중국 등 외국에서 앞선 기술과 저렴한 가격으로 많은 종류의 멀티콥터를 개발하여 우리나라에서의 개발은 많은 부분 중국에서 부품을 구매하여 조립하고 일부분만 개발하여 장착하는 수준이라고 할 수 있다. 인건비와 가격경쟁력이 많은 부분을 그렇게 만들었다고 해도 과언이 아니다. 그 후 2016년부터 현재까지는 (주)카스컴, (주)숨비, (주)유콘시스템, 진항공시스템 등 여러 회사에서 멀티콥터를 개발하여 시장에 선보였다. 세부적인 사항은 다음으로 나오는 우리나라 드론의 종류를 참조하기 바란다.

CHAPTER 04 무인항공기(드론)의 종류

 드론이 최초로 만들어진 이후로 성능이 기대에 미치지 못해 역사 속으로 사라진 드론도 있지만, 많은 드론들이 성능 개선이 되어서 후속 버전으로 생산이 되든지, 또는 이를 기반으로 완전히 다른 드론으로 태어나기도 했다.

 지금까지는 주로 군수용 드론과 고정익 드론이 주를 이루고 있지만 미래에는 민수용 드론과 회전익 드론의 개발과 생산이 많아질 것으로 전망된다. 드론에 대한 분류는 비행체 형태별, 고도별, 체공시간별, 크기별, 임무수행목적별, 이·착륙방식별 등 다양한 방식으로 분류할 수 있다. 이 책에서는 현재 운영되고 있는 드론을 중심으로 크게 군수용, 민수용, 고정익, 회전익으로 분류하여 살펴본다.

1. 세계의 무인항공기(드론)의 종류

1) 군수용 드론

① 고정익 드론

■ RQ-4A 글로벌 호크(Global Hawk)

제조국	미국
제조사	Northrop Grumman
길이	14.5m
폭	39.9m
최대속도	574km/h
상승한도	18,288m
활용목적	감시정찰, 정보수집

DRONE

◼ 어벤저(Avenger, 일명:Predator C)

제조국	미국
제조사	GAASI(General Atomic Aeronautical Systems)
길이	12.5m
폭	20.12m
최대속도	745km/h
상승한도	18,288m
활용목적	전투용, 공격용

◼ MQ-9 리퍼(Reaper, 일명:Predator B)

제조국	미국
제조사	GAASI(General Atomic Aeronautical Systems)
길이	11m
폭	20.1m
최대속도	480km/h
상승한도	15,240m
활용목적	전투용, 공격용

◼ RQ-170 센티넬(Sentinel)

제조국	미국
제조사	Lockheed Martin
길이	4.5m
폭	19.99m
최대속도	고 아음속 (high subsonic, 추측)
상승한도	15,000m(추측)
활용목적	정보수집용, 정찰용

◼ X-47B 페가수스(Pegasus)

제조국	미국
제조사	Northrop Grumman
길이	11.63m
폭	18.92m
최대속도	아음속(subsonic)
상승한도	12,800m
활용목적	전투용, 폭격용

▣ 팬텀레이(Phantom Ray)

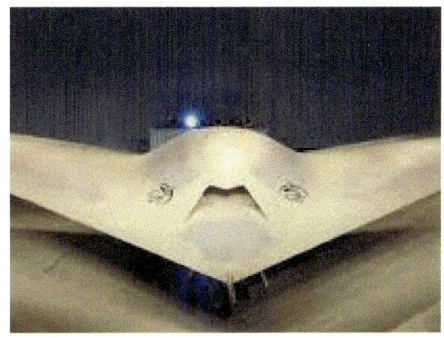

제조국	미국
제조사	Boeing
길이	11m
폭	15m
최대속도	988km/h
상승한도	12,000m
활용목적	전투용

▣ BQM-74 Chukar

제조국	미국
제조사	Northrop Grumman
길이	3.94m
폭	1.76m
최대속도	972km/h
상승한도	12,000m
활용목적	사격훈련용, 표적용

▣ IAI 헤론(Heron)

제조국	이스라엘
제조사	IAI(Israel Aerospace Industries)
길이	8.5m
폭	16.6m
최대속도	207km/h
상승한도	10,000m
활용목적	정찰용

▣ 헤르메스 900(Hermes 900)

제조국	이스라엘
제조사	Elbit Systems
길이	8.3m
폭	15m
최대속도	220km/h
상승한도	9,100m
활용목적	전투용

DRONE

▣ MQ-1C 그레이 이글(Grey Eagle)

제조국	미국
제조사	GAASI(General Atomic Aeronautical Systems)
길이	8m
폭	17m
최대속도	280km/h
상승한도	8,840m
활용목적	전투용, 공격용

▣ RQ-1/MQ-1 프레더터(Predator)

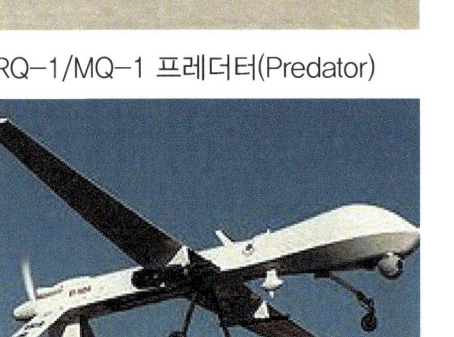

제조국	미국
제조사	GAASI(General Atomic Aeronautical Systems)
길이	8.2m
폭	14.8m
최대속도	210km/h
상승한도	7,620m
활용목적	정찰용, 전투용

▣ IAI 서처(Searcher)

제조국	이스라엘
제조사	IAI(Israel Aerospace Industries)
길이	5.85m
폭	8.54m
최대속도	200km/h
상승한도	6,100m
활용목적	정찰용

▣ RQ-2 파이오니아(Pioneer)

제조국	이스라엘
제조사	IAI(Israel Aerospace Industries) AAI Corporation
길이	4m
폭	5.2m
최대속도	200km/h
상승한도	4,600m
활용목적	정찰용

◼ IAI 스카우트(Scout)

제조국	이스라엘
제조사	IAI(Israel Aerospace Industries)
길이	3.68m
폭	4.96m
최대속도	176km/h
상승한도	4,600m
활용목적	정찰용

◼ RQ-7 쉐도우(Shadow)

제조국	미국
제조사	Textron AAI Corporation
길이	3.4m
폭	4.3m
최대속도	204km/h
상승한도	4,600m
활용목적	정찰용

◼ RQ-5A 헌터(Hunter)

제조국	이스라엘
제조사	IAI(Israel Aerospace Industries)
길이	6.8m
폭	8.8m
최대속도	204km/h
상승한도	4,572m
활용목적	전투용

◼ IAI 하피(Harpy)

제조국	이스라엘
제조사	IAI(Israel Aerospace Industries)
길이	2.7m
폭	2.1m
최대속도	185km/h
상승한도	500km
활용목적	공격용, 자폭용

■ 데져트 호크(Desert Hawk)

제조국	미국
제조사	Lockheed Martin
길이	0.86m
폭	1.32m
최대속도	92km/h
상승한도	3,400m
활용목적	정보수집용, 정찰용

■ RQ-11 레이번(Ravan)

제조국	미국
제조사	AeroVironment
길이	0.915m
폭	1.372m
최대속도	30km/h
상승한도	10km
활용목적	정보수집용, 정찰용

■ EMT 알라딘(Aladin)

제조국	독일
제조사	EMT
길이	1.53m
폭	1.46m
최대속도	15km 이상
상승한도	15,000m(추측)
활용목적	정보수집용, 정찰용

② 회전익 드론
■ MQ-8 파이어 스카우트(Fire Scout)

제조국	미국
제조사	Northrop Grumman
길이	7.3m
폭	8.4m
최대속도	213km/h
최대이륙중량	1,430kg
활용목적	정찰용, 감시용, 공격용

◼ A-160 허밍버드(Humming Bird)

제조국	미국
제조사	Boeing Advanced Systems
길이	10.7m
폭	11m
최대속도	258km/h
최대이륙중량	2,948kg
활용목적	정찰용, 수송용

◼ APID-60

제조국	스웨덴
제조사	CybAero
길이	3.2m
폭	3.3m
최대속도	110km/h
최대이륙중량	160kg
활용목적	정찰용, 감시용, 수송용

◼ Camcopter S-100

제조국	오스트리아
제조사	Schiebel
길이	3.11m
폭	1.24m
최대속도	222km/h
최대이륙중량	200kg
활용목적	정찰용, 감시용, 구조용

◼ 이글아이(Eagle Eye)

제조국	미국
제조사	Bell Helicopter
길이	5.56m
폭	7.37m
최대속도	360km/h
최대이륙중량	1,020kg
활용목적	틸트로터형(Tilt-Rotor type)

▣ 에어뮬 (Air Mule, 일명:Tactical Robotics Cormorant)

제조국	이스라엘
제조사	Tactical Robotics Ltd.
길이	6.2m
폭	3.5m
최대속도	180km/h
최대이륙중량	1,406kg
활용목적	수송용

2) 민수용 드론

① 고정익 드론

▣ 패스파인더 플러스(Path Finder Plus)

제조국	미국
제조사	AeroVironment
길이	3.6m
폭	36.3m
순항속도	27~32km/h
상승한도	24,445m
엔진수량	8개
활용목적	감시정찰, 정보수집, 대기연구, 통신중계

▣ 센츄리온(Centurion)

제조국	미국
제조사	AeroVironment
길이	3.6m
폭	61.8m
순항속도	27~32km/h
상승한도	29,413m
엔진수량	14개
활용목적	감시정찰, 정보수집, 대기연구, 통신중계

PART 1

◼ 헬리오스(Helios)

제조국	미국
제조사	AeroVironment
길이	3.6m
폭	75.3m
순항속도	30.6~43.5km/h
상승한도	29,523m
엔진수량	14개
활용목적	감시정찰, 정보수집, 대기연구, 통신중계

◼ Solara 50(Atmospheric Satellites, Solar Powered Atmospheric Satellite Drones)

제조국	미국
제조사	Titan Aerospace & Google
길이	15m
폭	50m
운항고도	20km(AGL)
탑재중량	32kg
활용목적	인터넷서비스, 통신중계

◼ 제퍼 [ZephyrS (HAPS:High Altitude Pseudo Satellite)]

제조국	영국
제조사	Airbus
상승고도	21,000m
순항속도	55km/h
체공시간	26일(624시간)
활용목적	인터넷서비스, 통신중계, 정찰

◼ 야라라(Yarara)

제조국	아르헨티나
제조사	Nostromo Defensa
길이	2.47m
폭	4m
최대속도	145km/h
상승한도	3,500m
활용목적	정찰용, 감시용

◨ PPI 크롭캠 (CropCam)

제조국	미국
제조사	Pentagon Performance, INC.
길이	1.5m
폭	2.4m
순항속도	60km/h
항속시간	60min
활용목적	농업용, 감시용, 항공촬영용

② 회전익 드론

◨ 방제용 드론

모델명	M6E
제조국	중국
제조사	TT Aviation Technology Co.Ltd
형식	3세대 헥사콥터
활용목적	농업방제용

◨ 맵핑용 드론(Mapping Drone)

모델명	HQ5A
제조국	중국
제조사	Beijing TT Aviation Technology Co.,Ltd.
형식	3세대 옥토콥터
특징	5축 카메라 동시 촬영
활용목적	맵핑용, 3D지도제작용

◨ 레저 · 촬영용 드론

모델명	Phantom4
제조국	중국
제조사	DJI
형식	쿼드콥터
활용목적	레저용, 촬영용

■ 전문촬영용 드론

모델명	Matrice 600
제조국	중국
제조사	DJI
형식	헥사콥터
활용목적	전문영상촬영용

■ 방수용 드론

모델명	Splash Drone 3
제조국	영국
제조사	Swell Pro
형식	쿼드콥터
활용목적	레저용, 수중촬영용, 수중탐사용

■ 택배 · 물품배송 드론

모델명	Amazon Prime Air
제조국	미국
제조사	Amazon
형식	옥토콥터
활용목적	택배용, 물품배송용

모델명	MD4-1000 DHL Parcelcopter
제조국	독일
제조사	DHL Express
형식	쿼드콥터
활용목적	택배용, 물품배송용

■ 소방용 드론

모델명	Aerones Drone
제조국	라트비아
제조사	Aerones
형식	28 콥터
활용목적	소방용, 물청소용, 인명구조용

◼ Anti 드론

모델명	MP200
제조국	프랑스
제조사	Malou Tech
형식	쿼드콥터
활용목적	드론포획용

◼ 치안 · 보안용 드론

◼ 기타 레저 · 완구용 드론

2. 우리나라의 무인항공기(드론)의 종류

1) 고정익 드론

① 중형 드론(길이 2m이상, 최대이륙중량 10kg이상)

◼ 송골매

출처 : KAI/www.koreaaero.com

제조사	KAI 한국항공우주산업(주)
길이	4.7m
폭	6.4m
최대속도	150km/h
운용반경	80km
운용시간	6h
활용목적	감시정찰, 정보수집

DRONE

◼ FDS-TMPN 1000

출처 : ㈜화인코왁/www.finekowak.com

제조사	㈜화인코왁
길이	3.0m
폭	2.6m
최대속도	270km/h
운용시간	50min
활용목적	대공사격 표적기

◼ FDS-TMPN 2000

출처 : (사)한국무인기시스템협회
www.koreauvs.org

제조사	㈜화인코왁
길이	2.0m
폭	2.2m
중량	60kg
최대속도	300km/h
상승고도	3km
운용거리	100km
운용시간	50min
활용목적	대공사격 표적기

◼ HF-30 Ghost Hawk

출처 : (사)한국무인기시스템협회
www.koreauvs.org

제조사	한서대학교
길이	2.4m
폭	3.2m
최대속도	180km/h
운용시간	4h
최대고도	3km
활용목적	감시정찰

◼ EAV-3

출처 : 출처 : 한국항공우주연구원
www.kari.re.kr

제조사	한국항공우주연구원
폭	20m
최대이륙중량	53kg
운용시간	9h
최대고도	18.5km
활용목적	감시정찰

PART 1

■ PENGUIN C_민수용

출처 : (사)한국무인기시스템협회
www.koreauvs.org

제조사	극지연구소
폭	3.3m
최대이륙중량	22.5kg
운용시간	20h
최대고도	3km
활용목적	정보수집(대기정보, 기상정보, 지형정보)

■ DWAP-01

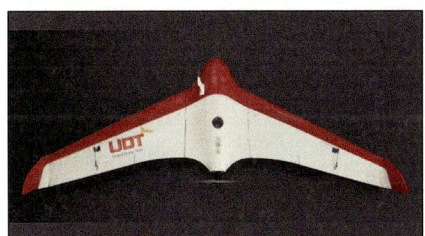

출처 : 유나이티드 드론테크(주)
www.uniteddrone.co.kr

제조사	유나이티드 드론테크(주)
길이	0.84m
폭	2.12m
최대속도	65km/h
자체중량	5.38kg (배터리, 카메라 포함)
최대이륙중량	6.0kg
최대풍속저항	18m/sec
운용반경	8km (LTE 탑재시 20km이상)
운용시간	150min
활용목적	항공측량, 항공촬영, 정찰, 감시

② 소형 드론(길이 2m미만, 최대이륙중량 10kg미만)

■ 리모엠-001

출처 : 유콘시스템(주)
www.uconsystem.com

제조사	유콘시스템(주)
길이	0.65m
폭	1.30m
최대속도	80km/h
최대이륙중량	1.3kg
운용반경	8km 이상
운용시간	60min 이상
활용목적	항공측량

■ 리모엠-002

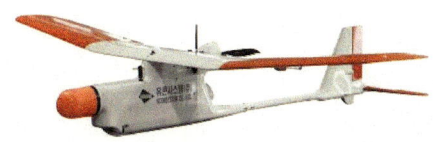

출처 : 유콘시스템(주)
www.uconsystem.com

제조사	유콘시스템(주)
길이	1.44m
폭	1.80m
최대속도	80km/h
최대이륙중량	3.5kg
운용반경	10km 이상
운용시간	90min 이상
활용목적	항공측량(정사영상), 항공촬영(주간동영상, 야간적외선동영상)

리모아이 006A

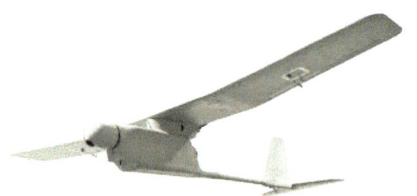

출처 : 유콘시스템(주)/www.uconsystem.com

제조사	유콘시스템(주)
길이	1.72m
폭	2.72m
최대속도	75km/h
운용반경	15km 이상
운용시간	120min 이상
활용목적	감시정찰, 정보수집

DWAP-02

출처 : 유나이티드 드론테크(주) www.uniteddrone.co.kr

제조사	유나이티드 드론테크(주)
길이	0.72m
폭	1.30m
최대속도	54km/h
최대이륙중량	3.0kg
최대풍속저항	13m/sec
운용반경	8km(LTE 탑재시 20km이상)
운용시간	65min
활용목적	항공측량, 항공촬영, 정찰, 감시

KD-2 Mapper

출처 : ㈜케바드론/www.keva.kr

제조사	㈜케바드론
길이	1.1m
폭	1.8m
순항속도	45km/h
최대이륙중량	2.9kg
최대탑재중량	0.55kg
운용반경	5km
상승고도	1km 이상
운용시간	60min
활용목적	3D맵핑, 사진촬영, 건축물 안전관리

KD-3 Albatross

출처 : ㈜케바드론/www.keva.kr

제조사	㈜케바드론
길이	1.77m
폭	3.0m
최대속도	130km/h
자체중량	5kg
최대탑재중량	1kg
운용반경	50km(최대)
상승고도	5km
운용시간	4h
활용목적	정찰, 감시, 통신중계

■ Durumi-3

출처 : (사)한국무인기시스템협회
www.koreauvs.org

제조사	한국항공우주연구원
길이	1.4m
폭	2.8m
최대이륙중량	15kg
탑재중량	4kg
순항속도	120km/h
운용시간	12h
운용반경	50km 이상
운용고도	3km
활용목적	감시, 정찰, 기상관측

■ Durumi-1

출처 : (사)한국무인기시스템협회
www.koreauvs.org

제조사	한국항공우주연구원
길이	1.8m
폭	3.2m
최대이륙중량	15kg
탑재중량	7kg
순항속도	110km/h
운용시간	12h
운용반경	50km 이상
운용고도	3km
활용목적	감시, 정찰, 기상관측

■ HF-04 Mini Albatross

출처 : (사)한국무인기시스템협회
www.koreauvs.org

제조사	한서대학교
길이	0.7m
폭	2.5m
최대이륙중량	4.0kg
탑재중량	1.0kg
최대속도	90km/h
운용시간	2h
운용반경	15km
상승고도	1.5km
활용목적	감시, 정찰, 항공촬영, 조종훈련

■ FDS-SAPS 1000

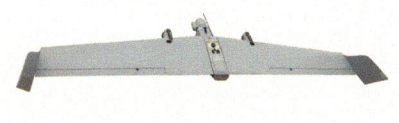

출처 : ㈜화인코왁/www.finekowak.com

제조사	㈜화인코왁
길이	0.7m
폭	2.1m
최대속도	120km/h
운용시간	60min
운용거리	10km
활용목적	감시정찰(주야간 적외선 카메라)

■ eBee Plus

출처 : ㈜공간정보/www.geomatic.co.kr

제조사	㈜공간정보
폭	1.1m
중량	1.1kg
탑재중량	1.0kg
최대속도	110km/h
운용시간	59min
최대풍속저항	45km/h
활용목적	항공사진측량

2) 회전익 드론

① 중형 드론(자체중량 12kg 초과)

■ KUS-VH

출처 : (사)한국무인기시스템협회
www.koreauvs.org

제조사	대한항공
길이	7m
폭	8m
최대이륙중량	1,350kg
탑재중량	400kg
최대속도	280km/h
운용시간	5h
운용고도	4km
운용반경	150km
특징	수직이착륙형
활용목적	감시, 정찰, 탐지

■ WDMA-1500

출처 : 위메이크드론
http://wemakedrone.com

제조사	주식회사 위메이크드론
폭	2,200mm
자체중량	24kg
최대이륙중량	24kg
운용시간	33~37min
운용반경	1.5km
특징	GPS모드, 가상펜스 지정 자동모드
활용목적	방제용

■ V-100

출처 : (주)숨비/www.soomvi.com

제조사	주식회사 숨비
폭(프로펠러 포함)	1,482mm
자체중량	13.7kg
적재중량	10kg
최대속도	90km/h
운용반경	2km
운용시간	40min
활용목적	감시, 정찰, 촬영

■ S-200

출처 : (주)숨비/www.soomvi.com

제조사	주식회사 숨비
폭(프로펠러 포함)	2,272mm
자체중량	41kg
적재중량	22kg
최대속도	90km/h
운용반경	2km
운용시간	25min
활용목적	해난 인명구조용

■ XQ1700SP

출처 : (사)한국무인기시스템협회
www.koreauvs.org

제조사	㈜그리폰 다이나믹스
폭(프로펠러 포함)	1,700mm
자체중량	18kg
최대이륙중량	80kg
최대속도	50km/h
운용반경	2km(육안), 10km(GPS)
운용시간	50min(No Payload)
활용목적	정찰, 촬영, 감시, 운송

■ ED-815A MONSTER

출처 : (사)한국무인기시스템협회
www.koreauvs.org

제조사	(주)이랩코리아
길이	2,771mm
폭	2,771mm
최대속도	70km/h
자체중량	24kg(배터리 제외)
최대탑재중량	15kg
운용반경	20km 이상
운용시간	60min 이하(No Payload)
활용목적	물품수송, 택배배송

ASCL M-1

출처 : (사)한국무인기시스템협회
www.koreauvs.org

제조사	한국과학기술원
길이	1,400mm(축간거리)
폭	1,400mm(축간거리)
최대이륙중량	35kg
탑재중량	10kg
운용시간	15분(No Payload)
활용목적	·자동비행 알고리즘 실험 ·비행체 투하실험 ·발사체 발사실험 ·영상기반 유도, 항법, 제어실험

② 소형 드론(자체중량 12kg 미만)

TB-401

출처 : (주)유시스/www.usis.kr

제조사	주식회사 유시스
폭 (프로펠러 포함)	707mm
자체중량	5kg
적재중량	4kg
최대속도	60km/h
운용반경	11km
운용시간	45min
활용목적	감시, 탐지, 정보수집

리모콥터-004

출처 : 유콘시스템(주)
www.uconsystem.com

제조사	유콘시스템(주)
길이	0.55m
폭	0.55m
최대속도	60km/h
최대이륙중량	4.5kg
운용반경	5km 이상
운용시간	30min 이상
활용목적	항공촬영(주간, 야간)

■ 물품수송 드론

출처 : 유콘시스템(주)
www.uconsystem.com

제조사	유콘시스템(주)
길이	1.13m
폭	1.13m
최대속도	60km/h
최대이륙중량	12kg
운용반경	5km 이상
운용시간	30min 이상
활용목적	물품수송, 택배배송

■ KnDrone

출처 : ㈜두시텍/www.kndrone.com

제조사	㈜두시텍
폭	480mm
자체중량	1.5kg
최대이륙중량	2.5kg
순항속도	10km/h
운용시간	25min(No Payload)
활용목적	정찰, 촬영, 감시

■ albris

출처 : ㈜공간정보/www.geomatic.co.kr

제조사	㈜공간정보
전장·전폭·전고	560*800*170(mm)
자체중량	1.8kg
탑재중량	1.0kg
최대속도	43km/h
운용시간	22min
최대풍속저항	28.8km/h
특장점	초음파송수신기, 5개비젼센서, 열화상카메라, HD비디오/스틸카메라
활용목적	항공사진측량, 안전점검

3) 수직이착륙VTOL 드론

① **VTOL** Vertical Take Off Landing

■ 수직이착륙 비행로봇(VTOL Hybrid UAV Systems)

출처 : (사)한국무인기시스템협회
www.koreauvs.org

제조사	퍼스텍(주)
최대이륙중량	40kg
최대속도	150km/h
최대탑재중량	3kg
운용반경	10km
상승고도	1km
운용시간	3h
활용목적	재난현장, 교통현장 지휘체계 도로, 항만 등 주요시설물 감시

■ TR100

출처 : 한국항공우주연구원/www.kari.re.kr

제조사	한국항공우주연구원
길이	5m
폭	7m
최대이륙중량	995kg
탑재중량	90kg
최대속도	500km/h
운용시간	5h
운용고도	6km 이상
운용반경	200km 이상
특징	틸트로터형
활용목적	감시, 정찰, 통신중계

■ TR-60

출처 : 한국항공우주연구원/www.kari.re.kr

제조사	한국항공우주연구원
길이	3m
폭	5.2m
최대이륙중량	210kg
탑재중량	30kg
최대속도	250km/h
운용시간	5h
운용반경	200km 이상
운용고도	4km 이상
특징	틸트로터형
활용목적	감시, 정찰, 통신중계

■ TR-40

출처 : (사)한국무인기시스템협회
www.koreauvs.org

제조사	한국항공우주연구원
길이	2m
폭	2.8m
최대이륙중량	40kg 이상
탑재중량	10kg 이상
최대속도	150km/h
운용시간	1.5h
운용고도	3km 이상
운용반경	20km 이상
특징	틸트로터형
활용목적	감시, 정찰, 통신중계

■ KUS-VT

출처 : (사)한국무인기시스템협회
www.koreauvs.org

제조사	대한항공
길이	3.5m
폭	5.2m
최대이륙중량	230kg
탑재중량	30kg
최대속도	250km/h
운용시간	6h
운용고도	4.5km
운용반경	200km
특징	틸트로터형, 수직이착륙형
활용목적	감시, 정찰, 탐지

② 수직이착륙 복합형 고정익

■ ARIS SPIKE

출처 : 네스앤텍 홈페이지/www.nesnt.com

제조사	네스앤텍
폭	1.7m
최대이륙중량	3.0kg
운용시간	1h
최대속도	80km/h
운용반경	5km
특징	수직이착륙 복합형 고정익
활용목적	감시정찰, 3D맵핑

Quad-Tilt-Prop UAV

출처 : (사)한국무인기시스템협회
www.koreauvs.org

제조사	성우엔지니어링
폭	2,350mm
최대이륙중량	25kg
운용시간	1h 이상
최대속도	108km/h
운용반경	15km 이상
특징	수직이착륙 복합형 고정익
활용목적	감시, 정찰

MILVUS-M

출처 : ㈜프리뉴/www.preneu.com
www.droneit.co.kr

제조사	㈜프리뉴
길이	0.77m
폭	2.0m
순항속도	55~80km/h
자체중량	4.9kg
운용거리	60km
운용반경 (통신 및 제어거리)	20km
운용시간	60min
특징	수직이착륙 복합형 고정익
활용목적	정찰, 감시

DeltaQuad MAP

출처 : ㈜고산자/www.gosanja.co.kr

제조사	㈜고산자
길이	0.90m
폭	2.35m
순항속도	57.6km/h
자체중량	3.3kg
최대이륙중량	6.0kg
운용반경 (통신 및 제어거리)	120km
운용시간	120min 이상
특징	수직이착륙 복합형 고정익
활용목적	항공측량, 지도제작

※ 참고사항

최근 우리나라에 추가 도입되어 운용 중인 고정익무인기

① **RQ-4A 글로벌 호크** Global Hawk

　－ 2019년 우리나라 공군에 도입되어 운용 중

　－ 제원은 본 교재 p.41을 참조바람.

② **IAI 헤론** Heron

　－ 2016년 우리나라 육군에 도입되어 운용 중

　－ 제원은 본 교재 p.43을 참조바람

CHAPTER 05 체계와 구성요소

무인항공기는 고정익과 회전익으로 분류된다.

1. 무인항공기 체계분류와 구성요소

1) 무인항공기 UAV 형태에 따른 분류

① **고정익** Fixed Wing **무인항공기**

고정 날개 형태인 무인항공기 시스템. 연료 소모가 상대적으로 평지 지형에서 장거리 장시간 임무 수행에 적합하다.

▲ Shadow-200 UAV, AAI(고정익)

② **회전익** Rotary Wing **무인항공기, 무인헬리콥터**

헬리콥터 형인 무인항공기 시스템 수직이착륙이 가능하여 산악지형이나 함상에서 운용하기 유리하다.

▲ Camcopter S-100 UAV, Schiebel, 오스트리아(회전익)

③ 가변로터형Tilt-Rotor 무인항공기

로터/프로펠러 시스템이 가변형으로서 이착륙시에는 로터로 수직 양력을 발생시켜 수직 이륙을 하고, 천이비행 단계를 거쳐 고정익 비행. 단시간에 고속으로 가서 단시간에 완료해야하는 임무에 적합할 수 있다.

▶ 스마트 무인기,
한국항공우주연구원

④ 동축반전형Co-axial 무인항공기

한 축에 상부, 하부 두 개의 로터를 반대 방향으로 회전하게 하여 반토큐 현상을 상쇄시키는 형태. 안정적이면서 동력 효율을 높이는 반면 상부/하부 로터 간의 간섭에 의한 양력 감소가 발생한다.

▶ KA-37/ARCH-50 농업용 무인헬기,
KAMOV/대우중공업

⑤ 멀티콥터형Multi-Copter 무인항공기, 무인멀티콥터

3개 이상의 다중의 로터를 탑재한 비행체 형태. 조종이 용이하고 운용비가 적게 든다.

▶ 전천후 교육/방제용 마징가드론, 드론안전기술(TTA)

2) 다양한 무인항공기 분류 체계

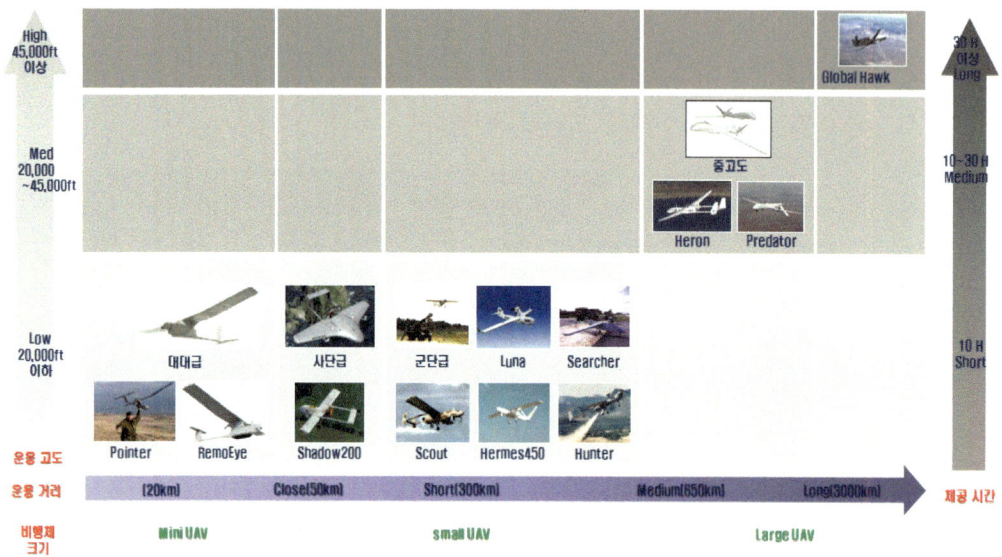

3) 무인기 체계의 구성요소

① **비행체** : 통상 24시간 운용을 고려해서 3~6대로 편성하는데, 비행중, 비행대기, 정비대기 등을 고려해서 대수를 편성한다.

② **지상통제 시스템** : 백업을 고려하여 2대 이상으로 편성한다.

③ **통신 데이터 링크** : 주/보조 링크로 백업 구성하며, 비행데이터와 명령값, 영상감지기 등에서 수집된 데이터를 전송하기에 충분한 대역폭을 확보한다.

④ **탑재 임무장비** : EO/IR, GMTI, SAR, LRF 등
   EO : Electro-Optic, IR: Infra-Red, 주야간 영상감지기
   GMTI : Ground Moving Target Indicator, 지상이동표적지시기
   SAR : Synthetic Aperture Radar, 합성개구경레이더

⑤ **지원장비 및 시스템요소** : 운용개념, 운용 시나리오 및 절차, 장비편성, 운용인력 편제, 부수장비 구성 등교육훈련, 정비체계/장비, 지원 장비, 교범류, 기타 선택장비 (이·착륙 보조 장비, 원격 영상 수신 장비)등이 있다.

PART 1

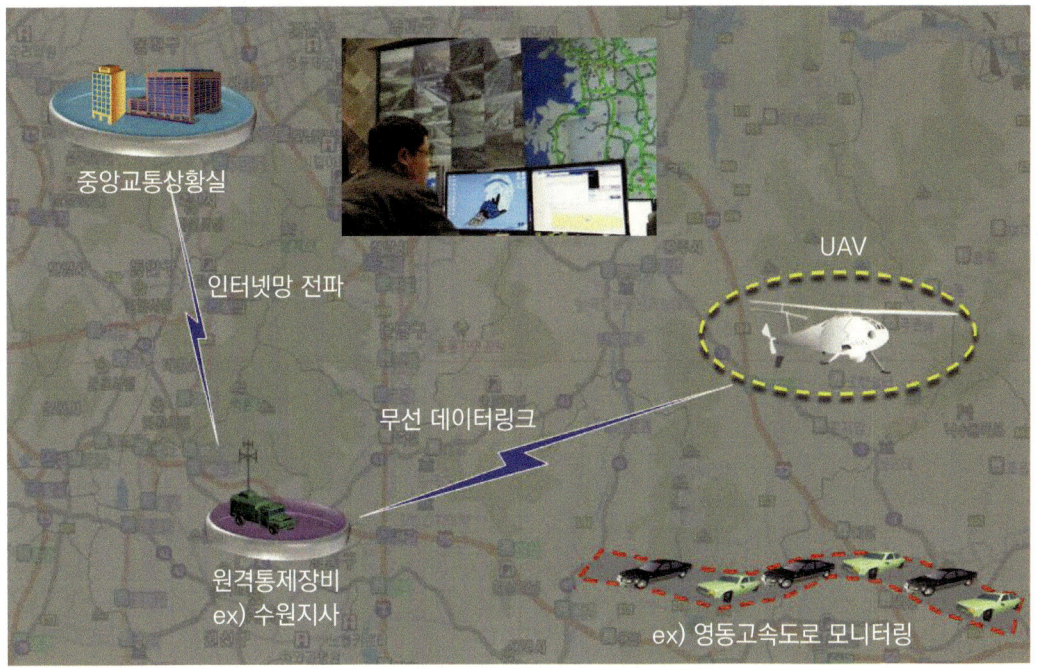

▶ 무인항공기 운용개념

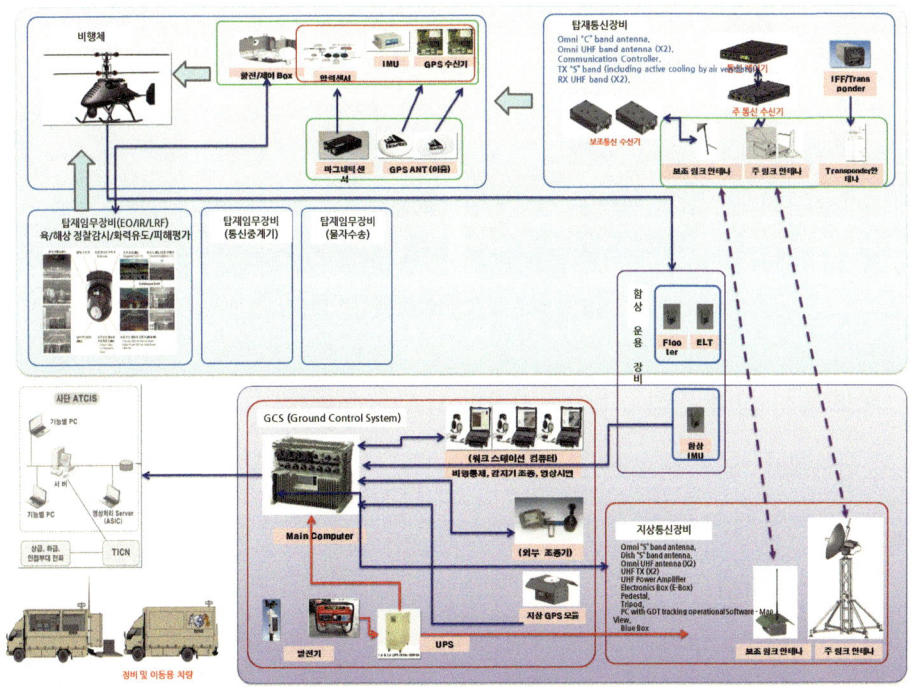

▶ 무인항공기 시스템 구성

2. 무인항공기 분류별 구조와 구성요소

1) 무인항공기 분류별 비행체 구조

① 무인항공기 시스템 세부 구성

- **비행체 구성** : 동체, 엔진/냉각/윤활계통, 동력전달계통, 조종계통, 전기계통, 비행제어시스템 등으로 구성되어 있다.
- **지상/함상통제장비(GCS) 구성** : 주통제컴퓨터, 비행체조종부, 탑재장비운용부, 임무영상처리부, 전원분배장치, 함상이착륙용 IMU/GPS 시스템 등으로 구성되어 있다.

▲ 지상통제시스템(GCS) 내부

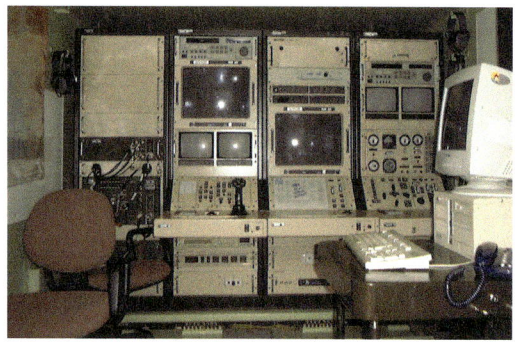
▲ 이착륙통제시스템(LRS) 내부

▲ 무인정찰기 지상통제시스템

- **데이터통신 장비 구성** : 탑재통신장비(ADT Airborne Data Terminal)는 주 통신장비, 주통신안테나, 보조통신장비, 보조통신안테나, 피아식별장비 등으로 구성되어 있다. 지상통신장비(GDT Ground Data Terminal)는 통신장비, 주통신안테나, 보조통신장비, 보조통신안테나 등으로 구성되어 있다.
- **탑재임무장비 구성** : 탑재임무장비 Payload는 주/야간(EO/IR) 감시카메라, 대구경합성레이더(SAR), 거리측정기(LRF Laser Ranger Finder), 라이다, 지상이동표적지시기(GMTI), 등 활용도에 따라 임무장비들도 더욱 다양해지고 있다.

- **지원장비 구성** : 장비운반 차량, 발전기, UPS, 시험장비, 훈련장비, 정비장비, 교범류 등이 있다.

▼ 지상지원장비 일반 구성

구 분		지상지원 장비 일반 구성						비 고
고정익	내용	지휘통제차량	UAV 운반차량:3	연료보급차량	정비차량	회수장비 및 인원	발사장비	• 비행체계 • 탑재능력 감소
	설명	• 임무수행을 지원하기 위한 다양한 지상장비와 인원이 소요된다.						
회전익	내용	통합형 지휘통제차량:2		UAV 운반 및 이동정비:2		지상중계차량		• 획득비 절감 • 운영 유지비 절감
	설명	• 지상지원장비 및 운용요원 감소 • 획득비 절감 • 교육훈련감소 ※통합형 지휘 통제 및 UAV 운반 차량 운용						

- **운용 인력 구성** : 운용인력은 외부조종사, 내부조종사, 탑재장비 운용자, 정비/지원요원, 지휘/통제관 등으로 구성되고, 통상 부수장비가 적은 회전익에서 인력소요가 적으며, 멀티콥터의 경우 더 적은 인력으로 운용이 가능하다.

▼ 고정익/회전익 UAV 운용요원 비교(단거리 이하 무인정찰기)

구분	인원수/교육기간		기 종		증 감	비 고
			고정익 UAV	회전익 UAV		
인력 소요	운용 인원	외부조종사(EP)	2	3	-3	내(외)부 조종사 통합
		내부조종사(IP)	2	3	-3	
		탑재장비 운용	2	3	-3	
	정비요원(MT/ET)		3	2	-1	이착륙 장비 요원 불필요
	소계		9	5	-4	
교육 훈련	운용요원		16~20주	10주	–	–
	정비요원		16~20주	10주	6~10주	–

② 무인비행기 비행체 구성

1. 동체 → 주 날개(에일러론, 플랩 기능과 작동) → 미부 수평안정판(엘레베이터 기능과 작동 원리) → 수직안정판(러더 기능과 작동 원리)으로 구성되어있다.
2. 무인비행기 조종장치는 에일러론, 엘리베이터, 스로틀, 러더로 구성된다.

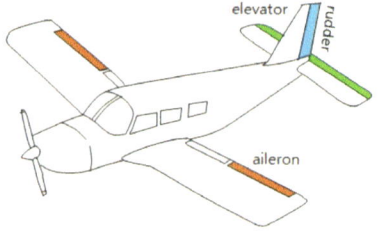

③ 무인헬리콥터 비행체 구성

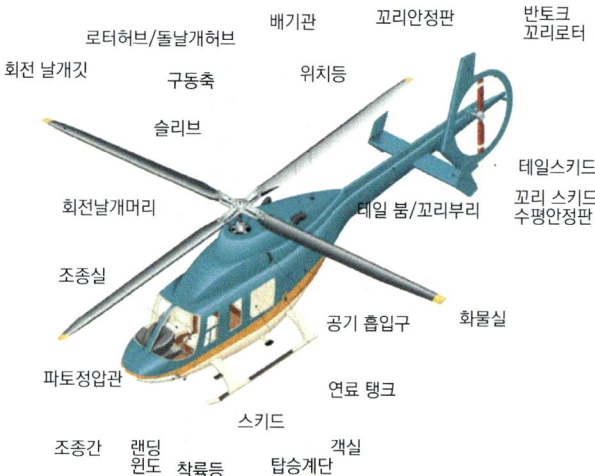

1. 주날개Main rotor → 허브 → 마스트 → 미션 → 엔진과 드라이브 샤프트, 클러치 → 테일붐과 꼬리날개Tail rotor → 착륙장치부
2. 헬리콥터 로터의 회전에 따른 작동원리(Torque 현상), 꼬리날개의 역할Anti-torque과 원리
3. 무인헬리콥터 조종장치는 사이클릭, 컬렉티브, 패달(러더)로 구성된다.

④ 무인멀티콥터의 비행체 구성

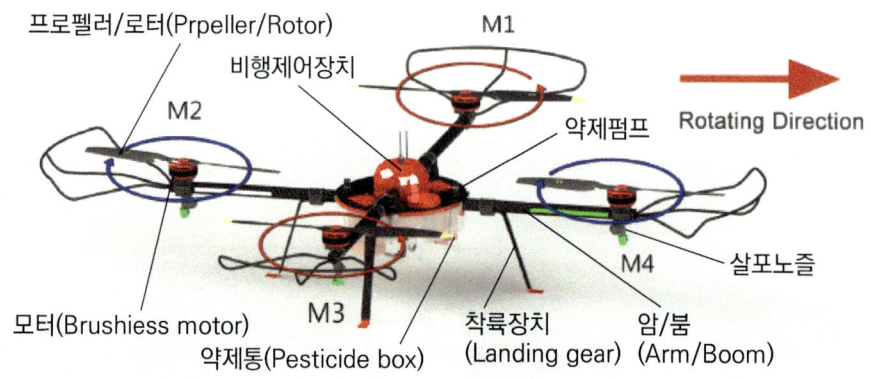

변속기
(Electrical Speed Controller)

전압측정기
(Display and alarm)

기체배터리
(Battery for aircraft)

제어용배터리
(Battery for control)

▶ 멀티콥터 주요 구성 ZLion-10

1. 동체와 암 → 로터 → 모터 → 변속기ESC → 비행조종장치 → 배터리
2. 헬리콥터 로터의 회전에 따른 작동원리, 꼬리날개의 역할과 원리
3. 무인멀티콥터 조종장치는 쓰로틀Throttle, 요우Yaw, 피치Pitch, 롤Roll로 구성된다.

3. 드론 조종기와 비행제어시스템 운용

1) 드론 조종기와 조종모드

① 드론 조종기의 구성

- **조종간**Stick : 비행의 전진, 후진, 좌이동, 우이동 및 고도 상승하강, 좌선회, 우선회를 실제 조종한다. 이 조종간의 배치에 따라서 모드1, 2, 3, 4를 달리할 수 있다.
- **트림**Trim : 조종면의 미세한 조종을 통해 비행체를 안정화시킬 수 있도록 한다. 1, 2, 3, 4번 트림으로 조종스틱 4방향에 대해 미세 조종 설정한다.
- **안테나** : 조종기의 주파수 신호를 비행체에 보낼 수 있는 매개체. 2.4Ghz를 주로 사용하고 있는데, 안테나 방향에 따라 전달되는 영향권의 폭이 변할 수 있다.
- **비행모드 전환 스위치** : GPS모드, 자세모드, 수동모드, AB모드, 자동귀환모드 등의 전환 스위치는 그림에서 좌(SA) 또는 우측(SD) 검지손가락 위치 등에 통상 설정한다.

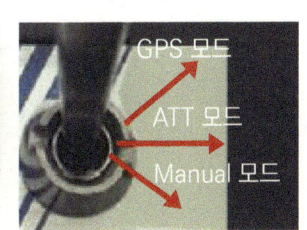

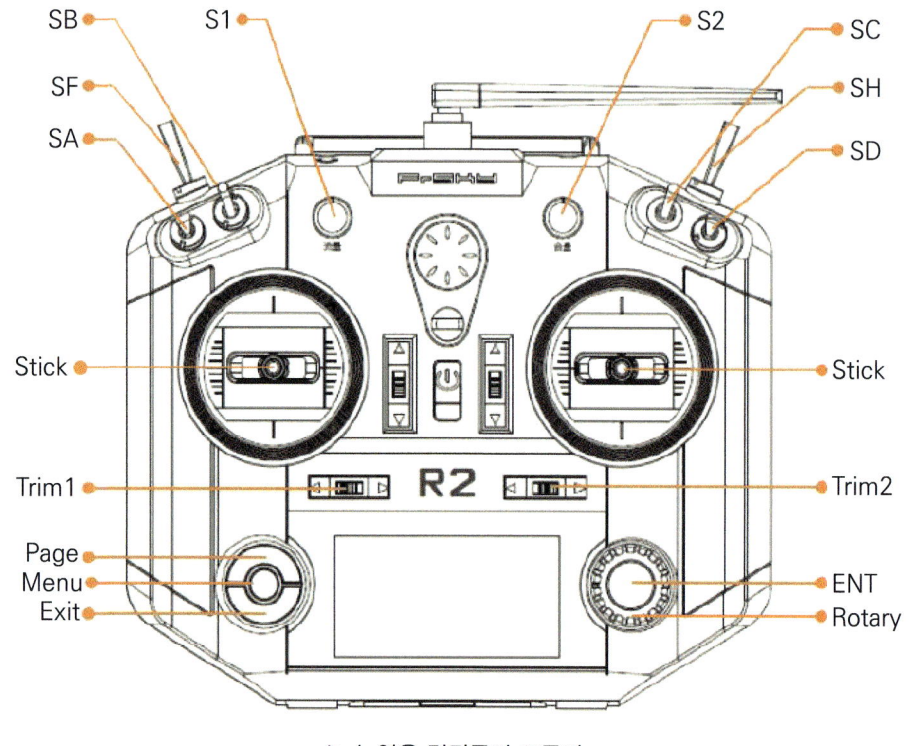

▶ 농업용 멀티콥터 조종기

② 조종 모드

- **조종기 모드** : 모드 1, 2, 3, 4

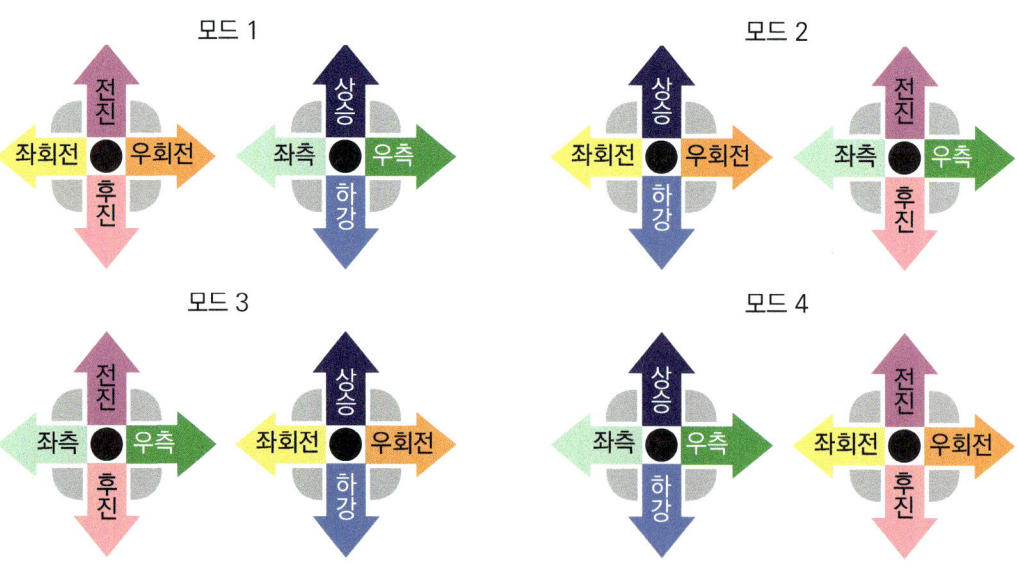

· **조종 방법 (모드 2)**

① 고도 상승 / 하강 비행 조종 (명칭:Throttle, Collective 또는 파워 조종)

② 기체 좌/우 선회 비행 조종 (명칭:Yaw 축, Yaw 조종)

③ 전진 / 후진 비행 조종 (명칭:Pitch 전/후 조종)

④ 좌/우 이동 비행 조종 (명칭:Roll 좌/우 조종)

4. 원격통제시스템의 종류와 구성

1) 원격통제장비의 종류

① **지상통제시스템**(GCS : Ground Control Station 또는 RPS : Remote Pilot station) : 대형무인기의 경우 주로 비행임무를 통제하기 위한 통제소로서 이륙 후 LRS로부터 무인기를 인수 받아 실제 임무지역까지 통제하여 임무를 수행하고, 다시 착륙지역까지 유도하여 LRS로 인계한다. 지상통제소로 직접 이착륙 통제도 가능하다.

② **이·착륙통제소**(LRS : Launch & Recovery Station / System, LCS : Launch & Control Station / System) : 주로 이륙과 착륙을 통제하기 위해 설계되었으며, 전파로 무인기를 통제할 수 있는 거리가 지상통제소에 비해 짧은 것이 일반적이다. 형태 및 내부구조는 지상통제소와 대부분 같으며 단거리 임무비행 통제도 가능하다.

▶ 이스라엘 무인정찰기 통제시스템 (2000)

▶ 국산 지상통제시스템 (2014)

③ **이동형 지상통제소** (PGCS: Potable Ground Control Station) : 소형 무인항공기의 경우 이동형 원격통제장비를 사용하게 된다.

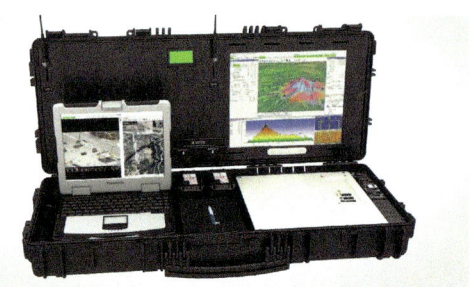
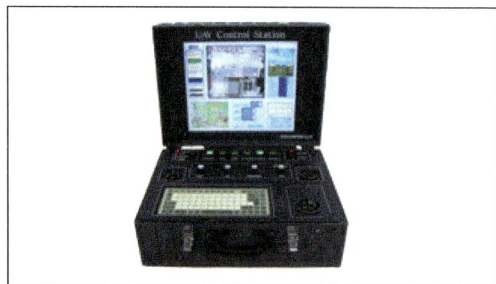
▶ 이동형 원격통제장비

④ **멀티콥터용 원격통제장비** : 무인멀티콥터용 원격통제장비들은 소형의 휴대용으로서 주로 스마트폰이나 테블릿 PC, 노트북 등이 주로 사용된다.

▶ 소형 멀티콥터용 지상통제시스템

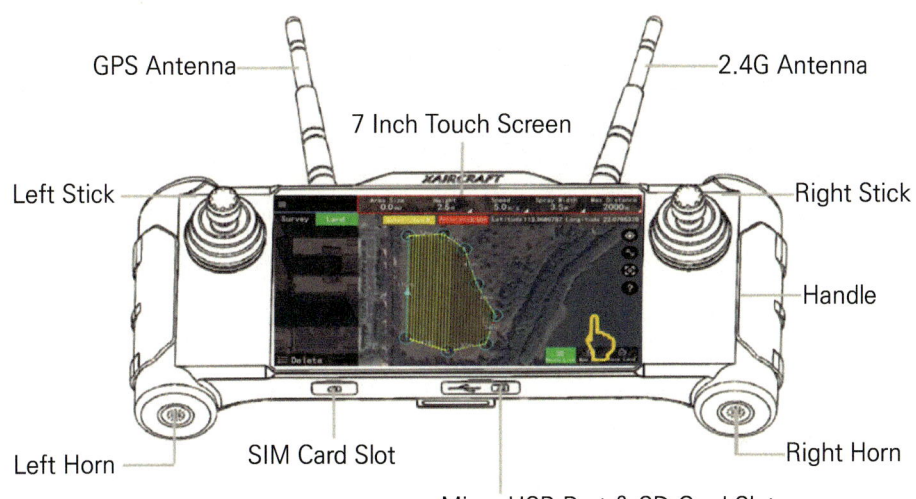

▶ 멀티콥터 지상통제장비

2) 무인기 지상통제소 비행 자료 표시 및 디지털 지도

무인기 내부조종은 지상통제소에 표시되는 비행 자료들과 디지털지도를 활용하여 원격조종을 실시하게 된다.

① **비행 자료 표시부** : 비행 자료 표시부는 크게 비행체의 비행 상태 표시, 비행체 각종 시스템 상태, 그리고 이상상태 경고 표시부 등으로 나눌 수 있다.

- **비행 상태 표시** : 비행 상태 표시는 디지털화된 비행계기들로서 자세계, 고도계, 속도계, 방향계 등이 있다. **자세계**는 기본적으로 소형무인기의 전방향 기체 기울기를 볼 형태 및 수치로 표시한다. **속도계**는 소형무인기의 비행 속도를 계기와 수치로 표시한다. **고도계**는 소형무인기의 비행 고도를 계기와 수치로 표시한다. **방향계**는 소형무인기의 비행 방향을 계기와 수치로 표시한다.

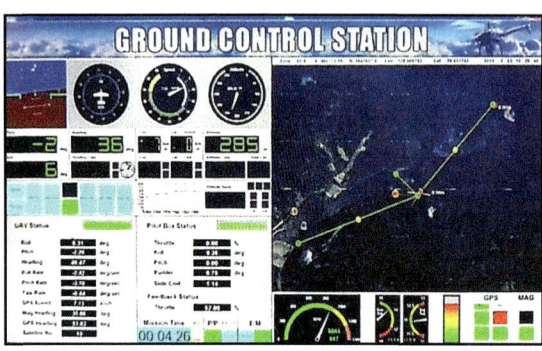

▲ 무인헬기 지상통제시스템 비행 자료 표시

- **비행체 시스템 상태 표시** : 통신장비 운용 상태, 예비 배터리 포함 전원 현황, 추력장치 상태 등 소형무인기 시스템의 전반적인 현황을 보기 쉽게 표시한다. 통신장비 운용 상태는 데이터링크의 통신 송/수신 출력 세기 및 안정된 상태 여부를 그림 바 및 수치로 표시한다. 전원 상황은 엔진이 포함된 경우 엔진에 장착된 발전기의 상태와 출력 전원 상태, 주 및 예비배터리 상태를 표시한다. 출력장치 상태는 소형무인기의 경우에 주로 사용하는 모터 및 변속기들의 상태를 표시한다.
- **소형무인기 시스템 이상 상태 표시** : 소형무인기 시스템의 각 종 고장 및 비상상황에 대한 경고등 형태로 표시한다. 경고등은 심각하고 긴급 조치를 요하는 부분에 대해서 적색 경고등 및 필요시 알람 형태로 표시한다. 주의 표시는 주의를 요하는 수준으로서 비행이 계속될 경우 문제가 될 수 있는 상황들에 대해서 황색 등의 경고등 형태로 수치와 함께 표시한다.

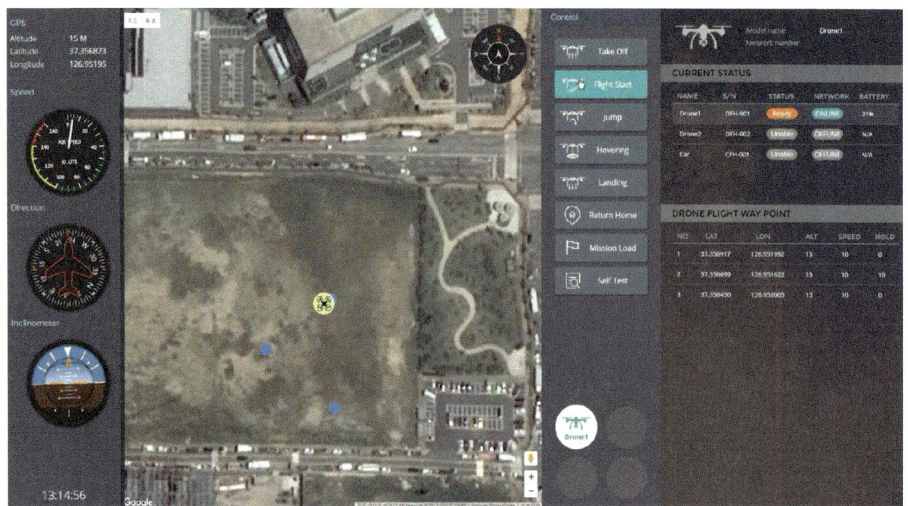

▶ 무인멀티콥터 지상통제시스템 비행 자료 표시

② **비행통제부**

비행통제부는 고도, 속도, 방위각, 비행 자세 등을 조절하여 비행하거나 경로비행 등의 자동비행을 할 수 있도록 되어 있는데, 다음의 조종 모드들 중에서 시스템의 규모에 따라서 필요한 모드를 설정하여 조종을 실제 진행하는 부분이다.

③ **디지털지도부**

소형무인기의 내부 조종에 있어서 디지털지도는 비행체의 현재 위치를 확인함과 동시에 비행경로 등 다양한 위치정보를 입력하고 확인하는 필수 화면이다. 최근에는 위성 영상을 활용한 3차원 지도까지도 활용되고 있다.

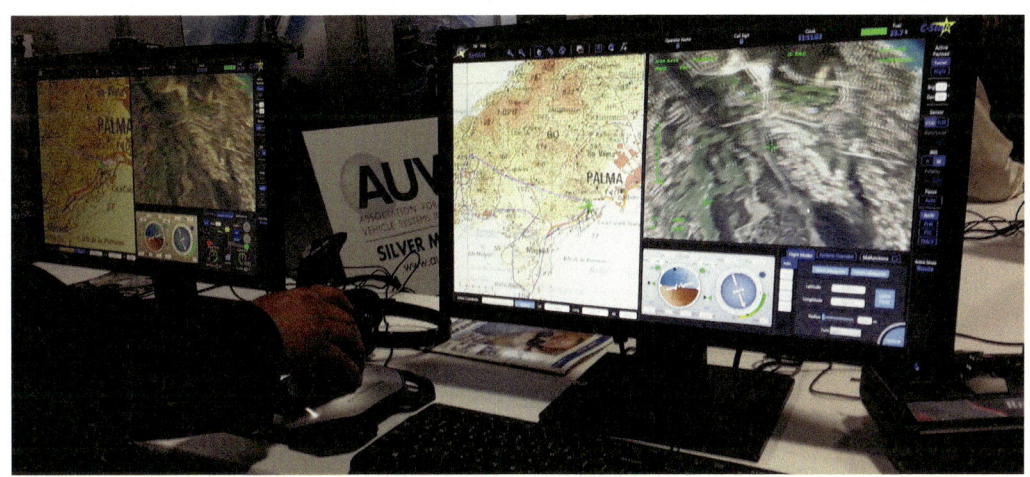

▶ 지상통제시스템 디지털 지도

5. 멀티콥터의 비행제어시스템 구조와 원리

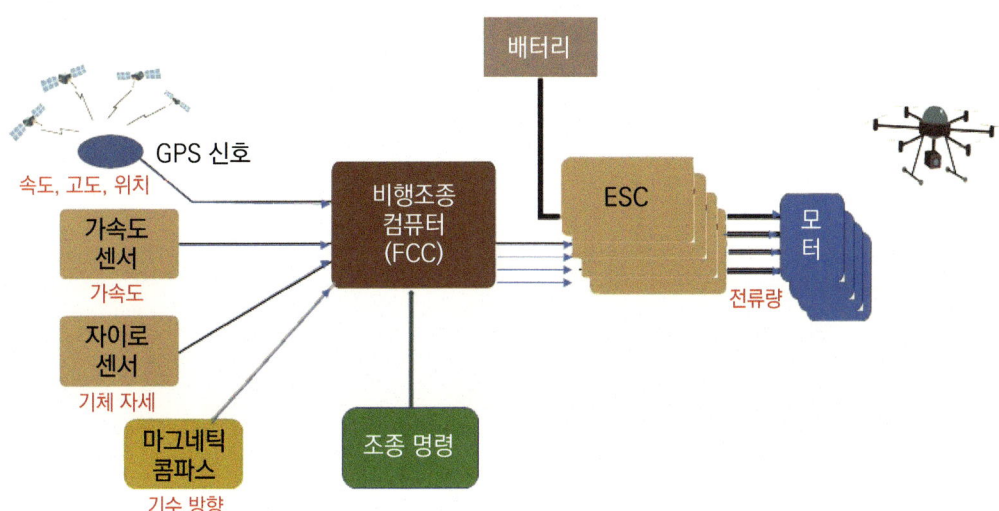

DRONE

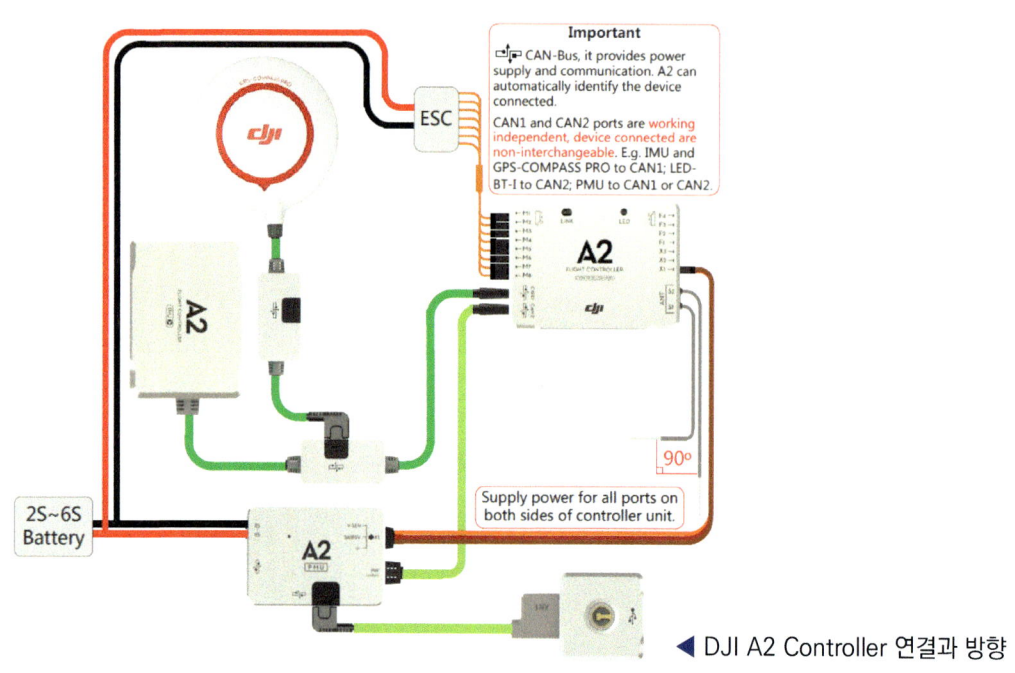

◀ DJI A2 Controller 연결과 방향

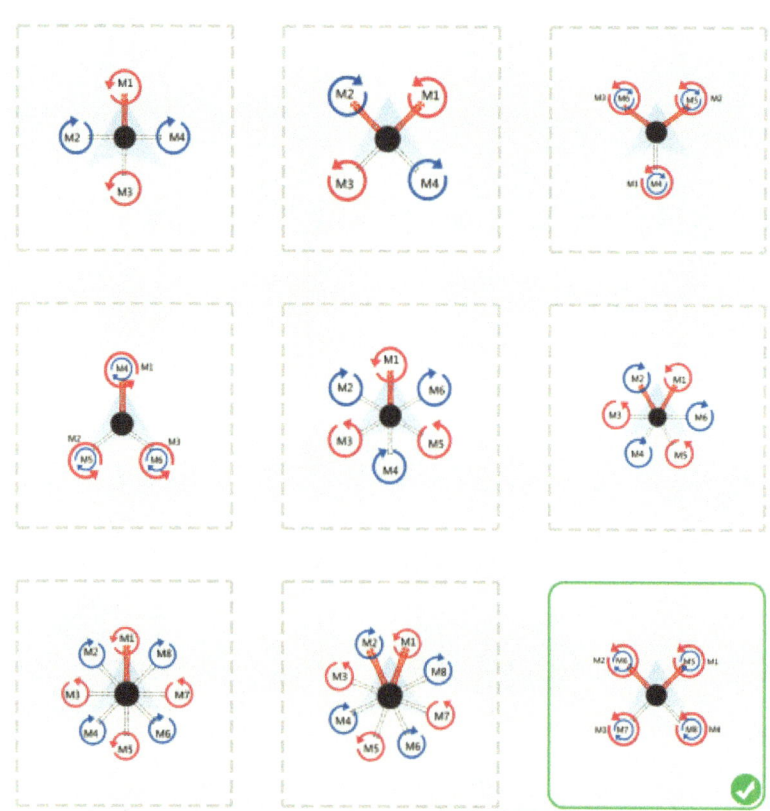

▶ 어시스트 프로그램 상의 다양한 멀티콥터 형태 설정

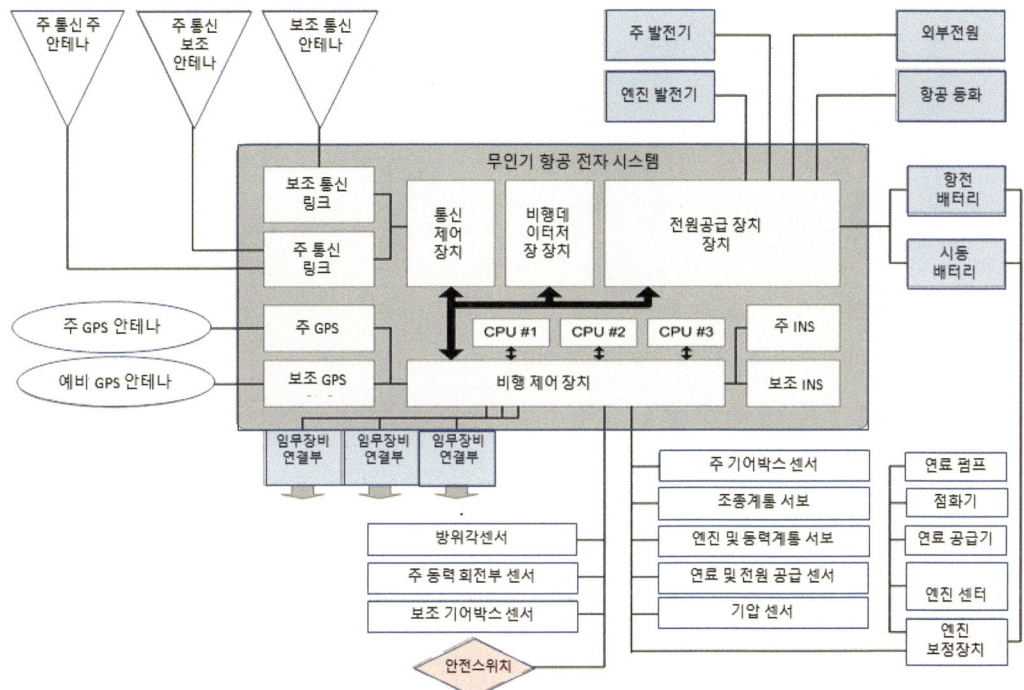

▶ 무인항공기 항공전자시스템 구성

6. 드론의 동력시스템

1) 엔진의 종류와 구조

현재 국내에서 사용되고 있는 농업용 무인헬리콥터에는 왕복 2행정 및 4행정 엔진이 사용되는 RMAX가 있고 로터리엔진이 사용되고 Remo-H가 있다.

① **왕복엔진**

· 왕복엔진의 구조

▶ 왕복엔진

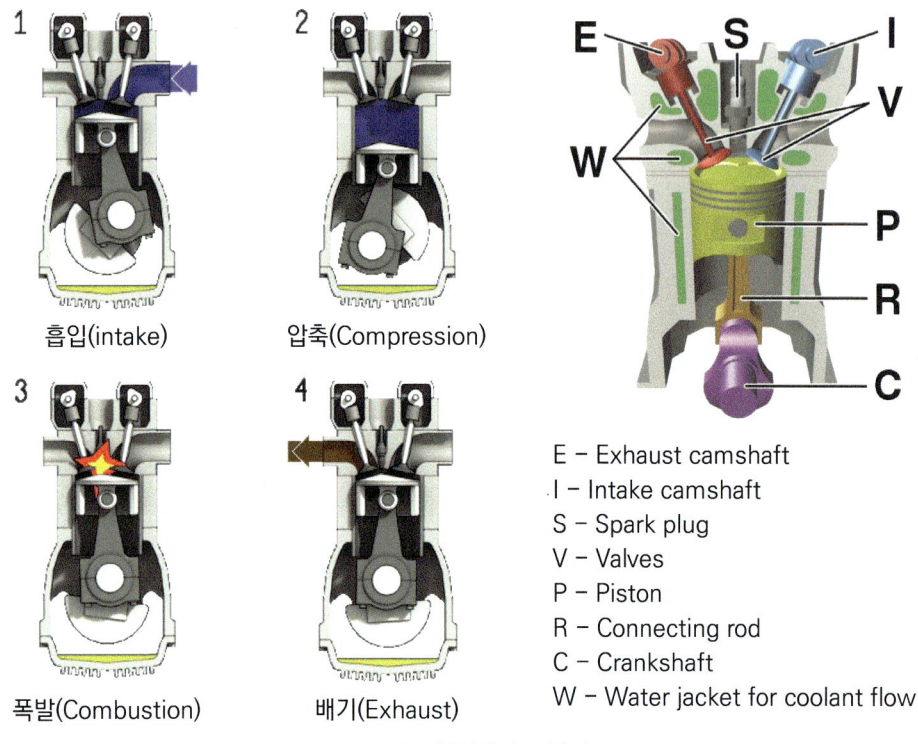

▶ 왕복엔진, 4행정

왕복 엔진은 내연기관의 행정에 따라 2행정기관2 Stroke과 4행정기관4 Stroke으로 나눈다. 연소실내의 연소 과정을 피스톤의 왕복운동으로 변환하면서 축을 회전시켜서 동력을 비행체 제공하고 발전기를 장착하여 필요한 전기를 생산하여 비행체의 전원을 공급할 수 있다.

· 왕복엔진의 장, 단점
① 장점으로 왕복엔진은 연료 소모율이 적고, 4행정 엔진의 경우 엔진 내구성이 좋다.
② 단점으로 엔진의 크기가 크고 중량이 무거우며, 진동이 많이 발생한다.

② 로터리 엔진

· 로터리 엔진의 구조 : Wankel 엔진이라고도 하는 로터리Rotary 엔진은, 삼각형태의 로터리가 회전축을 중심으로 회전하면서 흡입, 압축, 폭발, 배기의 과정을 수행하여 동력을 얻는 내연기관이다.

- 로터리 엔진의 장, 단점
  1. 장점으로 엔진의 크기가 적고 상대적으로 중량이 적으며, 진동이 상대적으로 적다.
  2. 단점으로 엔진 내구성이 약하고, 연료 소모율이 많다.

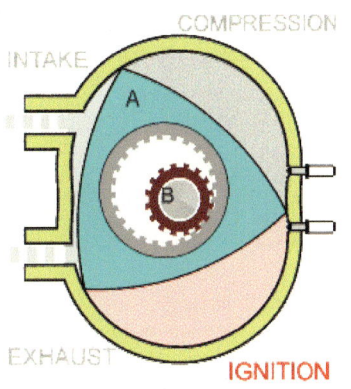

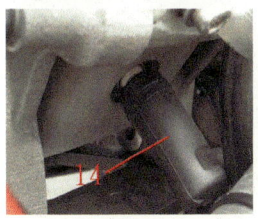
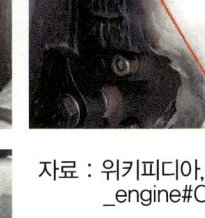

① CARBURETOR
② VACUUM VALVE
③ START MOTOR
④ COOLING FAN
⑤ GENERATOR
⑥ ROTARY ENGINE
⑦ 데콤프 장치
⑧ FUEL PUMP LINE
⑨ COOLING WATER LINE
⑩ ELECTRIC CHOCK
⑪ AIR FILTER
⑫ IDLE VALVE
⑬ NEEDLE
⑭ IGNITER PLUG
⑮ IGNITER DEVICE
⑯ THROTTLE SERVO

자료 : 위키피디아, https://en.wikipedia.org/wiki/Wankel
_engine#Concept_and_design, 2017.03.10

▶ Rotary(Wankel) Engine

2) 모터와 배터리 종류 및 구조

① 전동 모터의 구조와 원리

- **모터의 개요**
    - 모터는 고속회전, 회전방향의 변경, 즉시적인 회전수 조절 등이 가능한 모터로 전기구동 추진식 무인기에 최적화 된 모터는 드론에 사용하기 적합하다.
    - 드론에 사용되는 모터는 브러쉬 모터와 브러쉬리스(BLDC)로 구분되며, 산업용 드론에는 주로 BLDC 모터가 사용된다.
    - 안쪽의 스타터(전지코일)단이 회전하는 방식과 외부의 드럼이 회전하는 방식으로 분류된다.

- **BLDC 모터의 구조**

▶ BLDC 모터

- **커버(드럼)** : BLDC 모터에서 커버(드럼)는 모터의 외부를 둘러싸고 있는 구조물로 영구자석이 배열되어 붙어 있다.

▶ 모터 커버(드럼)

- **스타터** : 모터의 스타터는 다수의 단자에 전기코일을 감아놓은 형태로 전류의 공급에 따라 커버의 영구자석과 전기적 반응을 통해 회전을 하게 되어 출력단을 회전시키는 역할 수행. 즉, 전기에너지를 최종의 운동에너지로 전환시키는 역할을 한다. 스타터는 단자의 개수에 따라 22폴, 28폴 등으로 표시하며 이 폴의 개수는 모터의 최대 회전수, 순간 회전력, 순간출력 등에 영향을 준다.

◀ 모터 스타터

- **출력 샤프트** : 모터의 출력 샤프트(축)는 모터에 연결 된 날개(프로펠러, 로터)와 직접 연결되어 회전에 의한 양력의 발생시켜 무인기가 비행할 수 있도록 한다.

- **베어링** : 모터 스타터의 상하부에 각각 위치한 베어링은 출력 샤프트를 수직으로 잡아주면서 모터 커버와 스타터 간의 간격을 일정하게 유지해 주는 역할을 한다. 무인기의 가동시간, 임무의 종류에 따라 일정시간 운영 시 베어링의 마모를 동반하게 되며, 베어링의 마모는 출력 샤프트의 유격을 발생시키고 이 유격은 무인기의 진동을 유발하게 되어 무인기의 비행성능과 효율을 저하시킨다. 베어링 점검 시 육안검사를 통하여 마모정도, 이상여부를 확인하며, 기타 감각검사를 통하여 유격의 정도를 알아본다. 유격의 한계는 매뉴얼에서 제시하는 범위를 적용한다.

- **커터 핀** : 모터 커버 샤프트 끝단의 고정 핀을 말한다. 커터 핀을 통하여 모터의 상하유격(커버와 스타터)을 잡아주는 역할을 한다. 모터의 장시간 사용 또는 과부하 운영조건에서 커터 핀의 마모는 빨리 진행되며, 커터 핀의 마모 진행 시 모터의 상하유격 심화가 이뤄지며 이는 샤프트에 연결 된 날개의 유격으로 연결되어 무인기의 비행성능 저하를 일으키며, 커터 핀의 이탈 시 날개의 이탈로 직결되어 안전상 상당히 위험한 상황에 이른다. 육안점검 및 감각점검을 통해 커터 핀의 마모정도를 알아내고, 수정 조치하는 일은 매우 중요하다.

- **전력선** : 전력선은 전류 흐름의 효율과 직결 되므로 무인기에 사용되는 전력, 모터의 출력 상관관계를 숙지하여 최적의 전력선이 선정되었는지 확인한다.

- **어답터** : 무인기의 비행성능 및 효율은 정확한 날개의 정렬(얼라인먼트)이 중요하며, 핵심중의 하나가 샤프트의 현황, 모터의 정확한 수직 장착이다. 일관 되고 효율적인

작업을 위해서는 지그를 만들어서 점검을 하고 모터의 장착 시 활용하는 것이 바람직하다.

② 배터리 종류와 관리방법

화학전지는 화학 반응을 발생시켜 전기를 얻는 장치를 말한다. 건전지, 배터리 등은 이러한 화학전지를 일컫는 용어들이다.

▶ 모터 어답터와 마운트

· **배터리 종류**

배터리의 종류는 특성에 따라 크게 1차전지, 2차전지, 연료전지로 분류할 수 있다.

▶ 1/2차 전지 특성 비교표

분류	전지 (재료극성)	기전압	용량크기 (순위)	메모리효과	가격	수명 (충전)	비고
1차 전지	탄소아연 (아연(-)/탄소(+))	1.5V	소용량	없음	1	일회용	충전 시 쇼트 발생
	망간아연 (아연(-)/망간(+))				1		
	알카라인				2		
2차 전지	납축전지	2V	12V	거의 없음. 완전방전 시 수명 대폭 감소		길다. 완전방전 시 수명 대폭 떨어짐.	차량용
	니켈카드뮴	1.2V	0.6Ah, 10Ah 등	있음	3	300~500회	항공기 등
	니켈수소		1Ah, 1.6Ah 등	많이 사라짐	4		항공기 등
	리튬이온 (리튬산화물(-)/탄소(+))	3.7V	액체 다양	거의 없음. 완전방전시 수명 대폭 감소	5	500회 이상	폭발성
	리튬이온 폴리머 (리튬산화물(-)/폴리머(+))		고체 다양		5		드론 등

■ **1차 전지 : 일회용 전지**

한번 사용하고 버리는 일회용 전지로서 알카라인Alkaline, 망간(MN-ZNMangan Zine), 탄소아연(C-ZNCarbon Zine) 전지 등이 있다. 일차전지는 기전력이 크고 일정한 전압이 오랫동안 유지되는 특성과 함께 자기 방전이 적어서 가만히 오래 두어도 용량이 줄지 않는다. 한편, 가볍고 저렴하며 용량이 적고, 내부 저항이 작다.

- **2차 전지 : 충전용 전지**

    여러 번 충전하여 사용할 수 있는 전지로서 납Pb, 니켈카드뮴Ni-Ca, 나트륨유황Na-S, 니켈수소Ni-H, 리튬이온Li-Ion, 리튬폴리머Li-Po 전지 등이 있다. 이차전지는 여러 번 충전해서 사용할 수 있고, 다양한 모양 및 크기로 만들어 질 수 있으며, 용량이 크다.

- **연료전지(Fuel Cell)**

    차세대 전지로 많은 연구가 진행되고 있는 전지로서 연료와 산화제를 촉매층을 통과시켜 촉매에 의해 전기화학적으로 반응시켜 전기를 발생시키는 장치이다. 연료전지는 용융탄산염 연료전지Molten Carbonate Fuel Cell, MCFC, 고분자전해질 연료전지Polymer Electrolyte Membrane Fuel Cell, PEMFC, 고체산화물 연료전지Solid Oxide Fuel Cell, SOFC, 직접메탄올 연료전지Direct Methanol Fuel Cell, DMFC, 직접에탄올 연료전지Direct Ethanol Fuel Cell, DEFC, 인산형 연료전지Phosphoric Acid Fuel Cell, PAFC, 직접탄소 연료전지Direct Carbon Fuel Cells, DCFC 등이 있다.

③ 무인멀티콥터의 배터리

멀티콥터에 주로 사용되는 것은 리튬이온폴리머(Li-Po)이다. 그것이 이 배터리가 무게대비 전압과 방전율이 뛰어나기 때문이다. **Li-Po 배터리 표기**는 다음과 같이 되어 있다.

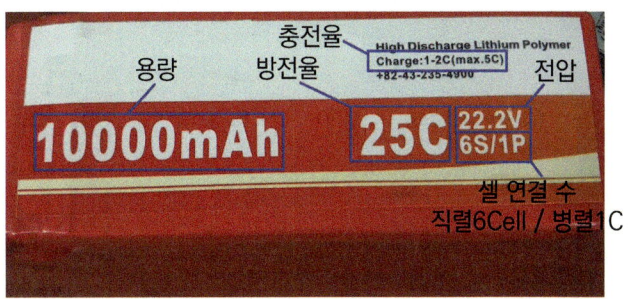

배터리는 각각의 중요한 정보들(셀 수, 전압, 용량, 방전율)을 표면에 표기하고 있는데, 이들 표기를 확인하고 서로 다른 배터리들을 직결 또는 병렬로 연결해서 사용하면 안 된다.

- **Cell 연결 개수 표기** : 리튬폴리머 배터리의 Cell의 직렬 연결 수를 S(Serial, 직렬)자로 표기하는데, 6S라는 6개의 Cell을 직렬로 연결했다는 것이다. 1P(Parallel, 병렬)자는 병렬로 연결되어 있다는 것이다. 즉, 3.7V 셀 6개가 직렬로 연결된 것이 1개로 되어

- **Cell의 수와 전압** : 리튬폴리머 배터리의 Cell 당 전압은 3.7V(볼트) 이다. 의 직렬 연결 수를 S자로 표기하는데, 3S라는 3개의 Cell을 직렬로 연결했다는 것이다. 이 경우 전압은 다음과 같이 계산된다.
  - ☞ 3.7V × 6 = 22.2V
- **배터리 용량** : 배터리는 사용할 수 있는 용량이 있는데, 이 용량은 Ah(암페어) 또는 mAh(미리암페어)로 표시된다. 예를 들어 10,000mAh(=10Ah)는 10A로 사용할 때 1시간(hour)를 사용할 수 있는 양을 말한다. (1000mAh = 1Ah)
  - ☞ 10Ah = I(전류, 10A) × T(전류가 흐르는 시간, 1hour).
  - ☞ 즉, 10A의 전류를 1시간동안 흐르게 할 수 있다. 한편 1A의 전류는 10시간동안 흐르게 할 수 있다.
- **배터리 방전율** : 배터리 표면에 보면 15C, 20C, 25C, 30C, 35C, 40C, 50C 등의 표기를 볼 수 있는데, 방전 율을 표시한다. 방전 율이란 배터리의 출력과 관련이 있는데, 순간적으로 얼마나 많은 에너지를 뽑아 쓸 수 있는 가를 말한다. 사진에서 25C는 순간적으로 배터리 용량의 20배를 방출할 수 있다는 것을 의미한다.
- **배터리 출력** : 방전 율 값(C)과 전류량(배터리용량)을 곱하면 배터리 출력을 계산해 낼 수 있다. 6C × 10Ah = 60 이렇게 구한 배터리 출력이 모터가 낼 수 있는 힘의 크기가 된다.
☞ 일부 배터리에는 Cont 25C / Burst 50C 등으로 표시된 것이 있는데, 이것은 Cont는 Continuous 약자로서 '연속 방전 율'을 뜻하며, Burst는 순간 최대 방전 율을 의미한다. C가 하나만 표시된 것은 통상 순간 최대 방전 율을 의미한다.
☞ 방전율과 배터리 수명 : 방전 율이 무조건 높은 것이 좋은 것은 아니다. 하지만, 방전 율이 높으면 출력은 좋지만 배터리 수명이 짧을 수 있다.

④ 효율적인 배터리 사용 요령

배터리를 오래 효율적으로 사용하기 위해서는 다음 항목들에 주의해야 한다.
- ■ 배터리 사용 시 주의사항

- 매 비행 시마다 배터리를 만충시켜야 한다.
- 정해진 모델의 충전기만을 사용해야 한다. 타 모델 장비와 혼용해서는 안 된다.
- 저전력 경고가 점등될 경우 즉시 복귀 및 착륙시켜야 한다.

■ 배터리 충전 시 주의사항
- 배터리 충전 시에는 항상 모니터링 한다.
- 충전이 다 됐을 경우 배터리를 분리한다.

■ 배터리 보관 시 주의사항
- 10일 이상 사용하지 않고 보관할 경우 60%~70% 정도까지 방전시킨 후 보관해야 한다. 그렇게 하면 배터리 수명이 상당히 길어진다.
- 비행체를 장기 보관할 경우 배터리를 분리한다.

■ 배터리 정비 시 주의사항
- 과도하게 방전시키면 배터리 셀이 손상되므로 주의해야 한다.
- 배터리를 장시간 사용하지 않을 경우 수명이 단축된다.

PART 02

무인항공기 (드론) 활용

1. 항공촬영
2. 항공방제(살포)
3. 감지운용
4. 이송(택배)
5. 공간정보운용
6. 콘텐츠 운용
7. 소방방재운용
8. 인명구조운용
9. 과수 인공수분 운용
10. 조수통제 운용
11. 드론 축구

CHAPTER 01 항공촬영

무인 정찰기가 전 세계를 비행하며 위험지역을 촬영하고,
정찰영상을 아군에게 실시간으로 중계한다. 유사시에는 미사일을 발사한다.

1. 개요

군사 목적용 무인기의 개발은 1930년 영국 해군에서부터 시작되었다. 최초목적은 지대공 사격연습을 위한 무인기였지만, 현재는 정찰/감시/타격 등 다양한 임무를 지구 반대편에서 실시간으로 가능하게 기술이 발달되었다. 이러한 기술을 기반으로 성장한 분야는 무인항공기를 이용한 항공촬영 분야이다.

처음에는 취미용 RC 비행기, 헬리콥터에 카메라를 달아보는 것에서 그쳤지만, 현재는 취미를 넘어 전문영상촬영(방송, 광고, 영화), 측량, 안전진단 등 다양한 산업분야에서 항공촬영이 급속도로 성장하고 있다.

한국드론산업진흥회의 최근 보고서에 따르면 전체 드론산업 중 항공촬영 드론을 이용한 산업분야의 성장이 매년 30% 이상의 성장이 예상되고, 그 중 건설분야가 측량/안전진단부터 공정관리까지 전체 비중의 28%가 넘으며, 정밀농업(병해충 점검)분야가 23.1%를 차지할 것으로 예상했다.

국토지리 정보원은 연간 약 1650억원 규모에 달하는 국내 공공측량 시장 중 기존 항공/지상 측량을 드론으로 대체 가능한 시장은 약 283억원 규모로 보고 있다.

2. 항공촬영이란?

1) 정의

항공기를 이용해서 공중이나 지상의 물체나 시설, 지형 등을 사진 또는 영상으로 찍는 일. (국방과학기술용어사전-'항공촬영, Aerial Shot')

2) 무인 항공촬영

무인 고정익기, 헬리콥터, 멀티콥터 등 다양한 무인 비행체에서 무선 원격조작으로 공중이나 지상의 물체나 시설, 지형 등을 사진 또는 동영상으로 촬영하는 것을 말한다.

3. 항공촬영의 역사

1) 세계적 역사

최초의 항공촬영은 헬리콥터에 사람이 탑승하여 지상의 물체나 시설, 지형 등을 카메라로 촬영하는 것에서부터 시작되었다.

초창기 항공촬영

동영상을 보시면 더 자세히 알아볼 수 있답니다!

▲ 초창기 사람이 헬리콥터에 탑승하는 방식의 항공촬영

1970년대 이후 미국에서 영화촬영기술의 발달과 함께 무인항공기를 이용한 항공촬영 기술을 이용한 촬영방식이 도입되었다. 기존의 항공기에 직접 사람이 탑승하여 촬영하는 경우 비행허가에 대한 복잡한 행정절차, 위험부담, 비용 등의 문제로 어려움이 있는 반면, 무인항공 촬영은 위의 문제점을 쉽게 해소한 혁신적인 촬영방법이었다. 무인항공기를 이용한 항공촬영의 경우 장비의 소형화로 인해 가까운 위치에서 다양한 각도로 촬영이 가능하며, 소음이 훨씬 적다. 신속성과 기동성을 갖추며, 비용적인 측면에서 훨씬 경제적인 이점이 있었다.

초창기의 무인항공기를 이용한 항공촬영 시 가장 큰 문제는 진동이었다. 촬영되는 사진과 동영상에 진동을 최소화하여 안정적인 결과물을 얻는 것이 기술의 핵심이었다.

취미용 짐벌
동영상을 보시면 더 자세히 알아볼 수 있답니다!

전문가용 짐벌
동영상을 보시면 더 자세히 알아볼 수 있답니다!

▲ 취미용 소형 짐벌과 영화사에서 사용하는 전문가용 짐벌

진동을 해결하고자 촬영장비 분야에서 다양한 짐벌Gimbal이 개발되었고, 항공촬영 전용 짐벌의 개발과 함께 문제점이 해소되면서 안정적이고 부드러운 영상물을 얻을 수 있게 되었다.

2) 우리나라 역사

우리나라에서 최초로 시도한 무인항공기 항공촬영은 YAMAHA에서 농업용 무인헬기로 개발된 RMAX L-17을 개조하여, 하부 살포장치 대신 3축 짐벌과 카메라를 장착한 항공촬영 사례가 있다.

▲ 국내 무인항공촬영

이 무인헬기를 이용해서 '웰컴투 동막골' 영화 촬영과 현대상선 광고촬영 등 다양한 촬영 분야에서 유용하게 사용되었다.

영화 웰컴투 동막골 촬영 작업(삼양목장)

현대상선 광고촬영 작업
(거제도 앞바다 현대LNG선상)

항공사진 촬영용 소형 3축 짐벌 장착한
RMAX L-17 무인헬기

항공촬영/Mobile Cam용 3축 짐벌

▲ 국내 무인항공촬영

무인항공기를 이용한 항공촬영은 기체에 장착된 카메라가 보내오는 촬영 영상을 무선으로 송수신하여 운용자가 원하는 사진이나 동영상을 촬영한다. 최근에는 HD급 이상의 고품질 영상을 실시간으로 방송국에 중계하여 항공영상을 생방송으로 송출하는 작업도 가능해졌다. 2014년에는 소치 동계올림픽 당시 10여대의 항공촬영용 드론들이 스노보드, 스키 점프 등의 경기 영상을 생중계 하는데 사용되었다.

▶ 2014 소치 동계올림픽 항공영상 중계 드론

4. 항공촬영용 드론의 종류

양질의 영상 품질, 일반 레저용 촬영 드론

MAVIC PRO	PHANTOM 4 PRO
· 뛰어난 휴대성의 접이식 디자인 · 3축 짐벌 및 4K 카메라 · 최대 비행 시간 27분 · 세로 방향 촬영 모드	· 1" 20 MP CMOS 센서 · 비행 시간 30분 · 5방향 장애물 감지 · 업그레이드된 전송 시스템

고품질, 고사양의 전문가용 촬영 드론

INSPIRE 2	MATRICE 600 PRO
· 최대 비행 시간 27분 · 최대 속도 94km/h · 최대 제어 범위 7km · 1080p 실시간 뷰	· A3 프로 비행 컨트롤러 · 완벽한 통합 접이식 구조, 간편함 · 6개의 배터리 동시 충전 · 페이로드 6kg

5. 항공촬영 실무

1) 촬영계획

① 제작의도 파악

영상제작을 의뢰한 제작자가 원하는 촬영 영상의 목적(홍보-광고, 영화, 측량, 자료수집, 분석 등) 및 영상 포맷(JPEG, RAW, MP4, MOV)이 무엇인지 먼저 파악해야한다. 영상의 목적과 포맷에 따라 기체, 카메라, 촬영기법, 후처리 프로그램 등이 결정된다.

② 촬영장비(단순홍보, 방송, 영화 구분)

영상제작 의도에 따라 결정된 목적, 포맷을 수행하기 적합한 기체 및 카메라를 선택한다. 항공 촬영에는 카메라뿐만 아니라 기체의 성능(비행성능, 영상저장, 송/수신 성능, 페이로드 등)을 고려한다. 촬영용 드론을 크게 네 가지로 분류하면 다음과 같다.

- **일반 레저용 촬영 드론** : 휴대성이 좋은 접이식 구조의 소형 멀티콥터
- **산업용 특수/촬영 드론** : 맵핑용 고정익기, 특수촬영용(열화상, 적외선 등) 소형 멀티콥터, 장애물 회피기능 탑재
- **방송 촬영 드론** : 고품질의 실시간 영상중계가 가능한 멀티콥터
- **영화 촬영 드론** : Phase One iXM, RED EPIC DRAGON BODY 등 전문가용 카메라 탑재가 가능한 멀티콥터

▲ 1억만 화소 무인항공 촬영용 카메라. Phase One Industrial iXM Series

1억만 화소 드론 카메라
동영상을 보시면 더 자세히 알아볼 수 있답니다!

③ 비행계획

본격적인 촬영을 진행함에 있어 가장먼저 해야 할 일은 "안전확보"이다. 안전이 확보되지 않은 항공촬영은 매우 위험할 뿐만 아니라 큰 사고를 가져올 수 있다.

■ 사전 답사

촬영지와 비행콘티를 확인하며 위험요소를 파악한다. 주로 촬영지의 동서남북 방위 확인, 시간별 빛 이동 확인, 바람 확인(돌풍, 빌딩풍, 회오리풍 등) 등 사진을 촬영하여 촬영 팀과 공유한다.

■ 위험요소 파악

눈에 보이지 않는 위험요소를 파악하며, 가능하다면 제거 또는 회피계획을 수립해야 한다. 촬영지에는 드론에게 위협이 되는 장애물(모래, 먼지, 물, 바람, 전기줄, 평편하지 못한 착륙지 등)과 무선 통신을 방해하는 치명적인 전파장애요소(자기장, 전력시설, 조명, 음향, 무전 등)가 있다. 눈에 보이지 않는 위험요소를 제거했을 때, 비로소 안전비행의 시작이라고 볼 수 있다.

■ 비행동선 확인

현장에서 제작자와 상의된 영상콘티를 확인하며 적절한 비행동선을 파악한다. 위험요소가 확인된다면 수정 또는 회피하는 비행동선으로 재계획한다.

■ 비상착륙지 선정

최종 결정된 비행동선을 따라 비행 중에 기체 이상 시 지상의 인명, 시설, 장비에 최소한의 피해를 주는 안전한 장소로 비상착륙을 실시할 비상착륙지를 선정한다.

■ 운용인원 구성

· 1인 운용

① **조종자** : 1인이 기체 조종과 영상촬영 모두 담당한다. 주로 단순하고 천천히 촬영하는 영상콘티에 적합하다.

· 2인 운용

① **조종자** : 영상 콘티에 따라 정해진 경로를 비행하며, 온전히 기체 조종만 담당한다.

② **영상감독** : 짐벌과 카메라를 조작하여 카메라가 피사체를 추적 또는 다양한 기법으로 촬영되도록 담당한다.

· 3인 운용

① **조종자** ② **영상감독** : 주로 난이도가 높은 촬영에 적합하며, 개인의 전문성과 서로의 신뢰성이 높아야 한다. 조종자와 영상감독의 역할은 2인 구성과 같다.

③ **보조자** : 비행이 원활하도록 기체정보와 촬영정보를 모니터링 해주며, 위험요소를 사전 인지해서 안전한 비행이 되도록 안내해주는 역할이다. 또한 기체, 짐벌, 카메라 세팅 시 준비가 원활하도록 지원한다.

■ 기상정보 파악

촬영 일정에 따른 촬영지의 기상정보(바람, 습도, 온도 등)를 파악한다.

④ **비행승인과 촬영허가**

무인항공촬영 진행을 위해서는 촬영지의 허가/비행금지 공역 유무확인과 비행승인, 촬영허가를 신청해야한다.

■ 비행공역 확인

스마트폰 어플리케이션 중에 드론 공역을 안내하는 어플리케이션으로 DroneFly, Ready to fly, SafeFlight 등이 있다. 현재위치의 비행공역을 확인하여 비행가능 여부를 확인하고 비행이 필요한 경우 반드시 비행승인 신청을 진행해야한다.

드론플라이 DroneFly
제이씨현시스템(주)
지도/내비게이션

Ready to fly -
드론,drone,비행금지
Winny Soft

SafeFlight - 비행금지구역, 드론, DJI
Dongwook Byun

▲ 드론 공역 안내하는 어플리케이션

▲ 현재 위치 비행공역 확인

드론 공역 안내 어플
동영상을 보시면 더 자세히 알아볼 수 있답니다!

■ 비행승인과 촬영허가 신청

비행승인과 촬영허가 신청은 온라인 「항공기 운항스케줄 원스탑 민원처리시스템-www.onestop.go.kr」에서 회원가입 후 신청접수 가능하다.

1. 홈페이지 화면에서 로그인 후 이용 가능하다.

2. 신청서 선택 〉 무인비행장치 〉 비행승인신청서 또는 촬영허가 신청서에 들어간다.

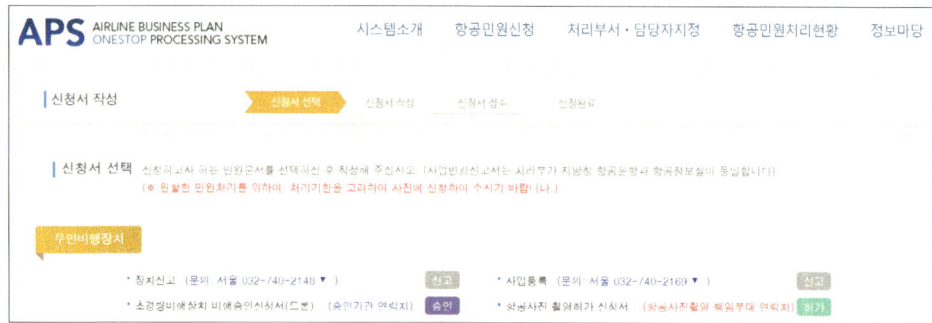

3. 비행승인 신청서를 작성한다.

		초경량비행장치 비행승인신청서 (드론) [군관련공역 현황] [접수(처리)부서별 연락처]	처리기간 3일

신청인	• 성명/명칭	이재원	• 생년월일	
	• 주소	[우편번호]		
	• 연락처	□-□-□ (팩스) □-□-□		

비행장치	• 용도/무게	○ 영리 ○ 비영리 ○ 연구용 ○ 비연구용 ○ 최대이륙중량 25kg초과 ○ 최대이륙중량 25kg이하 자체중량 12kg초과 ○ 자체중량 12kg이하
	• 신고번호	※ ex) B0000, S0000 (비영리 목적 자체중량 12kg미만은 신고번호를 입력안하셔도 됩니다.)
	• 종류/형식	무인비행기 ▼ [검색] ※ 검색창에 해당 형식이 없는 경우에는, 직접 입력해 주시기 바랍니다.
	• 소유자	(전화번호) □-□-□ [신청인 정보와 동일함]
	• 안전성인증서번호 (유효만료기간)	[인증번호불러오기] 외 ▼ 대 [추가]

비행계획	• 일시	- ※ 기간은 6개월을 초과할수 없습니다. (군공역은 주말에만 사용 가능)
	• 구역	[우편번호] [직접입력] (비행계획 구역이 군관련 공역인 경우, 처리기간이 5일 소요될 수 있습니다)
	• 비행목적/방식	항공방제 ▼
	• 보험	가입 ○ 미가입 ○
	• 경로/고도 [추가] [삭제]	반경 □ m 고도 □ ft AGL

조종자	• 성명	[조회] [신청인 정보와 동일함] • 생년월일
	• 주소	[우편번호] 외 ▼ 명 [추가]
	• 자격번호 또는 비행경력	

첨부파일		자체중량 12kg 이하 무인동력 비행장치(드론) 및 자체중량 12kg, 7m 이하 무인비행선		자체중량 12kg 초과 최대이륙중량 25kg 이하 무인동력비행장치(드론)		최대이륙중량 25kg 초과 무인동력비행장치(드론)		자체중량 12kg, 7m 초과 무인비행선	
		비사업용	사업용	비사업용	사업용	비사업용	사업용	비사업용	사업용
	항공촬영승인서 (항공촬영시)	○	○	○	○	○	○	○	○
	초경량비행장치 제원/성능표 (사진포함)	○	○	○	○	○	○	○	○
	초경량비행장치 신고증명서		○	○	○	○	○	○	○
	보험가입증명서		○		○		○		○
	초경량비행장치 사용사업등록증		○		○		○		○
	초경량비행장치 안전성 인증					○	○	○	○
	초경량비행장치 조종자 증명				○		○		○

* 해당 서류 미첨부시 신청서가 반려되니 반드시 첨부바랍니다.
* 반려시 민원결과조회에서 해당 문서를 더블클릭하여 반려사유를 확인하여 주시기 바랍니다.

[파일업로드]

| 접수부서
담당자 지정 | 서울지방항공청 항공운항과 ▼ 이양미 ▼ (비행계획-구역 주소의 관할부서 및 담당자로 지정되며 신청된 문서는 반려될수있습니다) |

항공안전법 제127조 제2항 및 같은 법 시행규칙 제308조 제2항에 따라 비행승인을 신청합니다.

DRONE

4. 촬영허가 신청서를 작성한다.

5. 민원결과조회 창에서 진행상황 확인이 가능하다.

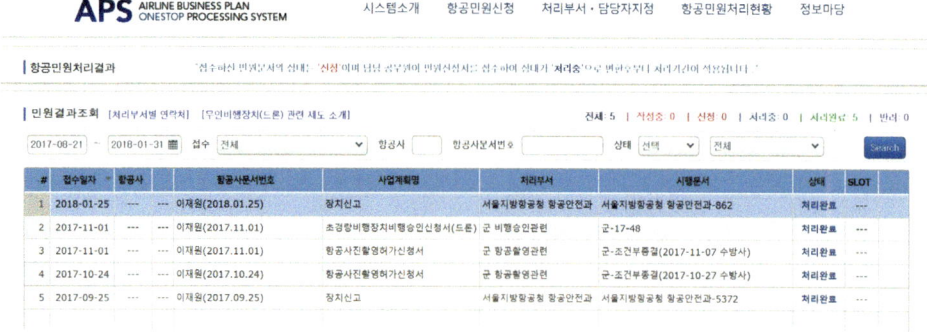

2) 장비점검

① 기체
- 하드웨어 점검(로터, 모터, 변속기, 프레임, 스키드 등)
- 커넥터 연결부 확인
- 배터리 점검(셀 균형, 전압, 커넥터 등)
- FC(소프트웨어) 점검(GPS, IMU, 회피센서 등)
- 영상 입출력 및 기체정보 수신 상태 점검
- 조종기 바인딩 및 채널 설정 확인

② 짐벌
- 기체와 짐벌의 연결부 확인
- 카메라 장착(균형) 확인
- 기타 하드웨어 점검
- 젤로현상(Jello effect) 유무 확인
- 전원부 및 영상송출 배선 확인
- 짐벌 모터 부하 테스트
- 전원인가 및 시험구동(진동확인)
- 카메라 제어 장치 확인

③ 카메라
- 하드웨어 점검(바디, 렌즈, 필터, 후드 등)
- 배터리 점검
- HDMI 실시간 송출 커넥터 및 설정 확인
- REC START/STOP 작동 확인
- 짐벌-카메라 마운트 고정상태 점검
- 포커스 및 줌아웃 컨트롤러 작동 확인

④ 배터리 및 충전기
- 배터리 외형 점검
- 배터리 완충상태 확인
- 충전기 설정화면 확인
- 개별 Cell 전압, 저항 값 확인
- +, – 커넥터 상태 점검

3) 촬영기법

① 정지비행 Hovering

공중에서 정지한 상태로 피사체를 촬영하는 기법이다. 고정된 위치에서 움직이는 피사체를 촬영할 경우 사용된다.

② 버드아이 Bird Eye

피사체에 대해 90도 수직에서 촬영하는 기법이다. 촬영 고도에 따라 피사체의 영역을 확대/축소 할 수 있다.

③ 수직상승 Rocket Shot

90도 수직 아래인 앵글에서 수직으로 상승하며 팬(Pan)축을 회전시키는 촬영 기법이다. 로켓이 쏘아 올라가는 느낌과 비슷하다.

④ 트래킹 Tracking

움직이는 피사체에 대해 일정 거리, 초점을 두고 같이 수직 또는 수평으로 따라가며 촬영 기법이다. 주로 자전거, 오토바이, 자동차 등을 따라가는 광고 및 영화에서 사용된다.

⑤ 에어리얼 팬 Aerial Pan

드넓은 풍경을 한번에 촬영할 때 사용하는 기법이다. 드론이 정지한 상태에서 팬Pan축을 회전시켜 촬영한다. 파노라마 촬영과 같은 원리이다.

⑥ 달리아웃 Dolly Out

특정 피사체와 멀어지면서 전경을 촬영하는 기법이다. 특정 피사체로부터 후진과 상승이 동시에 조작된다. 가까운 피사체에서 전경을 담는 줌-아웃과 같은 느낌을 낼 수 있다. DO로 약칭한다.

⑦ 달리인 Dolly In

전경에서 특정 피사체로 접근하는 촬영 기법이다. DI로 약칭한다.

⑧ POI Point Of Interest

특정 피사체를 중심에 두고 드론이 360도 원형으로 측면이동하며 촬영하는 기법이다.

⑨ 붐업, 붐다운

드론을 상승 또는 하강시키며 짐벌의 틸트각을 조종해주어 특정 피사체의 중심을 유지하는 촬영 기법이다.

4) 자료관리

① 촬영영상 데이터 백업

영상촬영 종료 후 반드시 현장에서 노트북 등을 이용하여 영상 콘티대로 촬영영상이 정상적으로 저장되었는지, 오류는 없는지 확인이 필요하다. 이상이 없을 경우 각 영상파일에 날짜, 장소, 시간, 콘티번호 등을 기입하여 저장한다.

▲ LaCie DJI Copilot - Backup on Location Without Laptop

LaCie DJI Copilot
동영상을 보시면 더 자세히 알아볼 수 있답니다!

② 후 편집 프로그램

영상 후 편집을 위한 프로그램은 목적에 따라 매우 다양하다. 하지만 프로그램 이전에 편집에 사용되는 컴퓨터 사양이 매우 중요하다. 컴퓨터 사양이 결국 생산성(영상 편집 중 에러, 랜더링 작업시간)과 직결됨으로 내가 필요로 하는 영상의 품질, 시간, 효과 등을 정확하게 파악하는 것이 중요하다.

■ 영상편집

· **베가스 프로**Vegas Pro

① 소니에서 제작한 영상편집 프로그램이다. 윈도우 기본 영상편집 프로그램인 무비메이커 보다 고급화된 기능이 있으며, 다양한 트랜지션과 비디오 이펙트가 있다. 컷 편집 등 여러 영상편집 방법이 직관적이고 간단해서 초보자가 접하기 좋다. 저사양 컴퓨터에서도 구동이 가능하다.

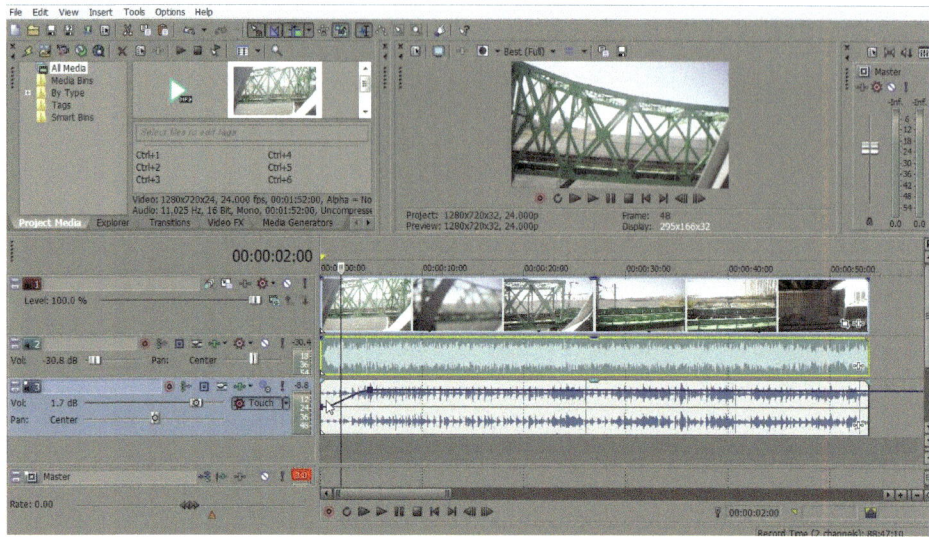

▲ 베가스 프로(Vegas Pro)

· 프리미어 프로Premiere Pro

① 어도비에서 영상 전문가를 위해 제작한 영상편집 프로그램이다. 방송국, 광고, 영화 등에서 필요로 하는 다양한 CG, 모션그래픽, 3D 등 고급/특수 효과가 가능하며 호환 프로그램인 '에프터 이펙트'를 응용하면 더욱 다양하고 풍부한 전문 영상 편집이 가능하다. 하지만, 프로그램을 정상적으로 구동시키려면 고성능 컴퓨터가 필수적이다.

▲ 프리미어 프로(Premiere Pro)

- 파이널 컷 프로final cut pro

애플의 맥Mac 전용 영상편집 프로그램이다. 맥만의 독자적인 운영체제로 매우 직관적이며 안정적이다. 또한 프리셋이 세련됐고, 렌더링 속도가 매우 빠르다. 하지만, 파이널 컷은 윈도우에서는 사용이 어렵고 맥에서만 가능하다.

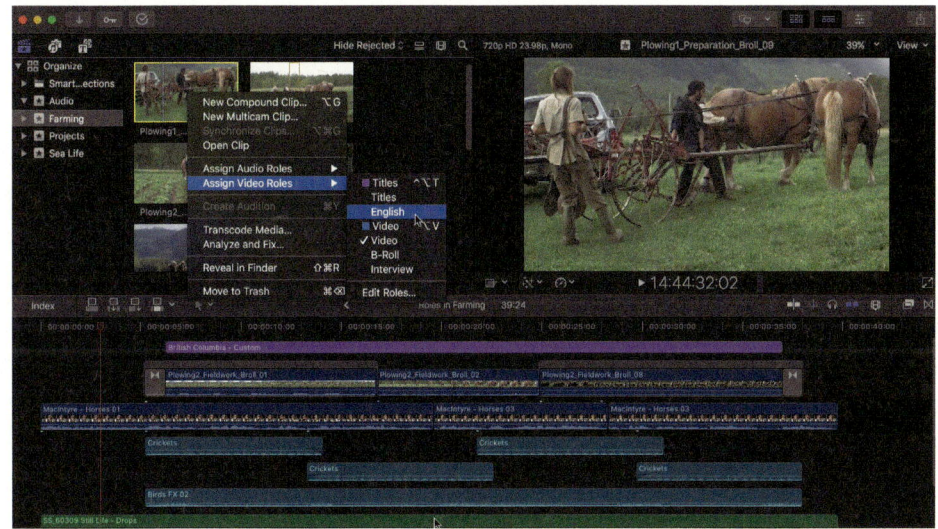

▲ 파이널 컷 프로(final cut pro)

■ 측량

- 3D Survey

TSS의 측량 맵핑 소프트웨어인 '3D Survey'는 일반측량과 공공측량에 적합한 소프트웨어로 정사영상과 도면작도가 한번에 모두 가능하다. 면적/볼륨 계산, 리포트 제작, 도면 제작, 물량산출, 다양한 형태의 파일 내보내기, 종/횡단, 거리측정, LIDAR, DSM, 포인트 클라우드, DTM 변환 등 다양한 기능이 있으며, 합리적이고 경제적인 소프트웨어 사용 가격이 장점이다.

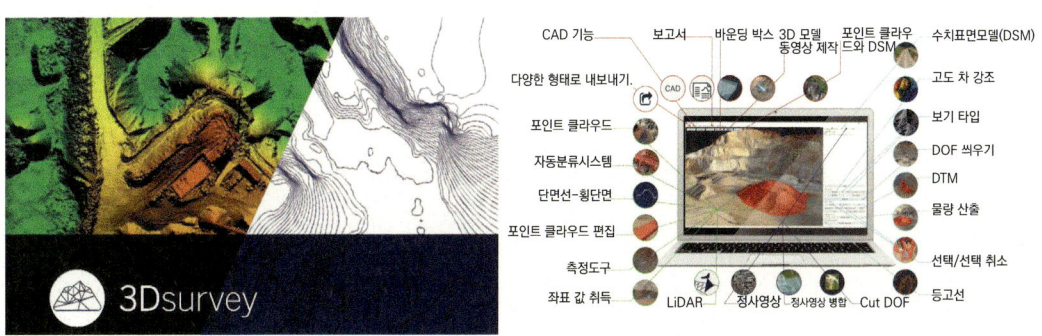

▲ 3D Survey

- Pix4D

파이프 라인, 산업 장비, 굴뚝 및 삼각형 구조와 같은 복잡한 기하학 구조를 가진 개체를 포인트 클라우드를 통해 디지털 3D 환경에서 개체의 위치를 나타낼 수 있는 가장 간단하고 정확하게 구현 할 수 있다. 이러한 단순성으로 다양한 측량 및 엔지니어링 프로젝트에서 선호된다. 클라우드 내 지리 데이터, 정확한 시각 참조, 대형 프로젝트의 원활한 표시 및 탐색이 주요 장점 및 기능이다.

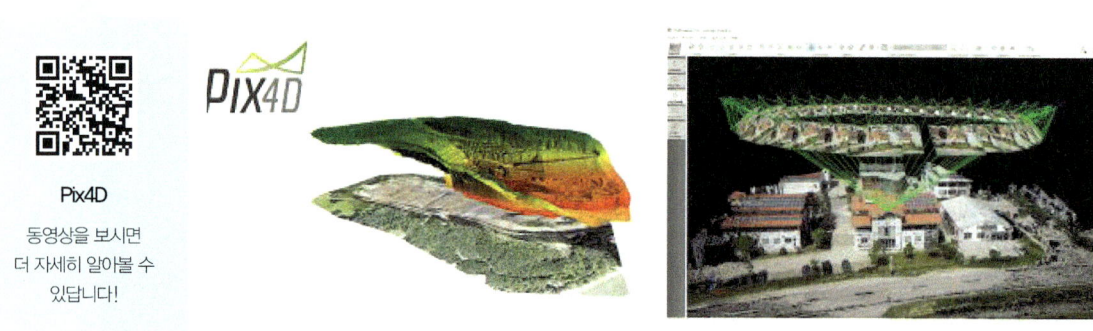

▲ Pix4D

6. 항공촬영 시장과 미래 전망

[출처] 보안뉴스 / 日서 새로 주목받는 직업, 드론 조종사 / 김성미 기자

일본 드론조종사협회(DPA)는 2020년까지 14만명의 조종사가 필요할 것으로 추산하고 있다. 특히, 인프라 조사와 점검, 농업에서만 약 10만명이 필요할 것으로 보고 있으며, 보안과 항공촬영, 측량 분야에서도 3만~4만명까지 꾸준히 증가할 전망이다.

KOTRA 오사카무역관이 인재파견회사인 P사의 담당자에게 드론 조종사 수요 전망에 대해 문의한 결과, 이 담당자는 "구체적인 요청은 많지 않으나 앞으로 구인 수요가 증가할 분야 중에 하나"라고 답했다.

태양광, 풍력 발전소 등 지속적인 정비가 필요한 시설들이나 사람이 쉽게 접근하기 어려운 고층빌딩, 교량 등의 측량, 조사 업무는 앞으로 드론이 담당하게 될 가능성이 높다.

◀ 국내 드론 유망분야 및 활용모델

분야	활용모델	기대효과
공공 건설	토지보상 단계 현지조사	비용 50%절감(연간 약 10억원), 해상도 10배 증가
하천 관리	하천측량 및 하상변동조사	비용 70% 절감 및 작업시간 90% 단축
산림 보호	소나무 재선충 피해조사 (국토의 64%가 산림)	인력 대비 90% 기간단축 및 1인당 조사 면적 10배 증가
수색·정찰	적외선 카메라 탑재 드론 활용 실종자 수색	인력 접근이 어려운 지역 효과적 수색·탐지
에너지	송전선 철탑 안전점검 (철탑 4만 2,372개)	점검시간 최대 90% 단축 1일 점검량 10배 이상 증가
국가 통계	농업면적 등 통계조사 (3만 2천개 표본조사구)	인력 접근이 어려운 지역 효과적 조사

CHAPTER 02 항공방제(살포)

> 항공방제 분야는 높은 생산성과 효율성 증가로 농가들의 병해충 근심을 덜어줘 다양한 농업에 큰 도움을 주고, 농촌노동력 부족을 해소하는 데에도 크게 기여하고 있다.

1. 개요

 농촌지역은 이미 오래 전부터 고령화로 인한 노동인력 부족 등 여러 복합적인 문제를 겪고 있다. 그 중 인체에 유해한 농약살포 작업은 근로자들의 작업 기피도가 높아지며, 노동인력 부족문제 또한 함께 증가하고 있다.

▲ 농촌에서 호스로 농약을 살포하는 모습

 이러한 문제를 해소하고 농업 생산성을 높이고자 우리나라는 2003년을 시작으로 무인항공 방제사업을 확대 실시하고 있다. 현재는 다년간 진행된 결과물을 바탕으로 무인항공방제의 신뢰도를 검증받게 되었다.

 항공방제 분야는 높은 생산성과 효율성 증가로 농가들의 병해충 근심을 덜어줘 다양한 농업에 큰 도움을 주고, 농촌노동력 부족을 해소하는 데에도 크게 기여하고 있다.

 주니퍼 리서치Juniper Research는 2016년에 판매된 드론 중 46%를 농업용 드론으로 추정했으며, 국제무인비행시스템협회(AUVSI)는 미래의 산업용 드론 시장 80%는 농업용 드론이 차지할 것으로 예측했다.

2. 항공방제란?

1) 일반적인 항공방제

사람이 직접 고정익 및 회전익 항공기에 탑승하여 항공기에 장착된 살포 장치를 이용해 병해충 방제 및 시비 등 살포하는 작업을 말한다.

유인 항공방제는 활주로, 격납고, 연료보급 등 지원시설이 대형이며, 살포작업 특성상 저공비행 시 전봇대 등 장애물과 충돌할 위험이 매우 높다. 최근 비슷한 생산성을 가진 무인 항공기가 등장하면서 안전성 높은 무인 항공방제가 증가하고 있다.

▲ 고정익, 회전익 유인항공방제

2) 무인 항공방제

사람이 비행체에 탑승하지 않고, 무선 원격조종으로 헬기, 멀티콥터 등을 통제하여 항공방제 작업하는 것을 말한다.

무인 항공기를 이용하면 비용절감, 적기방제, 소규모 정밀방제, 소음대책이 비교적 양호하며 안전성이 뛰어나다는 평가를 받고 있다. 최근 들어서는 유지비가 비교적 저렴한 무인 멀티콥터를 이용한 농작업이 꾸준히 증가하고 있다.

▲ 멀티콥터 항공방제

고정익 유인 항공방제
동영상을 보시면
더 자세히 알아볼 수
있답니다!

멀티콥터 항공방제
동영상을 보시면
더 자세히 알아볼 수
있답니다!

3. 항공방제의 역사

1) 해외의 역사

1982년 일본 정부는 다가올 인구문제 중 고령화 사회를 예측하여 농업분야의 대안으로 'YAMAHA'사에 농업용 무인헬기 개발을 요청했다.

YAMAHA는 농업용 무인헬기 개발을 시작하여, 1986년 첫 번째 농업용 모델인 RCASS(동축반전형 무인 헬리콥터)를 개발했다. RCASS를 시작으로 무인항공기를 이용한 농업 산업이 본격화 되었다.

1982	일본 정부가 YAMAHA에 개발 요청
1986	첫번째 농업용 모델인 RCASS 개발 (동축반전형 무인헬리콥터)
1990	R-50 출시
1997	RMAX 출시 YAMAHA 자동비행 무인헬리콥터 개발 시작
1999	YAMAHA 자동비행 시제기 모델 제작 Mt.Usu 화산 관측 시험 실시
2000	Autonomous RMAX 출시
2001	RMAX Type II 출시 FAZER 출시

RCASS(CO-Axial Rotor)

R50

RMAX

Autonomous RMAX

FAZER

Agricultural RMAX

농업용 무인헬기
R MAX

동영상을 보시면 더 자세히 알아볼 수 있답니다!

이후 다양한 성능 개선 등을 통해 꾸준히 성장한 YAMAHA는 2000년 RMAX 모델을 출시하였고, 전 세계 다양한 농업환경에 수출되었다. 하지만, 한 대당 가격이 2억원에 달하고 높은 유지 및 정비비용이 발생하였기 때문에 파급적인 보급이 되기는 어려웠다.

중국 최대 농기계 및 건설장비 업체인 ZOOMLION은 2010년 항공방제용 멀티콥터 개발에 착수하여 2012년 본격적으로 Z-Lion-10 모델을 출시했다. 이 모델은 전 세계적으로 5,000여대가 판매되어 실제 방제 현장에서 사용되었다.

한 대당 2억원에 달하는 무인헬리콥터에 비해 한 대당 3,000만원 정도였던 멀티콥터의 등장으로 농업용 무인기 시장의 흐름이 변화했다.

▶ 농업용 멀티콥터 ZOOM LION - Z Lion 10

현재 농업용 무인기 시장은 무인 멀티콥터가 압도적이며, 입제/액제/분재 살포가능, 자동비행, 장애물 회피기능 등 혁신적인 기술개발로 꾸준히 성장하고 있다.

2) 우리나라의 역사

최초의 국내 무인헬리콥터 항공방제는 2003년 YAMAHA사의 RMAX를 국내 도입하며 시작되었다. 이후 국내회사인 '성우엔지니어링'에서 농업용 무인헬리콥터를 개발하며 REMO-H를 출시했다. 하지만, 2015년 중국이 저렴한 가격으로 멀티콥터를 출시하자 세계적인 농업용 무인기 흐름이 멀티콥터로 넘어오게 되었다. 뒤늦게 국내 항공방제 회사들도 멀티콥터 개발에 착수했다.

▲ '카스컴'사의 AFox-1/s

2015년 국내 초창기 멀티콥터는 '카스컴'사의 AFox-1/s 모델의 출시였다. 이후 여러 회사에서 국내생산으로 기체 개발을 했지만, 실제 국산장비로 불릴 수 있는 것은 거의 없었다. 모터, 변속기, 비행컨트롤러, 로터, 프레임, 배터리 등 핵심 부품 대부분이 중국에서 수입하거나 완제품을 그대로 수입해 판매했기 때문이다.

▲ (농업용 DIY 기체) www.arrishobby.com /
ARRIS E615 6 Axis 15kg Agricualtural Spraying Drone.

현재의 국내 농업용 무인항공기 기체 시장은 개인이 직접 중국에 부품을 주문하여 직접 조립하는 DIY(Do It Yourself) 기체가 증가하고 있다. 국내 제조업체 기체는 한 대당 가격이 2,000~4,500만원(기본 2개조 배터리포함)인 점에 비해, 개인이 동일한 모델의 부품을 직접 주문하여 조립했을 때 한 대당 가격이 250~500만원(배터리 제외) 내외로 가능하기 때문이다. 단, DIY 기체를 KC인증 등을 받지 않고 유통하는 것은 불법임으로 본인만 사용하여야 한다. 점차 항공방제 조종자들은 가격적인 부분에서 훨씬 저렴한 DIY 기체 선택이 증가하고 있다.

4. 항공방제용 드론과 살포장치

1) 방제드론의 종류

반디, 메타로보틱스

리모팜, 유콘시스템

MC-16, 휴인스

천풍, 대한무인항공서비스

JJ-d150, 진항공시스템

순돌이, 스마트항공

MG-1,DJI

빔아티잔, 한화테크원

카드1200, 한국헬리콥터

2) 살포장치 종류

① 약제살포 드론

▲ TTA. M6E. 농업용 드론(TTA)

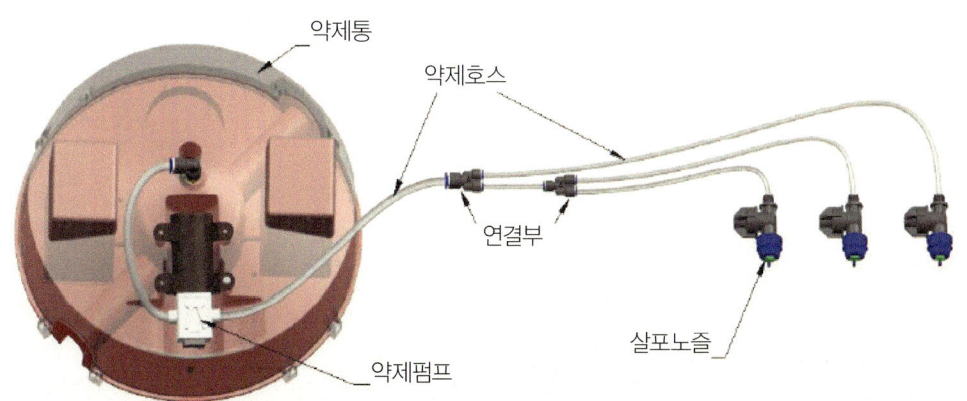

▲ ZOOMLION. Z Lion-10. 농업용 드론 액제 살포장치

② 입제살포 드론

▲ ㈜한국농업드론. SM-1000.

② 분제살포 드론

▲ ZOOMLION. Z Lion-10/20

5. 항공방제 실무

1) 작업 전 점검

방제작업에 있어서 아무리 비행 및 방제작업에 익숙해져 있어도, 작업 전 점검을 충분히 실시해야 안전하게 작업을 진행할 수 있다. 작업의 시작 전에, 다음 항목에 관해서는 반드시 점검을 해야 한다.

① 살포지역의 점검항목

- 비행승인 여부 확인?
- 가축, 양잠, 양봉, 양어장 등에 대한 배려는 충분한가?
- 주차장, 자동차 정비소등 약제에 의한 도장 오염의 위험은 없는지?
- 통학로와 교통량이 많은 도로 옆 등의 작업시간대에 대해서의 배려는 충분한가?
- 전작 작물, 기타 대상 외 작물에 약해 등의 염려는 없는가?
- 작업의 순서, 안전작업을 위한 지시등, 살포 관계자와의 협의와 확인을 마쳤는가?

② 조종자가 해야 할 점검항목

- 위험장소, 장해물의 위치 살포 제외 구역에 대해서 확인을 마쳤는가?
- 풍향, 풍속의 확인
- 지형, 건물 등의 확인
- 작업 계획면적과 약제배분, 작업 순서 등의 확인

③ 정비에 관한 검검항목

- 살포장치의 조정에 실수는 없는가?
    - 비행제원과 분당 분사량과의 관계
    - 고르지 못한 분사
    - 흘러서 뚝뚝 떨어짐
- 살포약제의 제형, 제재의 물성, 혼용 등으로 생기는 문제들과 그 방지 대책에 대해서 준비되어 있는가?
- 약제의 조정, 적재 등의 작업에 불안한 사항은 없는가?

④ 방제작업 준비물

- 운반용 자동차에 적재할 물건
    - 무인비행장치 세트
    - 공구(정비용)
    - 풍속계
    - 물
    - 예비 배터리
    - 배터리 측정기
    - 마스크
    - 살포탱크(예비 탱크) 등
    - 연료/펌프 등
    - 소화기
    - 장갑
    - 헬멧
    - 구급상자
    - 약제

- **깃발** : 사전에 살포할 지형의 살포 경계에 꽂아 둔다.
- **무전기** : 살포작업을 할 때 조종자와 신호자가 연락을 취하기 위해서 사용한다.
- **전파모니터** : 비행 전에 강력한 전파나 동일 주파수의 전파의 발생 여부를 조사한다.

2) 살포작업의 비행계획과 지도

① 살포작업의 계획

살포작업을 원활하고 안전하게 실시하기 위해서는, 작업 시작 전에 현장의 지형이나 작업구역을 충분히 확인하고, 계획면적, 살포 제외지역, 장해물의 위치 등을 정확하게 파악할 필요가 있다. 이를 위해 현장의 상태를 잘 알 수 있는 축척지도를 준비해야 한다. 작업지도는 작업의 정밀도나 효율, 살포비행의 안전에 직접 연관되므로 작업 전에 도상으로 작업구역 및 장애물, 진/출입로 등을 확인표시하고, 이전에 사용한 작업지도를 사용하는 경우에는 지형/장애물의 변화 여부를 재확인한다.

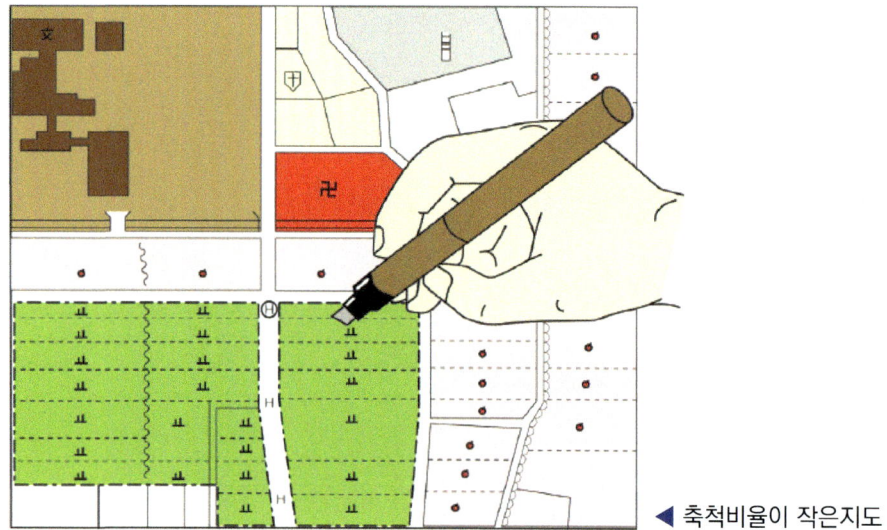

◀ 축척비율이 작은지도

② **부적합 지역과 살포 제외 지역**

- **부적합지역이란?**

    산업용 무인비행장치를 이용하여 적정한 항공방제를 실시하기 위해서는 비행 장애물이 없어야 하고, 조종자의 접근로 등이 확보되어야 한다. 이것은 유사시에 비행장치 및 조종자의 안전을 확보하기 위한 것으로써, 살포 비행하는 것이 심각하게 불안하다고 예상되거나 안전한 살포작업이 불가한 지역은 작업을 진행해서는 안 되는 곳이라 할 수 있다.

③ **방제 제외지역**

    산업용 무인비행장치는 유인헬리콥터로는 살포할 수 없는 협소한 지역도 살포 가능하지만, 사전에 충분한 피해 예방조치를 강구할 수 없는 곳이라고 생각되는 곳은 방제 제외지역으로 간주해야 한다. 특히, 다음 사항들을 고려하여 피해 발생 우려가 없는지 확인해야 한다.

- 공중위생 관련(가옥, 학교, 수로, 수원 등), 축잠수산 관련(가축, 가옥, 꿀벌, 누에, 어패류 등 수산동식물 등), 타 작물 관련(살포대상 이외의 농작물 등) 및 야생동식물 관련(천연기념물 등의 귀중한 야생 동식물)
- 산업용 무인비행장치의 조종자, 기타 작업자의 안전이 충분히 확보되어 있을 것

3) 이착륙 지점에서의 작업 간 안전사항

① **이착륙지점에서 작업을 할 경우, 주의 사항**

    이착륙지점에서 작업을 할 경우, 무인헬리콥터의 경우 메인로터가 회전하고, 있는 동안은 무의식중에 접근하지 않도록 통제해야 한다. 로터가 작은 멀티콥터형의 경우라도 로터가 회전할 때 접근할 경우 심각한 인명의 손상을 초래할 수 있다.

    또한 살포 관계자 이외의 사람이 무인비행장치나 약제에 접근하지 못하도록 주의해야 한다. 무인비행장치의 수직 이착륙 시 발생하는 모래먼지가

약제혼합용기, 물탱크 등에 들어가면 살포장치의 고장원인이 되므로 주의가 필요하다.

② **자재의 배치 방법**

약재 등의 자재를 모아두는 장소는 아래의 사항을 반드시 준수해야 한다.

- 적재는 너무 높지 않게 한다. (0.5m 정도)
- 약제혼합용기, 보조원의 대기위치 등은 이착륙 지점에서 15m 이상 떨어진 거리를 유지해야 한다.
- 로터의 풍압으로 떠오를 것 같은 물건(비닐, 빈봉지 등)은 미리 제거하거나 무거운 돌을 올려놓는 등의 조치를 해야 한다.

③ **이착륙지점 선정**

- 이착륙지점은 평탄하고 모래먼지가 일어나지 않는 농로 등이 안전하다.
- 설치장소에 경사가 있는 장소는 가능한 수평인 지점을 고른다.
- 이착륙지점 주변은, 로터의 풍압으로 작물이 손상될 우려가 있다. 이러한 점을 고려하여 이착륙지점을 선정한다.

④ **무인비행장치 탑재 용량**

① 작물 현장의 해발고도
② 기온, 습도
③ 장애물의 많은 곳

등 적재중량을 제한하는 요인이 있으므로, 항상 그 최대 성능을 발휘한다고는 할 수 없다. (작업을 하기 전에 적재 능력의 1/2정도로 확인 비행을 실시하는 것이 좋다.)

약제를 만재한 상태에서 이륙하는 경우, 최대의 마력을 필요로 하므로, 부드럽고 신중한 조작이 요구된다. 따라서, 과적은 장비의 비행제어 장애를 유발할 수 있으므로 피해야 한다.

⑤ 조종자/작업자 안전 준비 사항

무인항공 방제작업은 좁은 농로에 약제 살포 작업 작업이 요구된다. 이러한 작업 현장 상황에서는 안전을 위해 조종자의 복장, 행동 등에 관해서 다음 사항을 지켜야 한다.

- 헬멧의 착용
- 보안경, 마스크 착용
- 옷은 긴소매를 입고, 단추를 확실히 잠근다.
- 메인로터가 완전히 정지하기까지는, 무의적인 접근을 하지 않을 것

약제봉지의 절단조각, 실밥, 모래, 진흙 등의 이물질이 약제에 들어가면, 살포장치의 고장원인이 된다. 이물질이 혼입되지 않도록 특별히 주의를 기울여야 한다.

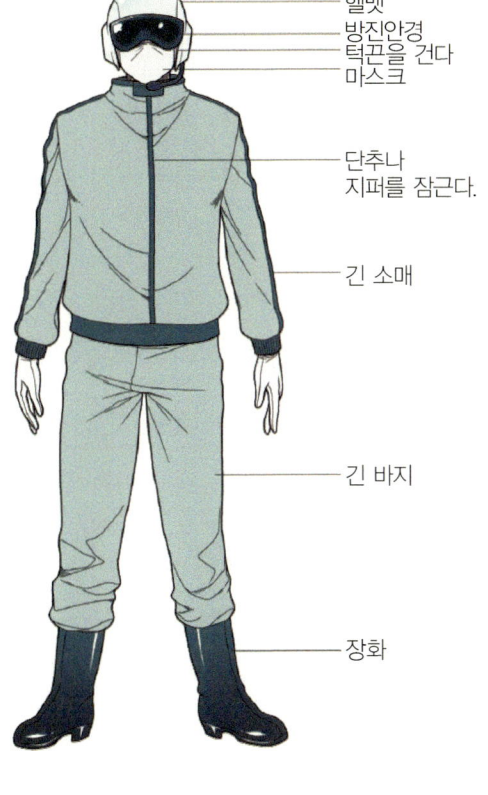

4) 무인항공방제 작업자의 구성과 역할

① 작업자들의 구성

살포작업은 반드시 팀으로 운용되어야 한다. 유자격 조종자 2명 이상으로서 조종자와 신호수의 역할을 교대로 진행하며, 약재를 준비해 주는 보조자 1명으로서 1팀에 최소 3명으로 구성되어 작업을 진행한다. 특히, 조종자와 신호수는 필수로 편성해서 작업을 진행한다. 대부분의 방제 작업간 사고는 이 신호수의 미 편성과 적절한 상호 훈련이 되지 않아서 발생한다. 모든 작업자들은 무인비행장치 이착륙할 때 15m 이상 떨어져야 한다.

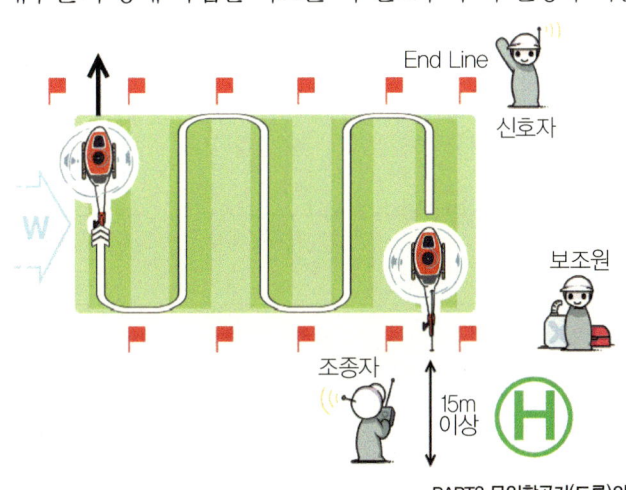

■ 조종자

　장비 종류에 적합한 조종자 자격을 취득하여, 무인비행장치를 조종하는 사람으로 비행에 관한 최종 판단을 한다. 대규모 살포의 경우, 2명이 서로 교대 작업하며 피로를 줄여야 한다. 조종자는 비행장치가 전방으로 전진 및 후진할 경우 속도를 인지하기 힘들므로 신호자의 지시에 따라 전/후진 비행 속도를 조절한다.

■ 신호자

　무전기로 전/후진간 속도와 함께, 조종자에게 비행장치가 논/밭의 끝선을 통과했는지 알리고, 필요할 경우 살포장치의 on, off 스위치를 누를 수도 있다. 오버런 상황이나 엔드라인 부근의 장해물(전선이나 표식 등)의 유무를 명확하게 알려준다. 신호자에게는 잘 보이는 장해물도, 조종자에겐 보이지 않는 경우도 있다.

■ 보조자

　운반차량을 운전하고, 무인헬리콥터의 연료나 살포하는 농업용 약재를 준비하여 보급한다. 또한 대규모 살포 등의 경우, 살포작업 할 포장을 안내할 수 있는 지리에 익숙한 사람으로 정하는 것이 좋다.

5) 살포비행 조종 방법

① 살포비행 기준

적용작물	작업명	살포방법	비행속도(Km/h)	비행고도(m)	비행간격(m)
수도	병해충방제	액제소량살포	10~20	3~5	5~10
		입제살포	10~20	3~5	5~10
	파종	산판	10~20	3~5	5~10
	제초	살포 포장 끝에서 5m 이상의 포장 내의 방제	10~20	3~5	5~10
밀류	병해충 방제	액제소량 살포	10~20	3~5	5~10
대두	병해충 방제	액제소량 살포	10~20	3~5	5~10
무	병해충 방제	액제소량 살포	10~20	3~5	5~10
		액제 살포	10~20	3~5	5~10
연근	병해충 방제	입제 살포	10~20	3~5	5~10
양파	병해충 방제	액제 살포	10~20	3~5	5~10
밤	병해충 방제	액제 살포	10~20	3~5	5~10
감귤	병해충 방제	액제 살포	20이후	3~5	5~10

- 적용 작물의 종류에 따라 달라질 수 있다.
- 비행고도는 작물위로부터의 높이
- 비행속도는 표준 살포량이 확보 가능한 범위 내에서 조종해야 한다.

② 기본 살포 비행 방법

- 공중살포는 바람을 고려해서 비행을 실시하는데, 측풍살포비행을 기본으로 하며, 조종자 및 주변환경 등에 영향을 충분히 고려하여 작업 효과를 확보하도록 한다.
- 비행 속도 및 비행 간격은 균일성이 확보되도록 조종한다.
- 비행 고도는 살포 약제의 물성, 기상조건, 살포 장소 및 주변 지역의 지형 등을 고려하여 가감하여 조종한다.
- 공중 살포는 가급적 기류의 안정성이 확보된 시간대에 실시하며, 계획하지 않는 범위로 약제가 확산되지 않는 범위의 풍속 조건에서 작업을 진행한다.

③ 지형별 살포 비행 방법

- 평지

  아래의 그림처럼 바람 방향에 대하여 직각방향으로 옆바람을 받도록 비행한다. 바람 부는 아래쪽으로부터 살포를 시작해 항상 바람 부는 위 방향으로 살포해가는 것을 원칙으로 한다. 단, 약제를 계속 살포하면서 헬기를 이동시키는 것은 과잉살포, 비산 등의 직접적인 원인이 되므로, 절대로 해서는 안 된다.

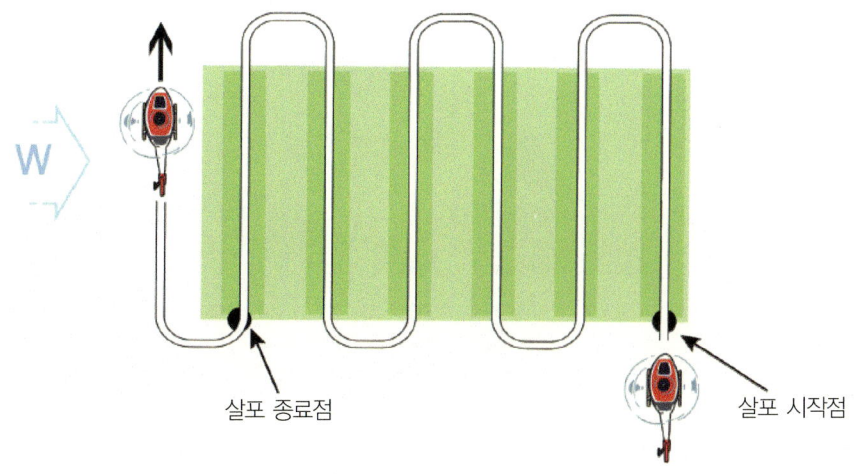

■ 경사지

경사지에서는 원칙적으로 등고선에 따라 상승하면서 살포 비행을 실시한다.

등고선 살포

■ 평행 장애물 지역

살포구역 내를 지나가는 전선, 교통량이 많은 도로 등 살포지에 평행한 장해물의 주변은, 이와 직각 방향으로 비행하는 것은 반드시 피하고, 장해물에 평행하여 2-3회의 살포비행을 먼저 실시한다.

장애물을 향해 비행하지 않는다.

■ 협소한 지형

좁은 지형, 깊숙이 들어간 복잡한 지형, 혹은 장해물이 있는 장소 등, 살포비행에 제약이 있는 곳은 적재량을 제한하여 여유 있는 상태로 작업을 할 수 있도록 배려한다.

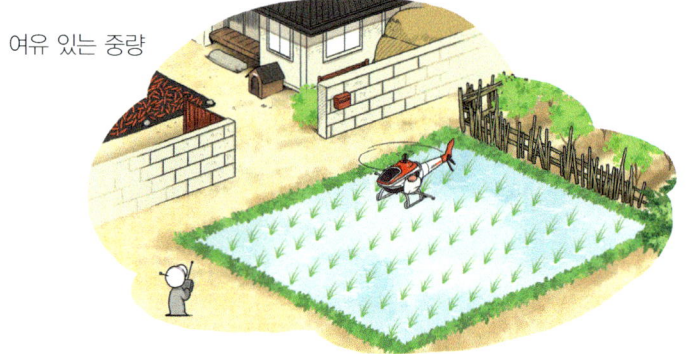
여유 있는 중량

6) 항공방제 시의 약제 관련 주의 사항

① 약제 살포 주의사항

- 살포장치의 살포 기준에 따라 실시한다.
- 약액이 새는 것을 방지하기 위해 살포용 배관과 살포장치를 점검한다.
- 특정 농약(혼합 가능여부가 확인된 것) 이외의 혼용을 금지한다.
- 살포지역의 선정에 충분히 주의를 기울이고, 경계구역 내의 모든 물체들에 유의한다.
- 맹독성 약제 취급 시 마스크, 장갑 등을 착용하여 직접 약액에 닿지 않도록 조심한다.

② 살포 작업 종료 후

- 빈 용기는 안전한 장소에 폐기한다.
- 약제잔량은 안전한 장소에 책임자를 정해 보관한다.
- 기체 살포장치는 충분히 세척하고, 세정액은 안전한 장소에 처리한다.
- 얼굴, 손, 발 등을 세제로 잘 씻고, 반드시 가글한다.

6. 우리나라에서의 항공방제 시장과 미래 전망

1) 농업 생육상태 분석 드론 시스템

특수카메라(분광카메라) 등을 이용하여 농업의 작황 상태 분석이 가능하다.

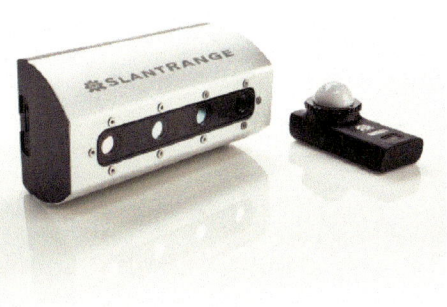

DRONE

Slantview drone

동영상을 보시면 더 자세히 알아볼 수 있답니다!

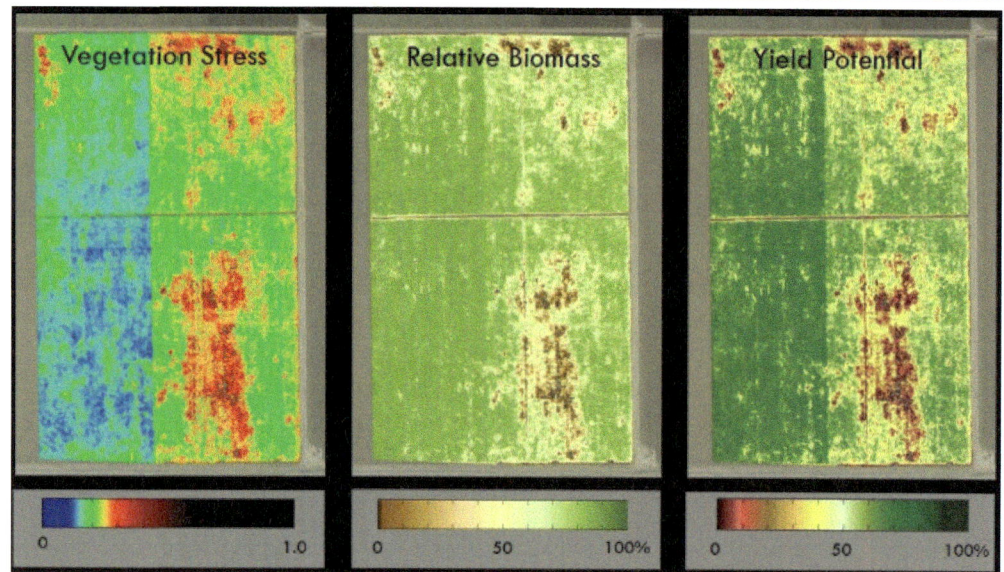

▲ Slantview drone, 농업 작황 분석, Slantrange, 미국

2) 야간 드론 정밀 항공방제

① 기존 항공방제

　　기존 드론 항공방제 기능 중 자동방제에 일반적으로 사용되는 GPS는 지자계 교란, 전파간섭, 기상 등 여러 요인으로 인해 오차율 증가로 정밀 비행에 어려움이 있었다. 또한, 태양이 높이 떠있는 11시~15시 동안에는 항공방제 시 약제가 증발하는 문제, 바람이 많이 부는 낮 시간 등의 여러 문제로 인해 비행을 피하는 경우가 있었다.

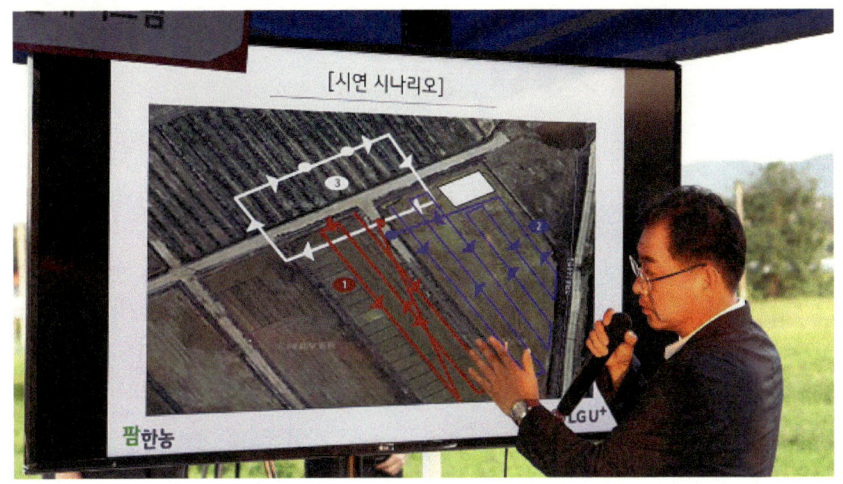
▲ LG유플러스 직원이 야간 드론 정밀방제를 위한 U+드론 관제시스템을 설명하고 있다.
(사진=LG유플러스)

② 야간 정밀 항공방제

국내 통신기업인 LG유플러스는 드론 관제시스템을 이용한 야간 정밀 자동방제, 기체 2대를 동시에 작업지역을 나눠 자동으로 방제하는 패턴 방제, 전봇대 또는 비닐하우스 등 장애물 위치를 설정하면 자동회피 방제, 나선형 비행으로 배나무에 효과적으로 살포하는 핀포인트 방제 등 다양한 자동방제 기술을 선보였다.

가장 큰 특징은 LTE망을 이용한 드론 관제시스템과 실시간 이동측량 시스템(RTK Real Time Kinematics)를 접목해 비행안정성과 비행정밀도를 개선했다.

또한, 야간에 항공방제를 살포할 경우 약제가 증발하지 않아 방제효과가 향상되고, 바람도 낮 시간대보다 약하기 때문에 약제가 비산될 확률도 크게 줄어들어 안전하다.

현재 중국의 항공 방제단은 주간에는 측정팀이 항공방제를 신청한 농지의 GPS좌표를 측정하고, 야간에는 비행팀이 자동 정밀 방제를 실시하고 있다. 안정성, 효율성, 정밀성을 증대시킨 방제 방법으로 평가받고 있다.

통신기술, GPS성능, 기체성능, 살포장치 성능 개선을 통해 점차 안전하고 정밀한 항공방제를 기대해볼 수 있다.

CHAPTER 03 감지운용

실시간 변화하는 환경요소를 필요한 시간과 장소에서 측정하여 필요한 사람이 활용하는 것은 매우 중요한 일이다.

1. 개요

군사작전에서 적에 대한 실시간 정보는 전투에서 승리를 결정짓는 중요한 요소이다. 적의 동태를 정확히 파악하여 이에 알맞은 대응태세를 확립하여 전투에 임한다면 그 전투는 싸우기 전에 이기는 전투일 것이다. 따라서 주요 변화하는 상황을 실시간에 필요한 사람이 정확히 측정하여 활용하는 일련의 절차를 감지운용의 한 분야라고 할 수 있다.

2. 감지 운용이란?

실시간 급변하는 환경요소를 필요한 사람이 필요한 시간과 장소에서 측정하여 운용하는 것이다. 감지운용을 위해서는 감지계획의 확인, 감지측정 장비의 점검, 무인기(드론)에 의한 감지비행 그리고 측정한 정보의 관리가 포함된다.

3. 감지측정 운용의 대상

감지측정 운용은 정밀측정보다 시간개념의 빠른 정보수집이 필요한 대상이 적합하다. 따라서 사람이 직접 접근하기 어려운 위치나 상황 그리고 실시간 긴박한 시간을 필요로 하는 상황에서 운용되는 것이 통례이다. 측정대상에 따라 달리 장착할 수 있지만 무인기(드론)에 일반 및 특수 카메라(열화상카메라 등)를 장착하여 촬영하거나 각종 센서를 이용하여 대기측정이나 환경지표의 상태를 측정하여 활용한다. 특히 군대에서 적의 첩보와 정보를 감시하기 위해서는 절대적으로 필요하다. 무인기(드론)를 활용하여 감지측정 운용의 활용 가능한 분야는 다음과 같다.

1) 재해, 재난분야

산불, 산사태, 건물의 화재, 산림의 병충해 지역 영상 등으로 볼 수 있다. 이중에서 동, 식물의 자연 생태계 변화 및 인명피해를 초래할 수 있는 자연재해는 감지측정의 주요 분야이다.

2) 대기환경 분야

우리나라 대기환경보전법 제17조의 대기오염물질인 유해성대기감시물질, 기후생태계 변화유발물질(온실가스 등), 온실가스, 가스, 입자상물질, 먼지, 매연, 검댕, 특정대기유해물질, 휘발성유화합물 등에 대하여 감지측정을 운용할 수 있다.

3) 해양환경분야

해양환경관리법 제9조에 분류된 해양오염물질은 폐기물, 유해 액체물질, 기름, 오염물질, 오존층 파괴물질 등이다. 선박에서 배출되는 오염물질이나 해상시설의 유해물질은 무인기(드론)를 이용하여 주기적으로 시료를 채취하고 분석하는 과정을 수행할 수 있다.

4) 군사적 운용분야

"知彼知己百戰不殆" "상대를 알고 나를 알면 백 번 싸워도 위태롭지 않다"는 뜻으로, 상대편과 나의 약점과 강점을 충분히 알고 승산이 있을 때 싸움에 임하면 이길 수 있다는 말이다. 상대를 알기 위해서 적정을 파악하여야 하는데 이때 무인기(드론)에 카메라를 장착, 적 지역에서 운용하여 적의 동태를 알아내는 것이다. 현재 우리 군대에서도 크고 작은 무인기를 활용하여 적정을 감시, 정찰하고 있으며, 최근의 전쟁사례를 보면 무인기를 운용하여 적정을 파악하고 분석하는 것은 너무나 당연한 것으로 되고 있다.

5) 무인기(드론)의 상태 감지

비행 전, 후 또는 비행 중인 무인기(드론) 현재 상태를 파악하여 임무수행을 위한 비행가능 여부를 결정하고, 비행 중에 발생할 수 있는 비상 상태에 대체 할 수 있으며, 이러한 실시간 감지장비는 상호송수신 장치 (Telemetry System ; 송수신기 및 텔레메터리 센서 스테이션)가 있다. 또한 센서는 속도측정기(Air Speed, 무인기의 속도측정), 고도측정기(Variometer, 무인기의 고도를 측정) RPM Sensor(로터의 RPM을 측정, M-RPM,

O-RPM), 온도측정기(Temperature, 엔진 또는 모터 등 기체내의 온도 측정), GPS(Global Positioning System, 위성위치확인 시스템) 등이 있다.

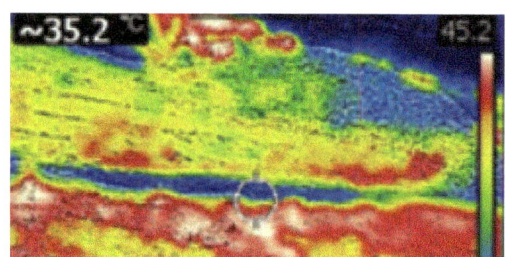

▲ 일반/열화상 카메라 장착 드론 및 촬영된 열화상 영상

4. 감지운용에 활용 무인기(드론) 종류

1) 고정익 무인기(드론)

고정익은 장시간 또는 장거리에 운용 시 주로 많이 활용된다. 첫째, 견인형으로 프로펠러가 동체의 앞부분에 장착되어 있으며, 동체의 위쪽이나 아래쪽에 감시 카메라를 탑재하여 운용할 수 있다. 둘째, 후류형으로 프로펠러가 동체 뒤쪽에 장착되어 있어 감시측정으로 활용 시 매우 안정적인 특성을 가지고 있으며, 감시카메라를 전방에 장착할 수 있어 감지영상의 화질이 좋고 다양한 카메라를 장착할 수 있는 융통성이 있다. 셋째, 전익형으로 제작과 조종이 쉽다. 글라이더와 유사한 비행특성으로 장거리 비행이 가능하여 감지운용에 적합할 수 있다.

▲ 견인형, 후류형, 전익형 무인기

2) 회전익 무인기(드론)

헬리콥터형과 다수의 로터로 이착륙이 가능한 멀티콥터 등을 말한다. 짧은 시간 운용 시 주로 운용하며, Hovering(정지비행)이 가능하다는 특징이 있어 정지상태에서 촬영하는 임무수행이 적합하다. 첫째, 헬리콥터형으로 멀티콥터에 비행 로터의 힘이 강해 동력이 많이 소요되는 특수촬영(극한지 촬영, 다큐멘터리 촬영 등)에 많이 사용된다. 둘째, 멀티콥터형이다. 최근 촬영용으로 가장 많이 쓰이는 드론이다. 로터의 개수에 따라서 트라이, 쿼드, 헥사, 옥토 등으로 불리운다.

▲ 트라이, 쿼드, 헥사, 옥토콥터

3) 틸트로터형 무인기

고정익과 회전익을 혼용한 형태이다. 고정익 형태의 날개 끝에 엔진과 프로펠러가 전방과 상방으로 각도가 조절 되어 회전익의 장점인 수직 이착륙과 정지 비행이 가능하고 고정익의 장점인 장시간 장거리 비행이 가능하다. 항공우주연구원에서 개발한 스마트 무인기 등이 있다.

▲ 스마트 무인항공기

5. 무인기(드론)에 장착되는 주요 감지측정 장치

1) 초음파 센서

　20KHz 이상의 초음파를 발생시켜 장애물에 반사되어 돌아오는 것을 이용해 비행체와 장애물 사이의 거리 및 위치 등을 파악한다. 비행 중 경로상의 장애물을 인지해서 충돌이나 추락을 방지하는 목적으로 사용된다.

▲ 아두이노 초음파 센서와 드론에 장착된 미라지 센서

2) 텔레메트리

　고도, 속도, 기압 배터리 모니터링 장비이다. 사용자에게 텔레메트리 장치를 통해 사용자의 송신기에 전송해 줌으로써 사용자는 잔여 비행 가능시간, 기체 상태 등을 파악할 수 있다. 무선조종시스템의 송신기와 수신기에 통합되어 수신 시 모니터 창에서 확인이 된다. 비행 전, 중에 모니터에 표시되는 수치를 확인하고 변화를 기록하여 작동유무와 상태를 확인한다.

3) 열적외선 카메라

　열적외선 카메라 장비는 통상 비행체와 조종 부품 외에 별도로 장착된다. 따라서 열적외선 카메라가 별도로 소형비행체에 부착된 경우, 비행 전 근접거리에서 물체를 이용해 열 영상의 변화가 제대로 구현되고 있는지 육안으로 식별한 후 감지측정 임무를 수행한다. 온도별 차이를 색상으로 표현해서 지형적 특성을 분석하는 카메라로 군사용, 산업용, 방범용, 소방용, 산림용 등의 목적으로 사용되고 있다. 사람의 접근이 어려운 산업현장 등을 촬영한 열화상 이미지는 각각 에너지 효율성 제고, 생산성 극대화, 침입자, 화재감시 등 여러 분야에 응용된다.

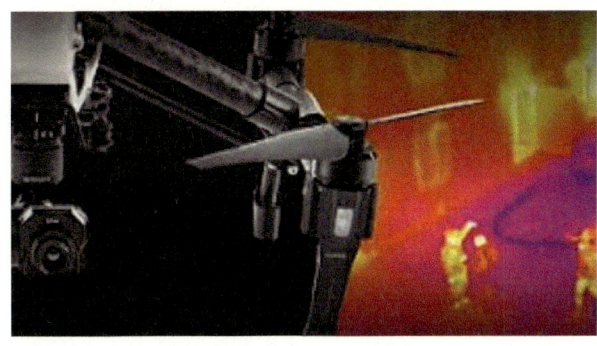 

▲ 열적외선 카메라 및 영상

4) 스펙트럼 이미지 카메라

주로 농업지역 분석에 응용되어 토양의 생산성을 평가하고 경작물의 건강상태를 분석하는 용도로 활용된다. 스펙트럼 이미지는 농작물, 토양, 비료 및 관개를 보다 효과적으로 관리해서 생산성을 극대화하는데 활용되며, 최근에는 녹조 감시나 해양 생태계 분석용으로도 사용되고 있다.

▲ 스펙트럼 카메라 촬영 및 영상

5) Lidar Laser detection and ranging/TOF Time of flight

Lidar는 펄스 레이저광을 대기 중에 발사해 그 반사체 또는 산란체를 이용하여 거리, 대기현상 등을 측정하는 장치이다. Lidar는 최신의 원격 감지기술로 수집된 정보를 통해 3D이미지를 생성 할 수 있으며, Lidar의 감지기술의 특성 때문에 레이저 레이더라고도 불린다. Lidar는 저조도 및 야간에도 감지가 가능하며, 이로 인해 각종 건물 및 구조물의 검사, 도시환경 조사, 고고학 및 문화재의 3D 자료화, 철도, 전력선, 파이프라인의 검사, 등에 응용될 수 있으며, 강력한 충돌방지 회피기술을 제공해준다. Lidar는 일반적으로 레이저광을 펄스형태로 조사해 지형을 측정하지만, TOF라는 방식으로 활용될 경우,

포인트별로 사용하지 않고 전체 이미지를 광 펄스로 캡처하는 형식으로 활용될 수 있다.

▲ Lidar 카메라와 영상

6. 감지측정운용 절차

감지측정운용 절차는 먼저 감지측정 계획을 확인하고, 무인기 및 감지장비를 선정한다. 다음은 선정된 장비를 가지고 감지측정비행을 한다. 마지막으로 비행 후 결과에 따라 감지측정 정보를 관리하는 절차를 거친다.

감지측정 계획 확인	무인기 및 감지장비 선정
측정대상 파악 비행환경, 기상파악 비행허가 확인	무인기와 대상장비 확인 감지측정 대상특성 확인 장애물, 이/착륙장 확인
감지측정 정보관리	감지측정 비행
측정된 입력 값 파악 현장의 특이사항 파악 측정한 결과 값 파악	측정장비 가동 확인 측정결과 작업 비행지역 특성 파악

▲ 감지측정운용 절차도

1) 감지측정 계획 확인

① 측정대상 파악

- 무엇을 감지하고 측정 할 것인가? 의 측정 대상을 확인한다.
  · 화재, 산사태, 병충해, 홍수(하천범람) 등 각종 재해의 진행상황인가?

- 오염배출시설, 공장, 굴뚝 등의 대기환경오염 시설인가?
- 해양, 선박, 해양시설에서 배출되는 오염물질의 채취, 촬영, 감지측정인가?
- 교량, 암반, 공사장의 절개지, 건물 등의 촬영, 감지인가?
- 현 운용중인 무인기의 속도, 고도, 온도, 위치 등의 상태 감지인가?

■ 측정지역의 비행가능여부를 확인한다. 즉 비행금지구역 여부 확인한다.

■ 측정대상에 따라서 고정익 또는 회전익 장비의 선택과 측정 장비(촬영장비 등)를 선택한다.

■ 감지측정지역으로의 이동계획, 이/착륙지역 선정, 주변 장애물 확인 등을 확인한다.

■ 감지측정지역의 기상을 파악한다. 현행기상, 임무수행종료 시까지의 예보기상 등

■ 이/착륙지점과 감지측정지역 비행경로, 고도 등을 결정한다.

■ 감지측정에 대한 촬영 및 비행허가를 신청한다.

② **비행환경, 기상파악**

■ 감지측정 지역의 현재 기상상태와 임무수행 중 기상의 변화 예보를 기상청 홈페이지 또는 인터넷, 스마트 폰 등 여러 가지 수단으로 확인한다. 지역별, 시간대별로 세부적으로 파악한다.

■ 감지측정지역의 현재 기상과 예보기상을 확인하여 비행 가능여부를 결정한다. 기상청의 날씨영상, 실시간 레이더 영상판독 등

■ 감지측정 지역 내 이착륙지역의 풍향, 풍속, 온도, 습도, 구름의 상태 등을 확인하여 비행가능여부를 판단한다.

■ 기온의 높고 낮음에 따라 무인기 점검을 철저히 한다. 온도가 높을 시는 탑재중량과 배터리의 사용시간에 대하여 판단을 하고, 겨울철 등 온도가 낮을 경우(-10도 이하) 배터리의 급 방전에 유의해야 한다.

③ **비행허가 확인**

■ 비행허가가 필요한 지역에 대하여 관할 기관에 비행허가승인을 받는다. 특히 금지구역, 제한구역, 관제권 등 비행이 금지/제한되는 지역에 대하여 반드시 승인을 받아야 한다. 비행허가는 팩스 등의 문서를 이용하기도 하지만 최근에는 인터넷

Drone One-stop 민원 포털서비스를 이용하여 간편하게 한다.
- 촬영허가에 대해서는 사전 국방부에 승인을 반드시 받아야 하며, 촬영허가와 비행허가는 별도로 승인을 받아야 한다.

2) 무인기 및 감지장비 선정

① 무인기와 대상 장비확인

- 감지측정 대상에 따라 장거리, 장시간 소요 대상일 경우는 고정익 무인기를 선정한다.
- 이동거리가 짧거나, 감지시간이 단시간이고, 정지촬영이 요구될 경우는 회전익 무인기를 선정한다.
- 감지측정 대상에 따른 카메라의 종류를 선정한다. 일반적이 촬영과 열 영상촬영 또는 기타 특수목적의 카메라를 장착하여 촬영할 경우 감지측정 대상에 따른 카메라를 선정한다.
- 감지측정 장비의 전원을 켜고, 앱 설정을 가동시켜 확인한다.
- 감지측정 장비의 가동상태 확인한다.
  · 정상작동 여부
  · 조종기 또는 다른 조종장치의 감지측정 가동화면을 확인한다.
  · 감지측정 장치 앱 설정을 조정한다.
  · 파일형식에 맞는 데이터가 저장되는지 확인한다.

② 감지측정 대상의 특성 확인

- **농지 및 농작물 분석** : 토양, 작물의 성장 모니터링, 질병 및 잡초관리, 영양결핍 분석, 작물의 수확량 추정 등의 특성 확인
- **녹조, 조류 흐름, 수온 등 하천 및 바닷물 분석** : 높은 고도에서 넓은 구역 촬영
- **산림 및 소방감시** : 해당 지역의 수목 종류 및 관리, 소방감지 및 진화
- **시설물 안전감지** : 한정된 부분을 집중적으로 촬영 분석해야 하므로 회전익 무인기가 적합.
- **중요 시설 보안감지** : 주요지점의 spot 감지는 회전익으로, 넓은 광역지대 감지는 고정익 형태로 감지.
- **대기성분 분석** : 짧은 시간에 넓은 지역에는 고정익이 유리하고, 특정시설의 가스누출

등을 분석 시는 회전익 무인기가 적합하다.

③ **장애물, 이/착륙장 확인**
- 주변 장애물(전선, 안테나 등)을 확인한다.
- 각종 센서의 의해 전달되는 위험요소를 구분하여 확인한다.
- 이/착륙 위치의 적절성, 각 무인기의 최소 필요 이착륙지역 크기인가를 확인한다.
- 비행고도와 진, 출입로를 고려한 비행경로를 결정한다.

3) 감지 측정비행

① **측정 장비 가동 확인**
- 측정 카메라, 센서의 가동상태를 확인한다.
- 비행경로에 따른 측정 장비의 가동작업을 수행한다.
- 비행경로에 따라 자동비행 또는 필요 시 반자동 비행을 수행한다.

② **측정결과 작업**
- 수집된 데이터를 저장한다. 정확히 저장되는지 확인한다.
- 저장되는 원시 데이터를 측정하고 그 값을 파악한다.

③ **비행지역 특성파악**
- 감지측정 비행지역의 전파환경, 장애물 설치 지역 등 특이사항을 확인한다. 예를 들어 도심지역 상공, 송전탑 및 기지국에서의 강한 전파 발생 등에 대한 특성을 파악한다.
- 감지측정 비행지역의 이, 착륙 및 비행경로의 특이사항 즉 도심지역, 산악지역, 고압 송전탑 지역, 개활지, 해안가 등의 특징적인 것을 파악한다.
- 감지측정 지역이 비행금지, 제한구역, 관제권, 인구밀집지역 상공 등의 여부를 확인한다.
- 감지측정 지역 현장의 기상상태를 확인한다. 이, 착륙지역과 비행 항로, 임무수행 지역 등 구분하여 확인한다.

4) 감지 측정 정보관리

① **측정된 입력 값 파악**
- **농지 및 농작물 성장상황 분석** : 토양, 성장 모니터링 및 작물의 질병 감염, 영양 상황

및 잡초관리를 통해 수확량 추정이 가능하며 농작물의 작황의 관리를 위한 데이터를 제공할 수 있다.

- **해양환경**(녹조, 조류 흐름, 수온 등 하천 및 바닷물 분석) : 열 감지 및 적외선 카메라 등을 활용하여 감지하며, 감지된 결과는 시기, 장소, 수온별 등으로 분류 관리하여 해양 및 하천 사고의 발생원인 및 규모 등을 파악하여 예방에 활용 할 수 있다.
- **산림 및 소방감시** : 산림내 수목의 종류, 수목별 밀도, 생장 높이 등을 감지하여 효율적인 산림관리를 위한 데이터를 제공할 수 있으며, 감지 측정지역의 구역/종류별 건조도 및 습도, 온도 등을 분석하여 산불예방에 활용할 수 있다. 산불발생 시 산불예측이 가능하고 조기 진화방안과 신속한 구조활동이 가능토록 한다.
- **시설물 안전감지** : 건물 및 시설물의 누수, 누유, 결로, 피로도 축척에 따른 균열등을 감지하여 시설물을 안전하게 관리하는 근거자료로 가능하다.
- **중요 시설 보안감지** : 보안감지를 통해 무단 침입을 방지하고, 테러방지를 위한 실시간 영상을 제공할 수 있다.
- **대기성분 분석** : 유해가스 누출 감지, 오존 및 미세먼지를 감지하여 환경감시 자료로 활용할 수 있다.

② **저장 현장의 특이사항 파악**

- 데이터가 손상되지 않도록 습하지 않는 건조한 곳에 보관한다.
- 선명한 화면을 보기 위해 모니터 전용 후드를 사용한다.
- 메모리 카드를 습기, 열 그리고 정전기로부터 안전하게 취급하고 관리한다.

③ **측정한 결과 값 파악**

측정된 데이터 값은 열화상 분석용 소프트웨어를 통해 실시간 분석하거나 또는 사후 분석이 가능하며 수치화된 그래프나 도표로 결과보고서 작성이 가능하다. Image Display, Image Analysis Tools, 이미지 파일 탐색기, High Resolution Image Scaling, Statistic Table, Temporal Plot 등 입력 값을 이용하여 분석용 tool에 직접 설정하고 데이터를 분석할 수 있다.

CHAPTER 04 이송(택배)

일상생활에서 택배는 꼭 필요한 것으로 자리를 잡고 있다. 바쁜 현대인의 삶에서 누군가가 짐, 상품을 대신 옮겨준다. 타인의 삶을 편하게 해주기 위해 노력하는 택배업체는 드론의 우수성과 택배를 접목 시켜 더욱더 편리한 삶을 추구하는 현대인의 생활을 이루어주기 위해 노력한다.

1. 개요

세계 최대 전자상거래 업체인 '아마존'은 2016년에 드론택배를 성공한 사례가 있으며, 우리나라 또한 많은 기업이 드론택배연구에 박차를 가하고 있으며 '우정사업본부'에서 국내 최초로  드론을 이용하여 성공적으로 배송한 사례를 통해서 뛰어난 기술력을 드론과 접목시켜 택배사업이 한번 더 큰 발전을 할 것이다.

2. 택배 정의

1) 택배

우편물이나 짐, 상품 따위를 한 곳에서 소비자가 요구하는 다른 곳으로 물건을 전달해주는 서비스를 뜻한다. 택배 전문회사에서 정해진 영업시간동안 택배접수를 받고 배달 물품을 회수한 뒤, 가까운 분류지로 옮기게 되고, 직원들이 배달지 지점에 따라 다시 분류를 하여 정해진 배달 코스를 따라서 배송기사가 직접 차량을 이용해 직접 물건을 운송하여 소비자에게 전달하고 있다.

2) 드론 택배

택배 전문회사에서 배송하는 물품을 배송기사가 직접 배송하지 않고, 드론을 이용하여 좀 더 빠르고, 편리하게 소비자에게 배송하는 것을 뜻한다. 기존의 택배배송 기간은 약 2~3일 정도가 소요되지만 드론을 이용하여 배송을 하게 되면 당일배송이 가능한 강점이 있다.

① **단거리**short distance **이송 택배**

　단거리 이송택배란 소형무인기가 장착한 추진기의 동력을 사용하여 단일비행에 의하여 요구자에게 직접 하역 전달하는 단거리 이송과정을 말한다. 통상 시야비행, 주간비행, 고도제한을 준수하여 도시근역, 인구 밀집지역의 경량, 소형, 급송을 위한 택배운송으로 한정하기도 한다.

② **장거리**long distance **이송 택배**

　장거리 이송택배란 드론을 이용하여 가시권을 벗어나서 시각 보조장치 혹은 원격조종장비를 별도로 장착하여 운행하는 내부비행이나 상대적으로 단거리 택배 이송거리보다 긴 시간, 장거리, 혹은 넓은 범위의 택배(이송과정)을 말한다. 장거리 택배이송은 도심과 도심, 도심과 외곽 비도심 구역을 연결하는 용도로 사용되며 회전익과 배터리 동력을 이용하는 이송비행보다 내연기관이나 고정익 드론이 효과적일 수 있다.

③ **릴레이 이송 택배**

　장거리택배 과정에서 전기 동력이나 외부환경 영향이 매우 큰 드론 이용과 단일 항속(비행)거리 한계를 벗어난 광역지역 택배이송에서는 드론간의 전달에 의한 목적지 도달 이송을 말한다. 통상 드론의 배터리 동력을 교환하는 중계소와 조종장치의 도달거리 연결을 위한 채널변환 시스템을 갖추어야 가능할 수 있다.

④ **연속(복합) 이송**

　드론으로 이송되는 물품도착 목적지가 한 곳이 아니라 여러 이송 목적지를 대상으로 순서에 의하여 이송작업을 연속으로 실시하는 것을 말한다. 드론의 종류, 특성, 물품의 특성을 고려하여 적재순서/ 하역순서를 확인하고 이송과정에서 발생하는 하역오류를 방지할 수 있는 인수인계 절차를 구비하여야 하고 단일 조종사가 아닌 다수의 팀 조종을 고려해야한다. 연속이송은 정보전달 증명을 위한 우편이송에서 매우 다양하고 유용하게 활용할 수 있는 방법이다.

3) **우편**Post **이송**

우편 이송이란 국가에서 운용하는 우정사업의 일환으로 상업적 상품을 포함한 기존

정보전달 우편업무 일부를 드론으로 대체하여 실시하는 것을 의미한다. 다수 주문자에 의한 다수 수신인을 대상으로 규격화된 정기이송, 반복, 일괄 처리 이송업무에서 상업 택배이송에 비하여 유리한 과정이다.

4) 구난Emergency 이송

구난이송은 자연재해 혹은 사고에 의한 고립, 지원, 통신 역할을 드론의 특성과 장점으로 대체하기 위한 선택형 이송과정을 의미한다. 드론의 용량과 안전 이륙중량에 따라 비행시간, 비행거리, 이송방법을 고려하여 결정하여야 한다.

3. 택배 드론 역사

1) 세계의 택배 드론 역사

일본은 인구 감소로 인해 인력난이 발생되면서 드론택배에 대한 기대감이 커짐과 동시에 일본 정부는 기존의 드론 규제를 완화하기로 했다. 2016년 일본의 지바시 미하마구의 마쿠하리 신도심에서 강풍이 부는 날 와인병 1개를 실은 드론이 쇼핑몰 옥상(고도23m)과 아파트 옥상(고도31m)에서 인근의 공원까지 무사히 왕복비행을 했다. 이날 테스트 비행은 일본 정부와 지바 시, 라쿠텐, 연구기관 등이 공동으로 실시했다. 2017년 1월에는 후쿠시마현에서 실증실험을 시행했는데 그 날 비행은 완전 자동제어 방식의 드론으로 12km 떨어진 해안까지 비행해서 현지의 사람에게 커피를 전달하는데 성공했다.

▲ 일본 택배회사 라쿠텐의 택배 드론

중국의 SF익스프레스는 2013년부터 드론 배송 테스트를 실시하여 2017년까지 드론분야에서 111개의 특허를 취득했고, 2017년 7월 쓰촨 청두 솽류구 정부와 대형 물류 드론 기지 프로젝트 관련 협약을 체결하였다. 중국은 공역을 군대에서 엄격하게 관리를 하기 때문에 SF익스프레스가 공역운항을 승인 받은 후 시범운행을 하면서 많은 발전이 이루어지고 있다. SF익스프레스는 중국 윈난성에서 훈련도중 파손된 레이더를 수리하기 위해 필요한 부품을 1시간 만에 배달했다. 부품을 투하한 위치 또한 목표 지점에서 50m 밖에 떨어지지 않았다. SF익스프레스는 징둥 닷컴(최대 전자상거래업체)과 함께 2022년까지 군수 물자의 수송과 저장, 보급 등을 위해 협약을 체결하였고, 앞으로 군수 물자의 인력 부족문제를 해결할 방안을 마련하고 있다.

▲ SF익스프레스 택배드론

중국의 징둥은 2012년 설립되어 다양한 물류 배송 모델을 보유하고 있고, 배송 속도가 신속하여 명성이 높은 기업이다. 징둥은 쓰촨성과 산시성에 각각 185개, 100개의 드론 공항을 건설하여 모든 도시에 24시간 내 배송을 추진하고 있다.

미국은 2016년 네바다 주 호손에 위치한 드론 제조 스타트업 플러티가 미연방항공청 FAA의 승인 하에 진행된 드론 물품배송 시험비행에서 800m를 자율 주행으로 날아가 각종구호물자를 내려놓는데 성공했다.

▲ 플러티 드론

아마존은 이미 2013년에 배송 서비스인 '프라임 에어'를 발표했으며 2017년 연방항공청의 승인 하에 배송 시연을 성공했다. 이 날 프라임에어는 자외선 차단제 2개를 100m 상공에서 시속 80km 속도로 비행하다가 목적지부근에서 수직으로 하강해 정확하게 배송했다. 드론에 내장된 소프트웨어는 순수 아마존의 자체 기술로 개발되었다고 한다.

▲ 아마존 '프라임에어'

구글의 드론 개발은 이미 태양전지판으로 이루어진 대형 드론을 상공에 띄워 5G 이동통신용 전파신호를 지상에 쏘아준다는 **스카이벤더**를 상용화 했다.

▲ 구글 '스카이벤더' 태양열 드론

아마존 '프라임에어'
동영상을 보시면 더 자세히 알아볼 수 있답니다!

물품배송과 관련해서는 '윙 프로젝트'를 추진하고 있으며 2016년 제한된 지역이지만 드론 자율비행과 원격 조종 시험비행 중에 있다. 구글에서 개발한 드론은 상업용이 아닌 재해지역에 구급상자나 비상식량을 전달하는 목적으로 개발됐다. 2016년 구글은 와이파이나 랜선, 휴대폰 테더링 등을 통해 호출장치와 연결되는 방식으로 필요한 물품을 호출한 위치로 드론이 배송하는 기술을 특허 등록했다.

▲ 구글 '윙 프로젝트' 테일 시터 드론

2) 우리나라 택배 역사

CJ대한통운은 독일마이크로드론사와 협력해 개발한 드론을 제작하였다. 이 제품은 3엽 날개가 장착된 로터 4개를 통해 초속 18m 속도로 비행이 가능하며, 최대 비행시간은 70분으로 해발 4,000m까지 상승이 가능한 것으로 알려졌다. 이 모델은 조립문제로 시연하지 못했다. 비행 반경은 20km, 자동·수동항법 장치가 일부 적용되었고 화물은 3kg까지 운송할 수 있다. 배송은 드론 밑에 회전모터와 릴reel이 들어간 컨트롤 박스를 부착해 와이어로 물품을 내려주는 방식이다.

▲ CJ스카이도어

2017년 우정사업본부는 국내 최초로 실제 우편물을 드론으로 배송했다. 2017년 전라남도 고흥의 한 선착장에서 소포와 우편물을 싣고 근처 득량도 마을회관까지 시범배송을 시연했다. 하루 8시간 이상 걸리는 배송 업무를 1시간 이내로 줄일 수 있었다.

우정사업본부
택배드론 뉴스

동영상을 보시면
더 자세히 알아볼 수
있답니다!

▲ 우정사업본부 택배드론

이 날 드론을 수동으로 조작 없이 좌표를 입력하는 '드론 자율 배송 점'을 활용하였는데 **'드론 자율 배송 점'** 이란 도로 명 주소만 입력하면 드론이 스스로 비행하면서 위치를 찾고, 사용자가 요구한 지점에 자동으로 우편이나 택배를 배달하는 시스템이다. 배송용 드론은 일반 농업용 드론과는 다른 더 높은 기능을 가진 드론을 사용하게 되는데 최대비행거리 20km, 최대비행시간 30분, 최대이송가능무게 10kg, 최대항행속도 50km/h 등의 성능을 갖춘 기종을 택배사업에 투입하고 있다.

4. 택배 드론 종류

1) 국내 택배 드론

◼ CJ스카이도어

자체 중량	6kg
적재 중량	3kg
비행 반경	20km
비행 시간	70분
비행 속도	60km/h
관성항법장치 탑재	
실시간 비행 데이터 송수신 및 모니터링 가능	

◼ 우정사업본부 택배드론

자체 중량	25kg
적재 중량	10kg 이내
비행 반경	20km
비행 시간	40분
비행 속도	30km/h
정밀 이·착륙 제어 장치 탑재	

2) 해외 택배 드론

◼ 윙 프로젝트 테일시티 드론

길이	1.5m
자체 중량	8.5kg
적재 중량	10kg 이내

■ 프라임에어 드론

비행 반경	24km
비행 속도	88km/h
하이브리드형 드론(수직 상승 후, 프로펠러로 이동)	
장애물 회피 기능	

5. 드론 택배(이송) 운영

1) 드론 택배(이송) 절차

드론을 이용한 택배(이송)을 위하여 첫째, 드론 택배(이송) 계획을 수립하고 둘째는 택배(이송)를 위하여 이용할 드론을 점검하며, 셋째, 택배(이송) 물품을 적재하고, 넷째, 적재된 물품을 운반하며, 다섯째, 택배(이송) 된 물품을 하역하는 순서로 진행될 수 있다. 이러한 절차의 세부 내용을 알아보자.

드론 택배(이송) 계획수립
- 택배(이송)계획 확인
- 택배(이송) 계획작성

⇨

택배(이송) 드론점검
- 택배(이송) 드론 장비점검

⇩

택배(이송) 물품 운반
- 택배(이송) 물품 운반
- 택배(이송) 물품 운반확인

⇦

택배(이송) 물품 적재
- 택배(이송) 물품 적재

⇩

택배(이송) 물품 하역
- 택배(이송) 물품 하역
- 택배(이송) 물품 하역 확인

▲ 드론 택배(이송) 절차도

2) 드론 택배(이송) 계획수립

① **택배(이송)계획 확인**

1. 이송용 드론 능력 확인

택배(이송)을 위하여 운용되는 드론의 제원을 확인하여 적합한지 여부를 확인하며 적합하다고 판단된 경우 최적계획을 수립한다.

- **드론의 가능한 허용 및 안전 운용 영역 확인**

    드론의 운용 매뉴얼에 따라 비행 가능범위와 안전을 위해 제한되는 사항을 확인한다.

    · 드론의 본체 크기와 중량 : 비행안정성, 무게중심, 조종성 등
    · 적재 정량과 최대 적재 가능크기 : 비행안정성에 중점을 두고 확인
    · 이송 중 낙하 등으로 인한 피해를 방지하기 위해 안전장치 확인

- **운용 드론의 제원을 확인**

    · 배터리나 운용되는 연료를 고려한 비행 가능시간, 각종 외부 환경에 따른 안전범위, 비행안전 대응 성능을 확인한다.
    · 사용 가능한 주파수, 통신장비의 정상작동여부, 통신장애요소 등 확인
    · 주변 다른 항공기, 무인항공기와의 혼선, 잡파로부터의 단절 등 확인

2. 이송용 드론의 조종장치 확인

    배터리 및 전력공급장치, 조종 모드, 조종방향, 외부 통신연결상태, 전파의 세기와 도달거리, 주변 장애물의 영향, 탑재장비의 운영가능여부 등을 확인한다.

3. 택배(이송) 환경확인

    드론이 이륙하여 비행 후 목적지에 착륙하여 적재된 물품을 하역할 때까지 경로상 제반 환경과 안전사항을 확인한다.

- **이송 비행로의 확인** : 이, 착륙장 주변의 장애물(건물, 전선, 안테나 등), 항로상의 고층 건물과 비행에 장애요소를 확인한다.
- 항로상 비행제한지역(전선, 통신선 다발지역, 안테나 등)을 확인한다.
- 비행금지, 제한지역 등을 확인한다.
- 이송물품의 크기, 중량, 재질, 위험성 등에 대하여 정보를 사전에 확인하여 적절한 조치를 하여야 한다.

② **택배(이송)계획 작성**

1. 드론 운용계획 작성

이송해야 할 화물(물품)의 정보, 비행경로(항로)를 확인하여 드론의 이, 착륙, 이동 등의 계획을 수립한다.

- **이송절차서 작성** : 드론의 제원과 등록번호, 이송할 물품의 중량/크기/ 공중 수송의 위험성/송장/세부 물품 리스트, 물품의 인가와 비행 계획의 승인, 비행경로 등을 확인하여 작성한다.
- **비행계획서 작성** : 비행계획서는 지방항공청에서 제시하는 양식을 준수하되 안전한 택배(이송)를 위하여 안전한 항로, 비행, 택배 물품에 영향을 미치는 요소, 적재방법, 결박, 하역조건 등을 고려하여 작성하여야 한다.

2. 드론 택배(이송) 인허가 확인 및 준비

- **드론 사업 등록증 신청 및 발급** : 운용할 기체, 택배(이송)사업 규모/비행범위, 사업권 등 확인, 운용 비행 조종자/관리자/책임자 임명한 후 관할지방 세무서와 지방항공청(항공사업승인)에 사업등록 및 신청하여 등록증을 교부 받는다. 택배(이송) 사업에 대한 승인의 포함여부를 확인한다.
- 드론으로 택배(이송)를 하려면 항공사업 승인을 받아야 하고 해당 기체의 등록증을 교부받아야 한다.

③ 드론 택배(이송) 장비 점검

1. 택배(이송)에 사용할 기체 점검

- 사용할 기체의 본체에 대하여 이송물품을 적재 전 점검한다. 기체 본체의 손상, 파손, 풀림, 비정상적인 상태 등을 사전에 확인하여 절차에 따라 점검한다.(특히 날개, 동력장치, 센서의 상태를 정확히 점검한다)
- 이송장치와 이송장치의 물품 및 화물의 적재 후 결합상태와 연결상태 등을 세부적으로 점검하여야 하며 특히 비정상적인 낙하와 적재품의 불균형에 의한 비행안전을 저해하지 않도록 해야 한다.

2. 택배(이송) 조건과 비행을 위한 물품 및 화물의 필요 정보 확인

- 택배(이송) 물품의 적재, 하역 위치확인과 장소의 특이사항을 확인한다.
- 비상상황 발생 시 연락사항을 확인한다.

- 기상파악과 비행경로 상 특징적인 사항을 확인한다.

④ 드론 택배(이송) 물품 적재

1. 적재 전 드론의 동력차단 등 안전조치

    물품이나 화물의 적재를 위해 드론의 전력공급 차단, 날개의 고정 등을 조치하고 적재한다.

2. 적재 장치를 해제하고 물품 적재

    물품이나 화물을 적재 시는 수동으로 적재하고 가급적 주변을 통제하고 효율적으로 적재하기 위한 안전통제요원을 배치하고 보조요원을 동반하여 적재하는 것이 효과적이다.

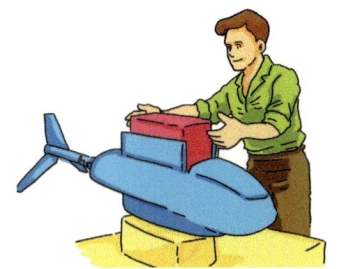  

▲ 드론에 물품 적재방법

3. 개폐 장치를 이용하여 적재

    택배(이송) 장치의 결속 및 잠금장치를 해제하고 직접 화물을 적재한다. 화물을 적재할 때에 화물의 위치는 무게중심, 어느 한 쪽으로의 쏠림방지, 비행 중 추락, 낙하 등을 고려하여 적재하고 견고하게 결박하여 탑재한다.

4. 적재 물 최종 확인

    적재 완료 후 운용 조종자와 결박자(필요 시 정비사)가 적재품의 적재상태를 확인한다.

⑤ 드론 택배(이송) 물품 운반

1. 택배(이송) 물품 운반

- 드론의 비행 전 점검과 지상 작동 시험

    운반 전 최종적으로 드론을 점검하고 지상에서 작동시험을 하는 것이다. 송신기인 조종기와 수신기인 기체와의 전파 송, 수신의 원활성을 확인하고, 주변 환경변화에 따른 조종방법을 최종 확인한다. 아울러 지상에서 최종 작동검사를 실시한다.

- 택배(이송) 비행 및 착륙지까지의 비행 추적활동

    최초 해 기종별 매뉴얼에 따라 안전한 이륙을 실시하고, 계획된 항로로 비행을 실시하며, 이때 통신운용을 지속적으로 확인한다. 이륙 후 가시권을 벗어나면 비행 상태를 모니터링하여 추적활동을 한다. 정확한 항로를 이용한 비행여부와 항로상의 비행금지, 제한구역 기타 안전저해요소지역 통과 시 추가적인 확인을 한다. 통신장애요소 발생에 대비하여 지속적인 확인이 요구되며 목표지역까지의 비행이 완료되면 안전하게 착륙하는지의 여부도 추적한다. 이후 적재 품을 안전하게 하역을 할 수 있도록 조치하여야 한다.

2. 택배(이송) 물품 운반확인

- 드론 택배(이송) 시 드론의 경로추적 방법
    - GPSglobal positioning system 추적 : 위성경로신호를 사용하여 좌표설정, 비행경로 추적을 하는 장치이다. 정확한 지상에서의 위치는 신호의 오차범위를 감안하여 설정하여야 한다.
    - RADARRadio Detection And Ranging 추적 : 마이크로파를 이용하여 드론의 위치를 추적할 수 있는 장치다. 군사적으로 운용되는 다양한 레이더 전파영역을 이용한 추적 장치를 사용하기는 쉽지 않고 사용제약이 따른다. 장거리 운용 시 보다 근거리 운용에 적합하게 사용할 수 있다. 고속, 고고도, 장거리 이송 비행 시에는 광역대의 레이더 추적이 효과적이다.
    - LTELong-Term Evolution와 Wi-Fi 브로드밴드 통신 추적 : 미래의 이송경로 추적 수단으로 개발되고 있는 방법이다. 기존 휴대폰 대역의 중계기를 중심으로 드론의 위치를 아주 정확하게 파악할 수 있는 방법이다. 택배(이송)운용에서는 필수적으로 사용될 것으로 예측된다. 타 수단과 비교하여 전력사용, 이용경비, 새로운 인프라 구축 불필요한 점 등을 고려해 볼 때 효율적인 방법이라고 볼 수 있다.

⑥ 드론 택배(이송) 물품 하역

1. 택배(이송) 물품 하역

- 이송물품 및 화물의 하역 절차
    - 착륙 드론의 안전확인 : 가장 먼저 완전히 안전하게 착륙하였는지 여부와 착륙 후 움직임이 없이 고정상태인가를 확인한다.
    - 동력 정지상태 확인 : 동력 공급전원장치가 차단되어 시동 정지여부를 확인한다. 작업자가 안전하게 하역작업을 할 수 있도록 동력전원차단, 추력장지의 완전 정지 등을 확인한다.

- 안전이 확보된 상태에서 적재품(물품이나 화물)을 하역한다.
- 하역된 물품이나 화물을 지상 적재장소로 이동한다.
- 드론으로부터 적재품 분리방법
  - 이송장치의 결박장치를 해제하여 적재 품을 분리한다. 그러나 착륙하지 않고 하역장소에 투하, 낙하하는 경우도 있다. 그러나 하역을 별도로 하는 경우도 있다.
  - 이송장치로부터 분리된 물품이나 화물을 지상요원에게 인계한다. 적재품의 이상유무를 확인 후 지상요원이 확인 후 인계하면 하역이 완료된다.
- 물품이나 화물의 하역 후 드론과 이송장치의 이상유무 점검
  - 기체손상, 이상유무, 비정상 운용상태 확인하고 차후 비행을 위해 이동한다.
  - 우발상황에 의거 회송, 추가 이송 등을 확인한다.

2. 택배(이송) 물품 하역확인

- 물품이나 화물을 하역 후 이상유무를 학인하고 지상요원에게 인계인수를 한다. 이송, 하역간 손상된 부분이 발생할 경우 절차에 따라 처리하여야 한다.
- 절차에 따른 이송관련 서류철 정리 및 추후 상호확인 절차에 따르고 모든 택배(이송) 절차를 종료한다.

6. 우리나라 택배(이송)의 전망

드론 택배(이송)의 가장 고려사항은 이륙, 착륙장의 가용성이다. 고정익 드론 택배(이송)은 활주 이착륙 공간(비행장)이 절대적으로 필요하고, 회전익(헬리콥터, 멀티콥터 등) 드론도 GPS 오차 작동범위를 극복할 수 있는 착륙공간이 절대 필요하다. 개인이 택배를 운용할 경우 외국은 거대한 저택 앞마당 등 착륙공간이 충분하지만 우리나라의 경우 착륙공간이 미흡한 현실이다. 그래서 현재 우리나라는 기관이나 대형 회사에서 이, 착륙공간이 충분할 경우 운영하고 있는 것이 대부분이다. 또한 택배(이송)에 대하여 많은 시험을 하고 발전시켜 나가고 있는 실정이다. 긴급 의료품, 구호품 등을 도서, 산악지역에 이송하는 것을 발전시키고 있으며, 향후 개인 주택(착륙공간이 확보된 곳)에도 피자택배 등 음식물 배달 택배 소요도 발생할 것이다. 우리나라에서 택배(이송)는 현재보다 좀더 발전시켜 나아가야 할 부분이라 생각된다.

CHAPTER 05 공간정보운용

공간정보는 지도 및 지도 위에 표현이 가능하도록 위치, 분포 등을 알 수 있는 모든 정보로 일상생활이나 특정한 상황에서 행동이나 태도를 결정하는 중요한 기초 정보와 기준을 제시한다.

1. 개요

인류가 출현한 이래 사냥감은 어디 있는지, 먹을거리는 어디 있는지, 주변 마을은 어디에 있는지를 나타내는 각종 공간정보는 인간의 생존에 꼭 필요한 요소였다. 특히 인류가 사회를 형성하고 농업이나 목축을 시작하면서 지형과 도로 같은 지리적 정보를 비롯하여, 경작지의 경계나 농작물의 현황 같은 재산관계에 대한 정보, 물이나 초목의 위치나 상태와 같은 자원에 대한 정보들이 사회관계를 유지하기 위해 무엇과도 바꿀 수 없는 중요한 가치로 인식되었다. 공간정보를 활용하여 우리들의 현실공간을 컴퓨터상에 그대로 옮겨 그 공간을 관리, 분석하고 의사결정을 지원하는 것이다. 많은 사람들은 공간정보가 생소하다고 할 수 있지만 사실 우리들은 일상생활 속에서 무의식중에 공간정보의 서비스를 받아가면서 살아가고 있다.

이와 같이 '공간'에 대한 정보는 '시간'과 함께 인간이 생활을 하는데 있어 반드시 알아야 하는 가장 근본적인 정보이다. 공간정보는 우리가 일상생활이나 특정한 상황에 처해 있을 때 행동이나 태도를 결정하는 중요한 기초정보와 기준을 제시한다. 즉, 공간에서 발생하는 정보를 기반으로 다른 사람들과 소통을 하고, 정보를 공유함으로써 삶의 질을 향상시킬 수 있다.

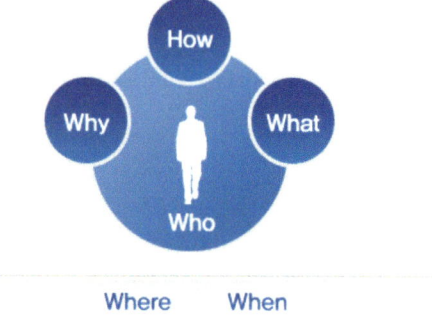

▲ 시간·공간에 기반을 둔 인간의 정보활동

2. 공간정보란?

 지상·지하·수상·수중 등 공간상에 존재하는 자연적 또는 인공적인 객체에 대한 위치정보 및 이와 관련된 공간적 인지 및 의사결정에 필요한 정보이다.

 (「국가공간정보기본법」제2조 제1항 및 「국토지리정보원 공간정보 표준화지침」제2조 제1항). 즉, 공간상(지상·지하·수상·수중 등)에 존재하는 자연적, 인공적인 물체에 대한 위치정보 및 속성정보를 공간정보라고 한다.

 공간정보는 데이터의 형태에 따라 도형 데이터와 속성 데이터로 구성된다. 또한 정보의 단위를 기준으로는 공간정보를 국토공간정보와 도시공간정보로도 구분할 수 있다. 공간정보를 국가단위로 볼 때에는 국토공간정보라 하며, 지형, 지질, 토지이용, 자연환경, 통계 데이터 등이 이에 해당된다.

 도시규모에서는 도시공간정보라고하며 도로, 토지, 가옥, 상·하수도, 가스, 전기공급시설 등이 이에 포함된다. 이러한 공간정보를 생산, 관리, 가공, 유통, 활용하거나 다른 정보기술과 융합해 시스템을 구축하고 관련 서비스를 제공하는 일련의 산업을 공간정보산업이라고 한다.

 컴퓨터가 발전하기 이전의 지도는 종이에 간단한 지형의 형태 및 지물에 대한 정보만을 기록할 수 있었던 반면, 최근에는 기술의 발달로 인해 전자지도로 제작되면서 지형의 형태 및 지물과 같은 도형정보 이외에 자연적, 사회적, 경제적 특성을 나타내는 속성정보를 기록할 수 있게 되었다.

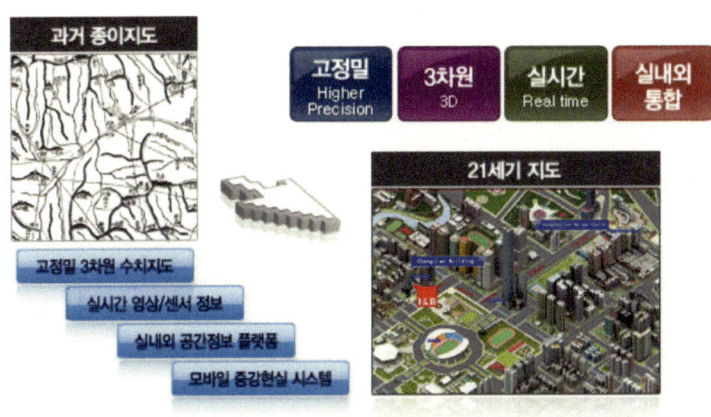

▲ 지도의 변화

이러한 전자지도는 인터넷이나 다양한 저장 매체를 통해 과거의 종이지도에 비해 복사 및 배포가 용이하며, 파일형태로 제작되어 신축, 왜곡, 변형 등이 발생하지 않아 보관이 용이한 장점을 가지고 있다. 또한, 다양한 주제도를 이용한 중첩분석을 통하여 의사결정에 필요한 자료를 제공할 수도 있다. 따라서 현재 공간정보에 관심을 가지고 있는 대부분의 국가에서는 기본적으로 그 활용과 목적에 부합하는 전자지도를 제작하는데 많은 예산을 투자하고 있으며, 효율적인 지도 제작 기술을 확보하기 위한 연구사업을 병행하고 있다.

3. 공간정보의 역사

1) 공간정보의 변천

기술의 발전에 따라 지도의 사용방법 및 형태가 변화한 것과 같이, 지도를 근간으로 하는 공간정보 또한 시대의 흐름에 따라 형태 및 생산·활용 방법이 변화하였다. 과거 종이지도 기반 공간정보는 '위치정보' 중심으로 활용되었으나, 디지털 기술의 발전은 공간에서 발생하는 다양한 정보를 디지털화하고 데이터베이스로 구축하며, 이를 소프트웨어를 통해 효과적으로 분류 및 활용함으로써 디지털 공간정보 패러다임을 촉진시켰다. 이러한 공간정보는 21세기 IT 기술을 만나면서 새로운 미래를 열어가고 있다. 2000년대에 들어 IT 산업 환경은 유·무선 통신기술 중심으로 발전되어 왔으며, 모바일 서비스의 발전과 함께 공간정보가 핵심 서비스로 급부상하였다. 또한, 최근에는 공간정보산업이 서비스 산업으로 급부상하고 있다. 공간정보 서비스는 공간에 관한 정보를 생산, 관리, 유통하거나 다른 산업과 융·복합하여 시스템을 구축하고 제공하는 서비스를 의미한다.

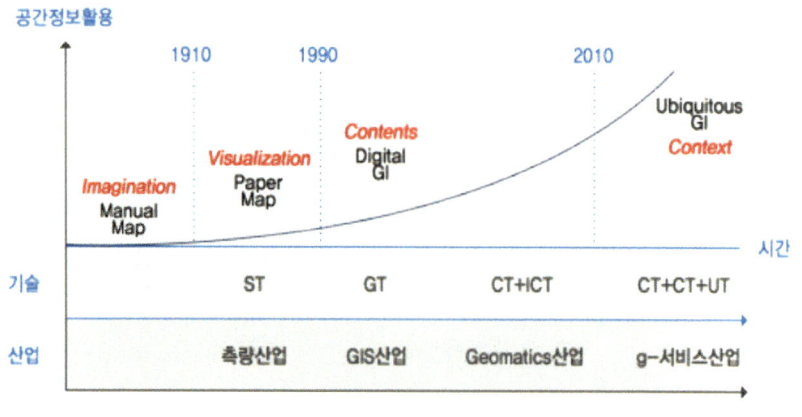

▲ 공간정보산업 패러다임 변화

현실세계의 모든 가변적 요소들이 언제든지 공간정보에 반영될 수 있는 여건이 조성될 수 있으며, 상황정보는 미래사회의 속성을 논의할 때 근간이 되는 개념이 될 것이다. 정보기술의 발달, 특히 인공지능과 로봇기술의 발달은 사물들도 상황을 인지하고, 스스로 서비스를 창출할 수 있게 되어 유비쿼터스 사회, 혹은 미래 지능사회의 탄생을 예고하고 있다.

2) 공간정보의 시대적 흐름

현재 세계적인 현상은 지리정보체계(GIS Geographic Information System)와 공간정보가 거의 유사한 개념으로 혼용되어 사용되고 있다고 해도 과언이 아니다. GIS는 데이터베이스(DB)를 활용하여 기존의 종이지도를 디지털 지도로 대체하고, 이러한 정보를 각종 분석 소프트웨어를 통해 의미 있게 활용하는 정보시스템을 의미한다. GIS는 기본적으로 현실을 단순화하는 것을 지향하며, GIS 기술을 근간으로 발전해온 공간정보는 2000년 이후 새로운 공간정보 기술과 서비스를 지칭하는 의미로 사용되고 있다. GIS와는 달리 공간정보는 공간정보의 주된 사용자가 지능사물이기 때문에, 미래의 공간정보는 현실을 있는 그대로 나타내는 것을 지향한다. 선진국을 중심으로 GIS 기술의 발달사를 소개함으로써 현재의 공간정보가 발전해온 과정을 살펴보며, 이를 토대로 개도국의 현재 발전 단계를 점검하여 앞으로의 발전 방향을 예측할 수 있다.

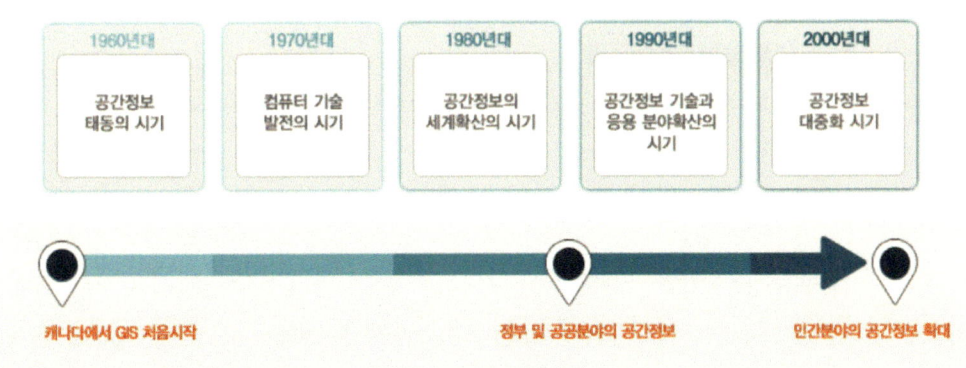

1960년대

1960년대는 캐나다의캐나다 지리정보체계(CGIS : Canada Geographic Information System)를 시발점으로 본격적인 GIS가 개발되기 시작하였다. 캐나다는 인구의 도시집중으로 인해 자연자원과 토지자원의 효과적 이용이 필요하게 되었다. 그러나 이를 위한 지도제작에 많은 비용과 인력이 소요되기 때문에 캐나다의 토지관리국은 세계 최초의 지리정보체계인 캐나다 지리정보체계(CGIS)를 개발하였다. 이때에는 정부기관과 같은 공공기관 주도에 의한 GIS의 발전이 주를 이루었다.

1990년대

1990년도에는 컴퓨터 하드웨어의 급성장으로 퍼스널 컴퓨터에 의한 지리정보체계의 보급이 가능하게 되었다. 이는 지리정보체계 시스템 비용의 감소를 가져왔다. 지리정보체계 공간자료 관리기술의 발전이 있었는데 특히 기존의 관계 형이 아닌 객체지향을 감안한 객체 관계형 데이터베이스 기술을 적용할 수 있게 되었다. 컴퓨터 전송망의 발달로 중앙 집중식에서 분산형 데이터베이스의 구축이 가능하였고, 광디스크 등 저장매체의 발전으로 경제적인 공간자료의 구축과 운용이 가능하게 되었다.

2000년대 ~ 현재

2000년대에 들어 인터넷, 통신기기 등 정보통신기술의 발전으로 도래한 IT 산업 환경은 사용자가 원하는 정보를 신속하게 제공할 수 있는 기반을 제공하였다. 또한 항공측량, 레이저측량, 위성측량 기술 및 소프트웨어 처리 기술의 눈부신 발전으로 인해 과거에는 상상할 수 없을 정도로 정확하고 신속하게 공간데이터를 획득하고 처리할 수 있게 되었다. 또한 기존의 GIS에 사회생활에 필요한 각종 공간정보를 융합하여 지능화 사회에 부합하는 공간정보서비스를 제공하기 위한 방법들을 연구개발하고 있다.

1970년대

컴퓨터 기술의 발전으로 지리정보체계 저변이 확대되었다. 그래픽처리 기술의 획기적 발전으로 CADD(Computer Aided Design & Drafting)의 등장이 있었고, 하드웨어(메모리, 저장 장치 등)의 기능 향상과 가격하락이 뒤따랐다. 사회 전반에 지형 공간자료에 대한 처리 도구로써 지리정보체계의 필요성에 대한 인식이 확산되었다. 이 시기에 GIS 관련 전문회사들의 등장이 있었는데 ESRI, Inter Graph, Syner com, Computer vision 등이 대표적 사례이다. 자원/환경관리 및 토지/공공시설 관리에 GIS가 본격적으로 활용되기 시작하였다.

1980년대

1980년대에는 개인용 컴퓨터가 개발·보급되었으며, 또한 이들을 연결시켜 주는 네트워크 기술의 발달은 방대한 자료의 분산으로 인한 문제를 해소하여 주었다. 그 결과 각 지방정부는 동일한 지리정보시스템을 이용하여 각종 데이터베이스를 구축하고 네트워크를 활용하여 공유할 수 있게 된 것이다. 이러한 기술 환경의 변화로 인해 지리정보체계가 급성장한 시기로 선진국뿐만 아니라 개발도상국에서도 지리정보체계의 구축 노력이 활발히 진행되었다. 주요 나라로는 미국, 영국, 캐나다, 독일, 프랑스, 노르웨이, 네덜란드, 이스라엘, 오스트레일리아, 남아프리카, 소련, 일본, 대만 등이 이에 해당한다.

사회·경제 각 분야에서 공간정보에 대한 수요가 급증하면서 많은 기업들이 위치정보 제공, 위치 추적, 생활공간정보 제공 등의 다양한 서비스를 제공해 고부가가치를 창출하는 방향으로 사업을 추진하고 있다. 이처럼 21세기 공간정보관련 기술은 지능화 사회로 변모하기 위한 방향으로 발전하고 있다. 현재 우리나라에서는 '녹색성장을 위한 그린 공간정보사회 실현'이라는 비전 아래 제4차 국가 지리정보체계사업을 지난 2010년부터 2015년까지 수행하였으며 현재도 지속적인 지리정보체계사업을 추진해 나가고 있다.

4. 공간정보의 필요성과 관련법령

1) 필요성

① 사회 패러다임 변화에 따른 공간정보의 필요성

인류가 출현하여 자급자족으로 생활을 유지해 오던 농업사회의 핵심 기술 및 요소는 일할 수 있는 체력 및 토지, 근면한 정신이었으며, 자신이 소유한 토지 경계를 확정하는 것이 무엇보다 중요하였다. 이러한 농업사회의 특성상 자연재해에 따른 재산적 손실을 막는 것이 가장 큰 경영전략이었다. 따라서 이러한 정보(토지 경계, 자연재해 피해 지역 등)를 제공할 수 있는 지도의 확보가 무엇보다 중요하였다. 산업사회를 통해 이룩된 컴퓨터, 정보통신 기술 등의 발전으로 인해 사회는 지식과 정보가 핵심 기술이 되는 정보사회로 변화하게 되었다. 즉, 개인이나 국가가 가지고 있는 지식과 정보가 사회를 움직이게 되었으며 정보통신기술을 이용하여 개인이 가지고 있는 지식을 공유하고 개방하는 것이 수월하게 되었다. 따라서 다양한 정보를 이용하여 가장 최적의 계획을 수립하고 이를 수행하는 것이 핵심가치가 되었다. 따라서 정보사회에서는 인간의 행동양식을 결정하는데 있어서 공간정보가 가장 핵심이 되는 정보로 부각되었다.

이러한 정보사회를 토대로 다가올 미래사회는 지식정보사회에서 스마트 사회로 변하게 될 것으로 예상된다. 스마트 공간정보사회는 모든 영역에 걸쳐 국가 전반에 구축된 공간정보 및 IT 인프라와 다양한 모바일 기기를 통해 수집된 모든 정보를 수집하고 가공, 활용함으로써 현실을 거의 있는 그대로 재창조 할 수 있을 것이다. 이상의 사회 패러다임 변화에서 살펴본 바와 같이 공간정보는 사회를 이끌어가기 위해 없어서는 안 될 가장 중요한 정보이다.따라서 국가 전반에 걸쳐 구축된 공간정보 인프라는 국가 경쟁력을 좌우 할 수 있으며, 국민의 삶의 질을 나타내는 척도로 사용될 수 있다.

② 공간정보의 국가적 필요성

국가의 효율적인 관리와 발전을 위해 반드시 필요한 정보가 공간정보이다. 먼저, 정치적으로는 공간정보를 이용하여 국가의 경계에서부터 행정구역과 선거구, 조세구역 등과 같은 사회영역을 확정하고, 유지할 수 있다. 또한 이러한 위치정보 뿐만 아니라 주민의 수, 선거 득표 수, 조세내역 등과 같은 속성정보를 데이터베이스로 구축하여 관리함으로써 필요한 정보를 적재적소에 활용할 수 있어 국토 관리를 효율적으로 수행할 수 있다. 둘째, 경제적으로는 국토의 지형 및 지리에 대한 공간정보를 이용하여 도로, 철도, 항만 및 항공 시설 등이 최적으로 입지할 수 있는 위치를 선정하여 경제적 손실을 최소화 할 수 있다. 또한 국가가 가지고 있는 관광자원을 최대한 활용하는 개발 계획을 수립함으로써 관광산업을 성장시켜 국가를 성장시킬 수 있는 원동력으로 사용할 수 있다.

이러한 공간정보를 구축하기 위해서는 측량 및 자료처리, 시스템 구축, 공간데이터 분석, 소프트웨어 개발 등과 같은 다양한 분야에서 많은 인력이 필요하게 된다. 따라서 다양한 일자리가 창출되어 국민의 경제활동을 활발하게 함으로써 국가의 내수시장을 성장 시킬 수 있다. 이와 같이 공간정보를 기반으로 국가 및 국토의 효율적인 관리 및 발전이 가능하며, 이를 통해 국가 대외 경쟁력을 확보할 수 있다.

국가(국토)의 효율적인 관리 및 발전

정치적 측면	경제적 측면	문화적 측면
· 국가의 경계에서부터 행정구역과 선거구, 조세구역 등 각종 사회영역을 확정함으로써 효율적 관리 · 공간정보시스템을 이용한 국가안보체계 확립	· 공간정보를 이용한 효율적인 국가발전을 통해 경제적 손실 최소화 · 다양한 일자리를 창출함으로써 활발한 국가 시장 형성 · 국가 대외 경쟁력 확보	· 규범과 문화, 그리고 다양한 사회활동에 대한 정보제공 · 재난/재해 등과 같은 위급상황 시, 신속한 대응 가능 · 다양한 공간정보를 제공함으로써 국민 삶의 질 향상

인간의 생존에 필수적인 요소이며, 산업화와 함께 국가를 운영하는 중요한 인프라

국가의 지리를 측량하고, 도로, 자원 등의 위치를 정확하게 파악하는 것은 국가운영의 기초

국가 운영과 발전의 근간을 이루는 핵심 요소

③ 공간정보의 사회적 필요성

국가공간정보인프라(NSDI National Spacial Data Infrastructure)는 전자지도에 지형, 건물, 도로, 지하시설물 등 모든 국토정보를 표준화하여 나타낸 것으로 사이버국토의 근간이라고 할 수 있다. 국가공간정보는 산업·행정·교육·문화 등 모든 영역의 고부가가치를 창출하는 원동력이 될 수 있다. 또한 이러한 공간정보를 매개로 제조업과 IT산업을 융합하면 신산업을 창출할 수 있다. 선진국은 이미 국가공간정보인프라(NSDI)를 구축해 서비스하고 있다. 공간정보는 개인의 고품격 생활, 기업과 정부의 서비스향상을 위해 반드시 필요한 핵심요소가 되어 앞으로도 수요가 계속 증가할 것으로 전망되고 있다. 이러한 공간정보산업은 초기의 단순한 지도제작의 단계를 지나 공간정보의 지능화를 구현하는 단계로 진화하는 중에 있다.

향후에는 이러한 기술을 기반으로 공간정보산업이 기존 단선형 산업에서 네트워크형 산업으로 진화하여 모든 영역에서 핵심요소로 활용될 것이다. 공간정보산업은 타산업과 연계범위가 매우 넓어 생산유발 및 고용창출 효과가 높다. 이러한 공간정보 인프라는 행정, 문화, 교육, 게임 등과 같이 사회 각 분야에 접목되어 무 탄소 신산업을 창출하고 기존산업의 저탄소화를 유도할 수 있다. 공간정보의 활용을 통해 에너지 효율화의 극대화를 이룰 수 있다. 이는 실내외에서 에너지 흐름을 실시간 관리하고 최적의 대안을 제시해 줌으로써 에너지 효율성을 획기적으로 높이는데 기여할 수 있다.

2) 관련 법령

① 국가공간정보 기본법(약칭: 공간정보법)

이 법은 국가공간정보체계의 효율적인 구축과 종합적 활용 및 관리에 관한 사항을 규정함으로써 국토 및 자원을 합리적으로 이용하여 국민경제의 발전에 이바지함을 목적으로 한다.

제2조(정의) 이 법에서 사용하는 용어의 뜻은 다음과 같다.
〈개정 2012. 12. 18., 2013. 3. 23., 2014. 6. 3.〉

1. "공간정보"란 지상·지하·수상·수중 등 공간상에 존재하는 자연적 또는 인공적인 객체에 대한 위치정보 및 이와 관련된 공간적 인지 및 의사결정에 필요한 정보를 말한다.
2. "공간정보데이터베이스"란 공간정보를 체계적으로 정리하여 사용자가 검색하고 활용할 수 있도록 가공한 정보의 집합체를 말한다.
3. "공간정보체계"란 공간정보를 효과적으로 수집·저장·가공·분석·표현할 수 있도록 서로 유기적으로 연계된 컴퓨터의 하드웨어, 소프트웨어, 데이터베이스 및 인적자원의 결합체를 말한다.
4. "관리기관"이란 공간정보를 생산하거나 관리하는 중앙행정기관, 지방자치단체, 「공공기관의 운영에 관한 법률」 제4조에 따른 공공기관(이하 "공공기관"이라 한다), 그 밖에 대통령령으로 정하는 민간기관을 말한다.
5. "국가공간정보체계"란 관리기관이 구축및관리하는 공간정보체계를 말한다.
6. "국가공간정보통합체계"란 제19조제3항의 기본공간정보데이터베이스를 기반으로 국가공간정보체계를 통합 또는 연계하여 국토교통부장관이 구축·운용하는

공간정보체계를 말한다.
7. "공간객체등록번호"란 공간정보를 효율적으로 관리 및 활용하기 위하여 자연적 또는 인공적 객체에 부여하는 공간정보의 유일식별번호를 말한다.

② **공간정보산업 진흥법**

이 법은 공간정보산업의 경쟁력을 강화하고 그 진흥을 도모하여 국민경제의 발전과 국민의 삶의 질 향상에 이바지함을 목적으로 한다.

> **제2조(정의) 이 법에서 사용하는 용어의 뜻은 다음과 같다.**
> 〈개정 2014. 6. 3., 2015. 5. 18.〉

1. "공간정보"란 지상·지하·수상·수중 등 공간상에 존재하는 자연 또는 인공적인 객체에 대한 위치정보 및 이와 관련된 공간적 인지와 의사결정에 필요한 정보를 말한다.
2. "공간정보산업"이란 공간정보를 생산·관리·가공·유통하거나 다른 산업과 융·복합하여 시스템을 구축하거나 서비스 등을 제공하는 산업을 말한다.
3. "공간정보사업"이란 공간정보산업에 속하는 다음 각 목의 사업을 말한다.
   가. 「공간정보의 구축 및 관리 등에 관한 법률」 제44조에 따른 측량업 및 같은 법 제54조에 따른 수로사업
   나. 위성영상을 공간정보로 활용하는 사업
   다. 위성측위 등 위치결정 관련 장비산업 및 위치기반 서비스업
   라. 공간정보의 생산·관리·가공·유통을 위한 소프트웨어의 개발·유지관리 및 용역업
   마. 공간정보시스템의 설치 및 활용업
   바. 공간정보 관련 교육 및 상담업
   사. 그 밖에 공간정보를 활용한 사업
4. "공간정보사업자"란 공간정보사업을 영위하는 자를 말한다. 4의2. "공간정보기술자"란 「국가기술자격법」 등 관계 법률에 따라 공간정보사업에 관련된 분야의 자격·학력 또는 경력을 취득한 사람으로서 대통령령으로 정하는 사람을 말한다.
5. "가공공간정보"란 공간정보를 가공하거나 이에 다른 정보를 추가하는 등의 방법으로 생산된 공간정보를 말한다.
6. "공간정보등"이란 공간정보 및 이를 기반으로 하는 가공공간정보, 소프트웨어, 기기, 서비스 등을 말한다.

> 7. "융·복합 공간정보산업"이란 공간정보와 다른 정보·기술 등이 결합하여 새로운 자료·기기·소프트웨어·서비스 등을 생산하는 산업을 말한다.
> 8. "공간정보오픈플랫폼"이란 국가에서 보유하고 있는 공개 가능한 공간정보를 국민이 자유롭게 활용할 수 있도록 다양한 방법을 제공하는 공간정보체계를 말한다.

5. 공간정보에 운용되는 무인기(드론) 및 촬영장비

1) 무인기

공간정보에 운용되는 무인기는 촬영용도에 따라 임무범위별 비행이 가능한 회전익과 고정익 무인기로 나누어 볼 수 있다. 어떤 무인기(드론)인가 보다 촬영용도, 촬영범위, 촬영시간, 촬영결과물 등을 고려하여 적정한 임무장비를 적용할 수 있는 드론인가?를 우선 고려해야 한다. 회전익은 촬영용 중 중국 DJI사의 MATRICE 210과 MATRICE 600, 인스파이어, 팬텀, 매빅 급이 있으며, 최근에는 자작 드론에 카메라만 장착한 드론도 많이 있다. 고정익은 영국 Quest UAV의 Q-200, Data Hawk, 프랑스 Sensefly사의 ebee, 국내 케바드론의 Mapper 등이 있다.

2) 촬영장비

① 전자광학 카메라

무인기에 장착하여 사용하는 전자광학 카메라는 다양하게 많은 종류가 있다. 그 중에서 항공사진촬영에 적합한 카메라는 최소 1,000만 화소 이상의 카메라를 사용하는 것이 효과적이다. 따라서 무인기에 장착하여 지도제작에 활용되고 있는 대표적인 카메라는 Cannon PowerShot, GoPro Hero, Sony Alpha등이 있다.

■ Cannon PowerShot

Cannon PowerShot SX 시리즈는 광학 20배 줌을 탑재하고 있다. 유효 화소수 12 백만 화소로 손 떨림 보정 기능이 있으며, 리튬 이온 배터리를 사용한다. GPS를 카메라에 포함시킬 수 있고 광학 줌을 제공함으로 높은 고도에서의 촬영도 가능한 고성능 카메라이며 대략적인 제원은 다음 페이지의 표와 같다.

▼ Cannon사 무인기용 광학 카메라

구분	PowerShot SX230 HS	PowerShot SX260 HS
크기	106.3 x 61 x 32.7 mm	106.3 x 61 x 32.7 mm
센서	CMOS	CMOS
셔터 방식	Rolling Shutter	Horrific Rolling Shutter
픽셀 수	12 백만	12 백만
동영상 해상도	640 x 480	1,280 x 720
Burst Rate	8.1 frames/sec	10.3 frames/sec
플래시 작동 거리	0.8 ~ 3.5 m(W) 1.0 ~ 2.0 m(T)	0.5 ~ 3.5 m(W) 1.0 ~ 2.0 m(T)
렌즈 초점 거리	28 ~ 392 mm(14x)	25 ~ 500 mm(20x)
무게(배터리 포함)	195g	208g

■ Sony Alpha 6000

Sony A6000은 16 mm 광각 렌즈를 사용할 경우 120미터 상공에서 GSD(지상해상도) 2.4cm의 해상도를 가지며 낮은 조명에서도 선명한 이미지 품질과 낮은 노이즈 이미지를 보장하는 고성능 카메라이며 그 제원은 다음 표와 같다.

구분	Sony a6000	Sony a6300	Sony a7 II
센서 크기	23.5 x 15.6 mm	23.5 x 15.6 mm	35.8 x 23.9 mm
센서	CMOS	CMOS	HD CMOS
셔터 방식	Rolling Shutter	Horrific Rolling Shutter	Electronic First-Curtain Shutter
픽셀 수	24 백만	24 백만	24 백만
동영상 해상도	1,920 x 1,080/60 p	3,840 x 2,160/30 p 1,920 x 1,080/120 p	1,920 x 1,080/60 p
최고 셔터 스피드	1/4,000 sec	1/4,000 sec	1/8,000 sec
AF 시스템	Hybrid AF	Hybrid AF	Hybrid AF
플래시 속도	1/160 sec	1/160 sec	1/250 sec
무게(배터리 포함)	344 g	404 g	599 g
크기	120 x 67 x 45 mm	120 x 67 x 49 mm	127 x96 x60 mm

■ GoPro Hero

　GoPro사의 Hero 시리즈는 손목에 차는 형태로 개발 된 레저용 소형 카메라였는데, 최근 드론용으로 그 영역을 확장하고 있다. 이 제품의 장점은 매우 소형이면서도 화질이 매우 우수하다는 점이다. 픽셀 수: 12 백만, 센서 : CMOS, 셔터방식: Rolling Shutter, AF 시스템: 자동 저조도 모드/나이트 포토 모드, 해상도: 4K, 셔터 속도: 1/30 초, 무게 152 g, 배터리 용량: 1,160 mAh 등이다.

▲ GoPro Hero

② 무인기 탑재용 열화상 카메라

　무인기용 카메라는 대부분 배터리로 작동되어 비행시간이 매우 중요하여 카메라의 무게가 적은 것이 효과적이라고 할 수 있다. 최근 센서의 무게를 획기적으로 줄이면서도 우수한 성능을 보이고 있는 무인기 탑재용 열화상 카메라에 대하여 알아보고자 한다.

■ FLIR Quark 640

· 무게(본체 및 렌즈): 18.3 g (f=6.3 mm) ~ 28 g (f=35 mm)
· 열화상 카메라: 비냉각식 마이크로볼로미터
· 크기(렌즈 불포함): 17 x 22 x 22 mm
· FPA/디지털 영상표시 형식: 640 × 512, 336 × 256
· 아날로그 영상 표시 형식: 640 × 480 (NTSC)
· 스펙트럼 대역: 7.5 ~ 13.5μm
· 측정 온도 범위: −40 ~ +160oC

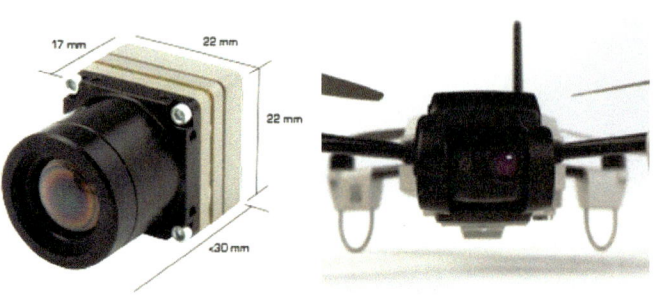 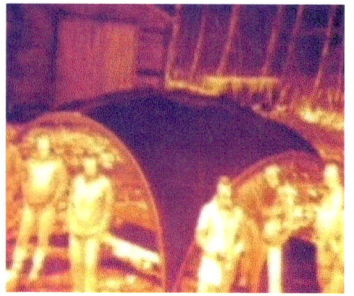

▲ 무인기 탑재용 열화상 카메라

■ Workswell WIRIS

- 무게(본체 및 렌즈): 〈 400 g
- 열화상 카메라: 비냉각식 마이크로볼로미터
- 크기(렌즈 불포함): 139 × 84 × 69 mm
- FPA/디지털 영상표시 형식: 640 × 512
- 스펙트럼 대역: 7.5 ~ 13.5㎛
- 측정 온도 범위: -25 ~ +150oC
- 제조국: 체코

  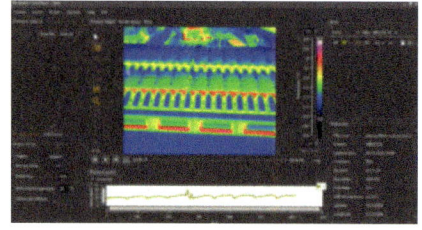

▲ Workswell WIRIS

③ 촬영용 짐벌장치

회전익 무인기(드론)는 로터의 회전, 바람의 영향으로 진동이 커서 짐벌 없이 촬영을 하면 흔들림의 영향을 많이 받은 영상이 촬영되게 된다. 짐벌gimbal은 "계기 등 여러 가지를 실은 기체의 경사에 관계없이 언제나 수평으로 유지하는 지지장치"로서 간단히 설명하면 카메라가 흔들림 없이 항상 수평을 유지하며 영상을 촬영할 수 있게 해주는 장치이다. "짐벌은 하나의 축을 중심으로 물체가 회전할 수 있도록 만들어진 구조물이다. 세 개의 짐벌로 구성된 구조에서 한 짐벌의 회전축이 다른 두 짐벌의 회전축과 직각을 이루도록 구성이 되면, 가장 안쪽 짐벌의 회전축에 장착된 물체는 바깥 지지대의 회전에 영향을 받지 않는다".

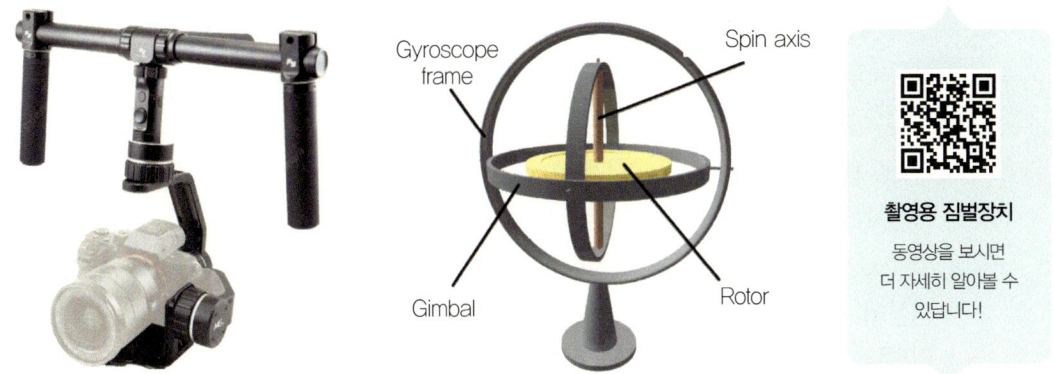

▲ 촬영용 짐벌장치

6. 드론의 공간정보의 운용

1) 항공사진촬영과 측량

① 항공사진촬영

공간정보에서의 사진측량은 사진영상, 전자파 복사에너지 및 다양한 자연현상을 저장, 측정 및 해석하여 자연 대상물 및 환경에 대한 정보를 획득하는 일종의 원격탐사 기술로서, 태양의 전자파(EM Wave Electromagnetic Wave) 중 주로 가시광 Visible Light 대역을 이용하여 지구 및 우주공간에 대한 영상자료를 획득하고 아날로그 및 디지털 데이터 영상으로부터 정량적, 정성적인 정보를 구축하고 분석 및 해석을 통하여 지형도 제작, GIS 구축 등 다양한 분야에 활용하는 과학기술이다.

또한 공간정보에서 항공사진측량은 사진 자체로는 형태에 관한 인지정보만을 제공하므로 항공기에 탑재된 카메라로 연속 중복하여 촬영한 사진을 이용하여 대상지역에나 대상체에 대하여 3차원적인 정량적 또는 정성적 정보를 얻는 측량기법이다. 따라서 전자파에 의한 사진 및 영상을 이용하여 대상물에 대한 정량적 위치해석 및 정성적인 특성을 해석하는 것으로서 정량적인 것은 위치, 형상, 크기 등을 결정하고, 정성적인 것은 자원과 환경현상의 특성조사 및 분석을 의미하는 것이다.

② 항공사진측량 작업규정(국토지리정보원(공간영상과), 031-210-2682

제2조(용어의 정의) 이 규정에서 사용하는 용어의 정의는 다음 각 호와 같다.

1. "항공사진측량"이라 함은 대공표지설치, 항공사진촬영, 지상기준점측량, 항공삼각측량, 세부도화 등을 포함하여 수치지형도 제작용 도화원도 및 도화파일이 제작되기까지의 과정을 말한다.

2. "대공표지"라 함은 항공삼각측량과 세부도화 작업에 필요한 지점의 위치를 항공사진상에 나타나게 하기 위하여 그 점에 표지를 설치하는 작업을 말한다.

3. "항공사진촬영"이라 함은 항공기에서 항공사진측량용 카메라를 이용한 항공사진 또는 영상의 촬영을 말하며, 필름의 노출과 현상, 사진의 인화, 건조까지의 사진처리와 디지털항공사진을 제작, 출력하는 과정을 포함한다.

4. "항공사진"은 항공사진측량용 카메라로부터 촬영된 "아날로그항공사진"과 "디지털항공사진"으로 분류하며 디지털항공사진은 "디지털항공사진측량용 카메라로 촬영한 영상" 또는 "항공사진측량용 카메라로 촬영한 필름을 항공사진전용스캐너로 독취한 영상"을 말한다.

5. "지상기준점측량"이라 함은 항공삼각측량 및 세부도화 작업에 필요한 기준점의 성과를 얻기 위하여 현지에서 실시하는 지상측량을 말한다.

6. "항공삼각측량"이라 함은 도화기 또는 좌표측정기에 의하여 항공사진상에서 측정된 구점의 모델좌표 또는 사진좌표를 지상기준점 및 GPS/INS 외부표정 요소를 기준으로 지상좌표로 전환시키는 작업을 말한다.

7. "세부도화"라 함은 기준점측량 성과와 도화기를 사용하여 요구하는 지역의 지형지물을 지정된 축척으로 측정묘사 하는 실내작업을 말하며 좌표전개, 정리점검, 가편집데이터 제작을 포함한다.

8. "수정도화"라 함은 최신의 항공사진을 이용하여 세부도화데이터, 가편집데이터 등을 수정하는 도화작업을 말한다.

9. "내부표정"이라 함은 촬영 당시 광속의 기하상태를 재현하는 작업으로 기준점 위치, 렌즈의 왜곡, 사진의 초점거리와 사진의 주점을 결정하고 부가적으로 사진의 오차를 보정하여 사진좌표의 정확도를 향상시키는 것을 말한다.

10. "상호표정"이라 함은 세부도화 시 한 모델을 이루는 좌우사진에서 나오는 광속이 촬영면상에 이루는 종시차를 소거하여 목표 지형지물의 상대위치를 맞추는 작업을 말한다.

11. "절대표정"이라 함은 축척을 정확히 맞추고 수준을 정확하게 맞추는 과정을 말한다.

12. "지상표본거리(GSD, Ground Sample Distance)"라 함은 각 화소(Pixel)가 나타내는 X, Y 지상거리를 말한다.

③ 사진측량학 = Photogrammetry
- Photo → Light (광, 전자기파, 사진, 영상)
- Gramma → drawn or written (형상)
- Metry → to measure (관측)

　사진측량학은 빛을 이용하여 기록하고 이로부터 측정·측량을 하는 기술 및 학문이다. 여기서 기록이란 정보를 포함하는 것으로서 길이, 면적, 부피 등의 정량적 정보와 지표면 및 건물, 수목 등의 대상체의 정성적 정보를 포함한다. 사진측량학의 영어단어 중 Metron의 어원이 의미하듯 보다 정량적 정보가 강조되지만 정성적 정보도 포함한다. 넓은 의미에서 사진측량은 사진촬영 위치에 따라 지상사진측량, 항공사진측량, 근접사진측량 등으로 구분한다. 각각의 사진측량 분야가 과학기술의 발전에 따라 진화를 함으로 그 경계가 모호해 지는 경향이 있지만 고전적인 의미에서 프레임 카메라에 의한 수치사진을 제외한 기타 센서에 의한 영상획득은 대체로 "원격탐사"의 영역으로 분류한다. 즉 어떤 센서를 사용하여 실세계의 대상물을 어떤 매체에 재현하기 위한 측량기술 또는 과학분야를 일반적으로 "원격탐사"라고 하고, 프레임 카메라를 사용한 사진을 이용하는 분야를 "사진측량"이라고 정의한다. 영상을 사용한 위치해석이 위치정확도 측면에서 가장 신뢰성과 안전성이 있기 때문에 지도제작, 구조물 해석 등 정량적 분석 분야에서는 사진영상을 사용한 사진측량이 아직도 주류를 이루고 있다.

　전자 기술 및 정보통신기술의 발전으로 드론이라는 매우 경제적이면서도 강력한 도구의 출현으로 드론을 이용한 사진측량은 원격탐사를 포함한 "일괄 측량 및 탐사"로 나아가고 있다. 카메라 센서는 물론 SIFT, SFM 등의 영상 자료처리는 물론 가상현실(VRVirtual Reality) 및 증강현실(ARAugmented Reality) 등의 기술 발달로 인공위성이나 항공기에 탑재되어 전문가 수준에서만 운영되던 사진측량은 일반인들조차 사진측량과 원격탐사를 자체적으로 일괄 수행하고, 자료처리를 하여 실생활에 적용하게 되었다.

④ 사진측량의 역사

■ 세계의 역사

먼저 1850~1900년까지를 제1세대라고 할 수 있으며 이때는 사진측량의 개척시기로서 사진술의 발명기라고 할 수 있으며 항공기가 등장한 후 사진의 개발 및 열기구를 활용한 항공촬영이 되었다. 둘째, 1900~1970년까지는 기계사진측량시기라고 할 수 있다. 제1차 세계대전 후 항공기와 광학기계의 급속한 발전으로 기계적인 편위 수정기와 입체 도화기가 개발되었다.(1901년 Pulfrich 입체사진측량기의 개발) 셋째, 1970년~1990년까지는 해석사진측량(Analytical Photogrammentry)의 시기로서 컴퓨터의 지원을 통한 해석도화기의 개념이 도입되었다. 스트립의 다항식 조정, 독립 모델법, 광속조정법 등 해석사진측량의 조정이론이 개발되었다. 넷째는 1990년부터 현재까지로 수치사진측량Digital Photogrammetry의 시기이다. 수치영상처리기법Digital Image Processing의 발전과 디지털 카메라의 개발 그리고 수치영상처리의 자동화 기법에 대한 연구가 활발하게 이루어지고 있다.

■ 우리나라의 역사

1945년 해방과 동시 미군이 주둔하면서 미국의 DMADefence Mapping Agency가 소개되었다. 1910~1918년 간 얻은 국가 기준점을 이용하여 북위 40°까지 항공사진을 촬영하였으며 6.25전쟁 중에는 1/50,000의 군사지도를 수정 제작하였다. 1966년 국내 기술진으로 항공사진측량(네덜란드 ITC교육)을 실시하여 1/25,000(국립지리원), 1/5,000 국가 기본도를 제작하였다. 이후 국토지리정보원에서 모든 국가기본도 제작은 항공사진측량을 촬영하여 제작하였다. 2000년부터 기존 항공사진을 DB화 구축사업을 추진하였으며 2011년부터 전국연속정사영상(GDS : 0.25m급) 제작에 착수하였고 2014년 국토지리정보원에서 국토정보 플랫폼 서비스를 시작하였다.

⑤ 항공사진의 기하학

사진의 상은 대상물로부터 반사된 광이 렌즈 중심을 직진하여 평면인 필름면에 투영된 상을 말한다.

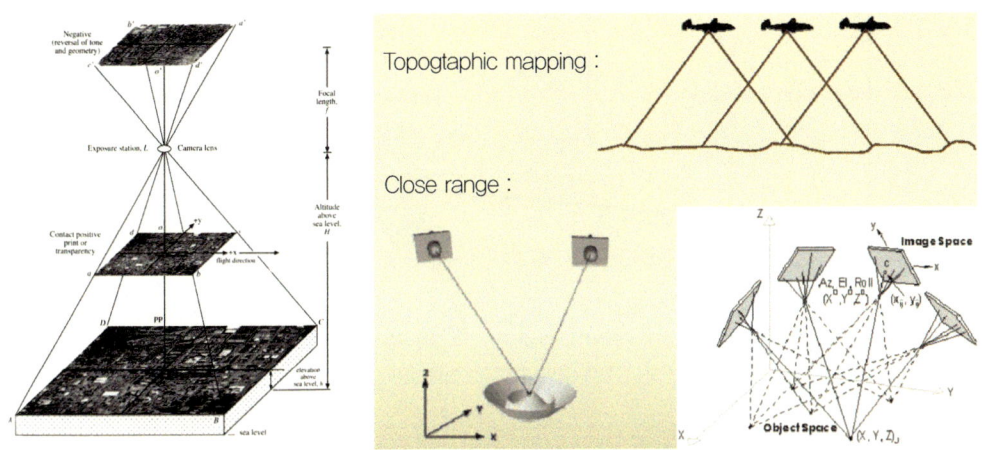

항공사진과 지도의 차이점은 아래 표를 참조하고, 사진으로 지도를 만드는 것은 중심투영을 정사투영으로 변환하는 과정이라고 할 수 있다.

구분	항공사진	지도
투영 방식	중심 투영	정사 투영
기하학적 왜곡	기복변위, 경사변위	–
정확도	부정확	정확
정보의 포함량	자세함(0.5GB 정도)	부족함(few KB)
정보의 표현	사실적(레스터) (implicit)	추상적(벡터) (explicit)

사진축척(Photo Scale) = image/object = d/D = f/H = l/S이다.

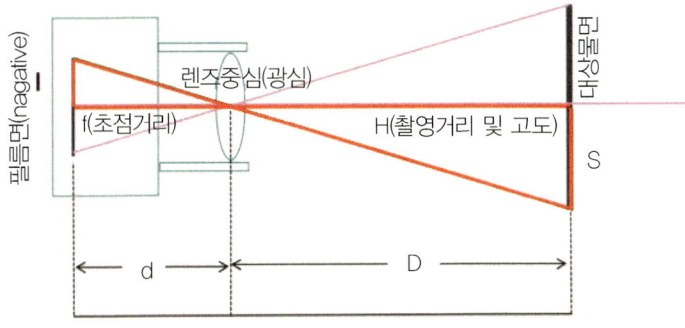

내부표정요소는 주점좌표(x_0, y_0) 및 초점거리(f)이다.

DRONE

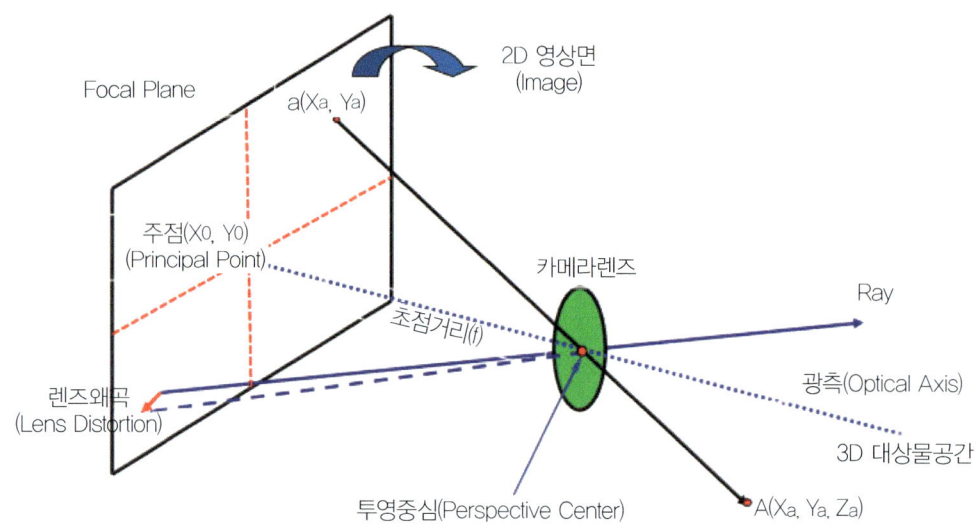

2) 공간정보관리

① 드론 항공사진측량 구성도

사진촬영시스템에서는 고정익 또는 회전익 드론, 소형 GPS 및 INS 그리고 디지털 카메라가 필요하며, 다양한 해석 소프트웨어를 통하여 Point Cloud DSM, DEM, Digital Ortho Image, 3D Modelling 등의 결과물로 구성된다.

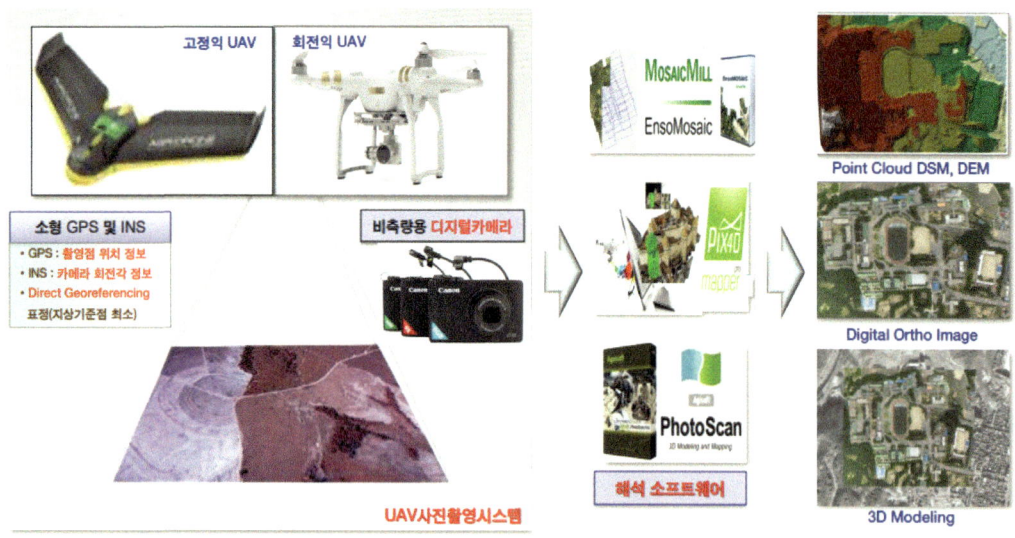

▲ 드론 항공사진측량 구성도

② 무인기를 이용한 공간정보운용 절차

무인기를 이용하여 공공측량 작업을 진행하는 절차는 작업계획수립, 항공삼각측량에 필요한 수평위치 및 표고의 기준이 되는 점을 배치하는 표정점 설치, 대공표지 설치, 촬영, 항공삼각측량, 현지조사, 그리고 3차원형상복원과 수치 편집, 수치지도 편집 만들기 등의 절차를 거치게 된다. 이러한 절차를 4단계에 적용하여 보면 아래의 표와 같다. 첫째, **공간정보 촬영장치를 점검**하며, 둘째, **공간정보 촬영계획을 작성**하고, 셋째, **공간정보 촬영정보를 관리**하고 마지막으로 **공간정보 촬영비행을 실시**하고 **촬영정보들에 대하여 편집을 실시**한다.

공간정보 촬영장치 점검	공간정보 촬영계획 작성
· 공간정보 촬영장치 점검 · 공간정보 촬영요소 점검	· 공간정보 촬영계획 수립 · 공간정보 촬영비행 준비
공간정보 촬영정보 관리	공간정보 촬영비행
· 정사영상 제작, · 영상지도 편집, 관리, 저장	· 비행항로 점검 · 공간정보 촬영정보

▲ 무인기를 이용한 공간정보운용 절차 4단계

1. 공간정보 촬영장치 점검

■ 공간정보 촬영시스템의 종류와 성능

공간정보 촬영시스템은 국토교통부 무인자동장치에 의한 측량 매뉴얼 제6조에서 정한 성과품의 정확도를 확보할 수 있도록 다음 각 호의 성능을 구비한 장비이어야 한다.

· 비행장치는 임무수행 동안 항시 지상에서 통제가 가능하고 예정 경로를 벗어나지 않아야 하며 지정된 장소에 복귀 가능하여야 한다.
· 디지털 카메라는 일정한 간격으로 셔터속도를 조절할 수 있어야 한다.
· 공간정보 촬영시스템은 계획된 위치에서 촬영할 수 있는 장치를 갖춘 비행체로써 카메라의 움직임을 최소화 할 수 있어야한다.

· 그 외의 공간 정보촬영시스템에 대한 성능기준은 다음과 같다.

필수 임무 장비	성능기준
비행체	- 비행고도 : 100~500m - 비행가능풍속 : 고정익은 10m/s 이상, 회전익은 5m/s 이상 - 비행 및 촬영방식 : 자동/수동 비행 및 자동/수동 촬영 - 이착륙 방식 : 수동/반자동 또는 자동 - 탑재센서 : 카메라 - 부속기기 : 영상촬영 지상 콘트롤러 및 이착륙용 리모트 콘트롤러 - 임무수행 중 배터리 폭발이 발생하지 않을 것
카메라	- 촬상소자(CCD 센서) 해상력은 최소 12MP 이상일 것 - 셔터 속도는 2ms 이하로 조절이 가능할 것
GNSS 수신기	- 측위정확도 : 5m 이내 - 내비게이션 갱신율 : 1Hz - 타임펄스 조정범위 : 0.25Hz~1KHz - 속도 정확도 : 0.1m/s - 헤딩정확도 : 0.5 degree

관성측정장치
(IMU)
	- 디지털 자이로스코프
	  · 형식 : 3축 MEMS
	  · 회전각 측정범위 : ±2,000 deg/sec
	  · 회전각 측정 정밀도 : 2.0°
	  · 감도 : 16 LSB per deg/sec
	- 디지털 가속도계
	  · 형식 : 3축 MEMS
	  · 중력가속도 측정범위 : ±16g
	  · 정밀도 : 4mg/LSB (1°이내의 경사변화량 측정)

■ **촬영장치 점검**

① 촬영 비행경로를 설정한다.

- 촬영지역에 대하여 항공사진 촬영 금지구역여부?, 인구밀집지역여부? 특수한 동식물의 서식 및 활동지역 여부 등을 확인하여야 한다.
- 촬영지역의 기상상태를 확인한다. 풍향, 풍속, 온도, 습도, 시정, 강수량 등
- 촬영지역의 비행제한사항을 확인한다. 지역내 다른 항공기의 최저 비행고도, 촬영할 무인기의 비행고도, 촬영지역의 공역(관제공역, 비관제공역, 통제공역, 주의공역 여부 확인), 그리고 기타 비행여건 등을 확인한다.

② 촬영할 장비의 작동상태 확인

- **무인항공기(드론)** : 조종기의 조종버튼 확인(Throttle, Roll, Pitch, Yaw 등), 로터 및 모터, 자이로(Gyro)/가속도/지자기 센서 작동 상태확인, 송신기와 수신기 통신

점검, GPS를 이용한 Way Point 기능 작동 확인, 드론을 원격 조종 할 FPV 장치 작동 확인, 비상 시 착륙 또는 Return Home기능 작동 점검, payload 용량 초과 여부 확인, 배터리 충전 여부 점검 등을 점검한다. 비행지역 및 조종구간에서의 조종 가능거리, 촬영면적, 비행거리 및 착륙지점 등의 비행시간, 자동 및 수동 비행조종기능, 비행구간 설정가능 여부, 안정적인 비행가능 무게, 비행고도유지를 위한 기압계 센서 등을 점검한다.

② 영상촬영장비
- 전자광학카메라는 광각렌즈, 고성능렌즈, 동영상의 해상도, 최고 셔터스피드, 화소, 초점 거리, 픽셀크기, 센서크기, 광학 줌 등
- 적외선 카메라는 열화상 카메라와 감지 적외선 파장대를 점검한다.
- 짐벌은 장착상태의 안정성을 점검한다.
- 센서는 주파수 대역과 범위, 저장 공간을 확인한다.
- 기기 무게는 비행안정성, 비행시간, 적용 가능한 비행장치의 확인 등
- 영상신호 전송장비는 전송방식 확인으로 무선주파수, 와이파이, LTE 등
- 촬영 비행 목적에 적합한 장비의 선택이다.

③ 원격조종 촬영장비
- 장착 카메라 제어는 영상 또는 이미지 촬영선택, 해상도, 릴리즈 기능, 셔터 제어, SD카드 저장, 타임 랩스, 스트리밍 송신 등을 점검한다.
- 원격조종 초점제어는 줌, 조리개, 포커스링 등의 제어 가능여부를 점검한다.
- 영상매수는 스트립의 수, 영상 매수, 평균 GSD 등

■ 공간정보 촬영요소 점검

① 기준점과 대공표지 작성내용을 사전 점검

- 지상기준점 선점(기준점의 예 : 아래 표 참조)
- 촬영한 영상에 명확하게 식별될 수 있는 장소를 선정한다.
- 위치는 평평한 지점으로 하고 후속 공정의 완료 시 까지 확인 및 보존 가능 지역을 선정한다.
- 지상기준점의 수는 $1km^2$ 당 9점 이상으로 선점한다.
- 지상기준점 배치 기준에 따라 배치한다.

– 대공표지를 확인, 선정
- 대공 표지의 크기는 촬영 계획 지상 표본의 2배 이상으로 한다.
- 대공표지 표준 형상 및 크기 준수 여부를 확인하며, 지상기준점용과 필지경계점용으로 구분하여 확인한다.
- 대공표지를 토지소유주와 협의하여 설치 여부를 확인한다.
- 대공표지 설치작업이 완료된 후 대공표지 조서 작성 여부를 확인한다.

② 영상의 해상도, 촬영시기, 품질 파악

– 영상의 해상도를 점검한다.

촬영 목적에 따른 영상 해상도를 결정하고, 드론 고도 및 카메라 초점 거리에 따른 해상도를 점검과 영상 획득 속도에 따른 영상 해상도를 점검한다.

– 영상의 촬영 시기를 점검한다.

촬영 목적에 따른 영상 촬영 시점과 기상 조건에 따른 영상 촬영 시점을 결정하고, 촬영 대상물의 상황에 따른 영상 촬영 시점을 결정한다.

– 영상의 품질을 파악한다.

기상 상태에 따른 영상의 품질을 파악하고, 촬영영상의 공간적, 분광 대역적 해상도에 따른 영상의 품질을 파악한다. 또한 촬영 영상의 지상 송신 방법에 따른 영상의 품질을 파악한다.

2. 공간정보 촬영계획 작성

■ 촬영계획 수립

– 대상지역과 가용한 자료, 장비 검토

대상 지역 자료조사 및 검토
- 작업지역의 지형조사는 토지 피복, 지형의 형상, 이용할 토지, 비행안전요소(예, 송전탑, 안테나 등)를 조사한다.
- 비행에 제한을 주는 요인 조사
- 비행에 영향을 주는 기상요인 조사

- **자료 검토**

　해당지역 지도, 수치표고모형(DEM Digital Elevation Model) 자료, 기존의 수치 지도 등을 검토한다.

- **장비 성능점검**
  - **무인기** : 수동 및 자동비행가능하고 자동귀한 가능여부, 현 지역의 풍속에 견딜 수 있는지 여부, 카메라의 수평 및 촬영 각도를 확보 가능한가? 등을 점검한다.
  - **촬영카메라** : 본체, 렌즈, 촬영에 필요한 기능을 갖추었는지 점검한다.
    - ⓐ 초점거리, 노출시간, 조리개, ISO 강도를 수동으로 설정 가능해야 한다.
    - ⓑ 렌즈의 초점을 조정하고, 렌즈의 흔들림을 보정하거나 자동처리 기능을 해제 가능해야 한다.
    - ⓒ RAW 이미지의 저장과 초점거리와 노출 시간 등의 정보 확인이 가능하고, 충분한 저장용량을 확보해야 한다.

- **촬영에 대한 영상지도 촬영계획 수립**

　촬영비행 목적과 가용장비에 따라서 다음의 촬영 조건들을 결정한다. 먼저 촬영 고도, 셔터 속도, 지상표본 거리, 지상 면적, 비행노선 간격, 비행 노선 수, 영상 매수, 셔터 간격 등을 결정한다.

■ **촬영비행 준비**

- **촬영비행 준비 시 고려사항**
  - 촬영기준면은 일반적으로 지상기준면(AGL Above Ground Level)으로 설정한다.
  - 촬영 고도는 촬영 기준면에서의 고도이다.
  - 항공사진의 중복도는 항공사진 영상정합 처리에 영향을 주기 때문에 동일한 코스에서 인접 항공사진 사이에 90% 이상, 인접 코스에서 60% 이상으로 한다.
  - 비행속도는 항공사진 촬영 시 셔터 속도를 설정할 수 있는 속도로 한다.
  - 촬영 방향을 검토한다.
  - 3차원 점군 point-cloud 데이터의 정확도는 3차원 점군 데이터의 높이 오차가 0.05m 로 설정되면 지상표본거리(GSD Ground Sample Distance)가 0.01m가 되도록 카메라의 화소 크기 및 초점거리 등을 결정한다.

- 지형 형상과 기상 조건을 확인하고, 조종자의 건강상태를 점검한다.

– 영상신호 수신기 및 촬영장비 선정
- 영상신호 수신기는 영상의 송·수신기 누락과 왜곡의 정도를 점검하고, 무선송수신에 의한 영상데이터 활용능력을 점검한다.
- 촬영장비는 촬영범위, 비행환경, 장비의 무게 등을 검토하여 촬영에 적절한지 점검하고, 피사체 접근 촬영 능력 검토 후 기능을 점검한다.

– 조종 방법 사전 숙달은 먼저 조종기의 사용방법을 숙달하고, 수동 및 자동방법에 대하여 확인 및 숙달한다.

– 외부환경요소에 따른 비행 취소 : 수동조종을 취소하는 방법, 자동 Return Home 기능 활용방법 등을 확인 숙달한다.

– 비행장치의 전원 및 전력공급원, 기타장비 점검
- 배터리는 용량 및 수량을 점검하고, 필요한 용량까지 충분히 충전되는지 확인하며, 배터리가 부풀었는지 혹은 구멍 등 손상을 입어 폭발의 위험이 있는지 세심히 점검한다.
- 충전기는 충전기가 비행에 쓰일 배터리 용량 및 전압을 충전할 수 있는지 확인하고, 충전기가 셀 간 밸런스 충전이 가능한 성능을 보유하고 있는지를 점검한다.
- 안정적인 비행을 위해 전력원의 수량과 공급 장치의 이상 유무를 체크한다.

– 기상여건과 현장상황에 적합한 비행계획 수립
- 기상 예보 및 현장여건을 점검하고 장비 활용과 촬영의 용이성 등을 검토한다.
- 측량데이터 작업과 현장촬영 작업으로 실내·외 작업이 구분됨으로 원활한 협업이 이루어지도록 비행계획을 수립한다.

3. 공간정보 촬영비행

■ 비행항로 점검

– 촬영에 적합한 비행경로 설정
- **촬영지역의 특성 파악** : 항공사진촬영 금지구역 여부?, 인구밀집지역 여부, 동식물의 서식처 및 활동지역 여부?, 촬영지역의 지형지물의 특성 등을 확인한다.

- **촬영지역의 기상현상 파악** : 풍향 및 풍속, 온도와 습도, 강수량, 시정 등
- **비행제한요소 파악** : 고 위험 지역인가?, 지역별 장애물과 높이 제한여부를 확인한다.
- **비행여건** : 촬영에 적합한 비행항로인가? 를 점검한다.

– 촬영고도 결정

- **촬영 시 비행장치의 적정고도 계산** : 다음 식을 이용하여 계산한다. 촬영용 비행장치의 비행고도는 다음의 식을 이용하여 원하는 지상표본거리(GSD)로 부터 계산이 가능하다.

◈ 비행고도 = GSD X 초점거리(f) / 픽셀 크기

- 측량 매뉴얼에 의한 비행고도 선정을 한다. (국토교통부 '무인비행장치에 의한 측량 매뉴얼(안) 제20항)

비행고도(m)	이론적 GSD(cm)	영상 GSD(cm)
100	3	5
200	6	10
300	9	15
400	12	20
500	15	25

– 필요한 정사영상을 촬영하기 위하여 비행 중 경로 및 고도를 변경할 수 있도록 계획을 작성한다.

■ 공간정보 촬영정보

- **촬영방법** : 비행장치를 이용하여 촬영 시는 각 기종별 항공사진촬영방법을 적용하여 촬영한다. (각 기종별 촬영방법 및 항공촬영을 참조하라)

▲ 항공사진 촬영 코스

▲ 항공사진 촬영 결과

- **촬영 후 촬영결과 검사** : 촬영 범위, 항공사진의 화질, 인접 항공사진과의 중복도, 이웃 항공사진 사이의 지상화소 치수(GSD) 편차, 영상의 왜곡이나 비틀림, 은폐지역의 면적 등을 검사한다.
- 재촬영을 판정하고 재촬영한다.(무인비행장치에 의한 측량 매뉴얼, 24조, 2017) 촬영이 끝나면 영상확인 과정을 통해 필요시 재촬영 판정을 하고 재촬영한다.
  - 재촬영 판정을 받기 위하여 성과납품 이전에 촬영 코스별 검사표를 작성한다.
  - 다음에 해당하는 경우에는 재촬영하여야 한다.
    - ㉮ 스트립 촬영 전체 영상 중 구름의 존재, 구름의 그림자 등으로 판독이 불가능한 영상이 연속하여 3매 이상인 경우
    - ㉯ 표준계획 중복도 대비 촬영중복도의 오차가 10% 이상인 경우
    - ㉰ 지상표본거리가 당초 계획보다 큰 화소가 10% 이상 발생한 경우
    - ㉱ 적설 또는 호우로 인하여 지형을 구별할 수 없어 판독이 불가하다고 판정된 경우
    - ㉲ 후속 작업 및 정확도에 지장이 있다고 인정된 경우 등이다.
- 촬영 작업이 완료된 후 작성할 성과는 다음 사항을 포함한다.(무인비행장치에 의한 측량 매뉴얼, 25조, 2017). 무인항공기 종류 및 제원, 카메라 종류 및 제원, 무인항공영상 원시자료, 비행로그파일 원본, 비행 궤적도, 촬영기록부, 촬영코스별 검사 표, 그 밖의 성과 확인에 필요한 자료 등이다.
- 촬영 중 매뉴얼에 따라 긴급 회항 또는 착륙
  - 긴급회항은 수동조작으로 긴급회항을 시도하고, 비행제어 소프트웨어에 의한 RTH Return To Home 기능의 활용이 가능하다.
  - 착륙은 수동조작으로 비상착륙 시도가 가능하고, 비행제어 소프드웨어에 의한 비상착륙을 시도할 수 있다.

4. 공간정보 촬영정보관리

■ 정사영상 제작

– 관련된 용어의 정의

무인기 촬영 영상, 항공사진, 및 인공위성영상 등을 이용하여 제작하는 '수치정사영상지도'(이하 "영상지도"라 한다)의 영상정보 제작 방법 및 기준은'영상지도제작에

관한 작업규정'(국토지리정보원고시 제2016-429호)에 규정되어 있다. 이 규정에서 활용되는 용어의 정의는 다음과 같다(제2조).

㉮ "영상"이라 함은 항공사진측량용 카메라 및 인공위성에 탑재된 감지기로부터 취득된 지형지물 등 대상물에 대한 항공사진 및 위성영상(수치화된 영상을 포함한다. 이하 같다)를 말한다.

㉯ "영상지도"라 함은 정사영상에 색조보정을 실시하여 지형·지물 및 지명, 각종 경계선 등을 표시한 지도를 말한다.

㉰ "수치사진측량"이라 함은 수치도화기 또는 컴퓨터로 지형·지물 등에 대한 정보를 취득하는 작업을 말한다.

㉱ "정사영상"이라 함은 중심투영에 의하여 취득된 영상의 지형·지물 등에 대한 정사편위수정을 실시한 영상을 말한다.

㉲ "영상처리"라 함은 영상의 분석 및 판독을 위한 일련의 영상조정 작업을 말한다.

㉳ "정사편위수정"이라 함은 사진촬영시 중심투영에 의한 대상물의 왜곡과 지형의 기복에 따라 발생하는 기복변위를 제거하여 영상전체의 축척이 일정하도록 하는 작업을 말한다.

- 정사영상이란?

  무인기에서 촬영한 영상은 카메라의 중심으로부터 외곽으로 갈수록 높은 지역의 경사가 커지면서 위치가 실제보다 외곽으로 멀어지게 나오는 왜곡(기복변위)이 발생하게 된다. 이러한 왜곡이 있는 영상을 이용하여 지도를 제작하기 위하여는 기복변위를 제거하고 정사투영상태로 제작하여야 한다. 이러한 기복변위를 제거하시 위하여 공선조건식Collinearity Equation을 이용하여 편위수정을 한 영상을 정사영상Orthophoto 또는 정사투영영상이라고 한다.

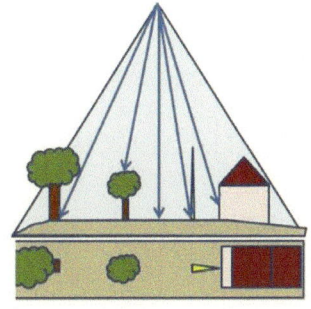
▲ 편위수정을 하지 않은 왜곡 영상

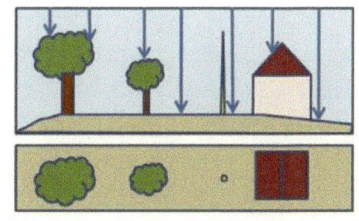
▲ 편위 수정된 정사영상

- 정사영상 과정

정사영상을 제작하기 위해서 촬영 영상, 카메라 보정Calibration 자료, 항공삼각 측량 자료, 수치표고모형 자료가 필요하다. 정사영상 제작을 위해서 다양한 소프트웨어가 제공되고 있으며 소프트웨어를 이용한 정사영상 제작 과정은 다음과 같다.

① 드론촬영 영상, 카메라 자료, 항공삼각 측량자료 입력한다.

② 정사보정 영상 제작한다.

③ 영상절단 및 모자이크 영상 생성 : 각 사진별 정사 영상의 외곽 부분을 왜곡이 발생하지 않도록 절단한 뒤 영상들을 접합mosaic하여 하나의 영상으로 제작한다.

④ 정확도 검수 : 형태 및 색상에 대한 검수를 통하여 문제가 있을 시 보정하고, 왜곡이 심한 경우 수정편집 작업을 통하여 모자이크 영상 수정한다.

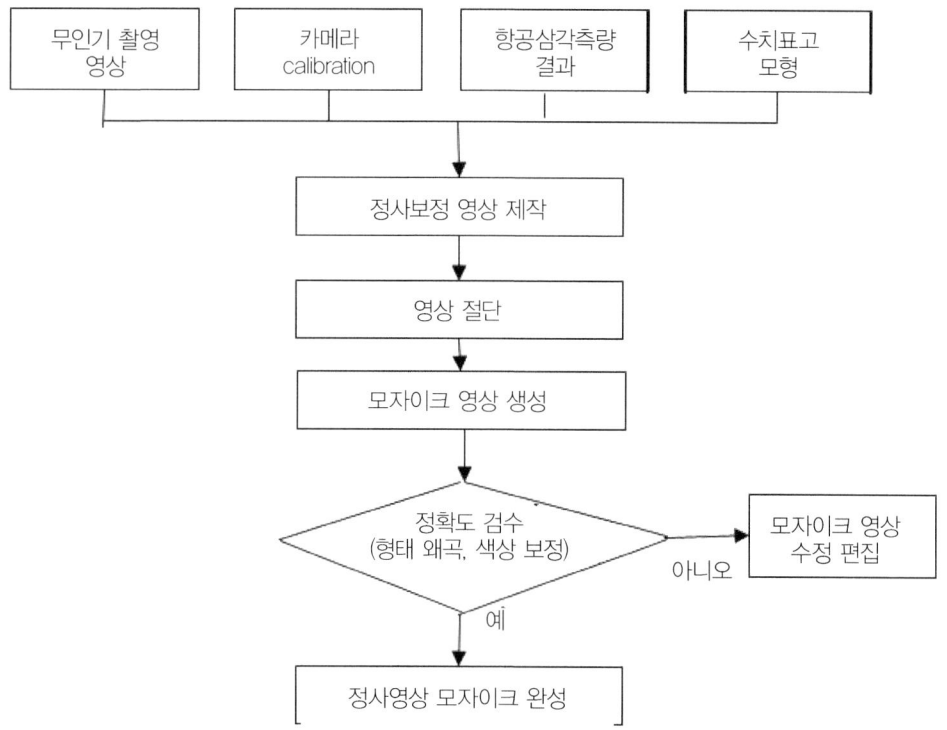

- 정사영상 세부 제작방법

① **촬영한 영상자료의 선정** : 촬영 직후에 촬영결과의 점검을 실시하여 영상 및 자료를 선정한다. 포함사항은 촬영범위, 항공사진의 화질(노출, 흔들림 등), 인접 항공사진 사이의 중복도, 이웃 항공사진 사이의 지상 화소 치수(GSD) 편차, 은폐지역의 면적, 대공 표지의 유무 등이다.

② 정사 영상지도 제작

  · 무인항공영상 제작 : 무인항공영상 제작은 무인기를 이용하여 촬영한 항공사진에 항공삼각측량 기법을 이용한 무인항공사진측량 소프트웨어로 작성하되 다음의 사항을 입력하여 한다.

  ㉮ 무인기촬영 영상 입력 시 각 영상번호에 해당하는 카메라의 위치(X,Y,Z)와 회전요소(ω,f,κ)의 6개 인자값을 함께 입력한다.

  ㉯ 카메라제원 입력 시 카메라 초점거리, 렌즈 왜곡량, 주점좌표, 카메라 촬상소자(CCD 센서)의 물리적 크기의 값을 정확하게 입력한다.

  ㉰ 지상기준점은 여러 영상에 나와 있는 기준점을 육안으로 판별하여 모두 입력한다.

  ㉱ 무인항공영상 제작은 분할하여 작업하지 않는 것을 원칙으로 하되, 작업지역이 광범위한 경우 등 분리할 필요가 있을 때는 의뢰기관과 사전 협의한다.

  · **무인항공영상 정합** : 지상기준점과 특징점의 사진좌표 등을 이용하여 항공영상의 외부표정요소를 계산하여 낱장 항공영상에서 촬영된 지형지물의 3차원 형상을 복원한다.

무인항공영상 정합
동영상을 보시면
더 자세히 알아볼 수
있답니다!

- **수치표고모형 생성** : 영상에 나타난 지형은 3차원 점군Point cloud 또는 격자Grid 형태로 제작하며 사용목적에 따라 아래 범위의 점밀도를 확보하여 제작하여야 한다.

지도 축척	점밀도 표준	허용 저밀도 범위	허용 고밀도 범위
1/250	0.5m 격자에 1점 이상	10m 격자에 1점 이상	0.1m 격자에 1점 이상

㉮ 점군Point Cloud을 여러 방향에서 표시하고 불량 부분을 제거한다.

㉯ 불량점이 광범위한 경우에는 무인항공영상 및 무인항공사진측량 소프트웨어의 영상 정합 계산결과를 검토하고 필요에 따라 무인항공영상을 재촬영 또는 무인항공영상 정합을 재계산한다.

- **무인항공영상 생성** : 무인항공영상은 지도를 제작하기 위한 기복변위에 대한 편위를 수정하여 생성하며, 낱장 사진별 영상의 외각부분에 왜곡이 발생하지 않도록 모자이크mosaic작업을 한다.

㉮ UAV 촬영영상, 카메라보정Calibration 자료, 항공삼각측량(AT)자료, 수치표고모형 자료를 이용한다.

㉯ 형태(특히 건물) 및 색상에 왜곡이 심한 경우 수정편집 작업을 통해 모자이크 영상을 수정하여 생성한다.

- **지상기준점의 잔차 및 검사점 오차검사** : 무인항공사진측량 소프트웨어의 계산 결과를 이용하여 지상기준점의 잔차와 검사점의 오차를 확인한다.

㉮ 지상기준점의 잔차 및 검사점의 오차는 평면은 0.05m, 표고는 0.10m 이내이어야 한다.

㉯ 무인항공사진측량 소프트웨어로 검사점의 오차를 확인할 수 없는 경우 검사점의 오차는 다음과 같이 처리한다.

- 평면 위치의 오차는 무인항공영상에서 확인할 수 있는 검사점의 평면좌표를 관측하고 실제 좌표와 비교하여 구한다.
- 표고 오차는 무인항공영상 생성 작업에서 얻어진 점군(Point Cloud)을 이용하여 각 검사점에 대해 평면좌표상의 거리가 15cm 이내인 점들을 추출하고 거리에 따른 가중치를 반영한 역거리 보간법(Inverse Distance Weighted, IDW법)에서 얻은 높이를 실제 좌표와 비교하여 구한다.

- 이 조건이 충족되지 않을 경우에는 불량사진을 제거한 후 또는 재촬영을 실시한 후 다시 시행한다.

■ 공간영상지도 편집, 관리, 저장
- **수치지도 제작 관련 용어의 정의** : 수치지도 제작 방법 및 기준을 정하고 있는 '수치지도 작성 작업규칙'(국토교통부령 제209호)에 나와 있는 용어 정의는 다음과 같다(제2조)
  - "수치지도"란 지표면·지하·수중 및 공간의 위치와 지형·지물 및 지명 등의 각종 지형공간정보를 전산시스템을 이용하여 일정한 축척에 따라 디지털 형태로 나타낸 것을 말한다.
  - "수치지도1.0"이란 지리조사 및 현지측량現地測量에서 얻어진 자료를 이용하여 도화圖化 데이터 또는 지도입력 데이터를 수정·보완하는 정위치 편집 작업이 완료된 수치지도를 말한다.
  - "수치지도2.0"이란 데이터 간의 지리적 상관관계를 파악하기 위하여 정위치 편집된 지형·지물을 기하학적 형태로 구성하는 구조화 편집 작업이 완료된 수치지도를 말한다.
  - "수치지도 작성"이란 각종 지형공간정보를 취득하여 전산시스템에서 처리할 수 있는 형태로 제작하거나 변환하는 일련의 과정을 말한다.
  - "좌표계"란 공간상에서 지형·지물의 위치와 기하학적 관계를 수학적으로 나타내기 위한 체계를 말한다.
  - "좌표"란 좌표계상에서 지형·지물의 위치를 수학적으로 나타낸 값을 말한다.
  - "속성"이란 수치지도에 표현되는 각종 지형·지물의 종류, 성질, 특징 등을 나타내는 고유한 특성을 말한다.
  - "도곽圖廓"이란 일정한 크기에 따라 분할된 지도의 가장자리에 그려진 경계선을 말한다.
  - "도엽코드圖葉code"란 수치지도의 검색·관리 등을 위하여 축척별로 일정한 크기에 따라 분할된 지도에 부여한 일련번호를 말한다.

- "유일식별자(UFID unique feature identifier)"란 지형·지물의 체계적인 관리와 효과적인 검색 및 활용을 위하여 다른 데이터베이스와의 연계 또는 지형·지물 간의 상호 참조가 가능하도록 수치지도의 지형·지물에 유일하게 부여되는 코드를 말한다.
- "메타데이터metadata"란 작성된 수치지도의 체계적인 관리와 편리한 검색·활을 위하여 수치지도의 이력 및 특징 등을 기록한 자료를 말한다.
- "품질검사"란 수치지도가 수치지도의 작성 기준 및 목적에 부합하는지를 판단하는 것을 말한다.

- **공간영상지도 제작 과정** : 공간영상지도 제작 과정은 자료취득, 기존수치지형도 변환, 도형정보 갱신, 속성정 입력, 데이터 검수, 데이터 통합 등의 단계를 거쳐 제작된다.

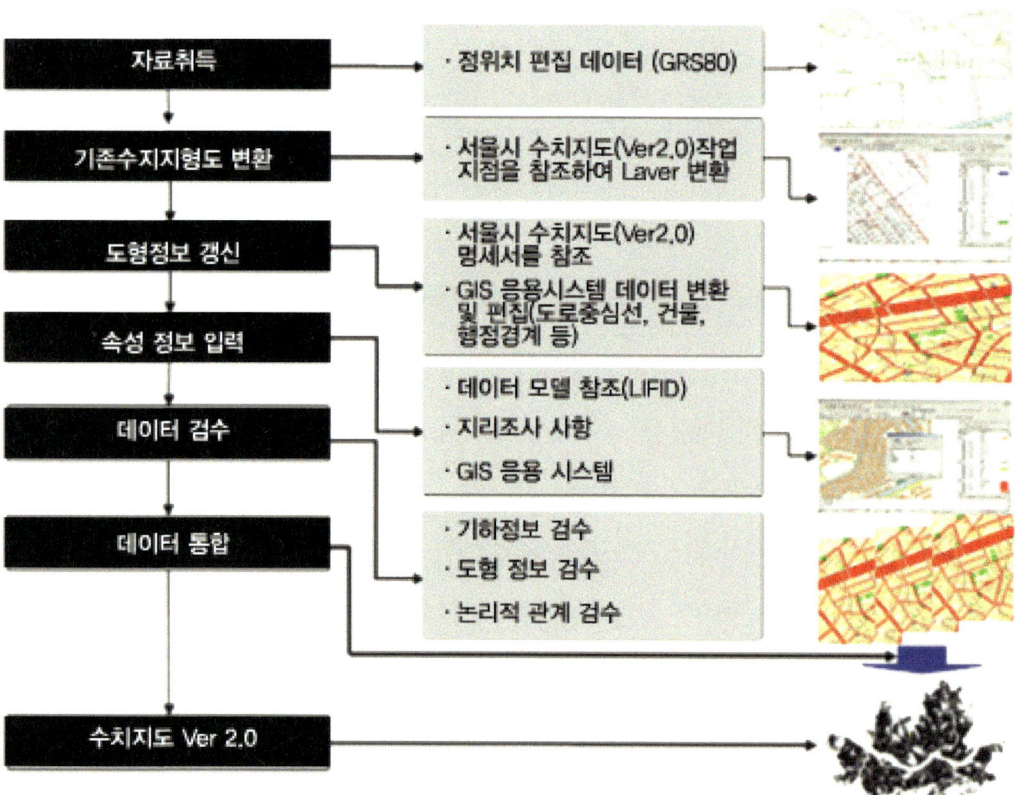

자료: 서울시 홈페이지, http://gis.seoul.go.kr/GisWebDataStore/Gis_Edu/html/S0502/SGIS-HTML.jsp?sgis=0502&pgis=0202

– 공간영상지도 품질관리 및 저장

① 규정에 맞게 제작되었는지 다음사항의 품질검사를 수행한다. 지상기준점의 선점, 수치표고 자료의 제작, 정상영상제작, 영상집성·융합·분할, 수치지도 레이어 추출, 영상/벡터중첩, 난외주기 제작 등을 수행한다.

② 저장 데이터 중 필요한 부분을 확보하여 저장이 용이한 형태로 변경한다. (수치지도, 메타데이터, 수치지도에 작성된 자료) * 메타데이터는 수치지도의 이력과 범위 정보 및 담당자 정보를 반드시 포함하여야 한다.

③ 국토지리정보원 영상지도제작에 관한 작업규정을 준수하여 저장, 보관한다.

④ 최종성과물을 작성한다. 원시영상, 기준점의 조서 및 측량성과, 모델(영상) 색인도, 수치표고자료 전산 파일, 정사영상 파일, 수정, 편집된 벡터 레이어 및 난외주기 파일, 영상지도의 파일 및 출력물, 영상지도의 관리파일, 기타 관련성과 등이다.

CHAPTER 06 콘텐츠 운용

드론의 활발한 보급과 더불어서 드론을 활용하는 분야가 점차적으로 확대되어 가고 있는데 그중 한 분야가 드론을 활용하여 콘텐츠를 제작하는 드론 콘텐츠 운용 분야라고 할 수 있다.

1. 개요

예를 들어 드론을 활용하여 항공촬영을 함으로써 영화나 드라마라는 콘텐츠를 제작할 수 있고, 드론 그 자체 비행으로 단독비행 공연이나 군집비행 공연이라는 콘텐츠를 만들어낼 수 있다. 이렇게 여러 다른 종류의 드론과 그에 따른 탑재 장비들 중 어떤 것을 어떻게 활용하느냐에 따라 수많은 종류의 콘텐츠를 만들어 낼 수 있다. 또한 미래에는 콘텐츠 제작 시장에 더 많은 드론들이 활용 되고 그 운용방법도 다양해 질것으로 예상된다.

2. 콘텐츠의 정의

문화산업진흥기본법 제2조 제3호는 '콘텐츠란 부호, 문자, 도형, 색채, 음성, 음향, 이미지 및 영상 등(이들의 복합체를 포함한다)의 자료 또는 정보를 말한다' 라고 규정하고 있고 문화체육관광부가 발간하는 콘텐츠산업백서에서는 콘텐츠의 장르를 영화, 애니메이션, 음악, 게임, 캐릭터, 만화, 출판(서적), 정기간행물(신문,인터넷신문,잡지), 방송, 광고, 패션산업 등 다양한 분야로 분류하고 있다. 즉 콘텐츠란 "그 대상이 무엇이든 간에 누군가가 인위적인 노력을 가하여 가치 있는 어떤것을 새롭게 창출하거나 그 가치를 증대시키고 또한 그것이 자료 또는 정보로 구체화 되어 있는 것"이라고 볼 수 있다.

3. 드론 콘텐츠 운용

1) 드론 콘텐츠 운용의 정의

드론 콘텐츠 운용이란 드론을 활용하여 콘텐츠를 제작하는 과정에서 발생하는 모든 드론 관련 행위 일체를 말한다. 콘텐츠를 제작하려면 단순히 드론을 조종하는 것으로 끝나는 것이 아니라, 제작을 위한 준비, 실제로 촬영을 위한 제작비행, 제작된 콘텐츠 결과에 대한 확인, 마지막으로 제작된 콘텐츠를 어떻게 관리할 것인가 등이 필수적으로 요구되어 지는데 이와 같이 드론을 활용하여 콘텐츠를 제작할 때 나타나는 모든 제반 행위를 말한다.

2) 드론 콘텐츠 운용 분야

① **사진촬영** : 깎아지른 절벽이나 낭떠러지, 산봉우리, 또는 길이 없는 지역, 오염지역, 화재지역, 좁은 동굴 등 사람이 쉽게 접근할 수 없는 장소나 현장에 대한 사진을 드론을 활용하여 촬영할 수가 있다.

② **영화촬영** : 저고도비행, 정지비행, 후진비행, 회전비행, 추적비행 등 다양한 드론 비행 기술로 인해 기존의 고정식 카메라나 지상촬영으로는 담을 수 없는 새로운 영상을 촬영할 수가 있기 때문에 영화제작에 유용하게 활용된다.

③ **음악공연** : 오로지 청각에 의한 음악만을 감상하는 천편일률적인 음악 공연에 드론을 활용하여 시각적인 안무를 가미함으로써 새로운 장르의 음악공연을 창작할 뿐만 아니라 단조로운 음악공연에 시각적 효과를 추가하여 공연의 질을 향상 시킨다.

④ **미술** : 드론에 장착된 카메라를 활용하여 지상설치 가설물(예술작품)에 대한 다양한 각도의 촬영을 통해서 기존의 지상 카메라 촬영 각을 벗어나서 전혀 새로운 각도로 항공에서 촬영을 함으로써 그 가설물에 대한 예술성을 폭넓게 감상할 수 있도록 돕는다.

⑤ **스포츠** : 현재는 드론을 활용한 드론레이싱과 드론축구가 있으며 계속 그 시장이 커지고 있으며 관심을 갖고 참여하는 사람이 많아지고 있다.

⑥ **공연** : 연극이나 길거리공연 등에서 시각적인 보조수단으로 드론을 활용하여 그 공연의 작품성과 흥미를 높이는데 활용된다.

⑦ **광고** : 광고를 제작할 때 정지비행, 추적비행, 회전비행등 드론의 고유한 기능을 활용하여 촬영을 하면 기존 지상 카메라에서는 만들어낼 수 없는 3차원적이며 다양한 시각의 광고를 제작할 수 있다.

⑧ **정보수집** : 드론을 활용하여 위치정보, 지형정보, 기상정보 등 여러 분야의 정보를 수집하여 보다 양질의 지리정보를 제공한다.

3) 제작 단계별 드론 콘텐츠 운용
   ① 제 1단계 - 콘텐츠 제작 준비   ② 제 2단계 - 콘텐츠 제작 비행
   ③ 제 3단계 - 콘텐츠 제작 결과 확인   ④ 제 4단계 - 제작 콘텐츠 관리

4. 단계별 콘텐츠 운용

1) 제 1단계-콘텐츠 제작 준비

① 기기 및 장비 등 준비
- 어떤 콘텐츠를 제작할 것인가가 정해지면 그 콘텐츠를 제작하기 위하여 필요한 드론과 부수장비(탑재장비 및 탑재장치)를 준비한다.
- 기기 및 장비의 종류
    - 드론 세트 : 기체, 조종기, 배터리 등
    - 촬영장비 세트 : 짐벌, 카메라, 영상기록장치, 이송, 광원, 호이스팅, 리프팅 등
    - 편집장비 세트 : 컴퓨터, 스크린 등
- 세부 준비사항
    - 드론의 상세 제원을 파악한다.(본체크기, 중량, 적재중량, 최대이륙중량, 최대비행시간, 최고출력, 통신주파수, 리턴투홈 기능 등.)
    - 드론 운용 기록대장을 준비한다.(운용과 관련한 사용회수, 기체결함, 콘텐츠장비 상태, 주파수, 통신상태등 기록.)
    - 콘텐츠 제작과 관련하여 운용할 물리적 장치를 확인한다.(본체, 동력장치, 조종장치, 감지센서, 제어장치 등.)
    - 콘텐츠 원고에 따른 콘티 진행 절차서를 작성한다.
    - 비행절차서에 따른 실질적인 실 비행계획서를 작성한다.
    - 관련 유사 콘텐츠 저작권 및 지적재산권을 확인하여 필요시 승인을 득한다.
    - 개인정보가 유출되지 않도록 관련인원 신상정보를 관리한다.

② 드론 운용 기법의 종류
- 단일임무비행 single mission flight

    일회 충전에 의한 단일 활용과정 비행으로서 가시권 밖 비행을 포함한다.

- 대형임무비행fleet mission flight

    같은 종류의 드론을 활용하여 편대비행 등 대형을 유지하며 하는 임무비행을 말한다.
- 무리임무비행swarm mission flight

    다양한 종류의 드론, 조종장치, 콘텐츠장비, 경로로 하는 임무비행을 말한다.
- 정렬임무비행formation mission flight

    비행위치, 비행시간, 비행거리를 사전에 각 드론별로 임무를 부여하여 비행하는것을 말한다. 주로 사전 프로그래밍에 의한 추적비행으로 진행한다.

③ **콘티**continuity **작성**

콘티는 원고나 각본을 바탕으로 스토리 작가가 스토리 보드를 만드는 과정이며 결과물을 가상으로 미리 계획하는 것이다.

- 촬영 콘티
  - 드론 성능에 따른 촬영영역, 촬영대상물, 촬영기법, 피사체의 움직임에 대한 스토리보드를 작성한다.
  - 작가, 촬영자, 조종자가 상호 협력하여 작업한다.
  - 단독촬영 비행의 경우에는 자동기능을 주로 사용하도록 하고, 가시권 밖 촬영비행의 경우에는 보조 조종자 또는 관찰자와 업무구분과 협업 등 운영영역, 운영규모, 해당인력, 업무분담 등을 고려하여 필요한 영상 콘티를 작성한다.
- 공연 콘티
  - 원고 또는 각본에 대하여 충분히 숙지하고 상호 긴밀한 협의를 진행한 후 콘티를 작성한다.
  - 안전을 위해 가능하면 수동조종이 아닌 프로그램에 의한 자율비행을 사용한다.
  - 소음이나 우발사고 발생우려가 있으니 충분히 피할 수 있도록 안전한 콘티를 작성한다.
- 미술 콘티

    대지 미술품에 대한 가장 적절한 감상경로, 감상 피사각, 감상 근접거리가 도출될 수 있도록 비행경로와 비행일정 콘티를 작성한다.

■ 광고

　제작 결과물의 홍보효과를 감안하여 전문가와 협력하여 콘티를 작성한다.

■ 음악
- 소음방지와 관객의 안전을 위하여 실제 연주에 방해되지 않는 거리를 유지하며 운용할 수 있게 콘티를 작성한다.
- 연주되는 음악내용과 조화될 수 있도록 콘티를 작성한다.

■ 방송

　실시간 비행으로 진행되는 방송의 경우에는 사전에 전체적인 요약정보를 파악하여 그 연출과정을 예상하여 그에 맞도록 콘티를 작성한다.

④ 콘텐츠 운용계획 수립

- 제작자 또는 의뢰인의 목적과 의도에 맞는 콘티 정보를 수집하고 관련 자료를 확보한다.
- 콘텐츠 성격이나 콘티 내용에 따른 드론 및 탑재장치의 운용계획서를 작성한다.
- 비행시간, 비행거리, 비행고도, 비행경로 등을 확인하고 이륙, 실행, 착륙의 전반적인 계획을 수립한다.
- 콘텐츠 제작과 관련한 제반 정보와 법적 내용을 관련기관과 반드시 사전협의 하거나 인허가를 받는다.

2) 제 2단계-콘텐츠 제작비행

① 콘텐츠 제작을 위한 실제 비행에 들어가기 전에 드론의 운용, 장비의 운용, 비행계획, 팀운영 매뉴얼이 포함된 콘텐츠 제작용 '작업 절차서'를 작성하여야 한다.

② 작업 절차서 포함 사항

■ 드론 운용 지침서
- 제작사에서 공급한 조종매뉴얼, 관리지침서, 운영요령서, 제원 및 성능표 등을 포함한다.
- 기체 구조물, 기계장치, 작동장치, 부품 등의 운용 및 사용법을 포함한다.
- 동력장치, 출력조절장치, 전력조절장치, 연료 및 배터리 등의 운용 및 사용법을

포함 한다.
- 교신장치, 통신장치, 송수신 장치 등의 운용 및 사용법을 포함한다.
- 카메라, 광원장치, 기타 보조장치 및 확장장치에 대한 운용 및 사용법을 포함한다.
- 조종장치의 운용 및 사용방법을 포함한다.

■ 장비 운용 지침서
- 카메라 및 영상녹화장치 등에 대한 장비 운용 사항을 포함한다.
- 광원관련 장치에 대한 운용 사항을 포함한다.
- 그 외 특수장비를 사용하게 될 경우에는 그에 따른 운용사항을 포함한다.

■ 비행 계획서
- 콘텐츠와 콘티에 맞는 비행계획서를 작성 한다.
- 드론의 외형적 성능, 비행성능, 교신성능 등의 특성을 감안하여 비행 계획서를 작성한다.
- 다중비행의 경우 정보교환장비, 역할분담 등에 관한 사항이 포함되어야 하다.
- 비행경로 설정을 할 때 비행금지구역, 비행제한구역 등 통제구역 비행의 경우 안전과 타당성 여부에 관한 사항을 포함한다.

■ 콘텐츠 팀 운용 매뉴얼
- 팀 운용은 기본 3인을 기준으로 조직과 역할 및 임무를 정한다.
- 드론의 역할과 탑재장비, 콘텐츠의 작업 영역에 따라 그 규모를 정한다.
- 대형임무비행fleet mission flight, 무리임무비행swarm mission flight, 정렬임무비행formation mission flight 등 다중 비행의 경우에는 참여자간의 순서와 네트워크를 사전에 정하고 모의비행 및 사전연습을 한다.

③ 작업 절차서에 따른 콘텐츠 제작 비행
■ 콘텐츠 제작 비행 방법
  – 고정익 드론 조종법
  - 이·착륙시 돌발 상황에 대비하여 팀 단위 작업을 한다.
  - 자율비행장치 또는 프로그램에 의한 경로비행을 한다.

- 수동 비행시 항공기 편향을 보정하는 작업을 계속한다.
- 집단으로 자율비행을 할 경우에는 비행경로와 상황을 수시로 모니터링 하면서 진행한다.
- 관찰자와 보조자가 육안으로 항로를 모니터링 하여야 한다.

– 회전익 드론 조종법
- 수직 이·착륙 비행 : 장소가 협소한 공간에서도 활용이 가능하다.
- 정지 비행 : 근접비행과 연속촬영 및 추적기록을 할 수 있다.
- 경로비행 : GPS, LTE, Wi-Fi를 통해 자율 경로비행이 가능하다

■ 콘텐츠 운영계획서 및 작업절차서에 따른 콘텐츠 제작 비행 실시.
- 의뢰인의 요구사항을 반영한 콘티를 확인한다.
- 비행계획서를 확인하여 드론의 성능, 장비의 성능, 작업영역 등을 확인한다.
- 이륙후 고도, 속도, 엔진, 연료, 배터리, 조종기 신호강도, 주파수, 탑재장치의 기능 등을 수시로 확인한다.
- 콘티에 따른 경로와 동작 등을 수시로 체크하면서 작업비행을 한다.
- 보조자, 책임자도 작업비행 상황을 콘티와 비교하며 동시에 모니터링 한다.
- 스토리 보드 원안을 왜곡하지 않는 선에서 현실 상황에 맞춰서 수정 혹은 조정을 진행한다.
- 단독비행의 경우에 보조자, 관찰자, 책임자가 함께 주변 장애물 또는 비행금지구역을 확인하는 등 협력하여야 한다.
- 다중비행의 경우에는 다른 드론과의 충돌이나 간섭이 생기지 않도록 비행하여야 한다.
- 윈드쉬어wind shear, 돌풍, 센서오류 등 비정상 상황 발생을 늘 염두에 두고 작업비행을 실시하여야 한다.

3) 제 3단계-콘텐츠 제작결과 확인

① 드론 콘텐츠 제작 장비

■ 촬영 콘텐츠 장비

드론에 부가적으로 탑재되어 스틸사진이나 동영상을 실시간으로 기록하는

영상처리장치를 말하며 이는 드론의 사양과 성능에 상호 호환이 되어야 한다.
- 영상기록 콘텐츠 장비

  촬영과는 다르게 영화, 광고, 방송, 공연처럼 스토리보드가 결정된 콘텐츠를 제작하는데 필요한 영상기록 장비이며, 이는 콘티에 따라 다양한 촬영 장치와 조합 운용을 할 수 있다.

- 실시간 영상정보 전송 장비

  제작되는 콘텐츠 정보를 실시간으로 통신을 통하여 별도의 기록 장치로 이송하는 장비이다.
  - 광학 촬영정보 확인 영상장치
  - 증강현실Augmented Reality 촬영정보 확인 영상장치 등이 있다

② 드론 콘텐츠 제작 모니터링

- 촬영 및 영상기록 정보 전송 모니터링
  - 영상기록 장치 가동 상태를 계속하여 관리한다.
  - 별도의 영상신호 수신 장치가 있는 경우에는 촬영정보에 대한 영상신호 수신은 드론 조종자가 아닌 촬영담당자나 보조자가 추적 관리한다.
  - 촬영정보를 연속으로 획득하는 것이 효율적이므로 기록물에 대한 편집은 촬영이 다 끝난 후에 한다.

- 비행 운용정보 전송 모니터링
  - 비행기록은 자동 기록 장치나 장치비행기록부에 반드시 작성하고 보관한다.
  - 비상상황이나 돌발 상황에 대한 비행정보는 외부 기록 장치에 전송 및 보관하여 향후 개선 자료로 사용한다.

- 결과물의 제작과정 모니터링
  - 조종 장치 또는 보조 장치를 통해서 작업결과물의 수신 상태와 정상작동을 점검한다.
  - 별도의 수신 장치를 통해서 책임자나 보조자가 점검하는 것이 효율적이다.
  - 다중비행의 경우에는 외부의 별도 제어장치가 포함된 대용량 기록 장치와 수신기를

이용하는 것이 효과적이다.
- 탑재장비와의 교신, 통신, 송수신의 단절이 없도록 지속적으로 모니터링 하면서 탑재장비로부터 수신되는 작업결과물의 상태를 콘티를 확인하면서 비교 점검한다.

■ 자동비행 모니터링
- 자동비행 또는 자율비행 제작을 할 경우에는 기상상황, 주변 간섭시설, 노출 구조물, 주변 사람과의 안전거리 유지에 만전을 기해야 한다.
- 다중비행의 경우에 조종사는 갑작스런 비상상황을 대비하여 항상 수동 조종 전환을 준비하고 제작과정 모니터링을 한다.

4) 제 4단계-제작 콘텐츠 관리

콘텐츠 제작 운영에 의하여 획득한 정보는 원본상태로 기록 및 보관하거나 또는 편집과정을 통해서 필요 정보만을 분석하고 선택하여 기록 및 보관할 수 있다.

① 촬영 및 영상기록 정보 분석

영상장치에 기록된 정보를 전문가, 연출가, 책임자, 의뢰인과 공동으로 정보 내용의 법규 위반, 저작권 위반, 개인정보 유출, 정보의 완성도 등을 분석한다.

② 촬영 및 영상기록 정보 편집
- 정보를 용도와 목적, 의뢰인의 의도, 작가의 콘티 특성 및 의도 등에 맞춰 편집한다.
- 분석된 콘텐츠 정보를 콘티에 따라 편집한다.

③ 콘텐츠 정보의 기록 및 보관
- 보존기간, 활용범위, 접근권한, 접근인원, 담당자, 책임자를 지정하여 보관한다.
- 저작권은 의뢰인과 책임자간 협의에 의하여 결정한다.
- 개인정보와 저작권 침해여부는 반드시 결과물의 일부를 고시하여 유사 결과물 수용자와의 법적 권한문제를 논의하고 결정한다.

CHAPTER 07 소방방재운용

"골든타임" 정말 황금시간이다. 사고나 재난현장에서 생존율을 높이는 방법은 "골든타임"에 무엇을 어떻게 활용하느냐에 따라서 그 결과가 확실히 다르게 나타날 것이다.

1. 개요

골든타임이 지나기 전에 정확하고 신속하게 대응하여야 많은 생명을 구할 수 있다는 사실은 이미 재난통계에서 증명된바 있다. 그러나 그 골든타임에 행동화하기란 그리 쉽지 않다. 더욱더 자연적, 사회적 제약으로 인해 골든타임준수가 그리 쉽지 않다. 이러한 현실을 극복할 것으로 기대되는 것이 바로 4차 산업혁명을 주 도할 드론이라고 할 수 있다. 이 드론을 소방분야의 사고 및 재난현장에서 적극 활용하여 골든타임을 확보하는 것이다. 이미 재난현장에서 활용된 바도 있다. 따라서 소방분야에서 드론을 활용하여 운용 시 어떤 드론을 가지고 어떻게 운용하여 사고 및 재난현장을 극복하느냐? 하는 것을 알아보고자 한다.

2. 드론 소방방재운용이란?

평시, 사고 및 재난현장 등에서 드론을 활용하여 항공촬영 및 감시를 통한 인명구조와 화재진압 지원, 공중 소방지휘통제, 수색 및 구조 활동지원, 소방훈련지원, 공중 방역 및 방제지원, 중앙 및 지자체 항공행사 업무(항공촬영, 자료중계, 현장답사 및 촬영) 등의 업무를 수행하는 것을 말한다. 드론은 탁월한 기동성과 다양한 활용성에서 강점을 보인다. 수직 이착륙이 가능하기 때문에 빌딩으로 가득한 도심 속에서도 비행이 가능하고 험난한 산악지역을 포함해 어디든 어렵지 않게 접근할 수 있다. 초고속·초정밀 카메라 등 현대과학으로 무장한 부속장치들을 추가 한다면 그 활용방법은 더욱 무궁무진하다.

3. 드론의 소방방재 운용사례

1) 국외 운용사례

① 재해관측 및 시설안전

2011년 동일본 대지진으로 후쿠시마원전에서 대량의 방사능이 누출됐을 당시 미국의 군사용 무인항공기 '글로벌호크'가 원전시설에 접근해 적외선 카메라로 발전소 내부를 들여다보고 각 시설의 온도를 포함한 정보를 파악하였다. 이를 토대로 일본은 방사능 수습계획을 수립할 수 있었다.

▶ 글로벌호크

② 지진현장에서 드론활용

2015년 4월 네팔에서 일어난 리히터규모7.9의 대지진 참사구조현장에서 무인항공기인 드론이 효과를 발휘했다. 인도와 네팔당국은 육로로 닿지 않는 곳을 수색하는데 드론을 동원하였으며 인도국가재난대응군의 'S.S. 굴레리아'는 드론 2대를 카트만두와 외곽지역에서 쓰며, 반파된 건물에서 생존자를 찾기도 했다. 우리나라에서는 드론 솔루션 전문업체인 ㈜드론프레스와 국제구호개발NGO 휴먼인러브가 네팔 대지진현장에 드론을 활용한 재난구조단을 파견했다. 네팔정부의 대책본부와 협의해 드론으로 카트만두 등 아직 피해규모가 파악되지 않은 지역의 항공데이터를 제공하며 구조현장을 돕기도 했다.

③ 인명구조

해변에서 수영을 즐기던 피서객이 물에 빠졌을 때 무인항공기를 투입하여 구명튜브를 해당지역에 투하함으로써 빠른 시간 내 인명을 구조할 수 있었다.

④ 실종자 탐색

유럽 스위스 로잔공과대학Swiss Federal Institute of Technology에서 지진이나 산사태 등 재난이 발생했을 때 실종자들을 찾을 수 있는 무인항공기를 개발하였다. 30피트(약9.1m)내에 있는 와이파이신호를 인식 와이파이 신호가 강하면 실종자 위치를 찾는데 문제가 없지만, 신호가 약할 경우 구조대원에게 수색할 장소 주변의 3D 영상을 제공한다. 약한 신호는 실종자가 더 깊이 갇혀있다는 것을 뜻한다. 실종자가 보유한 스마트폰에서 나오는 와이파이 신호를 감지해 위험에 처한 사람들을 찾아낼 수 있다. 눈사태나 산사태, 지진 등으로 인해 구조를 요청하는 사람들을 찾는 수색용무인 항공기로 쓰일 예정이다.

▲ 와이파이 신호를 인지해 스마트폰 위치를 추적

현재 드론은 단순한 촬영기술을 넘어 각종 재해의 예방부터 재난상황에서의 구조까지 직접적인 구호활동을 진행하며 도움을 주고 있다. 유럽을 비롯한 미국, 중국등지에서는 해상구조 드론, 화재 및 구조상황 시 인명 수색활동을 위한 내부 침투 드론, 응급환자를 위한 구급드론 등에 대한 상용화의 노력을 보이고 있고 일부는 이미 유용하게 활용하고 있다.

2) 우리나라 운용 사례

우리나라에서의 대표적 사례로는 부산광역시에서 드론 연구개발 집적단지를 구성하는 등 드론을 활용한 재난대응체계에 큰 관심을 보이면서 실제로 드론을 활용해 산불감시, 해상구조를 실시하고 있다. 최근에는 드론 관련규정제한의 약소 등으로 서울 및 타 지역에서도 재난 및 구호현장에서 드론 사용을 늘려 가려는 움직임이 보인다.

① 산림보호활동 및 화재현장에서 사용

2015년 1월 3일 오후 1시 30분경 부산 해운대구 달맞이고개 해월정 인근 야산에서 화재가 발생했다. 주말이어서 관광객들을 비롯한 나들이객이 많아 매우 위험한 상황이었다. 소방당국은 즉시 산림청 헬기 1대, 소방헬기 1대, 소방차 및 구급차 등 25대를 동원해 진화작업을 펼쳐 1시간 20분 만에 불길을 잡았다. 그런데 정작 이날 화재 진압에 혁혁한 공을 세운 것은 드론이었다. 소방대보다 드론이 먼저 발화 지점을 찾아내 조기에 화재 진압을 할 수 있었던 것. 해운대구가 지난해 10월 도입한 이 드론은 조종자를 중심으로 반경 2km, 최고 고도 1km까지 비행이 가능하며 풀HD급 소형 카메라를 장착해 전방위 감시 활동이 가능하다. 해운대구는 애초에 산불 및 산림훼손 감시용으로 들여왔지만, 드론에 적외선 카메라를 탑재할 경우 적조 조기 감지 및 재난현장에서의 인명구조 등 다양한 용도로 활용할 수 있다고 밝혔다. 보통 드론이라고 하면 군사용이나 배송, 방송촬영 등을 연상하기 마련이지만, 최근 들어서는 재난 및 안전 현장으로까지 활용 범위가 점차 확대되고 있다. 특히 위의 사례처럼 드론은 범위가 넓고 사람이 접근하기 힘든 특징을 지닌 산불 진화 및 산림 감시에 효과적이다. 저렴한 유지비에 헬기와 달리 시야 확보가 어려운 야간에도 자유자재로 활용할 수 있기 때문이다.

다음은 드론의 실제 화재현장에 활용된 사례로서 2015년 3월 4일 강원도 정선군 여량면 구절리 노추산에서 발생한 대형 산불에도 드론이 투입돼 큰 효과를 거두었다. 오전 11시 40분쯤 시작된 이 산불은 강한 바람을 타고 급속히 번졌다. 산림당국이 17대의 헬기와 900명의 인력을 투입해 오후 6시쯤 큰 불길을 잡았지만, 밤새 계속된 강풍으로 잔불이 염려되는 상황이었다. 보통 산불은 큰불을 잡아도 잔불이 다시 크게 번지는 경우가 많으므로 잔불을 잡는 것이 산불 진화 작업의 핵심이다. 그러나 날이 어두워져 헬기를 통해 잔불을 확인하는 것이 불가능한 상황이었다. 그때 투입된 것이 민간업체의 드론이었다. 드론이 밤새 200~300m의 높이에서 비행하다 잔불을 발견해 그 위치를 진화요원들에게 알려주었고, 그 덕분에 다음날 오전 8시경에 산불 진화 활동을 모두 마무리할 수 있었다. 또한 2014년 9월 대전 한국타이어화재 시 도로변에 공장이 있어 전체 현장 파악이 어려웠지만, 한국가스안전공사 드론이 투입되어 수십미터 상공에서 화재상황을 파악할 수 있었다.

② 소나무 재선충 병 탐지에 드론 활용

국립산림과학원에서는 소나무재선충병의 탐지에 드론을 활용하고 있다. 숲에 소나무재선충병이 퍼지면 사람이 일일이 확인하거나 헬기로 영상을 찍어 확산 정도를 파악해야 한다. 드론을 이용하면 굳이 헬기를 사용할 필요 없이 영상만으로 재선충이 어디까지 번졌는지 수시로 판단이 가능하다. 드론은 특히 병해충 방제 현장의 급경사지나 집약지역에서 효율적으로 운영될 수 있다.

2017년 말 경기도 포천시 산림생산기술연구소에서 소나무재선충병 등 병해충 발생지 탐지 및 확산 예측 등의 현장 시연회를 개최한 국립산림과학원은 무인항공기 연구모임을 발족하고 드론의 활용성을 높이는 방안에 대해 연구할 계획이다.서울시도 각종 화재 및 수난사고 현장에 구조용 드론을 도입한다고 지난 4일 밝혔다. 1,200만 화소의 영상카메라가 장착된 약 3kg의 중급 드론 2대가 소방재난본부 119특수구조단에 배치돼 2018년 8월부터 시범 운영되었다.

이 드론에는 '실시간 영상 송출시스템'이 탑재돼 있어 고층건물 화재나 화생방 지역처럼 구조대원이 즉시 투입되기 어려운 재난현장의 실시간 상황 파악 물론 산악사고 및 수난사고시 실종자 수색을 담당하게 된다. 서울시는 드론 투입을 위해 국방부 및 수도방위사령부 등 관련 기관과의 협의를 완료한 상태다. 구조용 드론의 시범운영이 성공적으로 이루어질 경우 서울시는 내년에 열화상카메라가 장착된 공중수색용 드론과 구조로프나 응급의약품 등을 운반할 수 있는 재난특화용 드론을 추가 도입한다는 계획이다. 열화상카메라가 장착된 드론이 도입되면 외부에서 육안으로 감지되지 않는 내부의 연소 상황을 파악해 신속한 화재 진압을 할 수 있으며, 재난특화용 드론은 고립된 구조자에게 구조 및 생명연장장치 등을 안전하게 전달할 수 있다는 장점을 지닌다.

③ 해상구조에 투입시도

부산시 해운대구는 해수욕장관리 및 안전사고예방에도 드론활용을 확대하여 여름철 드론 2대를 투입하였다. 독성 해파리출현과 역파도 발생 등 해수욕장상황을 LTE망으로 119수상구조대에 실시간 전송하고 위험한 상황에 있는 피서객에게 구명튜브를 던져 인명을 구조하는 해상구조 드론 시범사업을 시행할 계획이었다. 그러나 운영을 시작하자마자 원인미상으로 추락하여 해안안전사고대비를 위해 투입된 드론 운영을 잠정중단하기로 하였다.

④ 재난 지역에 긴급 구호물자 보급

민간배송업체에서 배송목적으로 개발된 드론도 재난발생 시 긴급구호품 운송에 활용될 수 있다. 물류기업인 CJ대한통운이 도입한 드론은 3kg정도의 화물을 탑재할 수 있고, 반경20km 내 지역에 최대시속 60km 정도로 운송할 수 있다. 2015년 5월에 성공한 드론의 시범비행에서 드론은 GPS에 입력된 주소로 자동운행을 하고 목표지점에 의약품을 배송하였다. 행정안전부와 CJ그룹계열사는 재난발생 시 이재민구호를 위해 고립지역에 드론 등을 활용하여 구호품을 신속하게 지원하기로 협약을 맺었다.

4. 소방방재 드론의 종류

드론은 어떤 용도에 따라 운용하느냐? 하는 것이 그 드론의 종류라고 볼 수 있지만 소방방재에 있어서는 인명수색(촬영용 드론 : 산악사고, 실종 등 흔히 발생 가능한 생활안전분야에 신속하게 대응하기 위한 드론운용), 소화(산불지역에서 소화액으로 잔불진화), 수난구조(정찰, 촬영용 드론 : 실족, 자살예방 및 구조를 위한 신속한 현장출동, 입수원 파악 등), 작전지휘(촬영용 드론 : 재난 안전망과 연계하여 정확한 지휘판단을 위한 고화질 모니터링), 구호품 전달(조난자에게 구급약품, 식량 등을 전달) 등등의 여러 가지 임무가 포함 될 수 있다. 따라서 촬영용 드론, 소화액 투척드론, 정찰용 드론, 구호품

수송드론 등이 있다. 이중 항공촬영, 정찰용 드론은 항공촬영분야의 드론을 참조하고, 아래에는 고정익과 회전익의 대표적인 드론 및 투척용 소화액을 소개하고자 한다.

구분	드론(고정익)	드론(회전익)	투척용 소화액	구호물품
모델				
규격	200×90×25cm, 4.5kg	92×92×86cm, 11.8kg	6×23.5cm, 600mL	43×23×23cm, 2kg
성능	고도 915m, 비행시간 50분, 풍속 7m/s	고도 300m, 비행시간 45분, 풍속 7m/s	1개당 소화반경 50cm	물, 식량, 비상약, 비상담요 등
제작	Dronemetrex(호주)	엑스드론(한국)	국산	국산

위의 도표에 있는 엑스드론의 세부제원을 알아보면 다음과 같다.

전폭/전장	570mm
기체무게(배터리포함)	2.3kg
외형재질	카본
송수신거리	권장 2km이내(최대 5km)
영상송수신	권장 2km이내(최대 5km)
속도	권장 50km/h이내(최대 70km/h)
상승고도	권장 0.5km(최대 1km)
운용반경	3km 이내
운용시간	45분 이내
적재중량	1kg
이륙/착륙	자동항법(50waypoint)
운용가능대수	4대
바람저항	8m/s 이내

탑재되는 장비에 따라서 성능의 차이가 있습니다.

또한 최근에는 TAROT PEEPER 소방방재용 멀티콥터도 등장하였다.

 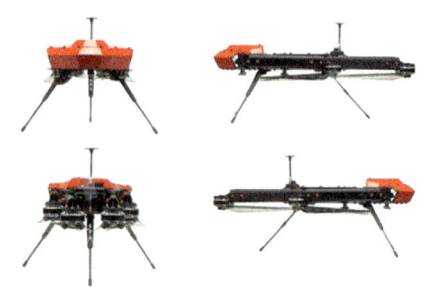

5. 소방방재 드론의 활용/운용

1) 드론의 재난관리 활용성

드론으로 소방방재 재난관리에 활용 시는 기존의 소방항공대가 수행하고 있는 소방항공 업무 중 무인항공기로 대체 가능한 임무를 수행할 것이다. 먼저 항공촬영 및 감시를 통한 공중 소방지휘 통제, 인명 구조 및 화재진압 지원, 재난사고 시 수색 및 구조 활동 지원, 소방훈련 지원, 공중 방역 및 방제지원, 중앙 및 지자체 항공행사업무(항공촬영, 자료중계, 현장답사 및 촬영) 등에 적용 가능할 것으로 예상된다.

소방방재 업무와 관련된 활용 가능한 업무로는, 자연재난(풍수해, 산사태, 가뭄 등) 피해조사나 피해규모 분석업무, 화산, 원전폭발, 화학물질 누출과 같은 접근불능지역의 항공감시 및 환경재난 시계열 모니터링, 소방출동 및 구조대 활동 지원을 위한 소방항공감시 및 관제, 위성/항공측량 등 주기적 재난 모니터링을 위한 원격탐측 보완기술 등에 활용될 수 있다.

따라서 사진측량기술을 적용하여 맵핑을 수행하기 위해서는 우선 항공사진을 블럭단위로 촬영매수(100~10,000)를 최대한 확보하기 위한 긴 체공시간, 프로그래밍 비행과 표정요소 정보를 수집하기 위한 INS/IMU 장비와 다양한 관측센서 탑재, 센서 검정, direct/indirect geo-referencing, 3D 모델링 생성, 자동 영상분석 및 고속 자료처리 기술 등이 개발되어야 한다. 방재용 무인항공기는 이러한 맵핑기능에 극한적인 기상과 재난 여건사항을 극복할 수 있는 추가적인 성능들(내풍, 방수, 내화, 내방사선 등)이 요구된다.

2) 소방업무 무인기의 활용분야, 기체성능, 장착요구 임무장비

소방업무의 현장에서 드론을 활용하여 운용하는 방법은 인명수색, 화재진압, CBRNE

탐지, 소방훈련 및 현장지휘, 소방차량 및 구조물 안전진단 등이 주로 될 것이다. 따라서 각각의 활용분야와 이에 기체의 성능 그리고 장착되어야 할 임무장비는 아래의 표와 같다.

▶ 소방드론의 형태별 활용분야, 기체성능, 장착요구 임무장비

구분	인명수색	화재진압	CBRNE 탐지
활용 분야	·화재현장 인명수색 ·산악/수난조난자 수색	화재진압장비 탑재 소화활동	유해물질 누출지역 탐지·측정
기체 성능	·내풍성(풍속 저항성) ·방수성(생활방수) ·방진성(기체보호) ·고도유지센서 ·장애물회피센서	·반력제어 ·적정 이륙중량	·방진성 ·내화학성 ·내방사선 ·방폭성
임무 장비	·EO/IR카메라 ·초분광카메라 ·고성능마이크 ·고휘도조명등 ·SW(목표물 인지, 요구조자 음성 추적)	·사출/낙하 장치 ·경량 분말소화탄 ·복사열 온도센서 ·화점 자동 탐색 ·조준 소프트웨어	·유해가스 측정장비 ·초분광카메라 ·방사선량계/측정기 ·SW(유해가스매핑, 주변정보 알림)

구분	소방훈련 및 현장지휘	소방차량 및 구조물 안전진단
활용 분야	·화재진압, 구조, 구급	·굴절차 등 소방차량 작동 점검 등 ·재난현장 구조물 붕괴진단 예측
기체 성능	·유선기체(T 로터) ·내풍성	·짐볼 : 근접촬영 ·초정밀 GPS
임무 장비	·Intelligent EO/IR ·Surround EO/IR ·고휘도 조명등 ·지향성 스피커 ·SW(실시간 매핑 전술 작전지도) ·특정지점 영상표출	·근접 EO/IR카메라 ·상향 짐벌 ·고휘도 조명등 ·SW(안전진단·분석)

3) 소방드론의 운용절차(예, 탐색·구조 활동)

※ 범주 : 대원Ⓐ(통제요원), 대원②(조종자), 대원③(보조요원)

① 현장 투입 전

주요 임무	대원 구분	대원별 세부 활동	시기
1. 소방무인기 및 임무장비 상태 점검 및 대기	대원Ⓐ	신고접수 정보 등 소방무인기 활용을 위한 정보수집활동	출동 중 현장도착 즉시
	대원Ⓑ	기체상태 육안 점검	
	대원Ⓒ	기체 이륙지점 확보 및 안전성평가	
2. 기상상황 등 운용환경 리스크 평가	대원Ⓐ	기상정보 수집, 위해·위험환경정보 기반 비행계획 수립을 위한 리스크 평가	현장도착
	대원Ⓑ	시동후 주변 환경에 따른 기체이상점검 (IMU, 및 기타 센서)	
	대원Ⓒ	관할항공청 및 군부대 비행승인	

주요 임무	대원 구분	대원별 세부 활동	시기
3. 현장지리정보 등 자료준비	대원Ⓐ	현장상황 판단, 지형·지물, 필요정보 요구(종합상황실, 현장지휘관)	현장운용 준비
	대원Ⓑ	기체 상승 후 주변 전파환경(영상송 수신여부) 및 지리정보 확인점검	
	대원Ⓒ	주변 안전통제	
4. 비행계획 수립 및 공유	대원Ⓐ	기상상황 및 환경여건, 임무 등 고려하여 비행계획 수립, 현장지휘관 공유	현장지휘소 설치
	대원Ⓑ	현장지리정보 모니터링 및 비행계획 수립	
	대원Ⓒ	주변 안전통제	

② 현장 투입 중

주요 임무	대원 구분	대원별 세부 활동	시기
1. 이륙 및 비행 중	대원Ⓐ	이륙지시 및 비행 중 현장지휘관 정기적 상황보고, 비행경로 확인 및 수집정보 모니터링	현장대응
	대원Ⓑ	이륙 및 조종	
	대원Ⓒ	현장지리정보 등과 수집정보 매칭, 통제요원 전달	
2. 돌발상황 모니터링	대원Ⓐ	비행계획 수정 등 대비	
	대원Ⓑ	배터리 잔량, 센서오류, 통신두절 등 이상상황 발생 시 전파	
	대원Ⓒ	기상상황 및 기체주변 장애물 돌발위험 예측 통제요원 전달	
3. 임무성공 시(요구조자 발견, 화점 위치특정 등)	대원Ⓐ	현장지휘관 임무성공 보고, 신규임무 부여여부 판단	
	대원Ⓑ	요구조자 상태 확인, 현장정보 통제요원 전달	
	대원Ⓒ	통제요원 및 조종자 임무보조	

③ 임무완수 후

주요 임무	대원 구분	대원별 세부 활동	시기
1. 복귀 후 임무	대원Ⓐ	현장지휘관 임무완수 보고 및 임무지시 대기	현장대응
	대원Ⓑ	소방무인기 및 임무장비 육안점검 및 후속임무 수행가능 여부 판단, 통제요원 전달	
	대원Ⓒ	조종자 보조 및 기상정보 등 임무수행여건 모니터링	
2. 임무완수	대원Ⓐ	현장지휘관 지시임무 전환	
	대원Ⓑ	소방무인기 수납 후 현장지휘관 지시임무 전환	
	대원Ⓒ	현장지휘관 지시임무 전환	

④ 소방서 복귀 후

주요 임무	대원 구분	대원별 세부 활동	시기
1. 복귀 후 임무	대원Ⓐ	소방무인기 운용작전 검토회의 주재 및 소방무인기 부서장 운용보고	귀서 후
	대원Ⓑ	소방무인기 관리, 로그데이터 추출보관, 현장수집정보 관리, 관리대장 작성	
	대원Ⓒ	운용일지 작성	

4) 산불진화에 활용방법

 소방드론의 산불진화에 활용은 먼저 고정익 드론으로 산불지역을 고 고도에서 감시정찰을 실시한 후 영상을 실시간에 산불예측분석센터와 산불종합상황실에 전송하여 유인항공기나 기타 진화수단을 효율적으로 운용하기 위한 판단을 하는데 효율적이다. 물론 고정익 드론의 접근이 제한되는 좁은 계곡이나 잔불 등의 감시, 정찰이 필요한 지역은 회전익기(멀티콥터 등)를 활용할 수도 있다.

▲ 소방드론의 산불진화에 활용 방법

 최근에는 위의 그림 우측과 같이 잔불제거 또는 작은 불씨가 날아가 초기 진화를 이루는 지역 등에 소화탄을 투척하여 확산을 방지하는 곳에 투입하는 경우도 많이 볼 수 있다. 현재에는 대부분 작은 규모의 멀티콥터가 소화탄을 투하 하지만 향후 Payload가 늘어나면 더 많은 소화탄을 적재하여 동시에 투하하여 적극적인 산불진화에 운용할 수 있을 것이다.

소방드론의 활용사례
동영상을 보시면 더 자세히 알아볼 수 있답니다!

CHAPTER 08 인명구조운용

해수욕장의 안전을 위하여 약 2~3m 높이의 사다리에 올라 앉아 매의 눈으로 해수욕장 상황을 지켜보다가 파도에 휩쓸리는 사람을 신속히 달려가서 구조하던 인명구조원이라는 직업도 드론이 등장하면서 실직의 위험에 처하게 되었다.

1. 개요

해수욕장에서 물놀이를 즐기던 사람이 갑작스럽게 파도에 휩쓸려 갈 때 그리고 낚시배가 침몰하여 사람이 바다에서 구명조끼도 없이 표류할 때 안타깝기 그지없지만 이제는 드론이 해결하는 시대가 왔다. 바로 이 긴급한 상황 즉 골든타임이내에 드론이 구명 튜브를 던져주어 귀중한 생명을 구할 수 있다는 것이다. 해상 또는 강상공에서 인명을 구조하기 위하여 드론이 튜브를 던져주어 순간 위기상황을 모면하고 즉시 구조팀이 접근하여 조난, 표류된 요원을 구조하는 것이다.

세계최초로 (주)숨비(대표이사 오인선)가 우리나라에서 2016년 여름부터 인천 왕산해수욕장, 강릉 경포대 해수욕장 등에서 진행 중인 사업이다. 해외에서는 2015년 7월 영국 RTS Ideas사가 해수욕장 안전 로보가드 헥사콥터 드론운용을 발표하고 최근 여러 국가에서 다양하게 운용하기 위해 노력하고 있다.

2. 인명구조 드론 운용

1) 해수욕장에서의 기본운용 개념

▲ 미션 패키지 시나리오

먼저 촬영용 드론으로 해수욕장 또는 강상의 물 놀이터 등을 전체적으로 모니터링하다가 위험한 상황에 처한 조난, 표류자를 발견하면 즉시 드론이 출동하여 튜브를 던져주어 위험한 상황을 모면하면 즉시 구조팀이 조난, 표류자에 접근하여 구조하는 방법이다.

2) 촬영용 드론(정찰 감시용 V-100)

전체적인 상황을 모니터링하여야 하는 촬영용 드론은 높은 이륙중량 능력과 특수렌즈를 장착하여 전문영상 수준의 화질을 가지고 있다. 근접비행, 정지비행 등의 정밀한 비행으로 특화된 감시, 정찰활동이 가능하며, 촬영된 영상을 실시간 종합상황실에 전송이 가능하다. 숨비의 V-100 촬영용 드론은 풍속 13m/sec의 강풍속에서도 안정적인 비행이 가능하고 육안감시의 한계점을 극복하기 위해 관할 구역별 수시 정찰이 가능하다. 순수하게 숨비(주)의 기술력을 기반으로 제작되어 최적의 임무수행이 가능하다. 2012년 연구개발을 시작하여 2015. 7월 특허 등록되었다.

▲ 정찰감시 드론 V-100제원

구분	내용
기체무게	13.7kg
장축길이 (프로펠러포함)	1482.6mm
비행체 재질	카본/알루미늄 Anodizing
송수신 거리	10km 이내
속도	90km/h 내외
운영반경	2km 내외(국내법內)
운영시간	40분 내외
적재비행중량	7kg
방풍저항가능비행	13m/s

3) 구조 드론 S-200

조난, 표류자에게 초 접근 후 구명보트를 투하하는 드론이다. 촬영과 고화질 HD성능의 카메라로 조난 상황과 영상자료의 재생 분석을 통한 인명구조지원이 가능하다. 해상 또는 강상에서의 골든타임(4분)보다 10배 빠른 25초 이내에 구명환을 투척하여 인명 피해를 최소화할 수 있다. 수면 근접비행 및 짐벌Gimbal을 이용하여 4K(UHD)급 화질촬영, 잔진동 흡수 및 안정적인 비행으로 조난, 표류자에게 근접할 수 있다.

▲ 구조 드론 S-200의 제원

구분	내용
기체무게	43.8kg
장축길이 (프로펠러포함)	2272mm
비행체 재질	카본/알루미늄 Anodizing
송수신 거리	10km 이내
속도	90km/h 내외
운영반경	2km 내외(국내법內)
운영시간	25분 내외
적재비행중량	30kg
방풍저항가능비행	14m/s

4) GCS Ground Control System 지상통제 시스템

드론의 운용, 안전 및 제어 등을 지상에서 효율적으로 통제할 수 있는 시스템으로 드론으로부터 실시간 전송되는 영상의 확인 및 영상분석이 가능하고, 연동되는 어플리케이션을 통해 자동비행을 설정할 수 있다. 육안조종이 불가 시 탑재된 대형 스크린을 통하여 조종을 지원할 수 있으며 자동 이착륙 제어가 가능한 우수한 시스템이다.

▶ GCS(Ground Control System) 지상통제 시스템

Description	G1	G2	G3
소프트웨어	Flight Mission Control Program (in PC)		
무선 조종기	매립형	비매립형	매립형
모니터	17"(Full HD) x 1ea, 8" (VGA) x 2ea		7" (VGA) x 2ea
입력 신호	RGB, VIDEO(RCA), HDMI		VIDEO(RCA), HDMI
안테나 포트	RF Transmitter-Receiver port x 10ea		
영상수신기	5.8GHz		
텔레메트리	900MHz		
전원	AC 100~240V 50/60Hz, DC 12V (24,000mAh Battery x2)		
크기	(W)515x(H)1,000x(D)180mm		(W)512x(H)430x(D)242mm
무게	27.5kg	27kg	16kg

5) Drone Mobile Station 이동통제 시스템

다중 사이트의 실시간 영상처리 및 저장, 1:N 컨트롤 기능이 탑재된 지상통제 프로그램(N: 드론)이다. LTE를 이용한 자동항법 시스템으로 LTE를 이용하여 영상을 송수신하고 휴대용 LTE영상 송출 시스템을 탑재하고 있다. 자동 이, 착륙 시스템과 관제 & 모니터링 시스템, 무선 충전 헬리포트 시스템, 영상처리 프로그램, 3D 맵핑 프로그램을 갖추고 있으며 기타 드론 정비실, 에어컨 냉장고 등 지원 및 생활편의시설을 탑재하고 있다. 장비와 영상의 보안을 위해 안면인식 출입통제, CCTV 및 보안 시스템을 탑재하고, 영상 및 신호 아날라이져 시스템, 터치 PC 시스템 등 국내 기술력 만든 우수한 장비이다.

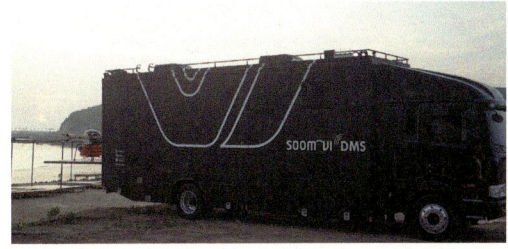 

▲ 실시간 모니터링 시스템

구 분	내 용
영상 송신	LTE / 1080p 60fps / 4 ~ 10Mbps
Converter CPU	Mobile CPU
Converter Codec	H.265(HEVC), H.264(AVC)
Converter Input Type	HDMI
영상 수신	LTE / 1080p 60fps / 20 ~ 60Mbps
영상 수신 System	ROI Scan Converter(ROI-DP), SDI, HDMI
영상처리 Program	Window C++, Deep Learning
Network	Drone to DMS : VPN
	DMS to Client : RTMP
FC (Flight Control)	OS : Embedded Linux
	CPU : ARM Cortex 32bit
	Communication : LTE Packet Transmission
Wireless Power Transfer System	Magnetic Resonance
	Resonance Frequency : 6.78M Hz
	Operating Gab : 50mm Coil to Coil
	Efficiency : Up to 90% Coil to Coil
	Output Power : DC 25V / 3A / Min. 75W
Generator Capacity	10KW (7KW + 3KW)
Automatic Control System	PLC &Hydraulic System

6) 재난 발생 시 이동통제시스템, V-100, S-200의 통합운용 개념도

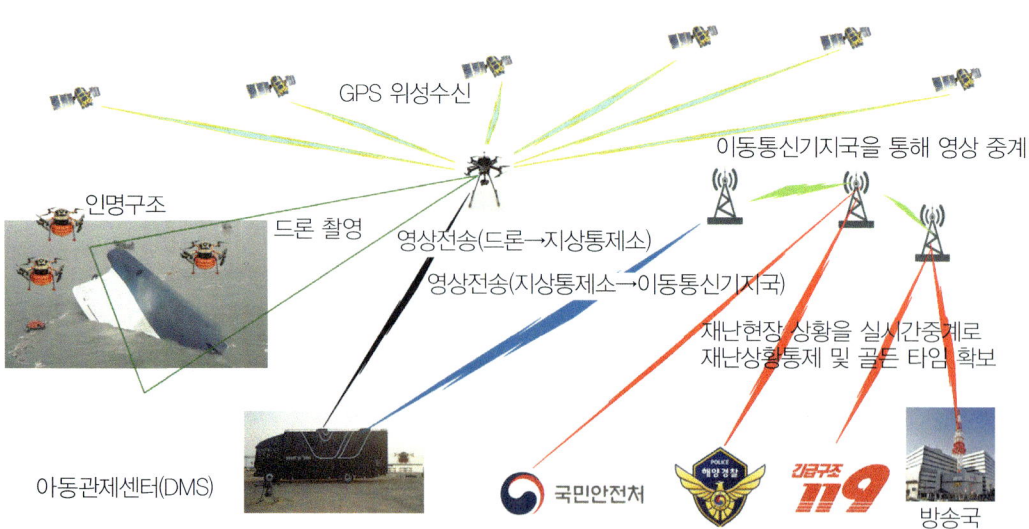

CHAPTER 09 과수 인공수분 운용

과수가 열매를 맺기 위해서 적절한 시기에 수분을 해야만 정형과를 생산할 수 있다. 드론을 이용한 과수 인공수분 분사시스템을 다음과 함께 알아보자.

1. 개요

우리나라는 2000년도 초 무인헬리콥터를 도입하여 농약살포를 하면서 드론에 대하여 많은 관심을 가지게 되었다. 하지만 농촌은 갈수록 인력이 부족하였으며 특히 과수업을 하는 농민들에게는 더 큰 근심으로 작용하였다. 과수가 열매를 맺기 위해서는 꽃이 필 때, 매개충인 벌과 나비 등이 꽃가루를 날라주어야 열매를 맺을 수 있다. 적절한 시기에 수분을 해야만 정형과를 생산할 수 있기에 농민들에게는 중요한 부분이다. 하지만 수분수가 가까이 없거나 매개충이 그 역할을 제대로 하지 못한다면 결실이 불안정해져서 열매를 맺지 못하는 결과를 초래할 수 있다. 이를 해결하기 위해 드론을 이용한 과수 인공수분 분사시스템을 소개하고자 한다.

※ 이 과수 인공수분 분사시스템은 경북 안동에 위치한 (주)드론코리아에서 특허를 가진 내용으로 임의 발췌 또는 도용하여 사용할 시 관련법에 의거 처벌될 수 있음을 알려둔다. 이 내용은 (주)드론코리아의 허락 하에 자료를 제공받아 작성하였음

2. 인공 수분이란?

1) 인공 수분

대부분의 과수는 자기 꽃가루를 거부하는 성질이 있기 때문에 수분수를 주변에 식재하고 수분작용이 있어야 과수 결실을 맺을 수 있다. 그런데 수분수가 부족하거나 개화기에 기상악화나 다른 이유로 인해 수분작용이 제대로 이루어지지 않으면 결실을 맺을 수 없기 때문에 인력으로 과수의 꽃에 꽃가루를 묻혀서 결실이 잘 이루어 질수 있도록 하는 방법이다. 4차 산업혁명시대를 맞이하여 드론 산업이 촬영, 방제, 공간정도 등 다양한 융

복합 모델로 자리매김을 하고 있다. 이러한 시점에서 드론을 이용하여 농업분야에 특수하게 운용할 수 있는 기술개발은 획기적인 부분이라 할 수 있다.

2) 과수 인공 수분

과수의 꽃눈은 영양 및 기상 조건이 적합하면 생장하여 개화하는데 개화하면 꽃밥이 터져 성숙한 꽃가루가 밖으로 나오게 된다. 밖으로 나온 꽃가루가 암술머리에 가서 붙는 것을 수분受粉이라고 한다. 매개체 즉 곤충의 수가 충분하면 자연수분이 가능하나 기상조건의 악화나 농약살포 남용 등으로 매개체인 곤충의 수가 부족하면 인위적으로 수분을 할 수 밖에 없게 된다.

사람이 붓으로 인공수분 작업을 하는 수동형 방법과 꽃가루를 기계적인 전동장치를 이용하여 뿌려주는 자동형 방법이 있다. 수동형은 작업시간의 오랜 기간이 소요되고 많은 인력이 투입되어야 하는 단점이 있고, 자동형은 꽃가루의 낭비가 심하기 때문에 양을 늘리기 위해 분말로 이루어진 증량제를 섞어서 하는 방식이나 증량제가 고가이다. 아울러 꽃가루를 분사 시에 바람이 불 경우 꽃가루가 날려서 손실이 많으며 꽃가루가 분사되는 노즐이 자주 막혀 작업의 어려움이 많다. 특히 분사기의 최종 분사구가 털 형태로 이루어져 있어 주위에 습기가 조금만 있으면 분사노즐이 막히는 경우가 많다. 꽃가루의 낭비로 인한 대형 자동분사기 사용의 어려움과 꽃가루 분사장치를 사람의 등에 메거나 차량 등의 운송수단을 이용하여 수분을 해야 하는 어려움이 있다.

▲ 과수 수분 방법(곤충, 사람의 붓, 등짐 기계)

3. 과수 인공수분 분사 시스템

1) 개요

개발된 드론을 이용한 과수 인공수분 분사 시스템은 꽃가루를 공중에서 균일하게 분사하여 꽃가루의 소모량 및 분사 작업을 정확하고, 편리하게 하도록 하며, 빠르게 꽃가루를 분사하여 과수에 수분되도록 한다. 기존의 지상에서 하는 수작업이나 기계의 방법보다 수분 성공률을 확실히 높일 수 있다는 장점이 있다. 꽃가루를 공중에서 하방으로 적정량을 분사하므로 꽃가루의 적은 량으로 많은 부분을 수분시킬 수 있다.

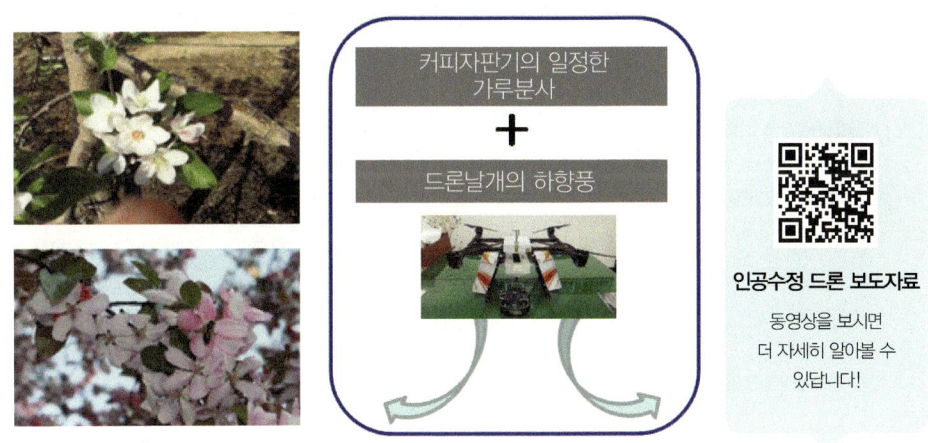

▲ 드론을 이용한 과수 인공수분 분사시스템의 기본원리

2) 드론을 이용한 인공수분 분사 시스템 구성도

시스템의 구성도는 아래 그림과 같다.

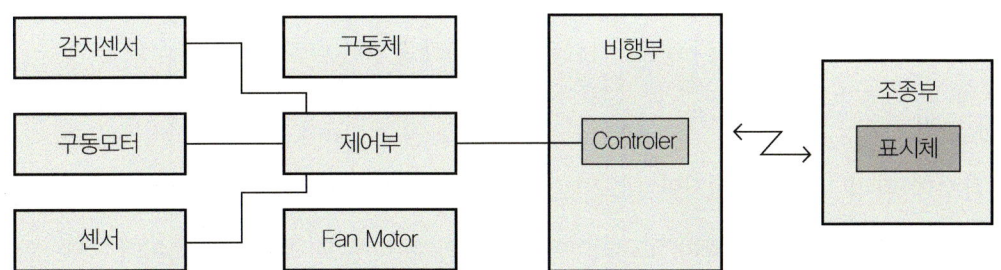

먼저 크게 제어부, 비행 Control부, 조종부로 나눌 수 있다. 제어부는 감지센서, 구동모터, 센터, 구동체, Fan Motor부분으로 나누고, 비행부는 비행을 위한 Control을 하는 것이다. 마지막으로 조종부는 조종기 부분에 각종 현황 등이 표시되는 표시체로 나누어 볼 수 있다.

3) 꽃가루 비행 분사장치(특허 제10-1828830호)

▲ 드론에 장착된 "허니비"와 특허등록증

4) 주요 개발된 내용

① 통합 운용 Software개발

드론 운용 Software, 인공수분 분사 시스템 운용 Software, 드론과 인공수분 분사 시스템 Interface, 통신 프로토콜 기능 구현 등을 개발하였다.

② Mobile Application 개발

Drone Mobile Application 기능 절차서 및 Menu Tree, Mobile Application 단위 모듈, UI/GUI개발, Mobile Application 단위 Test 및 연동 Test의 개발이다.

③ Big Data 분석

인공 과수수분 영상 데이터 수집과 저장, 과수 인공수분 Big Data의 처리, 인공 과수수분 성공률 Big Data분석, Big Data결과 활용 등이다.

5) 능력

과수에 따라 다를 수 있지만 대략 2,000평을 분사하는데 소요시간은 약 10분 정도가 소요되며 드론의 기종에 따라 고려되어야 하겠지만 유효 살포 폭은 3~4m이며, 유효 살포 높이는 약 4~5m의 높이가 적절하다. 따라서 사람이 붓으로 하는 방법이나 등짐을 이용한 방법에 비하여 획기적인 방법으로 농촌 과수농가의 고령화로 인한 농촌 일손 부족과 작업환경을 획기적으로 변화시킬 수 있을 것이다.

CHAPTER 10 조수통제 운용

지구촌 사회로 국가 간의 교류가 활발해지며 항공편 운항 횟수가 전 세계적으로 꾸준히 증가하고 있다.

1. 서론

지구촌 사회로 국가 간의 교류가 활발해지며 항공편 운항 횟수가 전 세계적으로 꾸준히 증가하고 있다. 우리나라 영종도에 위치한 인천 국제공항은 24시간 동안 2분 30초 간격으로 항공기가 줄지어 이/착륙한다. 항공편 운항 횟수는 증가하지만 신뢰할 만한충돌 방지 대책이 없어서 운항 횟수와 함께 위험도가 증가하고 있다.

▲ 착륙하는 항공기에 조류충돌 위험이 있는 상황

활주로에서 조류를 퇴치하기 위한 노력은 오래 전부터 시작되었다. 하지만 여러 가지 복잡한 안전상의 이유로 현재는 엽총을 휴대한 지상요원이 조류를 발견하면 추적하며 총을 쏴 퇴치하는 방법이 가장 간단하며 안전하고 정확하다

▲ 김포공항 활주로 부근 녹지대에서 조류퇴치반의 퇴치활동 (사진:조선일보)

는 결론이다. 최근에는 드론의 기술개발로 안정적이고 신뢰할 수 있는 드론을 이용한 조류 퇴치 시범사업이 활발하게 진행되고 있다.

비행중인 항공기와 조류의 충돌은 항공기에게 엄청난 피해를 입힌다. 수십억의 정비비용이 발생하는 피해도 있지만, 비행기에 탑승한 승객의 안전을 위협하기도 한다. 미국에서 실화를 바탕으로 한 영화 "허드슨 강의 기적"을 보면 조류충돌이 얼마나 위험한지 쉽게 알 수 있다.

물리적인 힘을 계산했을 때, 약 370km/h로 비행중인 항공기에 900g의 조류와 충돌했을 때 순간 항공기가 받는 충격은 4.8t로 매우 강한 충격이다.

2. 조수충돌이란?

지상에서 활주로를 따라 이동 중인 항공기 또는 하늘에서 비행하는 항공기가 조수(새와 짐승)와 충돌하는 것을 말한다. 이/착륙 단계 또는 순항 중인 항공기와 조류가 항공기의 동체나 엔진에 부딪히는 현상으로 '버드 스트라이크 Bird Strike'라고 한다.

3. 조수통제용 드론

1) ROBIRD

네덜란드 Clear flight Solution사의 조수통제용 드론이다. 조류의 먹이사슬 중에서 최강자인 맹금류 디자인으로 제작된 이 드론을 이용하여 활주로에 위협이 되는 하위 서열의 조류를 위협하여 퇴치한다.

우리나라에서는 공군의 사격 통제기 또는 타겟target기를 이용한 조류통제 사례가 있다.

clear flight solutions

동영상을 보시면 더 자세히 알아볼 수 있답니다!

▲ Clear flight Solution사의 조수통제 드론

2) ProHawk UAV

지난 50년간 조류 퇴치 전문연구를 해온 해충 방제 회사인 Bird-X는 골프장, 와인농장 및 여러 농경지 등에서 조류를 퇴치하는 멀티콥터를 제작했다. 소리에 민감한 조류의 특성을

이용해서 맹금류의 울음소리를 녹음하여 멀티콥터에서 발생시키는 원리이다. GPS를 기반으로 자율비행, 정지비행Hovering이 가능하며 조류 퇴치음을 발생시키는 임무장비가 탑재되어 있다.

▲ Bird-X의 ProHawk UAV

ProHawk UAV
동영상을 보시면 더 자세히 알아볼 수 있답니다!

3) 숨비(SOOMVI)

우리나라 기업 숨비SOOMVI에서 제작한 V-100은 중형급 크기와 무게를 가진 X8 Quadcopter이다. 첨단 GPS시스템, 열화상/적외선 영상 생중계, 퇴치음을 발생시키는 특수장치 등 첨단기술을 융합한 조류 통제 드론이다.

인명구조 드론 숨비
동영상을 보시면 더 자세히 알아볼 수 있답니다!

▲ 숨비(SOOMVI)의 V-100

4. 기술 융합의 힘, 미래형 조수통제 드론

우리나라 드론 사업 연구개발/특수촬영 전문 기업인 디웍스D WORKS의 연구 자료에 따르면, 조수통제를 드론으로 활용하면 경제적이고 비살상이며 효율성이 높지만 드론 단독으로 임무를 수행하기에는 한계가 있음을 입증했다.

조수의 생태환경, 심리 등 여러 요인을 파악한 '드론 조수충돌 방지 시스템 BDDS'이 구축되어야 한다고 했다.

1) 예방
  ① **조수의 먹이 사슬 통제 : 드론방제**
   – 체계적이고 효율이 높은(9,917, 약 3000평 면적 10분 소요)드론 항공 방제
   – 친환경 약제의 개발. 인체에 무해한 항공 방제 약제 개발되었다.
  ② **조수 퇴치음 발생 드론**
   – 불특정 지역에서 퇴치음 발생
     · 사전 입력된 비행경로, 고도, 속도로 활주로 인근 지역 자동비행 가능 (조수의 학습효과 저해 기대)
     · 평균 약 10kg 임무탑재 장비 장착 가능

2) 퇴치
  ① **무인항공 시스템 기술**
   – 장애물 자동 회피기능
     · 적외선 센서   · 초음파 센서   · 3D 센서
  ② **자동비행 기능**
     · 비행구간   · 비행속도   · 비행고도
  ③ **비행 체공시간 증가**
     · 고효율 리튬폴리머 배터리 · 수소 배터리
  ④ **임무탑재장비**
     · 조수 생태계 빅데이터화   · 인공지능 학습을 통한 조수의 학습효과 저해
     · 탑재장비 인공지능 통제   · 열화상 카메라   · 적외선 카메라
     · 스피커(조수퇴치음 발생) · 투하장치   · 조수탐지 레이더
     · 조수퇴치 레이저
  ⑤ **실시간 모니터링 가능**
     · 영상송출 및 통제 운용관리 효율성 증가
  ⑥ **방수기체**
     · 우천 시 조수통제 가능

CHAPTER 11 드론 축구

드론 축구는 탄소 소재로 만든 보호 장구에 둘러싸인 드론을 공으로 삼아 지상에서 3m 정도 떠 있는 원형 골대(지름 80cm)에 넣은 신 개념 스포츠를 말한다.

1. 개요

드론 축구는 두 팀에서 드론 조종자 각 5명이 드론 5기를 조종해 공을 밀어 골대에 넣는데 드론 공은 지상에서 호버링(공중의 한 지점에서 가만히 떠 있는 것)만 하기 때문에 조종자들은 축구처럼 공을 다룰 수 있다. 사람의 조종으로 진행되는 드론 축구는 두 가지 방식이 있는데 하나는 미식축구처럼 '드론 공'을 상대편 골문에 넣는 방식이고 다른 하나는 일반 축구처럼 '드론 선수'로 '드론 공'을 쳐 상대편 골문에 넣는 방식이다.

신 개념 'ICT 드론 축구'는 LED로 색 조명과 효과음, 센서로 무장한 드론 플레이어들이 광학 펜스 안에서 축구 게임을 하는 방식으로 진행되는데 드론 축구 플레이어 및 축구공은 관중들의 눈높이에 맞춰 일정한 높이(1.5m)에서 경기를 진행하며, 박진감 넘치는 ICT 드론 축구효과음으로 관중들에게 보고 듣는 재미가 있는 성장형 미래 스포츠이다. 축구 도시 전주시는 미래 먹거리인 드론 산업과 특화분야인 탄소산업을 융합한 드론 축구를 개발 육성하기 위해 노력 중이다. 또한 (사)캠틱종합기술원과 함께 세계 최초로 드론과 탄소로 융복합된 신개념 ICT 드론축구 인프라를 갖추는 등 드론축구를 스포츠 산업으로 발전시켜 나갈 계획이다.

▲ 드론 축구

드론축구 보도자료

동영상을 보시면 더 자세히 알아볼 수 있답니다!

2. 드론 축구 경기

1) 경기장

① 경기장 표면
- 바닥은 평평해야 하며 장애물이 있어서는 안 된다.
- 바닥은 가급적 딱딱한 표면을 피해야 한다.
- 바닥의 모든 면에서 드론볼이 똑바로 서 있을 수 있어야 한다.

② 경기장의 표시
- 경기장은 반드시 직사각형이어야 하고 장변을 기준으로 둘로 나누어진 곳에 중앙선을 표시한다.
- 출발점은 경기장의 단변에서 1.5m 떨어진 곳에 선 또는 5개의 점으로 표시한다.
- 조종석은 경기장 단변 쪽에 설치하되 조종석의 길이가 단변의 길이를 초과 할 수 없다.
- 조종석의 폭은 2m 이며 기술지역과 명확히 구분되도록 조종석 뒤쪽에 경계표시를 해야 한다.

③ 경기장의 크기
- 직사각형으로 이루어진 경기장 프레임의 크기는 단변은 5~10m, 장변은 10~20m 이어야 하되 장변과 단변의 비율은 2:1이거나 이에 가까워야 한다.
- 경기장의 높이는 4m~5m 이어야 하며 파손이나 경기에 장애가 우려되는 장애물이 설치 되어 있지 않아야 한다.
- 경기장 프레임의 양쪽 단변에는 폭 2m 의 조종석이 설치되어야 한다.

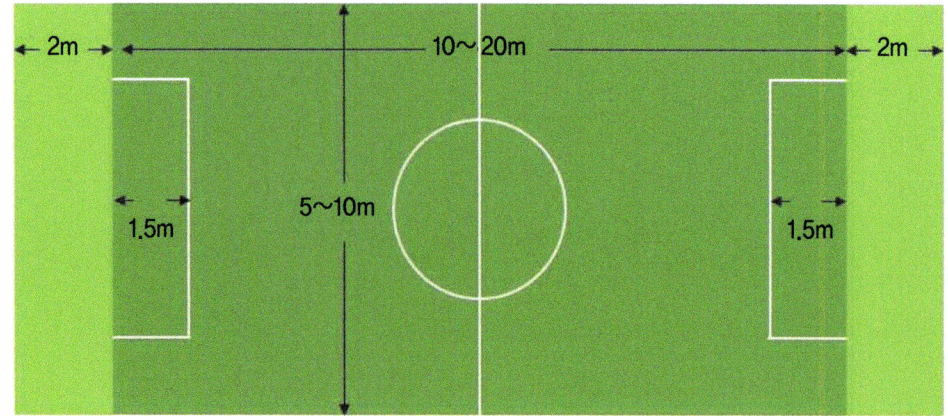

▲ 드론 축구 경기장의 크기

- 위의 규정에도 불구하고 협회는 선수들의 일정한 경기력 유지와 새롭게 조성되는 경기장을 위해 표준 크기를 정하여 권장한다.

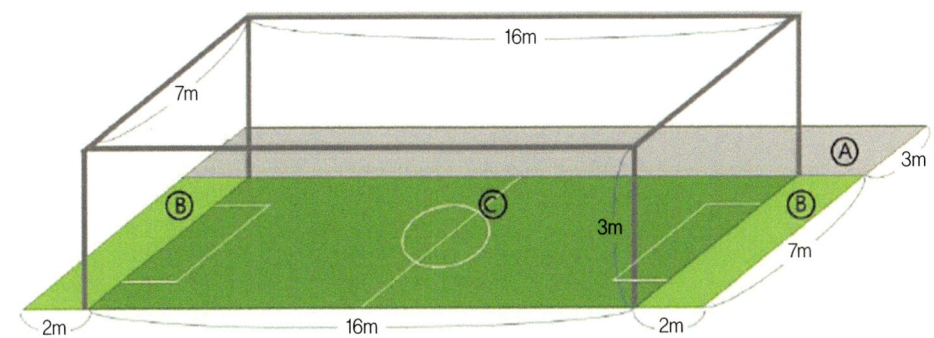

※ 표준경기장 (A : 중계석, B : 조종석, C : 중앙선)

④ 골의 규격과 위치

- 골의 형상은 원형이어야 하며 내경의 지름은 60cm±1cm 이어야 하고 외경의 지름은 100cm±1cm 이어야 한다. 그러나 두 골의 크기는 항상 같아야 한다.
- 골은 그 중심을 경기장 단변의 중앙부에서 중앙선 방향으로 1.5m 이격된 거리에 위치 시켜야 한다.
- 골의 높이는 골대의 중앙부가 경기장표면에서 3m ~ 3.5m 사이에 위치해야 하며 골의 설치는 1점 혹은 2점을 이용해 경기장 상부로부터 메달거나 지주를 이용해 바닥으로부터 띄워 지탱해야 한다. 이때 골의 방향은 항상 중앙부를 향하고 있어야 하며 골의 방향이 좌우로 흔들려서는 안 된다.
- 골의 설치는 항상 안정적이어야 하고 낙하의 우려가 있어서는 안된다. 골은 경기중에 형상이 변하면 안된다.

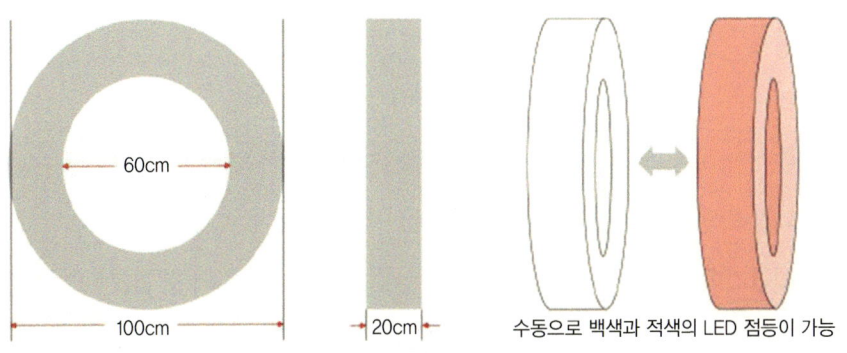

▲ 드론 축구 골 규격

⑤ 골의 재질과 구성
- 골은 경기 중 파손의 우려가 있어서는 안 된다.
- 골은 내부 또는 경기에 방해가 되지 않는 외부에 백색과 적색의 LED 라이트가 있어야 하며 LED 라이트는 경기장 외부에서 수동으로 조작 할 수 있어야 한다.
- 골의 외부에 광고를 삽입하는 경우 광고로 인해 골의 LED 라이트가 변경되는 것을 선수들이 인지하는데 있어 방해를 받아서는 안된다. 광고는 글자로 한정되어야 하며 이미지 또는 마크의 삽입 시 글자 크기를 넘어서는 안된다.

⑥ 광고
- 협회가 주최하는 공식대회의 경기에서, 대회 조직위원회의 상징과 대회의 엠블럼을 제외하고, 임의적인 상업 광고를 허용하지 않는다. 단, 대회 조직위원회를 통한 대회 운영지원 등에 따른 상업광고는 제한적으로 허용 할 수 있으며 대회 규정으로 이런 마크의 크기와 수를 제한 할 수 있다.
- 대회참가팀의 복장에 한하여 해당 팀의 상징 및 상업광고를 허용할 수 있다. 그러나 이 경우에도 정치 및 종교적이거나 미풍양속을 저해하는 내용은 허용대상에서 제외 한다.
- 대회 참가팀 및 모든 선수는 심판으로부터 인정되지 않는 광고문구 및 광고물에 대한 철회를 요청받았을 때는 이를 즉각 수용해야 한다.
- 대회에 참가하는 모든 팀은 어떠한 형태의 광고물도 경기장 내에 비치 또는 세워 둘 수 없다.

2) 드론 볼

① 품질과 규격
- 둥근 모양의 외골격으로 둘러싸여져 있어야 한다.
- 드론볼의 지름은 40cm±2cm 이여야 한다.
- 플레이 도중 드론볼의 무게는 1,100g 이하 이어야 한다.
- 외골격의 개방된 단일 면적이 150cm² 이하 이어야 한다.
- 외골격이 경기 중 쉽게 파손되어 선수 또는 관중에 해를 끼칠 우려가 있어서는 안 된다.

② 광고
- 협회가 주최하는 공식대회의 경기에서, 대회 조직위원회의 상징과 대회의 엠블럼 그리고 볼 제조회사의 등록 상표를 제외하고, 볼에는 다른 모든 형태의 상업 광고를 허용하지 않는다.
- 대회 규정으로 이런 마크의 크기와 수를 제한할 수 있다.

③ 공인구
- 협회로부터 공인받은 공인구는 협회가 주관하는 대회 전에 별도의 드론볼에 대한 규격을 검토 받지 않아도 무관하다.
- 공인마크가 없는 드론볼 또는 직접 제작한 형태의 드론볼은 협회 규정 2-①의 준수여부에 대해 대회 전에 참가 가능 여부가 검토 되어야 한다.

④ 볼에 표식
- 경기에 참여하는 선수는 해당 팀의 드론볼이 다른 팀과 확연히 구분될 수 있게 적색 또는 청색 LED Strip으로 구분하여야 한다.
- 팀 구분을 위한 LED 표시는 수평의 모든 방향에서 동일한 숫자의 LED가 보이도록 원형으로 배치하여야 한다. 배치된 LED Strip의 지름은 최소 20cm 이상이어야 하며 최대 40cm 이내 이어야 한다. 또한 개별 LED 소자의 수는 10cm당 6개 이상이어야 한다. 위 기준을 만족하지 못하는 팀구분 LED Strip은 대회전 사전에 사용 허가 여부에 대한 검토가 이루어 져야 한다.
- 골잡이와 길잡이는 다른 선수와 확연히 구분 될 수 있도록 태그(tag)를 부착하여야 한다.
- 골잡이와 길잡이의 태그는 대회규정으로 정하며 태그의 부착 시 경기 중 파손되거나 이탈 되어서는 안 된다.
- 플레이중 골잡이의 태그가 이탈하여 상대팀에 의해 골잡이 구분이 어려울 경우 이탈한 순간 부터의 득점은 인정하지 않는다.

⑤ 볼의 색상
- 드론볼에 팀 구분, 포지션 구분에 방해가 되는 과도한 색(LED 포함)의 사용은 규정으로 금지한다.
- 드론볼에 사용할 수 있는 색상은 아래의 7가지로 한다.

구분		색상	사용자	표시방법
팀		빨간색	팀 전원	LED
		파란색	팀 전원	LED
포지션		녹색	1번. 골잡이	LED
		분홍색	2번. 골잡이	LED
		하늘색	3번. 전방길막이	LED
		노란색	4번. 후방길막이	LED
		흰색	5번. 골잡이	LED
골잡이	주	녹색	골잡이	태그
	예비	분홍색	골잡이	태그

- 선수가 개인적으로 드론볼의 방향식별 등을 위해 추가적인 LED를 장착하는 것은 허용되나 색상은 포지션에 맞는 색으로 해야 한다.

⑥ **사용 주파수**

- 드론볼의 무선 컨트롤에 사용되는 주파수는 해당 국가 및 지역의 전파 관련 제반 법령을 준수하여 전파의 범위 및 세기를 결정 하여야 한다.
- 그러나 상기 규정을 준수하였다 하더라도 조종자 이외 타인의 드론볼에 영향을 줄 수 있는 주파수 범위와 장비를 사용하는 것은 금지된다.

3) 선수의 수

① **선수들**

- 대회에 출전하는 선수단의 수는 10인으로 제한한다. 이 경우 선수명단에 포함되는 지도자의 수는 3인 이하로 제한된다.
- 경기는 양팀 각각 5명의 선수와 5개의 드론볼로 구성되어 플레이 된다. 이때 선수는 1인당 1개의 드론볼만 컨트롤 해야 한다.
- 선수의 수가 부족하거나 드론볼에 문제가 발생한 경우 3인 이상이면 경기가 가능하다.
- 한 팀의 구성은 아래와 같으며 경기 중에 선수 포지션의 표시가 중복 되어서는 안된다.

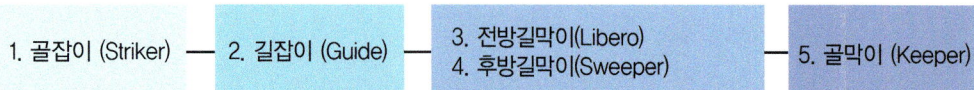

- 만약 사전에 경기 시작 시간이 충분히 고지 되었음에도 불구하고 경기 시작 전 골잡이를 포함한 3인 이상의 선수가 조종석에 위치하지 않고 있을 경우 해당 경기는 기권패로 간주하게 된다.
- 두 번째 혹은 세 번째 세트에서 세트 시작전 3인 이상의 선수가 조종석에 위치하고 있지 않을 경우 해당 세트는 패한 것으로 간주하고 다음 세트를 위한 정비시간 시작이 선언된다.

② **선수교체**
- 선수교체는 세트 시작 전 가능하며 세트가 시작되어 플레이 중일 때는 불가능하다.
- 선수명단 범위 내에서 선수교체 횟수와 인원의 제한이 없다.
- 선수명단에 포함된 지도자가 선수로 출전하는 것도 가능하다.

③ **선수 교체절차**
- 선수교체시 선수교체 사실과 교체 대상 선수를 심판에게 알려야 한다.
- 심판에게 ㉮의 내용을 고지 할 때는 반드시 드론볼이 경기장에 입장하기 전이어야 한다.
- 교체선수는 드론볼의 무게와 표식을 점검 받아야 한다.
- 선수교체시 선수가 사용하던 드론볼은 교체되거나 그렇지 않아도 무방하다. 드론볼이 교체되지 않을 경우 ㉯는 생략된다.

④ **경기중 골잡이(Striker)의 교체**
- 골잡이가 경기중 세트를 포기 했을 경우 길잡이와 골잡이를 교체할 수 있다.
- 골잡이를 교체 할 때는 포기한 골잡이의 드론볼을 길잡이볼이 터치해야 한다.
- 길잡이가 골잡이를 터치 할 때는 골잡이 볼의 조종사가 포기선언을 한 후 조종기를 바닥에 내려놓는 순간부터 가능하며 터치의 성공여부는 주심이 판단한다.
- 주심은 골잡이의 교체가 정당하게 이루어 졌을 경우 음향 및 수신호를 이용해 성공여부를 알려야 한다.

⑤ **위반과 처벌**
- 해당 세트에 참여하는 선수가 아닌 사람이 조종석에 머물고 있을 경우 1회의

경고가 주어진다. 1회의 경고에도 불구하고 조종석에 계속해서 머물 경우 해당 세트는 패한 것으로 간주 된다.
- 경기에 참여중인 선수가 아닌 사람은 그 어떤 조종기도 만지거나 조작해서는 안된다.
- 경기 중 양팀의 벤치 혹은 응원석에서 경기 중인 드론볼에 바인딩 되어있는 조종기를 조작할 경우 관련 팀의 해당 경기는 패한 것으로 간주 된다.

4) 선수의 장비

① 기본 장비
- 복장 : 플레이에 영향을 주지 않는 자유 복장 혹은 단체복, 다만 자유복일 경우 팀 구분이 가능한 모자, 조끼 혹은 A4 사이즈 이상의 표식등을 패용하여야 한다.
- 드론볼 : 규정에 맞는 드론볼
- 조종기 : 해당 선수의 드론 볼과 바인딩 되어 있는 조종기 1대
- 배터리 : 경기에 필요한 여분의 배터리

② 부가 장비
- 1인칭시점 영상장비 : 선택사항으로 1인칭 시점 영상장비의 착용 또는 휴대 가능
- 여분의 드론 볼 : 드론 볼의 파손에 대비한 여분의 드론 볼 휴대가 가능하며 배터리는 분리되어 있어야 함.
- 기타 악세사리 : 경기운영에 필요한 배터리 체커기 및 응급수리에 필요한 부품 및 공구

③ 금지 장비
- 상대의 플레이를 방해 할 수 있는 발광 기능이 있는 장비
- 상대의 플레이를 방해 할 수 있는 전파 발신 장비
- 경기의 진행을 방해 할 수 있는 음향 관련 장비
- 기타 안전상 또는 경기진행상 필요해 의해 금지된 장비 및 장구

④ 위반과 처벌
- 상대팀은 경기 시작 전 서로의 장비를 확인할 의무가 있으며 이때 오해의 소지가 있는 자신의 장비는 상대팀에게 공지되어야 한다.

- 경기 시작 전 위반사항에 해당하는 장비의 착용 및 휴대를 포기할 경우 경기는 정상적으로 시작된다.
- 금지장비 위반에도 불구하고 경기 시작 전 상대팀의 용인 사항에 대하여는 처벌하지 않는다.
- 그러나 위반의 시작 또는 인지가 플레이 중에 발생하여 경기에 영향을 미쳤다고 심판에 의해 판단될 경우 해당 세트는 패한 것으로 간주 된다.

⑤ 장비에 광고
- 기본 및 부가 장비에 정치적, 종교적인 문구를 삽입하거나 표현할 수 없다. 다만 문구의 내용이 관용적인 표현일 경우 심판의 판단하에 용인 될 수 있다.
- 이 조항의 위반은 경기 전에 정정되어야 하며 정정되지 않은 사항은 경기 후에 발견 되었더라도 승패에 영향을 주는 판단을 할 수 없다.

5) 주심과 부심의 운영

대한드론축구협회 규정을 참조하라.

6) 경기의 시작과 종료

① 세트의 수와 시간
- 경기는 한 세트에 3분씩 3세트로 진행된다.
- 대회규정으로 세트의 수 또는 경기시간 등을 대회 시작 전에 변경 할 수 있다.

② 경기 준비
- 동전으로 토스해서 이긴 팀이 좌우 조종석의 선택권을 갖는다. 이 때 한번 결정된 조종석은 3세트 동안 변경되지 않는다. 그러나 주심의 판단 하에 좌우 조종석의 위치가 불공정 하다고 생각 된 때는 변경 할 수 있다.
- 양팀의 주장 및 선수는 한번 결정된 조종석의 위치에 대해 항의하거나 변경 요청 할 수 없다.
- 양팀의 조종석이 확정되면 양팀의 주장은 득점해야 할 골에 대해 확인 할 수 있다.

③ 세트의 시작과 종료
- 주심 혹은 주심으로부터 위임받은 자는 음향 신호로 경기시간 3분의 시작과

종료를 알린다.
- 시작신호는 최소 10초 전에 예비신호를 내보내야 한다. 다만 양팀의 준비상태를 모두 확인 한 후에는 예비신호에 이어 10초 이내에도 시작신호를 할 수 있다.
- 경기장 상황에 따라 예비신호의 횟수를 늘리거나 조정 할 수 있으나 반드시 1회 이상의 예비신호가 있어야 한다.
- 경기시작 신호는 예비신호 후 별도의 음향 또는 수기 등을 사용해야 하며 예측출발을 방지하기 위해 불시에 주어져야 한다.
- 세트가 진행되는 도중 작전타임은 허용되지 않는다.

④ 정비 및 중단
- 세트 종료 후 다음세트 시작 시까지 주심은 5분의 정비시간을 부여 할 수 있으며 5분 카운트가 시작되는 시점은 모든 선수가 각자의 드론볼을 수거하여 경기장에서 퇴장한 시점이다.
- 각 팀은 세트와 세트사이 정비시간을 이용해 정비와 작전타임을 병행해야 한다.
- 정비와 작전타임은 5분 이상 보장되는 것을 원칙으로 하며 주심은 원활한 경기운영을 위해 정비시간을 연장 할 수 있다.
- 그러나 양팀 중 어느 한팀이 세트 시작 준비가 안 된 것은 정비 시간 연장의 사유가 될 수 없다.
- 만약 어느 한 팀에게 3명 이상의 정비 지연으로 세트패가 선언되었을 경우 주심은 다음 세트 시작까지 규정된 정비 시간 외에 3분의 추가 시간을 부여 할 수 있다.
- 주심에 의해 경기시작 10초전이 선언된 때부터 세트 종료시까지 주심 이외에 누구도 경기를 방해하거나 멈출 수 없다.
- 안전에 의한 문제, 또는 경기장 시스템으로 인한 문제로 주심에 의해 경기가 중단 된 때는 중단시점의 스코어와 잔여 시간이 기록되어 경기의 재개 시점에 동일하게 적용 되어져야 한다.
- 상기의 규정에도 불구하고 아래와 같은 경우에는 즉시 경기가 중단되며 이때 해당 세트는 무효 처리 된다.

- 경기장 시설의 심각한 손상으로 경기가 불가능 한 경우
- 기타 주심에 의해 중대하다고 판단되는 사항중 경기운영이 한 시간 이상 중단되어야 할 상황

⑤ **다음 세트의 시작**

- 5분의 정비시간이 종료된 시점에서 모든 드론볼은 출발점에 정렬되어 있어야 하며 선수들은 조종석에 위치해야 한다.
- 만약 정비시간이 지난 시점에 경기장 안에 머물러 있는 선수가 있다면 그 선수는 자신의 드론볼과 함께 경기장 밖으로 나와야 한다.
- 골잡이의 표식 및 팀표식 LED의 정정은 정비시간 5분안에 포함되지 않으며 5분이 지났다고 하더라도 심판의 요구에 의해 수정 할 수 있다. 이때 골잡이 표식 및 팀 LED외에 다른 부분을 정비하면 안된다.
- 골잡이가 경기시작 10초전 신호가 선언되기 이전에 심판에게 세트포기를 고지했다면 별도의 교체절차 없이 길잡이가 골잡이를 대신 할 수 있다. 이때 심판은 이 사실을 상대팀에 알려야 한다.
- 주심은 정비시간 5분후에 양팀이 표식 및 LED등의 준비가 완료되었다고 판단되면 경기시작 10초전을 선언하고 다음세트를 시작한다.

⑥ **경기의 포기**

경기전에 주심과 양팀 사이에 서로 동의되지 않는다면 경기의 포기 및 지연은 패배로 간주한다.

7) **공격과 수비**

① 득점

- 상대팀의 골에 골잡이의 드론볼이 앞에서 뒤로 완전히 통과 하면 이를 득점으로 인정한다.

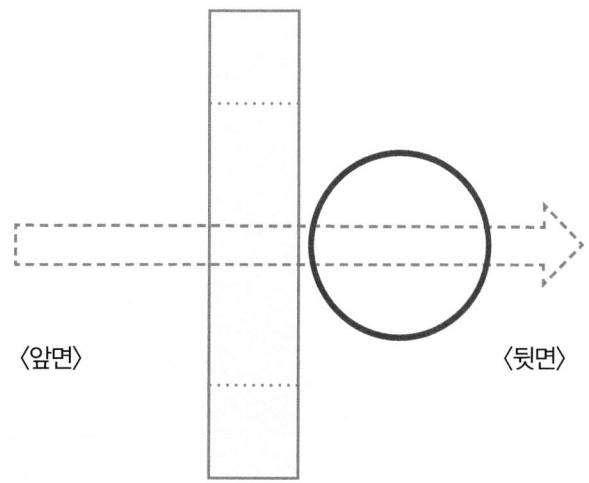

〈앞면〉 〈뒷면〉

- 그러나 득점 당시 오프사이드 상태에 있거나 완전히 통과하지 못하고 다시 튕겨져 나오는 경우는 득점으로 인정하지 않는다.
- 골잡이가 상대의 골을 뒤로 통과 할 경우 득점이 인정되지 않을 뿐더러 오프사이드 상태가 된다.

② **오프사이드**

- 골잡이가 어떤 방향으로든 상대의 골을 통과 하면 해당 팀은 자동으로 오프사이드 상황이 되며 오프사이드 상황에서는 득점을 시도 할 수 없다.
- 오프사이드 상황을 해제 하기 위해서는 모든 선수가 하프 라인 후방의 자기 진영까지 되돌아 가야 한다.
- 오프사이드 상황에서 상대진영에서 통제 불능이 되어 자기 진영으로 돌아오지 못하는 드론볼이 있을 경우 해당선수가 세트포기를 선언하고 조종기를 내려놓기 전까지 오프사이드 상황은 해제 되지 않는다.
- 만일 ㉳의 상황에 있는 드론볼이 골잡이 일 경우 규정 3-④에 의해 교체된 새로운 골잡이가 하프라인 뒤 자기진영으로 와야 오프 사이드가 해제된다.

③ **수비**

- 수비란 상대 팀이 골잡이의 득점을 쉽게 하기 위해 취하는 모든 행위를 방해 하는 것이다.
- 자기 골의 앞에서 수비하는 동안 자의든 타의든 관계없이 자기골을 통과하는 것은 무방하다.
- 그러나 수비는 자기골을 역방향으로 통과 하지 못한다.
- 수비할 때 드론볼의 절반 이상이 골 안으로 진입한 후 다시 나오는 행위는 역방향 통과로 간주한다.
- 수비가 자기팀 골의 뒷면에 위치해 있을 경우 조금이라도 골 안으로 진입하게 되면 역방향 통과로 간주한다.

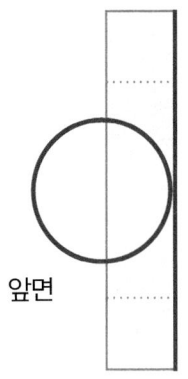

앞면　뒷면　　좌측의 그림처럼 드론볼의 뒷면이 골의 뒷면으로 튀어나오지 않는다면 정상적인 수비형태로 간주한다.

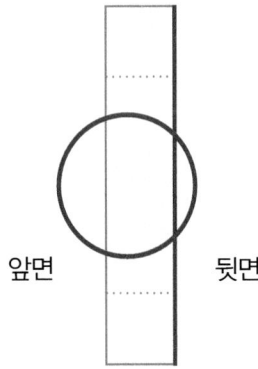

앞면　뒷면　　자의든 타의든 드론볼이 골의 뒷면을 조금이라도 지나게 되면 드론볼은 앞으로 전진하지 못하고 뒤로 나와서 골의 바깥쪽을 이용해 원래의 수비위치로 돌아가야 한다.

8) 패널티킥

대한드론축구협회 규정을 참조하라.

9) 승리 팀의 결정

① 승리팀

- 한 세트 동안 더 많은 득점을 한 팀이 그 세트를 가져간다.
- 양 팀이 같은 수의 득점 또는 무득점이라면, 해당 세트는 무승부 이다.
- 3세트 까지 실시한 후 두 세트를 먼저 가져간 팀이 승리 팀이다.

② 무승부

- 3세트 종료 후에도 두 세트를 먼저 가져간 팀이 없다면 4세트를 실시 할 수 있다.
- 4세트의 방식도 이전 세트의 방식과 동일하다.
- 4세트 종료 후에도 두 세트를 먼저 가져간 팀이 없다면 승부차기를 실시한다.

- 다만 무승부가 인정되는 경기라면 연장전과 승부차기를 실시 하지 않는다.

③ **승부차기**
- 승부차기의 방식은 패널티킥의 방식과 동일하되 양팀 각각 3명의 선수가 승부차기를 실시한다.
- 골막이의 지정은 자유롭게 할 수 있으며 승부차기에 참여한 선수가 골막이를 병행 하는 것도 가능하다.
- 승부차기가 무승부일 경우 승패가 결정 될 때까지 참여 선수를 한명씩 늘린다.
- 승부차기가 아무리 길어지더라도 처음 지정한 순서를 변경 할 수 없다.

10) 반칙

① **반칙의 종류**
- 반칙에는 경고, 세트패, 경기패가 있다.
- 경고의 경우 2회가 누적되면 패널티킥 1개가 부여되며 경고의 누적은 다음 세트에도 유지되지만 다음 경기에서는 초기화 된다.
- 세트패는 해당 세트를 패한 것으로 간주하며 경기패는 해당경기를 패한 것으로 간주한다.

② **경고**
- 경기에 참여하는 선수가 아닌 사람이 조종석에 머물고 있을 때
- 경기 중 심판, 상대선수 혹은 관중에게 경미한 비신사적인 행위를 했을 때
- 심판의 허락 없이 경기장 시설물을 변경, 또는 이동시켜 자기 팀이 유리한 상황이 되도록 했을 때
- 경기시작 신호 이전에 드론볼을 움직였을 때
- 심판의 정당한 지시를 이행하지 않았을 때

③ **세트 패**
- 해당세트에 참여중인 선수가 아닌 자에 의해 고의적으로 경기 중인 드론볼이 조작될 경우
- 경기 중 심판, 상대선수 혹은 관중에게 중대한 비신사적인 행위를 했을 때

- 팀을 구분하는 드론볼의 색상을 의도적으로 변경 했을 때
- 경기를 유리하게 할 목적으로 경기 중인 드론볼을 무선조종이 아닌 물리력을 이용해 움직였을 때(손, 발 또는 기구)
- 의도적으로 경기를 지연 시키거나 심판의 판정에 항의할 목적으로 동일한 경고를 두 번 이상 받을 때

④ 경기 패
- 고의적으로 드론볼을 이용해 타인을 위협하거나 하는 등의 안전에 위해한 행동을 했을 때
- 경기 중 심판, 상대선수 혹은 관중에게 심각한 비신사적인 행위를 했을 때
- 참가 명단에 없는 선수를 부정한 방법으로 경기에 참가 시켰을 때

3. 드론 축구대회

드론 축구대회는 경기 일산 킨텍스에서 매년 열리는 전주시장배 대회를 비롯하여 연간 6~8회 대회가 개최된다. 전주시에서는 2025년 드론 월드컵 축구대회를 유치하기 위해 노력하고 있다.

▲ 전국 드론 축구 챌린지

4. 드론 축구선수단

우리나라의 드론 축구선수단은 2022년 6월 현재 전국에 약 300개의 팀이 활동하고 있다. 세계축구 선진국인 프랑스에서도 최근 드론 축구를 보급하여 운영 중이다.

5. 드론 축구 심볼 및 마스코트

　드론 축구는 최첨단 기술의 집약체인 드론으로 하는 축구경기의 대한민국 최초의 브랜드이다. 최신 기술과 스포츠의 결합을 중점적으로 표현하기 위해 드론 카본 프레임 헥사곤과 펜타곤이 결합된 32면체의 안정감 있고 튼튼한 구조를 축구공 모양으로 표현하되 Geometric Line과 Shape으로 입체감 있게 제작한 로고 디자인이다. 스포츠의 날렵한 느낌을 전달하는 폰트타입과 형상화된 축구공 심볼에 솟구치는 날개를 달아 드론 축구의 잠재성 그리고 앞으로 뻗어나갈 무궁한 발전 가능성을 보여준다.

　드론 축구 마스코트는 드론 조종기를 모티브로 하여 친근감 있고 귀여운 형태로 의인화하여 드론 축구를 알리는 역할과 동시에 대중들에게 더 가까이 다가갈 수 있는 역할을 한다. 드론 축구와 전주시의 협력관계, 축구와의 연관성을 드러낼 수 있도록 꽃심 마크, 부채, 축구공으로 이를 표현하였으며, 드론 매니아들 뿐 아니라 일반인에게도 드론 축구에 대한 관심을 확장시키기 위해 조종기의 기계적인 느낌 대신 부드러운 곡선과 밝은 색상으로 개발하였다.

▲ 드론 축구 심볼 및 마스코트

PART 03

무인항공기(드론) 시스템 설계 및 정비

1. 무인항공기(드론) 시스템 설계
2. 무인항공 정비

CHAPTER 01

무인항공기(드론) 시스템 설계

무인항공기의 시스템 구성은 시스템, 비행 플랫폼, 지상통제시스템, 통신 Data Link, 임무탑재장비, 지상지원체계 등 크게 여섯 개의 필수요소로 구성되어 있다.

1. 무인항공기(드론) 시스템 설계

1) 개요

무인항공기의 시스템 구성은 시스템, 비행 플랫폼, 지상통제시스템, 통신 Data Link, 임무탑재장비, 지상지원체계 등 크게 여섯 개의 필수요소로 구성되어 있다. 최근의 분류에서는 함축 요약된 시스템구성을 표현하기도 하지만 대부분 여섯 개의 요소 내에 모두 포함되어 있다고 할 수 있다. 즉 소형 무인항공기 시스템에서는 항공기를 손으로 던져서 이륙 시킬 수 있고 지상 조종 장비도 RC 모형항공기 조종기와 같이 어깨에 걸치고 조종자가 직접 조종할 수 있다. 소형 카메라와 데이터 송신기를 탑재하여 비행 중에 촬영하는 영상을 실시간으로 지상에서 받아 관찰하면서 정보를 얻을 수 있다. 간단하지만 감시관측 임무를 훌륭하게 수행한다. 지상지원체계라고 해야 배터리 충전기와 나사를 조이는 렌치 정도이지만 위의 시스템을 모두 포함한 개념이라고 할 수 있다.

무인항공기 시스템

→ 시스템(SYSTEM) 요소
  → 운용개념, 시나리오 및 절차, 인원편성, 부수장비 구성 등

→ 비행 플랫폼(Flight platform)
  → 비행체의 구성요소 : 기체, 동력계통의 구성
  → 비행통제시스템 구성요소 : 센서, 알고리즘, 작동기, 보안, 통신링크 등

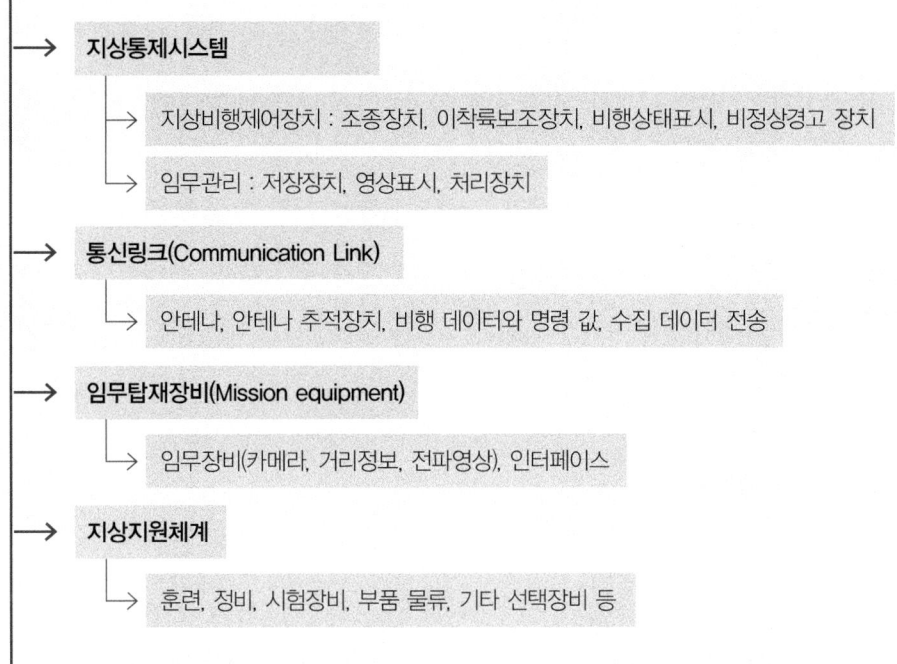

　반대로 중대형 무인항공기 시스템은 크기가 유인항공기와 비슷할 수 도 있으며, 높은 고도에서 오랜 시간 장기 체공하거나 고속으로 장거리를 효율적으로 비행하는 성능이 요구되는 경우도 많이 있다. 수직이착륙으로 큰 유상하중을 운반하는 등의 비행성능이 요구되기도 한다. 항공방제, 감시관측, 수송 등의 다양한 비행임무를 위하여 요구되는 정확도를 갖춘 여러 가지 탑재장비가 내장되어야 한다. 대부분의 비행이 비행 중의 정확한 위치정보를 획득한 디지털 데이터와 결합하고 처리하는 소프트웨어를 필요로 한다. 이와 같이 실용적이고 장시간 복잡한 비행임무를 수행하는 무인항공기 시스템은 6가지 요소를 정확히 갖추고 있다고 할 수 있다.

　무인항공기 시스템은 비행임무를 수행하기 위한 전체 구성 품을 의미한다. 시스템이란 단순히 구성 품을 모아 놓은 것이 아니고, 구성 품들이 서로 유기적으로 기능하여 시스템 전체가 하나로 되어 소기의 목적 또는 임무를 효과적으로 달성해야 한다. 이를 위해서는 설계단계에서 모든 구성 품들의 성능과 형상이 적절하게 안배되어야 한다. 모든 구성 품은 시스템으로 통합되기 이전에 개별 시험을 통하여 설계 성능이 발휘되는지 확인하여야 한다. 시스템 통합이 이루어진 후에는 종합시험을 통하여 구성 품의 성능과 전체 시스템의 기능과 임무수행 능력이 설계요구를 만족하는지 평가하고 만족되지 않을 때는 설계를 개선해야 한다. 시스템 통합이라 부르는 이러한 일련의 활동이 시스템 구성으로만 분류할 때는 결코 보이지 않는 중요한 요소이다.

무인항공기 시스템의 기술은 무인항공기 구성요소와 관련된 기술과 설계개발, 생산, 정비, 운용 서비스, 항행안전에 요구되는 기술을 상호 연계하여 식별하여야 한다. 운용하는 인력에 대한 자격을 부여하기 위해서는 대상 무인항공기 시스템의 조종과 정비에 관한 공통적인 방법이 미리 정해져야 하다는 측면도 고려되어야 하고 교육훈련에 대한 표준방안도 포함되어야 한다.

2. 시스템요소

1) 운용개념 Concept of Operation

전체 시스템의 운용 요구 성능에 중요한 영향을 미치는 무형의 요소이다. 수행하는 임무에 따라 적절한 요구 성능을 도출하고 이러한 요구 성능과 지형 및 기상 등 환경요인들을 고려하여 적합한 비행 플랫폼과 운용개념이 설정되어야 한다. 비행체 플랫폼과 운용개념이 적절하지 않을 경우 필수장비의 개발 및 도입 방향이 잘못된 방향으로 진행되어 결국 불필요한 장비의 생산과 예산의 낭비가 된다. 뿐만 아니라 부가적인 옵션장비들이 늘어나야 운용이 가능하게 된다.

예를 들어 산악지형이나 함상에는 수직이착륙 형태의 시스템이 적절하나 고정익형태의 비행플랫폼을 채택할 경우 불필요한 옵션장비가 늘어나는 것은 물론 활주로나 개활지를 확보하지 못할 경우 장비의 운용이 어려워 사용자와 운용자들이 이러한 임무수행 불가에 대한 부담을 안게 된다. 반면에 높은 고도이상에서 장시간, 장거리 체공하여 임무수행을 해야하는 경우 비행 특성에 따라 고정익형태를 취할 수 있다.

2) 시나리오 및 절차

무인항공기 운용에는 가상 시나리오와 절차가 있다. 시나리오는 매우 중요하다. 사전 입력된 프로그램을 운용 시 시나리오에 의해서 움직이게 된다. 따라서 최초, 중간에 수정 입력한 시나리오는 아주 중요하고, 그 절차 또한 중요한 요소가 된다. 절차가 무시된 비행은 없으며, 그 절차대로 진행되어야 완벽한 임무수행이 될 수 있다.

3) 인원편성

무인항공기 운용요원의 편성은 크게 조종요원, 정비요원, 임무 및 비행통제관, 기타 지원 및 부수장비 운용요원으로 구성될 수 있다. 무인항공기는 타 항공기와 다르게 시스템 장비로서 각 요원간의 Teamwork을 유지하는 것이 임무 성공의 관건이라고 할 수 있다. 따라서 각 구성원들은 기본적으로 성격상의 결함 없이 원활한 의사소통과 상호 협조할 수 있는 요원들이 훈련되어야 한다.

첫째, 임무지휘자(MC Mission Commander)는 비행 전 각종 비행 데이터 및 비행에 필요한 정보를 수집하여 브리핑을 실시한다. 비행 실 시간에 관제기관과 관제를 실시하고 각 요원들 간 Teamwork을 유지하며 전반적인 비행임무 수행 상황을 조절한다. 비상상황 발생 시 빠른 상황 판단으로 각 승무원의 비상조치를 조력하여 안전한 비행 임무수행이 되도록 한다. 통상 내부조종자나 탑재된 장비의 운용 경험이 있는 자로서 리더십이 뛰어난 자를 임명하여 운용한다.

둘째, 내부 조종자(IP Internal Pilot)는 지상통제소나 이착륙통제소 내부에서 이륙부터 착륙단계까지 직접적인 이, 착륙을 제외한 전반적인 무인항공기 조종을 실시한다. 대형 무인항공기나 최근의 무인항공기에는 내, 외부 구분 없이 내부 조종자가 이, 착륙과 비행 종료 시까지 모두를 통합하는 경우도 있다.

셋째 외부 조종자(EP External Pilot)는 활주로나 발사대 주변에서 이착륙통제소의 지원을 받아 무인항공기를 직접 이착륙시킨다. 시력이 양호한 자를 운용하여야 한다.

넷째, 감지기 조종관 또는 탑재 임무장비 조종관은 무인항공기에 탑재된 감지기를 조종하여 표적 등을 탐지 및 식별하고, 수집된 정보를 각 사용처의 요구에 적합하게 편집하여 전파해 준다.

다섯째, 기체 및 엔진정비 검사관은 기체와 엔진의 점검 및 수리를 담당하고, 전자 및 통신 정비관은 각종 전자 통신 시스템을 점검 및 수리한다. 항공 전자/통신 정비분야 유경험자이면 더욱더 좋다.

하지만 최근의 소형 무인항공기는 위의 모든 요원이 통합되어 혼자 임무를 수행하도록 하기도 한다.

3. 비행 플랫폼

비행 플랫폼은 동력계통을 포함하는 비행체와 비행제어시스템(FCS Flight Control System)으로 구성되어 비행을 한다. 이들 구성은 항공기 설계방법에 따라 프로펠러나 포터의 회전면 하중, 날개하중, 동력하중, 엔진중량 대비 출력을 의미하는 비 동력, 배터리 중량 대비 저장 에너지를 의미하는 배터리의 비에너지 그리고 날개의 형상으로 최소항력계수, 가로세로비, 스팬 효율계수 및 최대 양력계수 등 상호 영향을 미치는 인자들의 최적화가 이루어져야 한다. 이는 같은 항공이지만 수행하는 임무가 약간씩 달라지더라도 그대로 활용할 수 있기 때문에 플랫폼이라고 한다.

비행체는 기체와 동력계통으로 나누어지고, 비행통제시스템은 센서, 알고리즘, 작동기, 보안 등으로 나누어진다.

비행 플랫폼

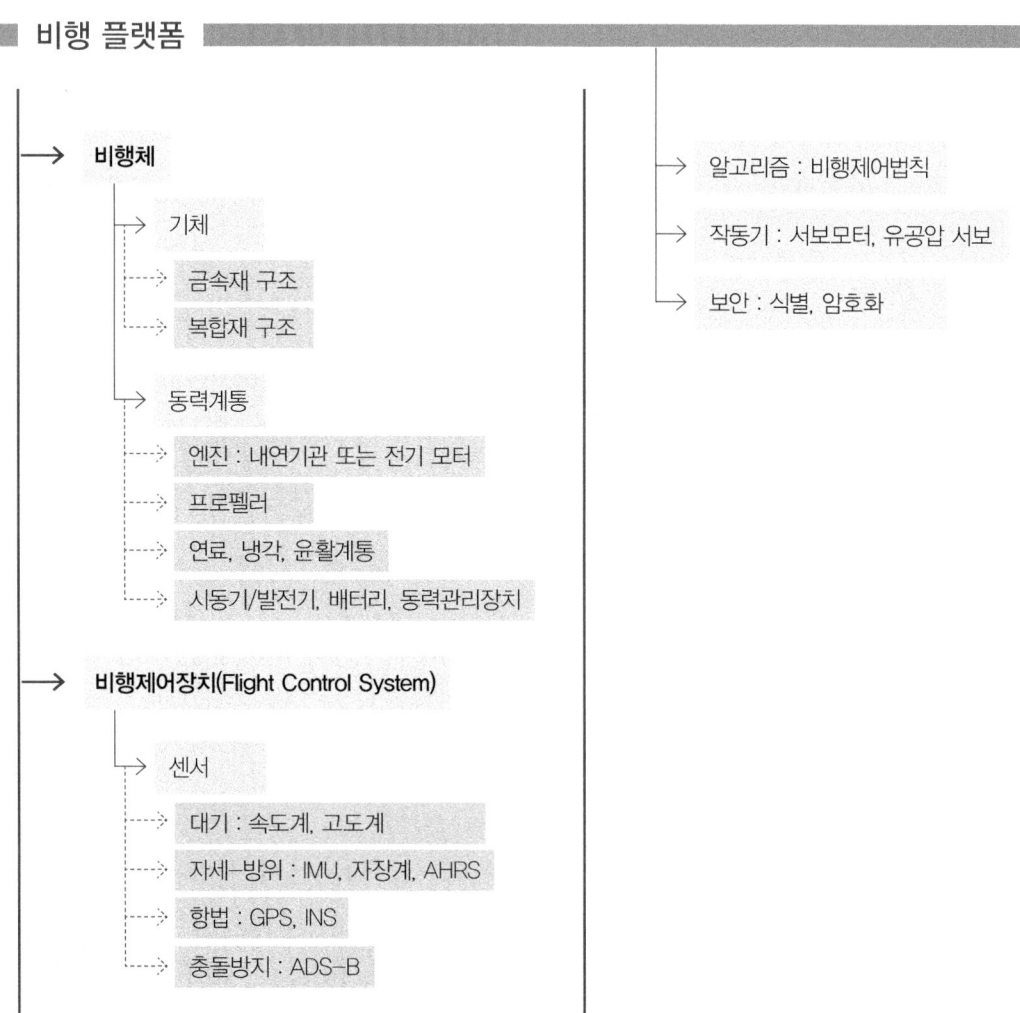

1) 비행체

먼저 기체는 재질구조 측면에서 금속재이냐 아니면 복합재의 구조이냐를 의미한다. 금속재는 중량이 많아 대부분 복합재의 구조로 되어 있다. 동력 계통은 탑재하는 엔진과 그 주변의 지원되는 장비들로 이루어진다. 엔진은 대부분 내연기관을 사용하며 표준 엔진사양은 항공용으로 사용인가 받은 로터리엔진이 주로 사용된다. 그러나 최근 소형무인항공기나 멀티콥터는 전기모터가 사용된다. 엔진의 회전토크로 추력을 생성하는 장치는 프로펠러이다. 그리고 엔진주변에는 연료계통, 냉각계통, 윤활계통, 시동 및 발전기, 배터리 및 동력관리장치가 포함되며 연료량, 온도, 배터리의 충전용량 등을 감지하는 센서 등으로 구성되어 있다.

▲ 비행체 엔진

연료탱크는 중앙동체에 내장되며 연료 주입구는 중앙 동체 상단에 위치하여 연료보급을 원활하게 하여야 한다. 정비업무 수행 시 쉽게 열수 있으며, 연료량을 감지하기 위한 압력감지기, 광학방식 최소 연료 스위치, 연료탱크 공기 배출구, 이중 안전 연료 연결구 등을 설치하여야 한다. 오일 탱크는 소모 윤활방식으로 통상 동체 전방에 장착되며, 주입구는 정방 커버로 돌출시킨다. 오일탱크의 오일은 펌프를 통해 엔진의 윤활을 위해 공급된다.

주 동력전달장치는 정비가 필요 없도록 밀봉 설계되고 외부는 알루미늄 주물로 제작된다. 3상 주발전기가 주 동력전달장치에 직접 장착되어야 하며, 엔진 구동축 사이에 자동회전장치Freewheel Assembly가 있어서 엔진 정지 시에 엔진과 첫 번째 기어 사이에서 분리되어 자동활공이 가능하며, 지속적인 전원 공급이 가능하도록 한다. 미부 동력전달장치는 소형, 밀봉형태로 정비가 필요 없으며 알루미늄 주물로 제작한다.

이러한 비행체는 언제나 안전비행을 보장받을 수 있도록 설계되는 것이 가장 중요하다.

2) 비행제어 시스템

비행체에 탑재되는 비행제어 시스템은 입력센서[대기(속도, 고도), 자세와 방위, 항법, 충돌방지로 나누어지고], 비행제어법칙 알고리즘, 출력 서보 작동기, 보안 등으로 이루어지는 자동제어 시스템으로 대기의 난기류에 따라 변경된 자세와 방향을 유지하도록 자동으로 조종하고, 항공기의 자세와 비행방향을 바꾸라는 지상의 명령에 따라 조종하는 역할을 수행한다. 난기류로 흐트러진 상태를 바로잡거나 주어진 명령에 따라 자세와 방향을 조종한 결과가 과도응답을 거치면서 설정된 값에 도달하는데 걸리는 시간은 비행상태와 비행제어법칙에 따라 달라질 수 있다. 사람이 실시간으로 조종명령을 내리는 경우는 인간이 감당할 수 있는 과도응답 특성을 가지도록 설계되어야 한다.

자율비행 플랫폼인 경우는 비행제어 시스템에 항법센서가 포함된다. 항법센서란 비행 중에 위치를 측정하는 보편적인 것으로 위성항법장치Global Positioning System를 들 수 있다. 하지만 GPS는 약 2 또는 3m로부터 10여m 정도의 위치오차를 가지며 실내나 빌딩이 많은 도시나 험준한 산악지형 그리고 구름이 많이 낀 날 등의 조건에서는 위성신호를 효율적으로 받을 수 없거나 왜곡되어 더 큰 오차를 발생할 수 있다. 안전한 자율비행이 보장되기 위해서는 무결점의 GPS가 요구되지만 위성항법의 원리 자체에 한계가 있다. 군에서는 외부의 전파 없이 스스로 위치를 결정하는 관성항법장치Inertial Navigation System를 사용하고 있다. 이는 너무 고가이므로 민간에서는 사용하기 어렵다고 할 수 있다. 저가의 관성항법장치는 시간에 따라 오차가 크지 않은 GPS가 작동하지 않는 수 초 동안만 오차가 크지 않은 위치를 계산할 수 있으므로 GPS 보조용으로 사용할 수 도 있다.

GPS가 각각의 무인항공기 항법을 위해서는 필수적이라 하지만 여러 대의 무인항공기가 비행하거나 유인 항공기와 같은 공간에서 비행하려면 정확한 위치정보에 의해 상대거리와 접근속도를 계산하여 충돌 가능성을 예측해야 한다. 즉 안전한 무인항공기의 비행을 위해서는 공중충돌방지를 위한 별도의 시스템이 필요하다. 현재 유인항공기에서는 ADS-BAutomatic Dependent Surveillance-Broadcast를 사용하고 있다. 그러나 무인항공기에 사용하기에는 너무나 고가의 장비이다. 따라서 상용통신망에서 전파로 GPS 위치를 보완하여 정확도를 높이고 수신불능상태를 줄여 나가고 있다. 저고도에서 통신망을 이용하는 방안이 대안으로 대두되지만 이러한 것들에 대한 구체적이고 표준화된 운용방안은 정해진 것이 없는 실정이다.

비행제어시스템의 센서에는 대기센서Air Data Sensor와 자세-방위센서가 필수이다. 대기센서는 공기의 전압Total Pressure과 정압Static Pressure을 측정하여 동압Dynamic Pressure을 계산하여 대기속도를 구하는 속도계, 정압으로부터 압력고도를 계산하는 고도계가 필수적이다. 또한 정밀제어를 위해 비행속도와 기체 사이각인 받음각 센서나 사이드 슬립 센서가 포함될 수도 있다. 또한 수평면에 대한 자세를 측정하기 위한 관성측정장비Inertial Measuring Unit, 비행방위를 측정하는 자기 센서, 관성측정장치와 자기센서를 결합하여 하나의 센서 패키지로 만든 자세방위 센서Attitude Heading Reference System가 사용된다.

비행제어 소프트웨어가 내장된 컴퓨터에는 여러 가지 다른 기능의 소프트웨어가 함께 작동하고 있으므로 하드웨어나 소프트웨어 결함 또는 외부의 전자기장애에 의해 오작동하면 무인항공기 자체의 안전을 보장할 수 없으므로 고가의 임무장비를 탑재하였거나 중량이 커서 추락 시 지상에 큰 피해를 줄 수 있는 비행 플랫폼인 경우에는 오동작에 대비한 중복화 대책이 필요하다.

비행제어컴퓨터는 통상 주 적재대와 주 동력전달장치 후방의 중앙동체에 한 개의 알루미늄 주물로 만들어진 용기 속에 비행제어유닛과 링크제어유닛, 전원제어유닛이 내장된다. 비행제어컴퓨터는 냉각 날개와 외부 공기압을 보상해주기 위한 vent가 있으며 항공기의 전·후방과 발전기, 배터리, 탑재장비 1, 2와 옵션 전자장비와 연동되는 배선장치로 구성된다. 비행제어 컴퓨터는 기본적으로 비행체 제어, 비행조종 및 자동이·착륙 통제 소프트웨어가 구동되는 시스템이다. 이에 더하여 항법센서로부터 비행 정보의 수신, 추진계통 제어, 작동기 제어, 그리고 데이터 링크 장비와의 인터페이스 등 비행체의 운용에 필요한 모든 부분을 관장하는 비행체의 두뇌 부분이다. 따라서 비행조종 컴퓨터는 그 어느 시스템보다 높은 신뢰성이 요구되며, 안정적인 작동이 필요한 시스템이다.

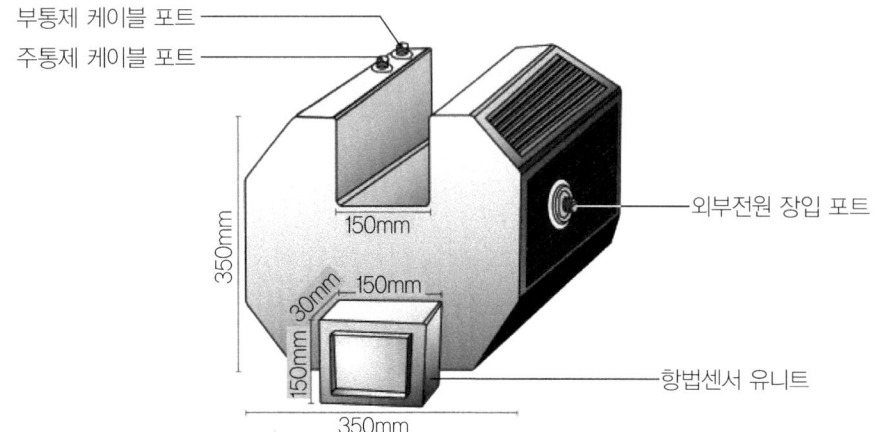

항 목	기 능 특 성
Main Board	제어 및 비행조종 소프트웨어, 자동이착륙 통제 소프트웨어가 구동되는 주 시스템
Communication Board	항법센서 통합 모듈, 데이터 링크, 피아 식별기 등 외부 장치와 통신을 담당하는 시스템
Actuator Control Board	추진계통 및 작동기의 제어를 위한 시스템
Power Unit	비행조종 컴퓨터 시스템에 안정적인 전원 공급
Housing	비행체의 운용 환경(온도, 진동, EMI/EMC 등)으로부터 내부 시스템의 보호를 위한 외부 케이스
Redundancy System	비행조종 컴퓨터에 장애가 발생하였을 경우 비행체의 생존성 보장을 위한 보조 시스템

▲ 비행제어 컴퓨터와 주요 부품의 기능

항법센서는 비행체의 운용 요구조건을 만족시키기 위하여 여러 가지 센서로 구성되며, 비행체의 운용에 필요한 항법 정보의 통합 제공, 전력 소모량 감소, 그리고 크기 및 중량의 최소화를 위하여 하나의 통합된 모듈로 구성된다.

항 목	기 능 특 성
GPS Receiver & Ant.	비행체의 절대 좌표획득 및 관성항법 시스템의 보정 데이터 제공
Accelerometer	비행체의 x, y, z축 방향 가속도 정보 획득 및 해당 정보를 이용한 관성 항법 데이터 추출에 사용
Gyro	비행체의 Roll, Pitch, Yaw 각속도 정보 획득 및 해당 정보를 이용한 관성 항법 데이터 추출에 사용

항 목	기 능 특 성
Altimeter	비행체의 고도를 측정
Pitot Tube	비행체의 비행 속도를 측정
Main Processing Unit	각 센서에서 취합된 정보를 센서 통합 알고리즘으로 처리하여 비행체의 항법 데이터 생성
Power Supply Unit	항법센서 통합 모듈의 모든 구성부에 전력 공급
Communication Unit	항법센서 통합 모듈과 비행조종 컴퓨터 사이의 통신
Housing	비행체의 운용 환경(온도, 진동, EMI/EMC 등)으로부터 센서 및 내부 장비의 보호를 위한 외부 케이스
Redundancy System	항법센서 통합 모듈에 장애가 발생하였을 경우 비행체의 생존성 보장을 위한 보조 시스템

무인항공기 표준 등화계통은 CS-27, JAR-27에 부합되도록 설계되어야 하고, 적색, 녹색, 백색 위치등과 스트로브형 충돌 방지등으로 구성된다.

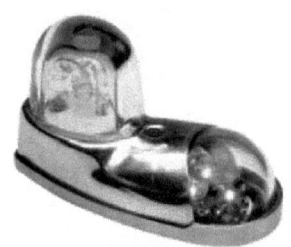  

▲ 항법 등화 장치

이러한 센서와 장치들은 안전비행과 직결되므로 측정 오차와 측정 과도응답이 중요한 특징이며, 이러한 성능에 대하여 반드시 입증할 자료가 필요하다.

4. 지상통제 시스템

주로 비행을 통제하기 위한 통제소로서 이륙 후 이, 착륙 통제소로부터 무인항공기를 인수받아 실제 비행임무지역까지 통제하여 임무를 수행하고, 다시 착륙지역까지 유도하여 이, 착륙 통제소로 인계한다. 경우에 따라서 지상통제소에서 직접 이, 착륙 통제도 가능하다. 위치가 고정된 경우도 있지만 차량에 탑재되어 이동하는 경우가 일반적이다.

▲ 콘솔형 GCS 통제소

▲ 이동형 GCS 통제소

지상통제시스템(Ground Control Station System)

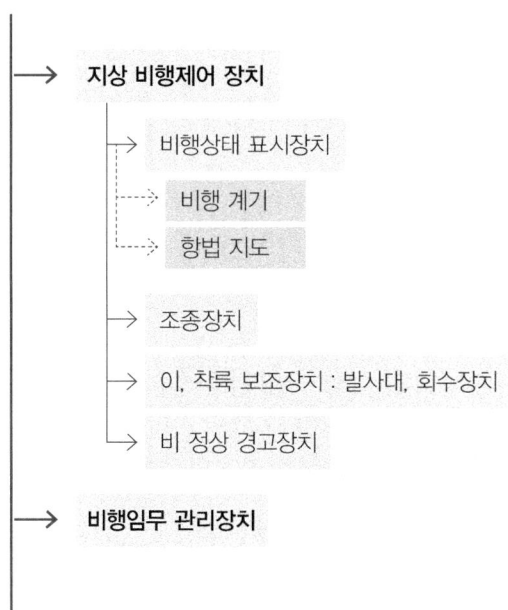

무인항공기는 비행체에 조종사가 탑승하지 않았기 때문에 지상의 조종사가 비행 상태를 판단할 수 있는 모든 정보가 유인항공기의 조종석 표시장치와 같이 지상비행제어 표시장치에 나타나야 한다. 간단하게는 T형 조종실 계기판과 같이 속도, 자세, 고도가 가로로 각각 표시되고 자세계기 아래에 비행방위가 표시되기도 한다. 비행방위 왼쪽에 선회와 경사 그리고 오른쪽에 상승률이 표시된다. 이와 같은 필수 계기 외에도 항법보조를 위하여 지도와 연동된 경로 표시도 필요하며 무인항공기 요소들의 고장여부를 판단하기

위한 각종 센서의 측정치가 정상, 비정상을 판단하기 쉽도록 배치한다.

지상의 조종사가 직접 조종하는 경우에는 실시간으로 표시되고, 조종간의 움직임도 실시간으로 무인항공기에 전달되어야 한다. 자율비행으로 운항 중인 경우에는 조종사가 무인항공기에 집중하지 않을 수 있으므로 사전에 판단해야 할 상황을 예상하여 경고음과 함께 화면으로 판단을 기다린다는 정보를 나타내야 한다. 비행조종장치를 통해 조종사는 비행 전 점검 및 항공기의 성능(파일럿 카메라에서 들어오는 동영상 포함)을 점검 할 수 있으며, 조이스틱을 통해 항공기를 조종할 수 있다. 수동 비행 모드에서 항공기는 수동 조작에 의해 조종된다.

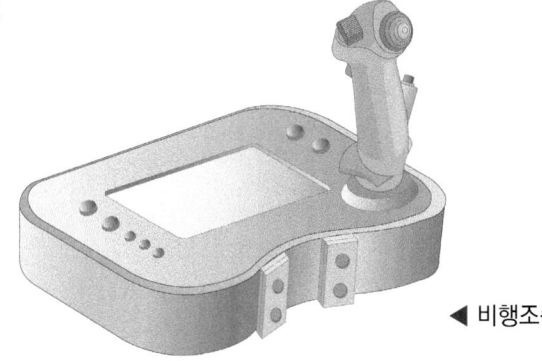

◀ 비행조종기 형상

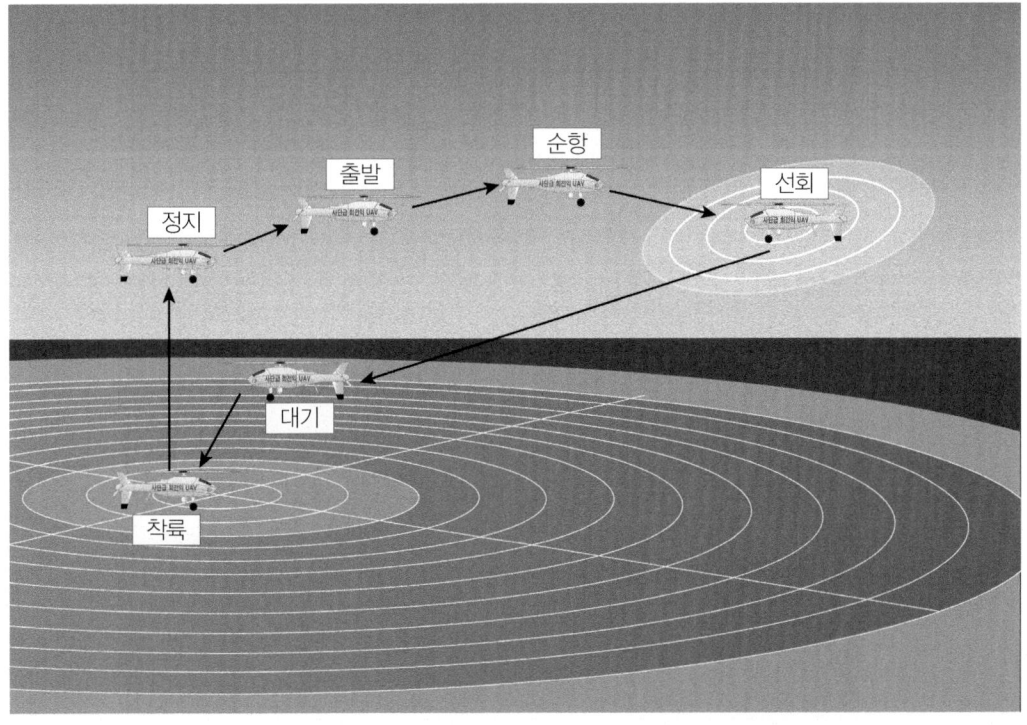

지상통제시스템의 모든 장비는 무인항공기의 안전한 비행과 직접 연결되므로 비행체의 비행제어와 같이 하드웨어나 소프트웨어 결함 또는 외부의 전자기 장애로 오작동되지 않도록 중복 화 대책이 필요하다. 또한 무인항공기의 조종에 따른 상태변화를 시뮬레이션하여 직접 관찰할 수 없는 상태에서도 각종 센서의 오작동이나 잘못된 정보를 걸러낼 수 있도록 장치하여야 한다.

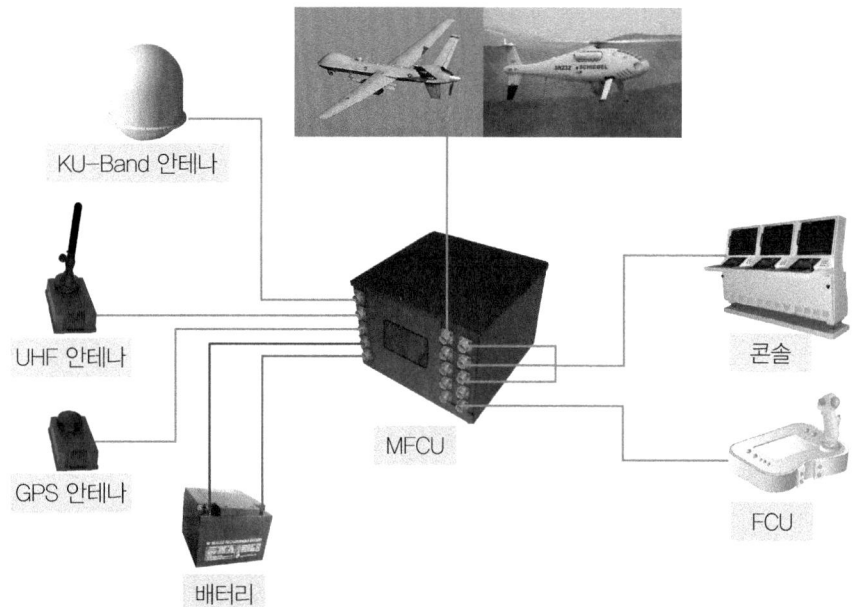

▲ 지상통제장비의 연결 구성도

▲ 캠콥터 UAV 지상통제 시스템

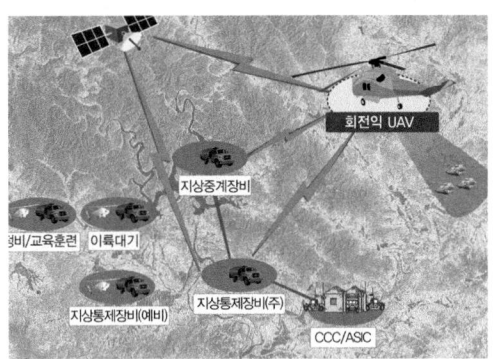
▲ 운용 개념도

지상장비구성(1식기준)

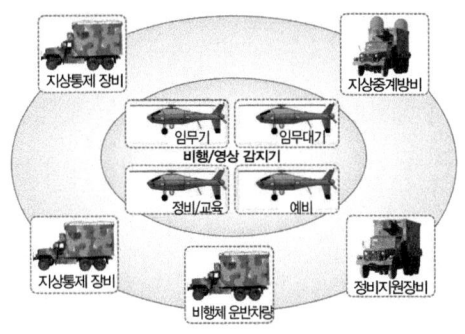
▲ 체계 구성도(1식 기준)

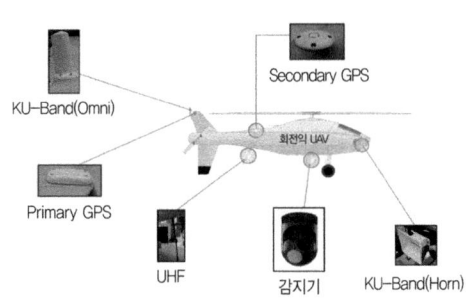
▲ 비행체 구성(1대기준)

운영/정비 교범

(휴대형)전자 교범

전자 ILS 교범
프로그램 소프트웨어

전자 정비/ILS 지원 장비
프로그램 소프트웨어

훈련

▲ ILS 구성

PART3 무인항공기(드론) 시스템 설계 및 정비 | 251

비행임무관리장치는 탑재된 임무장비의 종류와 구성에 따라서 달라진다. 비행임무를 계획하고 미리 점검하여 비행임무 달성 율을 높이도록 구성된다. 비행계기보다는 영상이나 측정 자료에 정확한 위치와 시선 각도 및 시각이 수치자료로 연동된다. 그 정확도는 비행임무에 따라서 허용오차가 요구사항으로 주어진다. 영상자료의 시현장치도 있지만 다른 자료와의 연동처리 상황을 나타내는 표시장치와 저장장치가 중심이 된다.

5. 통신 Data Link

통신링크는 지상통제시스템과 비행체와의 비행제어 명령, 비행체의 상태, 비행체가 획득한 자료의 정보를 교환하기 위하여 운용되며, 무인기(드론) 체계의 통신 데이터링크는 지상장비와 비행체 간에 무선 데이터 통신을 통해 비행체 및 탑재 장비를 제어하고, 비행체에서 획득한 임무영상정보와 탑재장비에 대한 상태정보를 지상으로 전송하여 각종 임무를 원활히 수행할 수 있도록 지원하는 시스템이다.

통신 데이터링크는 비행체 데이터통신장치(ADT Airborne –Data Terminal), 지상중계기(GDT Ground Data Terminal), 지상통제장치 데이터통신장치(GCSDT Ground Control System Data Terminal)로 구성된다. 통신링크는 전자장치로 구현되기 때문에 비행제어 시스템과 별도로 구분되지는 않는다. 현재 민간의 무인항공기 통신링크는 900MHz, 2.4GHz, 5GHz 등이다. 하지만 군용은 별도로 사용하고 있다. 이 주파수 대역에서는 상호간섭을 용인하며 공동으로 사용하는 것을 전제로 하기 때문에 간섭의 최소화를 위해 소 출력을 기본으로 한다. 무인항공기에 사용하는 통신은 무선통신이므로 전파가 외부에 노출되어 다른 사람들이 정보를 가져가거나 허위정보를 심을 수도 있어서 보안에 유의하여야 한다. 비행임무 중 획득한 정보는 운용자 이외에는 정보를 해독할 수 없도록 암호와 장비의 사용 등 보안조치가 필요하다. 또한 실시간 정보를 효과적으로 송, 수신을 하려면 안테나의 성능, 장착위치 등의 역할도 매우 중요하며, 늘 통신장애를 대비하여야 하고 비행제어 링크만은 절대 유지할 수 있도록 운용해야 한다.

통신 Link

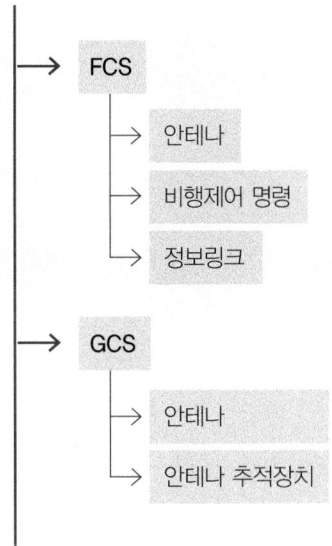

　GCS에서의 각종 통제 명령을 비행체에 전달하고 비행체로부터의 보안이 보장된 각종 보고사항을 수신하기 위해서는 지상 송수신 장비들은 광케이블을 연결하고 통신 가시선 상에 장애물이 없는 곳에 설치하여 운용하여야 한다. 비행체 데이터통신장치ADT는 비행체에 탑재되어 주 데이터링크와 보조 데이터링크 연결을 지원한다. 지상 데이터통신장치GDT는 비행체와 지상통제장치 간의 데이터링크 연결을 지원하며, 주 데이터링크의 안정적 연결을 보장하기 위해 자동추적안테나를 사용, 비행체 제어 신호를 송신하고, 임무영상자료 및 비행체 상태 자료를 최종 수신한다. 비행체에 탑재되는 Data Link는 주, 보조 링크를 운용하는 것이 가장 효과적이며 개념은 다음의 그림과 같다.

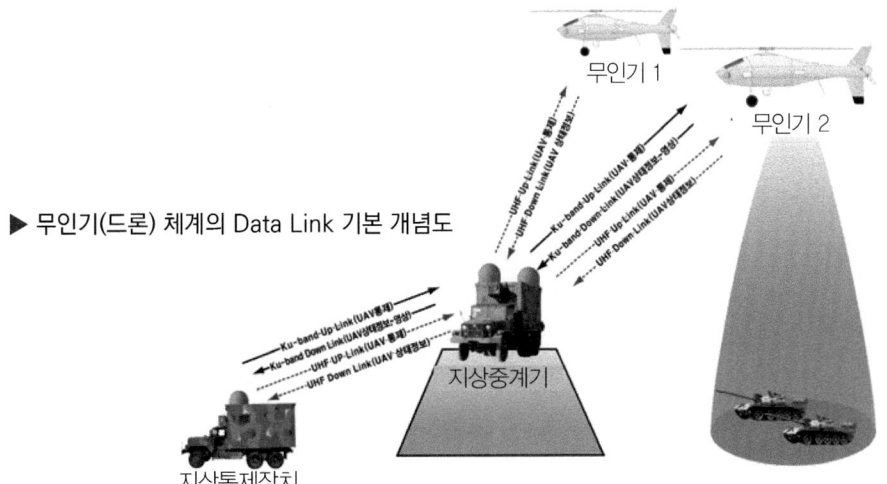

▶ 무인기(드론) 체계의 Data Link 기본 개념도

통신 가시선을 분석하고, 안전한 비행임무 준비 작업이 가능하도록 3D MAP 기능과 LOS 가시선 분석 기능이 지원되어야 한다.

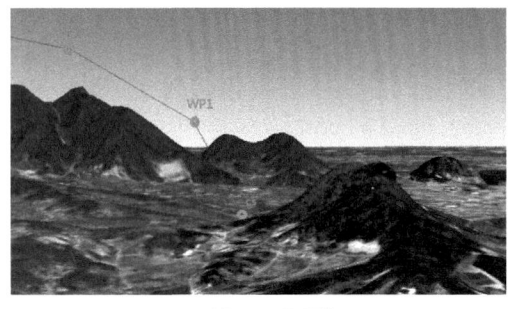
▲ 3D MAP 기능

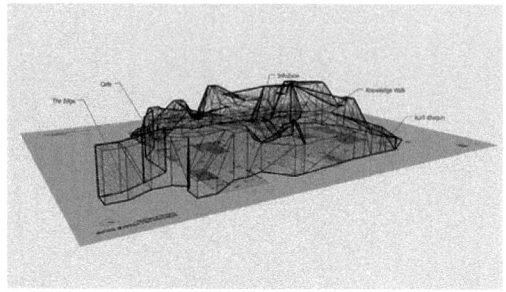
▲ LOS 가시선 분석 기능

무인항공기는 비행체와 지상통제소 간에 전송되는 영상 및 전자 정보 보호 기능을 수행할 암호 장비가 장착되어야 하며 암호장비의 시험 및 진단 기능을 수행하는 애뮬레이터 장비를 통해 확실한 보안을 보장하여야 한다.

암호 장비는 탑재용 암호 장비와 지상용 암호 장비로 구분된다. 탑재용 암호 장비는 POD 내에 장착되어 비행체로부터 송신되는 영상 정보와 운항 정보를 안전하게 지상통제소로 전송할 수 있도록 하향 링크 정보를 보호하는 기능을 수행하며, 지상용 암호 장비는 지상통제소에 장착되어 지상통제소에서 송신되는 임무통제데이터를 안전하게 전송할 수 있도록 상향 링크를 보호하는 기능을 수행한다.

UAV 체계	탑재용 암호 장비	· 비행체 POD내에 장착 · 비행체에서 지상통제소로 송신하는 하향 링크 정보의 암호화 · 지상통제소에서 비행체로 송신되는 링크 정보의 복호화
	지상용 암호 장비	· 지상통제차량 내에 장착 · 비행체에서 지상통제소로 송신하는 하향 링크 정보의 복호화 · 지상통제소에서 비행체로 송신되는 상향 링크 정보의 암호화
암호 장비 시험 및 진단 장비	에뮬레이터	· 비행체와 지상통제소를 연결하지 않고 암호 장비를 시험 및 진단하는 기능 수행 · 각 체계에 적용된 탑재 장비와 지상 장비를 직접 연결함 · 암호 장비와 연결되는 독립형 장비와 PC상에서 구동되는 GUI 프로그램으로 구성됨

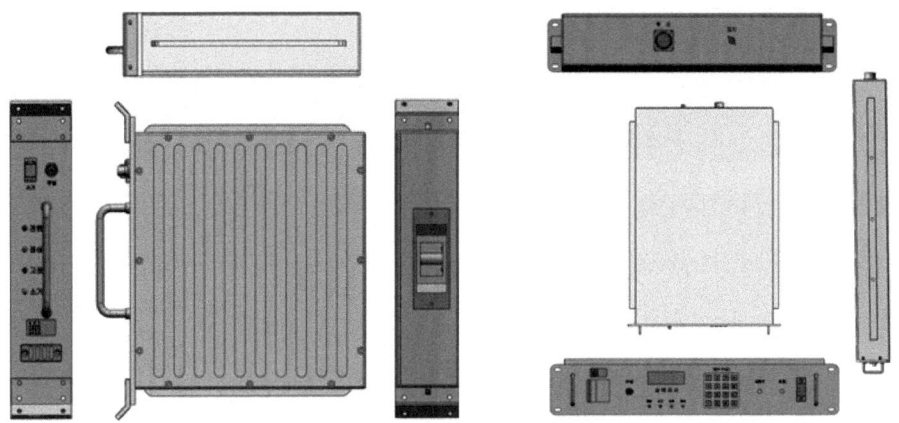

▲ 탑재형(좌) 및 지상통제소용(우) 암호장비 외형

에뮬레이터는 무인항공기 체계의 지상용 암호 장비와 비행체용 암호 장비의 기능 시험 및 진단을 수행한다. 에뮬레이터의 하드웨어는 전원부, 데이터 처리부, 메모리 제어부, 사용자 정합부, 선로 정합부로 구성된다.

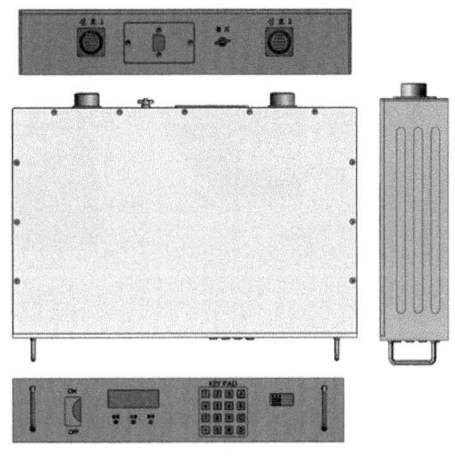

▲ 에뮬레이터 외형

6. 임무탑재장비

임무탑재장비는 수행하는 임무에 따라서 탑재하는 장비가 달라진다. 예를 들어서 감시, 정찰 등은 카메라를 장착하게 되며 그 중 카메라도 어떤 임무를 수행하기 때문에 어떤 종류의 카메라를 장착하는가? 하는 것이다. 관측용 카메라, 감지기, 공중중계 장비, 표적 지시기, 탐지장비 등을 위하여 EO camera(Electro Optical : 전자광학), IR(Infra-Red : 적외선), SAR(Synthetic Aperture Rader : 합성개구레이더) 등 많이 개발되고 있다.

- **주간 관측용** : TV카메라, 전자광학(EO) 카메라 등
- **주, 야간 관측용 감지기** : 전방감시 적외선 감지기(FLIR : Forward Looking Infra-Red system), 적외선 라인 스캐너(IRLS:Infra-red Line Scanner) 등
- **전천후 레이저 관측 시스템** : SAR, 해안 감시 레이더, 거리 측정 레이더 등
- **공중 중계 장비**Airborne Data Relay system : 공중 중계 무인항공기에 탑재
- 각종 통신 중계, 지뢰 탐지, 각종 전자전(ESM, ECM) 장비
- **공중 이동 표적 지시기** : 표적기로 사용되는 무인항공기에 탑재

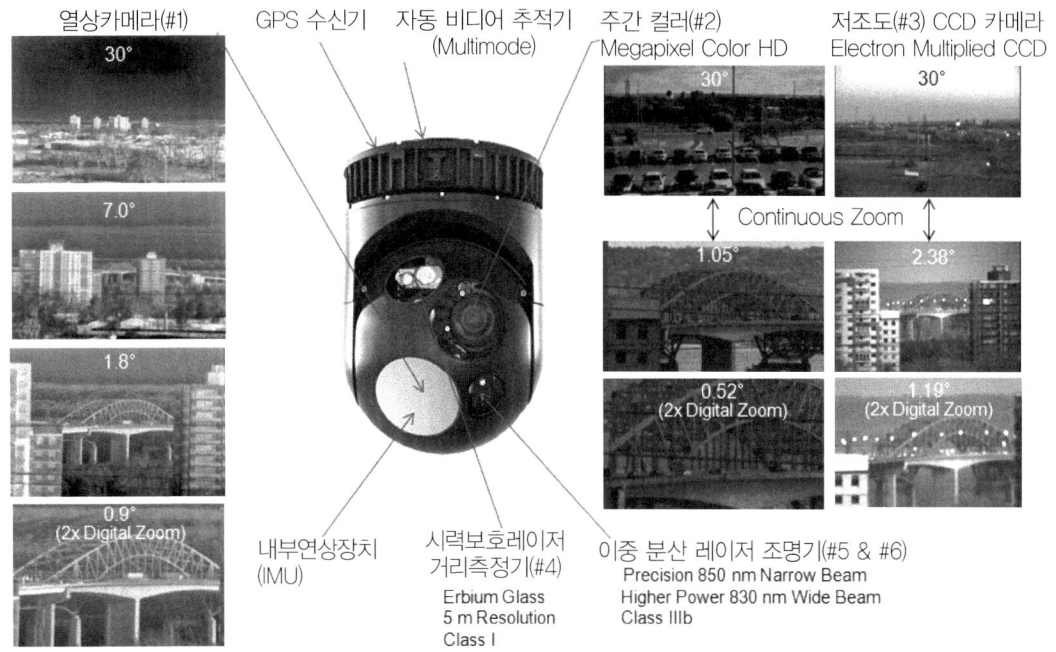

▲ MX-10 주, 야간 정찰용 탑재 카메라

7. 지상지원체계

지상지원체계는 효과적인 비행임무를 수행하기 위하여 지상에서 지원하는 체계로 임무수행을 위한 훈련을 어떻게 할 것인가? 비행을 위한 정비지원(고장탐지 장비, 수리부속과 소모품 등)은? 장비의 시험가동은? 부품과 물류, 기타 선택된 추가 장비들의 운용은 어떻게 할 것인가? 하는 것을 총괄한다. 이 중에서 비행임무가 끝난 후 비행체를 회수하여 다시 비행하기 전에 구성요소들에 대한 정상적인 작동여부를 확인하고, 점검하는 정비업무와 그 업무를 보조하기 위한 시험비행 등이 큰 비중을 차지하게 된다.

지상지원체계

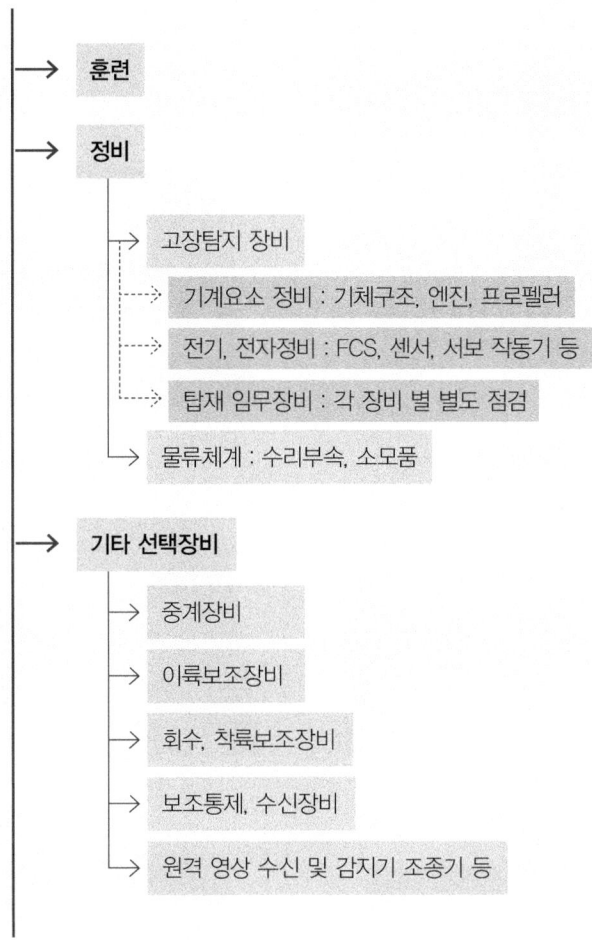

먼저 훈련은 교육훈련으로서 안전비행과 완전한 임무수행을 위하여 조종, 탑재장비 운용 등의 교육훈련을 누가, 언제, 어디서, 어떻게, 어느 수준으로 등에 대하여 계획하고 시행하는 것을 말한다. 교육훈련이 되지 않은 상태에서 비행임무수행, 정비 등 기타 임무를 수행하면 완전한 임무수행이 어려워지고 사고 등으로 연결되기 십상이다.

정비는 기체, 엔진, 프로펠러 등의 기계요소적 정비이며, 비행제어 장치와 관련된 센서, 서보 작동기의 점검과 캘리브레이션 등이 포함된다. 정비를 위한 운용자 공구 셋은 다음과 같다.

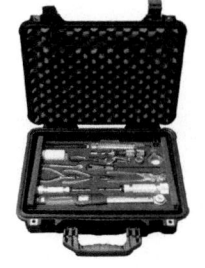 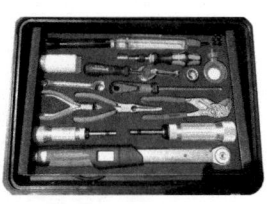

▲ 운용자 정비 공구 셋

정비요원의 정비용 공구 셋은 다음과 같다.

▲ 이동식 정비공구박스

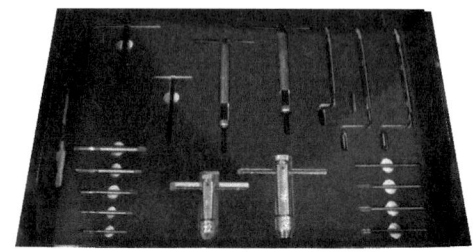
▲ 각종 리머 및 태핑툴 수납칸

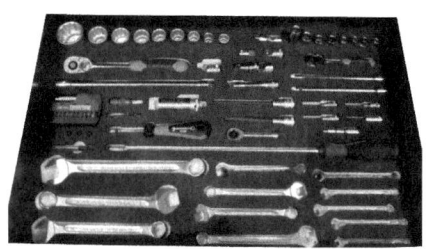
▲ 각종 스페너세트 수납칸

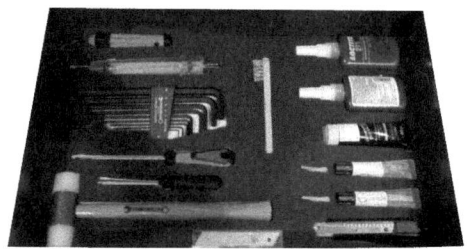
▲ 각종 실링 및 렌치세트 수납칸

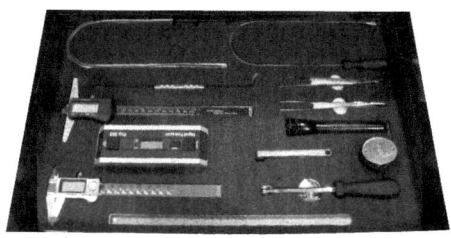
▲ 각종 측정기 수납칸

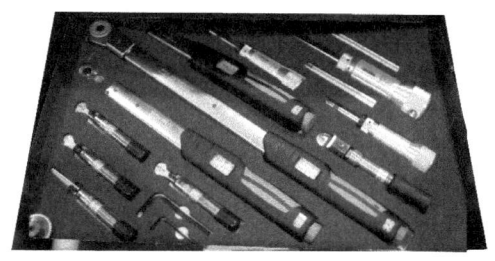
▲ 각종 토크렌치 수납 칸

▲ 각종 플라이어 수납칸

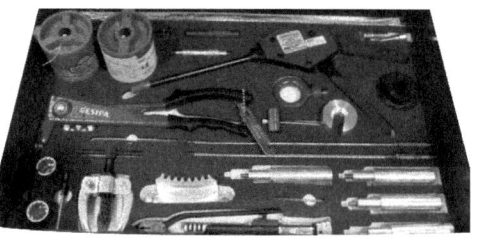
▲ 특수공구 수납칸

탑재장비의 점검은 개별 장비마다 시험작동을 확인하여야 한다. 비행체와 지상통제장비 등의 복잡한 체계를 정비하고 수리하여 다시 임무 수행할 수 있는 상태로 만드는 활동의 성과는 가용성으로 나타내는데 임무 투입시간을 임무 투입시간과 정비시간의 합으로 나눈 비율이다. 즉 전체 사용시간 중에 임무에 사용될 수 있는 시간의 비율을 의미한다. 높은 가용성을 이루려면 지상지원체계의 역할이 원활하게 진행되어야 한다. 특히 수리부속이 도착하기까지 기다리는 시간이 가용성을 악화시키는 요인으로 작용한다. 무인항공기 시스템의 운용시간이 늘어나면 고장 수리요구가 많은 부품이 인지되는데 그런 부품은 미리 예비부품으로 확보하여 보관하는 조치를 취해야 한다. 수리부속의 관리와 수급을 위한 물류체계를 갖추는 활동이 지상지원체계의 또 다른 축이다.

기타 선택장비로서 먼저 중계 장비Data Relay는 지상중계기(GDRGround Data Relay equipment)와 공중중계기(ADRAirborne Data Relay equipment)로 나누어진다. 지상중계기는 장애물로 인해 가시선이 제한되거나 사거리의 연장이 필요한 경우 산 정상이나 높은 지형의 장소에 올려 사용한다. 공중중계기는 중계 장비를 무인항공기에 탑재하여 지상 통제소와 비행 중인 무인항공기 간의 중계임무를 수행한다.

이륙 보조 장비인 발사대는 지형 여건상 활주이륙이 불가능한 야지나 함상에서 비행체를 발사시켜 이륙시키는 장비이다.

▲ 발사대에 장착되어 발사준비하는 무인항공기

발사대에 장착되어 발사 준비하는 무인항공기

동영상을 보시면 더 자세히 알아볼 수 있답니다!

회수/착륙 보조 장비는 자동 이, 착륙 유도장치(자동 착륙 시스템)와 회수용 훅(Arresting Hook, 활주 이착륙 시 비행체를 정지시키기 위한 것으로 활주로 양 방향에 각각 설치하여 운용), 회수용 그물망은 지형 여건상 활주착륙이 불가능한 야지나 함상에서 회수 시 사용한다.

보조 통제, 수신 장비는 임무 계획소(MPS Mission Plan Station)로서 야전에서 임무를 계획하고 각종 지원 및 운용상황실과 같은 역할을 한다.

원격 영상 수신 및 감지기 조종기는 통제소가 아닌 여러 곳에서 동시에 영상정보를 받거나 통제소 아닌 곳에서 탑재장비를 조종하여 표적을 탐색해 낼 수 있도록 만든 장비이다.

이외에도 무인항공기 운용에 필요한 여러 가지 장비들이 포함될 수 있다. 먼저 기체보관용 컨테이너로서 정비실내 기체보관 및 기체 운반시 무인기(드론) 비행체 전용 컨테이너형 보관 장치로 보관 및 운반된다.

▲ 기체 보관 및 운반용 컨테이너

연료량 및 이륙중량 측정용 전자저울과 차량 소음 등을 극복하여 지상통제장비 운용자들간 비행준비 및 운용간 음성전달 / 녹음장치이다.

▲ 전자저울(좌)과 음성전달 녹음장치

차량 부착용 기상측정 장비로서 풍향 / 풍속, 습도, 온도, 기압 등 기상데이터를 측정하여 지상통제장비 장입 및 비행체 배치 시 기상자료로 사용한다.

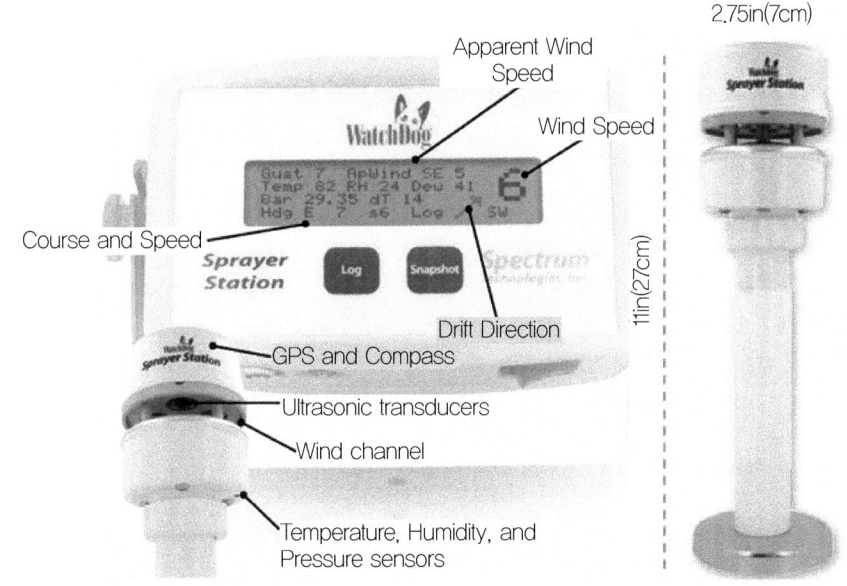

▲ 기상측정 장비(차량 부착용)

CHAPTER 02 무인항공 정비

1. 조종기
1) 조종기(대표적인 2개사)의 바인딩/링크조작 방법
① 후타바(Futaba) 조종기 링크조작 방법
- 송신기와 수신기를 50cm 이내에 둔 상태에서 송신기의 전원을 켠다.
- [링키지] 메뉴→[시스템]에 들어간다.
- 수신기를 1개 사용하는 경우에는 [싱글], 2개를 사용하는 경우에는 [듀얼]을 선택한다.
- 배터리 페일 세이프 전압을 초기치 3.8V에서 변경하는 경우에는 B.F/S 전압을 변경한다. (FASS Test 모드만)
- 스크롤로 [링크]를 선택하고 RTN 버튼을 누른다. 송신기에서 차임음이 나면서 링크모드로 진입한다.
- 위와 같은 상태에서 즉시 수신기 전원을 켠다.
- 수신기 전원을 켜고 약 2초 후 수신기는 링크 대기상태가 된다.(링크대기는 약 1초간)
- 수신기의 LED가 적색 점멸에서 녹색 점등으로 변화하면 링크가 완료되었다.
- 주위에 FASS Test-2.4GHz 시스템 송신기가 전파를 송신하고 있는 경우 ID 코드의 입력조작(링크조작)을 실시하면 수신기의 LED가 녹색으로 점등해도 다른 송신기의 ID 코드를 읽고 있는 경우가 있다. 사용 전에는 반드시 수신기의 전원을 껐다 다시 켜고 서보의 동작 테스트를 실시하여 자신의 송신기가 올바르게 동작하는 것을 확인한다.

FASS Test : Futaba Advanced Spread Technology extend system telemetry)

※ 출처 : Futaba 14SG Manual]

② 그라프너(Graupner) 조종기 링크조작 방법
- TX ctl 설정화면으로 이동한 후 사용할 수신기 전원을 ON한다.
- 수신기의 SETUP 버튼을 3초 이상 눌러 수신기를 바인딩 모드로 진입한다.
- 조종기의 BIND ON/OFF RX1의 OFF를 터치하고 기다리면 송신기와 수신기가 바인딩 되고 RX1의 OFF 항목이 바인딩 된 수신기의 제품명으로 설정되고 RF ON/OFF 항목의 OFF가 바인딩이 되었기 때문에 ON으로 설정된다.

※ 출처 : Graupner MZ24 Manual

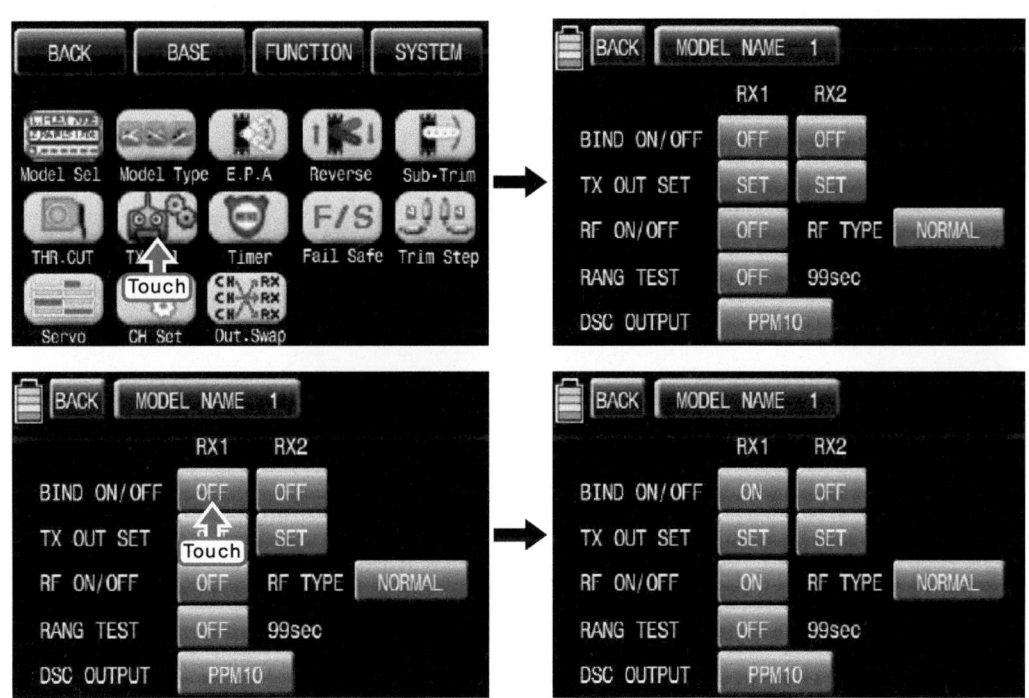

2) 조종기 취급 시의 주의사항
- 비행 중에는 송신기 안테나를 절대로 잡지 않는다.(송신출력이 극단적으로 저하된다.)
- 다른 2.4GHz 시스템 등에서 노이즈의 영향으로 전파가 닿지 않는 경우 사용을 중지한다.
- 레인지 체크 모드 상태에서는 절대로 비행을 하지 않는다.(리 테스트 전용의 레인지

체크 모드의 경우, 비행 범위가 좁아지므로 추락의 위험이 있다.)
- 조작 중, 송신기를 다른 송신기나 휴대전화 등의 무선장치에 접촉시키거나 가까이 하지 않는다.(오작동의 원인이 된다.)
- 비행 중 안테나 끝부분을 기체 방향으로 향하지 않는다.(지향성이 있어 송신출력이 제일 약해진다. 안테나 옆 방향에서 전파가 최대로 출력된다.)
- 비행 중 또는 엔진/모터 작동 중에는 절대로 스위치를 ON/OFF하지 않는다.(조작이 되지 않고 추락해버릴 위험성이 있다. 전원 스위치를 ON으로 하여도 송신기의 내부 처리가 종료될 때까지 전원은 켜지지 않는다.)
- 후크 밴드를 목에 건 채로 엔진/모터의 스타트 조작을 하지 않는다. (후크 밴드가 회전하는 로터 등에 말려 들어가면 크게 다칠 수 있다.)
- 피로하거나 병이 있을 때, 음주 등으로 취했을 때는 비행하지 않는다.(집중력이 떨어져 정상적인 판단이 되지 않기 때문에 뜻하지 않는 조작으로 추락할 수 있으며, 음주비행을 절대로 하지 않는다.)
- 전파의 혼선과 장애물 등으로 추락이 예상되는 장소에서는 비행하지 않는다.
- 사용 중과 사용 직후에는 엔진, 모터, FET 변속기 등은 만지지 않는다.(온도가 높아졌기 때문에 화상의 위험성이 있다.)
- 안전상, 반드시 페일세이프 기능을 설정한다.
- 비행 시에는 반드시 송신기의 설정화면을 홈 화면으로 확인하고 터치키 잠금을 설정한다.(비행 중 실수로 설정 입력을 잘못하면 매우 위험하다.)
- 비행 전에는 반드시 송수신기의 배터리 잔량을 확인한다.(조종기별 배터리의 타입, 정격전압, 용량을 확인하여 사용한다.)
- 조종기 설정을 조정할 때는 필요한 경우를 제외하고 메인 배터리 배선을 빼고 회전하지 않는 상태에서 한다.

2. 기체

 기체 세팅에 앞서 가장 중요한 것은 내가 운용하고자 하는 기체의 목적을 명확하게 정하는 것이다. 멀티콥터는 구조적인 특성상 다양한 임무를 수행할 수 있다는 장점이 있다. 하지만, 다다익선多多益善 보다는 정해진 목적에 불필요한 요소를 제거하여, 구조가 복잡하지 않고 단순하게, 유지보수 또한 쉽게 세팅하는 것이 가장 좋은 기체다.

 현재 국내에서 운용되는 멀티콥터의 목적은 완구(레저용)에서부터 산업용까지 다양하다. 교육용, 촬영용, 방제용, 측량용, 인명구조용, 이(배)송용, 레이싱용, 드론 축구용, 묘기용 드론 등 있다.

 멀티콥터의 구조는 프레임[메인프레임, 암(붐), 착륙장치(스키드, 랜딩기어)], 변속기, 모터, 로터, 배터리, 임무탑재장비 등으로 구성되어 있다.

1) 프레임

 프레임은 기체의 동체를 구성하는 부분으로서 메인프레임(몸통), 암(붐), 착륙장치(스키드, 랜딩기어) 등이 있다. 기체 프레임 세팅에서 가장 중요한 것은 소재선택과 무게중심 찾기이다. 멀티콥터에 주로 사용되는 프레임 소재는 카본Carbon, 알루미늄Alumen, 유리섬유Glass Fiber, 나무, EPPExpanded polypropylene등 매우 다양하다. 그 중 가장 많이 사용하는 소재는 카본이다.

 카본의 경우 원소기호 C(탄소) 섬유를 다양한 방법으로 직조하여 에폭시 등 합성수지와 함께 고열과 고압에서 가공하여 완성된다. 철보다 무게가 가볍고, 강도, 내열성, 탄성이 매우 뛰어나다. 탄소 C는 전도체이기 때문에 전기 통하는 재질이다.(예: 샤프심이 전기가 통하는 것과 같다.) 카본 프레임에 +, - 단자가 닿도록 납땜하거나, 노출 시켰을 경우 프레임에 전기가 통하면서 위험한 상황이 발생할 수 있다. 또한, 안테나에 간섭을 주어(전파를 차단할 수도 있음) 비행 불능에 빠질 수 있기 때문에 반드시 절연처리에 주의를 기울여야 한다.

정비 TIP 멀티콥터 기체 무게중심 찾기

바람이 없는 실내에서 기체의 X, Y, Z축 각각 하나씩 중앙에 기준점을 두고 줄을 연결하여 공중에 매달아 준다. X, Y, Z축 각각의 자세가 균형을 유지하도록 기준점을 조금씩 이동하여 무게중심을 찾는다. 무게중심을 찾은 후에는 기체 중앙에 위치할 FC 및 배터리 등이 무게중심에서 최대한 가깝게 세팅한다.

기체의 무게중심이 맞지 않으면 특정 위치의 변속기와 모터에서 수평자세를 잡으려고 보다 많은 출력이 발생하고, 이로 인한 과열 및 내구성 감소로 비행성능 저하가 발생할 수 있다. 무게중심에 가장 큰 영향을 미치는 부분은 무게가 비교적 많이 나가는 배터리이다.
기체 균형이 잘 잡혔다고 판단하는 쉬운 방법은 바람이 없고 기압이 안정한 환경에서 자세모드Attitude Mode 호버링 비행 시 전/후 피치Pitch와 좌/우 롤Roll조작 없이 손을 떼고 있더라도 호버링을 잘 유지할 때 기체 균형이 잘 잡혔다고 판단 할 수 있다.

암(붐)은 무거운 배터리가 위치한 메인프레임과 양력을 발생시키는 모터 사이에 위치하며 많은 진동과 비틀림이 발생한다. 암(붐)의 종류에는 이동이 간편하도록 접히는 관절구조와 접히지 않는 구조가 있다. 관절이 많은 경우 기체 크기가 작아져서 승용차로도 운반이 간편하다는 장점이 있지만, 자주 비행을 할수록 관절에 유격이 발생하여 관리가 안 될 경우 진동과 비틀림이 심하게 발생하여 기체 비행성능이 저하되는 상황이 발생한다.

착륙장치(스키드, 랜딩기어)는 기체의 모든 구조와 하중을 받쳐주는 역할을 한다. 멀티콥터의 착륙조작은 부드럽게 수직 하강하여 기체에 충격이 가지 않게 하는 것이 원칙이다. 하지만, 초보자의 실수 또는 비행 중 위험상황 발생 시 비상착륙에서 강하게 착륙하는 하드랜딩이 있을 수 있다. 이때, 착륙장치(스키드, 랜딩기어)는 기체를 안정적으로 받쳐주고 착륙 충격을 흡수하는 아주 중요한 역할을 하는데, 이때 착륙장치(스키드, 랜딩기어)의 소재가 너무 단단하거나 구조적으로 너무 튼튼할 경우 충격이 흡수되지 못하고 상부로 전달되어 메인프레임 및 붐(암) 등 더 많은 기체 파손이 발생한다.

기체 제작 경험이 많은 중국의 경우, 기체 스키드 소재를 유연성이 있는 카본이나 폴리우레탄으로 만들고 일정 충격 이상 시 쉽게 부러지는 구조로 단순하게 설계하여 하드랜딩 시 기체 상부에는 충격이 가지 않도록 제작하고 있다. 자동차 교통사고 발생 시 차량 범퍼가 파손되면서 충격이 흡수되어 운전자에게 충격이 적은 것과 같은 원리이다.

2) 모터

모터의 종류에는 브러시Brushes 모터와 브러시리스Brushless 모터 두 종류가 있다. 브러시 모터는 마찰에 의한 에너지 손실, 소음, 마모 등 단점 있어서 주로 브러시리스 모터를 사용한다. 브러시리스 모터는 반영구적, 유지보수 적음, 고속회전 가능, 경량화 가능하다는 장점이 있다. 브러시리스 모터는 3개의 선에 순차적으로 전류를 공급하여 회전을 발생시킨다. 그래서 3개의 순서를 바꿔주어 회전방향을 쉽게 바꿔줄 수 있다.

모터는 CW(Clock Wise/시계방향)와 CCW(Counter Clock Wise/반시계방향)로 방향을 표시한다.

정비 TIP 모터의 제원 확인하기

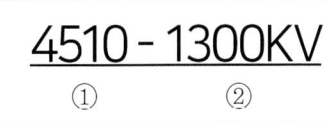

① 4510에서 앞의 두 자리 숫자는 모터 캔의 지름이 45mm이고, 뒤 두 자리는 모터 캔의 높이가 10mm임을 의미한다.

② 1300KV는 모터가 1V의 전압으로 1300rpm을 회전한다는 의미이며 예를 들어 3Cell 배터리를 사용할 경우 [11.1V·1,300 = 14,430rpm]임을 알 수 있다.

KV란 모터가 1V 전압으로 분당 얼마만큼 회전하는지 알 수 있다. 크기가 큰 로터가 양력을 발생시키려면 큰 힘이 필요하고 낮은 회전수에서 가능하지만, 크기가 작은 로터는 양력을 발생시키기 위해 보다 작은 힘과 높은 회전수가 필요하다. 회전수와 토크에 따라 KV값을 비교하여 저속, 고속 모터를 적절히 선택하는 것이 중요하다.

최근 장비들의 성능이 많이 개선되면서 방수되는 모터들을 쉽게 찾을 수 있다. 방수의 범위는 만약 비행 중 갑자기 소나기를 만났을 때, 안전한 착륙장까지 무사히 데려오는 잠시 동안의 성능을 의미한다. 그러나 가끔 사용자들이 물에 담구거나 자동차처럼 고압세척기로 물청소를 하는 경우가 있는데 이것은 매우 위험하다. 실제로 방수모터라고 홍보해서 구입한 방제 기체가 모터아래에 있는 변속기는 방수가 되지 않아서 소나기에서 복귀비행 중에 변속기가 터지며 추락한 사고사례가 있다.

3) 변속기. ESC Electronic Speed Controller

변속기는 모터에 들어가는 전류를 조절하여 모터 회전 속도를 제어한다. 드론에 사용되는 브러시리스 모터에는 3개의 전선을 사용하는데 2개는 전원, 나머지는 신호 입력 등으로 3개의 전선에 순차적으로 전류를 공급한다. 그래서 3개의 전선 순서를 바꿔주어 회전방향을 쉽게 바꿔줄 수 있다.

변속기는 모터가 허용하는 최대전류를 처리할 수 있어야 하며, 허용 가능한 전류를 10~80A 등 표시한다.

변속기는 제작사 마다 각기 다른 방법(부저의 길이, 횟수 또는 별도의 세팅기 등)으로 다양한 세팅을 할 수 있다. 변속기 세팅 시 반드시 세팅방법을 숙지하고 완벽한 세팅 후 비행한다. 변속기는 냉각이 매우 중요하다. 대부분의 변속기는 로터에서 발생하는 하강풍 또는 모터내부가 팬 구조로 되어있어서 암(붐) 안에서 공기를 빨아내는 방식인 "강제 공랭식"을 사용한다.

4) 로터

로터의 소재는 카본, 나무, 플라스틱 등 다양하다. 형태는 일체형과 접이식이 있다. 멀티콥터에 거의 대부분 사용되는 카본로터는 가볍고 튼튼하며 유연한 장점이 있다. 하지만 비용이 비싸다는 단점이 있다. 카본로터 중에서도 속을 나무로 채우는지, 유리섬유로 채우는지에 따라 다른 특성을 가진다.

접이식 로터는 이동시 간편하게 접어서 이동할 수 있는 장점이 있지만, 허브와 블레이드의 볼트결합 긴장도, 테프론 와셔의 상태를 지속적으로 관리해줘야 일정 수준 이상의 성능을 낸다. 이 부분의 관리가 소홀할 경우 모터에서 발생되는 진동이 심해진다. 기본적으로 기체 이동시 로터는 모터에서 분리하거나, 접어서 안정된 상태로 고정한 다음 이동한다. 실제로 이동 중에 차량 문에 끼거나, 옷에 걸리면서 파손되었던(끝이 깨진) 로터가 비행에 사용되어 비행 중에 로터가 반으로 접혀 추락한 사고사례가 있다.

5) FC

FC의 구성은 MC Main Controller, PMU Power Management Unit, IMU Inertia Measurement Unit, GPS Global Positioning System, 수신기 Receiver, LED 표시등 등이다. 각각의 부품별 명칭과 역할을 설명하면

① **메인컨트롤러** Main Controller : 수신기 정보를 바탕으로 제어되며, 각각의 센서(가속도계, 자이로스코프, 관성측정 장치, 나침반, 기압계, GPS)로 부터 받은 정보를 처리한 다음 변속기 개별로 신호를 보내어 기체 자세를 유지한다. 또한, 임무 탑재장비(촬영, 영상 송수신, 방제, 스키드 조작 등) 제어가 가능하다. 기체의 크기, 무게, 비행 목적에 맞게 기체 자세제어 Gain 값을 입력하여 기체 감도 및 자세제어 값을 세팅한다.

② **PMU** Power Management Unit : 배터리로부터 입력전압(7.4V ~ 26V)을 FC 각각의 장치에 맞게 전압을 변경 후 전원을 출력해주는 장치이다. 세팅 시 주의할 점은 열이 많이 발생하므로 바람이 잘 통하는 곳에 설치해야한다.

③ **IMU** Inertia Measurement Unit : 기체의 고도와 자세를 측정하기 위한 "관성측정 장치"이며 자이로스코프 Gyroscope와 가속도계 Accelerometer 센서가 내장되어 있다. 세팅 시 IMU의 전방이 기체와 일치한지 확인하는 것이 매우 중요하며, 장착 시 되도록 무게중심과 가깝게 수평으로 설정된 위치에 흔들리지 않도록 고정해야 한다. 또한 사용가능온도(-5℃ ~ 60℃)와 보관온도(60℃ 이하)를 준수하여야 한다.

④ **GPS**Global Positioning System : 위성신호를 수신하여 기체의 지리적 좌표를 파악하고 제자리 비행이 가능하게 한다. 세팅 시 GPS의 전방이 기체와 일치한지 확인하는 것이 매우 중요하며, 장착 시 GPS안테나 주변에 전파 간섭과 요소와 벗어난 최적의 위치에 수평으로 흔들리지 않게 고정해야 한다. 지자계(나침반)는 전자기에 매우 예민하기 때문에 간섭이 있을 경우 비정상적(비행성능 저하, 비행불가)으로 작동하는 원인이 된다. 기본적으로 처음 사용하거나 비행장소가 변경될 경우 지자계 교정 작업을 실시한다.

⑤ **수신기**Receiver : 송신기(조종기)로부터 수신기가 받는 신호의 종류는 PWM, PPM, S-Bus, XBUS, SUMD, SumH 등이 있다. 제작사 별로 차이가 있으며 연결방식 및 장/단점이 다르다. 주로 사용하는 주파수 영역대는 2.4GHz 이다. 기본적으로 비행 중 송신기와 수신기 간의 연결이 끊겼을 때에는 페일세이프Fail Safe가 자동으로 작동된다. 페일세이프는 호버링, 리턴 투 홈, 랜딩 등 옵션을 설정할 수 있다.

⑥ **지자기 방위 센서**Magnetic Compass Calibration

- 교정작업 전 주의사항
  · 우측을 상 방향으로 하여 평평한 장소에 위치시킨 후 배터리를 연결한다. 10초간 기체를 움직이지 않은 상태에서 배터리를 연결하여 초기화시킨다.
  · Calibration을 실시할 동안에는 주변에 전자기석의 간섭이 없는 장소에서 실시한다. 즉, 근거리에 자동차나 철재 펜스 등이 있는 주차장은 적합하지 않다. 이런 철재 물체로부터 15m 이상 이격되는 장소에서 실시하는 것이 좋다.
  · 차량 열쇠, 휴대폰 등도 주머니에서 제거한 후에 실시한다.

- 교정작업

  통상 조종기 비행모드 변경 토글 스위치를 8번 정도 up-down을 반복하면 이 Callibraton 모드로 진입하게 된다. 그 때 기체를 들어서 수평으로 한 바퀴 돌아 등의 색이 변하면 다시 수직으로 세워서 한 바퀴 돈다. 완료가 되면 등은 정상 GPS 또는 자세모드 표시를 하게 된다.

지자기 방위 센서
교정작업

동영상을 보시면
더 자세히 알아볼 수
있답니다!

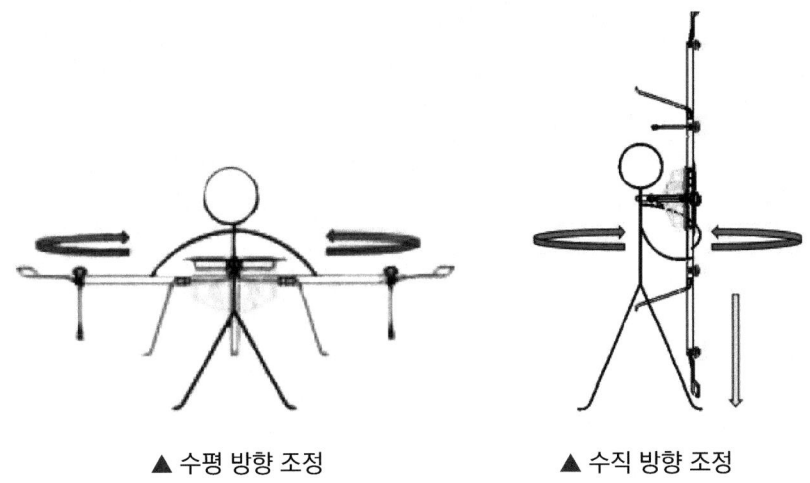

▲ 수평 방향 조정 　　　　▲ 수직 방향 조정

4. 배터리

1) 취급 시의 주의사항

① 손상, 열화, 누액 등 이상이 있는 배터리는 충전하지 않는다.

② 배터리를 물, 비, 바닷물, 동물의 배설물 등에 젖지 않도록 한다.(젖은 상태, 젖은 손으로 사용하지 않고, 욕실 등 습기가 많은 장소에서 사용하지 않는다.)

③ 배터리의 단자를 금속 등으로 쇼트시키지 않는다.

④ 배터리, 충전기에는 납땜을 하거나 수리, 변형, 개조, 분해를 하지 않는다.

⑤ 배터리를 불에 던지거나, 화기 가까이에 두지 않는다.

⑥ 직사광선이나 자동차의 대시보드, 스토브 등 고온의 장소나 화기 근처에서 충전, 보관하지 않는다.

⑦ 이불을 덮는 등, 열을 내기 쉬운 상태에서 충전하지 않는다.

⑧ 가연성 가스가 있는 곳에서는 사용하지 않는다.

⑨ 배터리는 비행 전에 반드시 완전 충전한다.

⑩ 배터리를 과 충전, 과방전하지 않는다.

2) 충전기 취급 시의 주의사항

① 충전기를 직류전원 등 충전기 이외의 용도에는 사용하지 않는다.

② 배터리는 반드시 전용 충전기로 충전한다.

③ 전원 플러그는 확실히 끝까지 콘센트에 꽂는다.

④ 충전기는 반드시 지정 전원 전압으로 사용한다.

⑤ 충전기는 먼지, 습기가 많은 장소에서 보관, 사용하지 않는다.

⑥ 극단적으로 추운 곳이나 더운 곳에서 충전하지 않는다.(충전되는 배터리의 성능 저하 원인이 된다. 충분히 충전되기 위한 최적 온도 조건은 주위 온도가 영상 10~30도 이다.)

5. 정비 실무

현재 실제 운용되는 다양한 형태의 초경량비행장치 무인회전익 멀티콥터에 사용되는 공구는 주로 RC 모형항공기에 사용되는 공구와 호환이 가능함으로 충분히 유지 보수 및 정비가 가능하다. 기체의 유지보수 및 정비 시 공구의 정확한 명칭과 용도에 맞게 사용했을 때, 정비의 정확성 및 작업시간의 단축에 매우 큰 결과를 가져온다.

실제 잘못된 용도의 공구를 억지로 사용하여 예상하지 못한 2차 사고발생 또는 작업시간 지체가 자주 발생한다.

1) 좋은 공구의 선택

공구는 되도록 저렴한 중국제보다는 일제 또는 독일제가 좋다. 그 이유는 공구를 단기간 동안 사용하더라도 처음과 꾸준한 신뢰성의 차이가 있다. 예를 들어 저렴한 육각렌치의 경우 육각 엣지가 쉽게 무뎌져서 결국 볼트를 손상시킨다. 이러한 문제는 정비 작업시간에도 결정적인 영향을 미치기 때문에 좋은 공구의 선택이 매우 중요하다.

① **렌치**
- **엘보형 육각렌치** : 주로 볼트를 강하게 조이거나 풀 때, 좁은 공간에서 유용하게 사용한다.

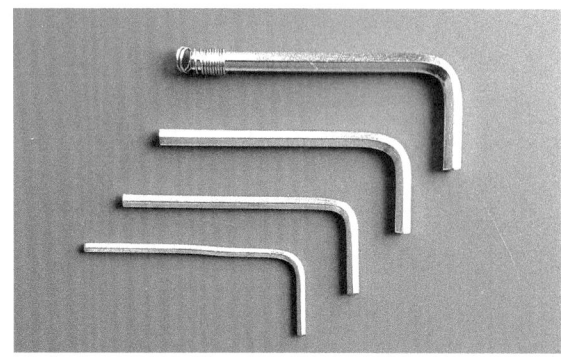

- **일자형 육각렌치** : 손잡이 그립이 좋아서 직관적인 볼트 조임, 풀림이 가능하다. 주로 사용되는 사이즈는 1.5mm, 2mm, 2.5mm, 3mm, 3.5mm, 5mm, 5.5mm 이다.

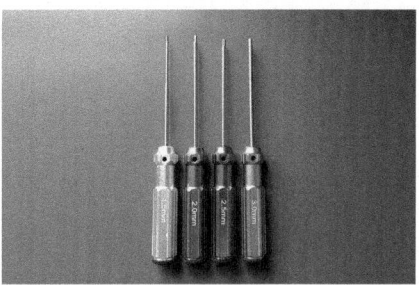

- **별 렌치** : 기체의 주요부분에 사용된다.

② **롱로즈** : 전선 또는 핀, 볼트, 너트 등을 잡아주거나 뽑을 때 사용한다.

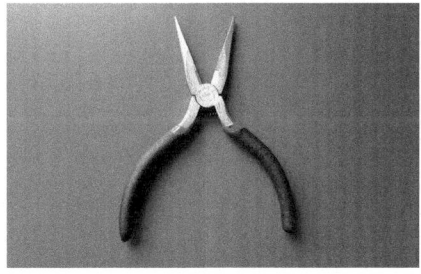

③ **니퍼** : 전선 또는 와이어를 절단할 때 사용한다. 팁의 모양은 다양하며 끝이 뾰족한 모양이 좁은 공간에서 정확한 절단에 수월하다.

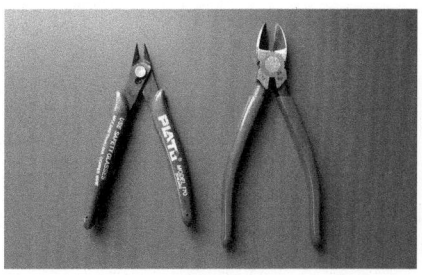

④ **와이어 스트리퍼** : 전선의 피복을 손상없이 벗겨주는 역할을 한다.

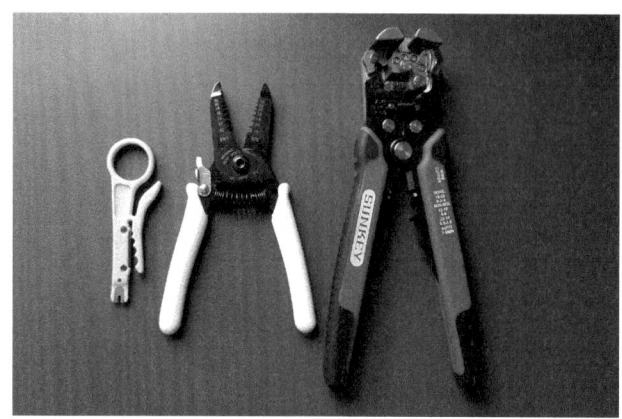

⑤ 실리콘 와이어 멀티콥터에는 주로 실리콘 와이어가 사용된다. 사용되는 실리콘 와이어의 굵기는 4AWG ~ 16AWG 까지 다양하다.

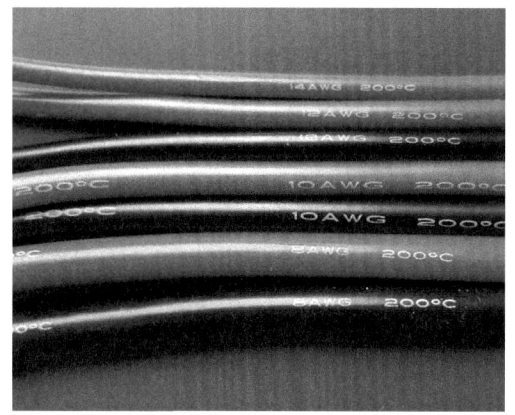
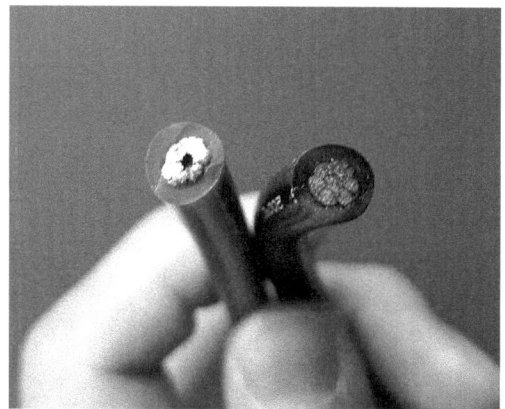

⑥ **인두기** : FC, 변속기, 모터, LED 등 여러 전선을 연결시키는 과정에서 땜납 시 필요하다. 인두기의 팁 모양은 용도에 따라 교체하여 다양하게 사용한다.

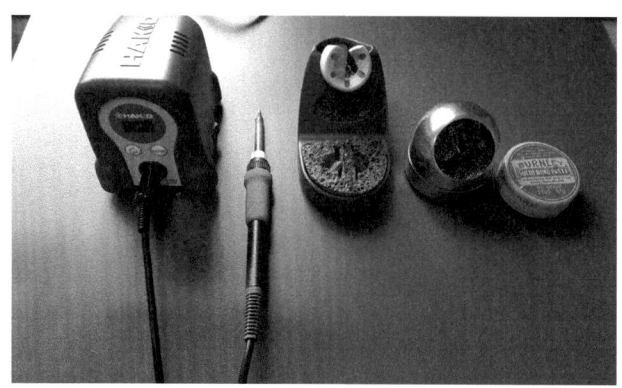

2) 정비의 기초 이해

① 작업 환경조성(확인사항)

- 정비 작업장의 환기 시스템이 갖추어져 있는가?
- 정비 작업장의 전체조명 및 집중조명의 밝기는 적절한가?
- 정비 작업장의 작업 테이블 높이는 적절한가?
- 정비 작업장의 전기 콘센트 및 용량은 적절한가?
- 정비 작업에 사용되는 공구는 준비되어 있는가?
- 정비 작업에 사용되는 공구의 이름과 용도를 정확하게 파악하고 있는가?
- 정비 작업 중 화재 발생 시 소화기가 준비되어 있는가?
- 정비 작업 중 인적 피해발생 시 응급처방 약이 준비되어 있는가?
- 정비 작업 시간은 충분히 여유가 있는가? 정비시간이 2시간이라면 30분에서 1시간을 더 편성한다.(여유시간 편성)
- 정비 작업자의 컨디션(건강, 집중력)은 정상인가?

② 정비 규칙

- 공구함 또는 공구보관대에는 각각의 공구 위치를 정한다.(주소화 한다.)
- 정비 작업대는 항상 청결과 정리정돈을 최우선으로 유지한다.
- 정비 시작 전 진행할 정비 작업의 책임자를 반드시 정한다.
- 정비작업 목표와 계획표를 작성하고 작업 시간표를 편성(40분 작업 10분 휴식)한다. 시간에 쫓기는 정비작업은 작업 신뢰도에 가장 안좋은 영향을 미친다.
- 충분히 숙지한 내용이더라도 해당 장치의 제작사가 제시한 매뉴얼 확인 후 작업을 시작한다.
- 한번 사용한 공구는 해당 작업을 마치는 즉시 원위치 한다.
- 공구의 용도가 적절하지 않거나 작업 중 무리가 있을 경우 억지로 하지 않고 적절한 공구를 마련하여 작업을 진행한다.
- 작업자가 2명 이상일 경우 명확한 역할분담을 한다.
- 정비작업 중 작업이 지체되어 계획표를 초과했을 경우 과감하게 작업을 중단시키고

작업자의 집중력과 건강을 위해 다음날로 재 계획 편성한다.
- 정비작업 종료 후에는 점진적으로 테스트 매뉴얼에 따라, 최종적으로는 실제 운용되는 환경과 동일하게 테스트를 진행한다.

③ 신뢰성 높은 기체 관리자 및 정비사의 자격 사례

산업용 멀티콥터 현장에서 기체가 추락으로 파손되어 정비작업을 진행하는 일이 있었다. 두 개의 팀이 동일한 기종을 두고 A팀은 작업자 5명, B팀은 작업자 2명이 동일한 정비작업을 진행하였다. 작업자가 2명인 B팀은 위의 정비규칙을 대부분 준수하였고, A팀은 대부분 준수하지 못했다. 결과는 작업시간이 증명해 주었는데 A팀 6시간 50분, B팀 2시간 30분이었다. 정비를 마친 기체 또한 신뢰성(볼트-너트 체결상태, 땜납상태, 무게중심 및 밸런스 세팅)에 큰 차이가 있었다.

초경량비행장치 무인멀티콥터를 운용하는 일부 조종사들은 기체를 레저용 RC, 장난감의 심화버전 또는 대형화된 장난감이라고 쉽게 생각하여 제작사와 상의(허용)되지 않은 스티커, LED, 배터리, 살포장치, 노즐 등을 부착하는 경우가 많다.(사진촬영을 하는 분 중 일부는 촬영용 장비를 카메라, 농민 중 일부는 살포용 장비를 농기구로 생각하고 있는 분이 있다.) 이러한 쉽게 생각한 부착물 때문에 기체의 무게중심이 무너지거나, FC 및 전자장치에 치명적인 간섭을 주어 제어불능에 빠지게 되어 큰 사고로 이어진 사례가 국내에 많이 있다.

초경량비행장치 무인멀티콥터 기체를 항공기라 생각하고 안전을 최우선으로 조종/유지보수 및 정비를 실시하며, 기체를 장난감으로 쉽게 생각해서는 절대 안 된다. 사소한 부분이 대형 인명피해로 이어질 수 있다는 점을 기억하고 제작사가 제공한 매뉴얼을 준수, 임의개조 금지를 명심한다.

PART 04

무인항공기(드론)의 운용과 안전관리

1. 무인항공기(드론) 교육훈련
2. 무인항공기(드론) 관제와 공역운영
3. 무인항공안전관리

CHAPTER 01 무인항공기(드론)의 교육훈련(학과필기)

무인항공기(드론)의 교육훈련 중 학과필기는 크게 운용비행원리, 항공기상, 법규로 구성된다.

1. 운용비행원리

1) 날개이론

① 공기의 작용

■ 항공기의 용어 정의

항공기란 공기의 작용에 의해 대기 중에 떠 있을 수 있는 기계ICAO이다. **항공기**란 공기의 반작용으로 뜰 수 있는 기기(우리나라 항공 안전법 제2조 1)이다.

초경량비행장치란 항공기와 경량항공기 외에 공기의 반작용으로 뜰 수 있는 장치(우리나라 항공안전법 제2조 3)이다.

■ 날개의 공기 속 작용

날개 상하부 공기의 흐름을 말한다. 베르누이 정리와 연계한 양력발생원리가 작용한다. 새가 날개 짓을 하여 날아가는 원리와 유사하다.

② 날개

날개Airfoil, 風板란 공기 속을 통과할 때 공기흐름에 의해 반작용을 일으킬 수 있도록 고안된 것이다.

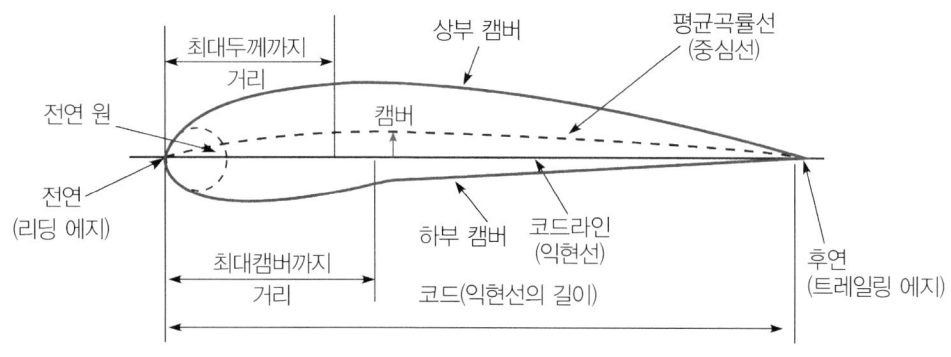

▲ 날개의 명칭

양력, 추진력, 안정성 및 조종력 발생에 이용되며, 공기흐름에 반작용을 일으키는 구조물이다. 날개의 역할은 공기를 부양시키는 양력발생, 수평/수직 안정판과 같이 안정성을 제공하며 항공기의 조종과 추진력을 발생하게 한다.

세부적인 명칭은 익현선, 전연, 후연, 평균곡률선(중심선) 등이 있다.

- 회전익 항공기 날개의 특징

마스트를 기준으로 로터의 중앙(익근)으로부터 끝단(익단)까지의 꼬임각은 다르며(양력불균형 해소), 날개의 길이에 따라 익근의 속도가 느리고 익단의 속도가 빠르다. 회전익 항공기의 날개 1개는 Blade, 2개 이상 조합을 Rotor라 칭한다.

참고로 헬리콥터 및 멀티콥터의 날개를 "프로펠러, 프롭"이라는 용어를 사용하는 것은 적절하지 못한 용어의 사용(로터가 정확한 용어)이며, 프로펠러Propeller는 회전력을 추력으로 바꾸어 비행기를 추진시키는 장치로 비행기 앞부분에 장착되어 공기 흐름의 반작용을 일으키는 구조물이다.

③ **영각과 취부각**

- 영각(받음각, Angle of attack)

비행방향의 반대방향인 공기흐름의 속도방향과 날개의 시위선이 만드는 사이 각을 말한다.

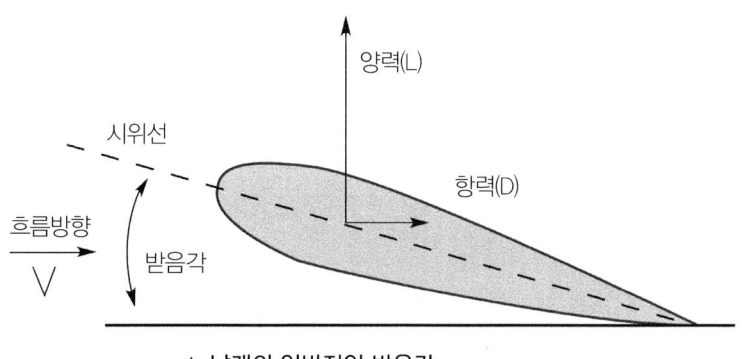

▲ 날개의 일반적인 받음각

영각은 양력, 항력 및 피칭 모멘트에 가장 큰 영향력을 주는 인자로서 회전익 항공기의 영각은 날개의 익현선과 합력 상대풍의 사이 각이다. 공기역학적인 각이므로 취부 각의 변화 없이 영각은 변화한다.

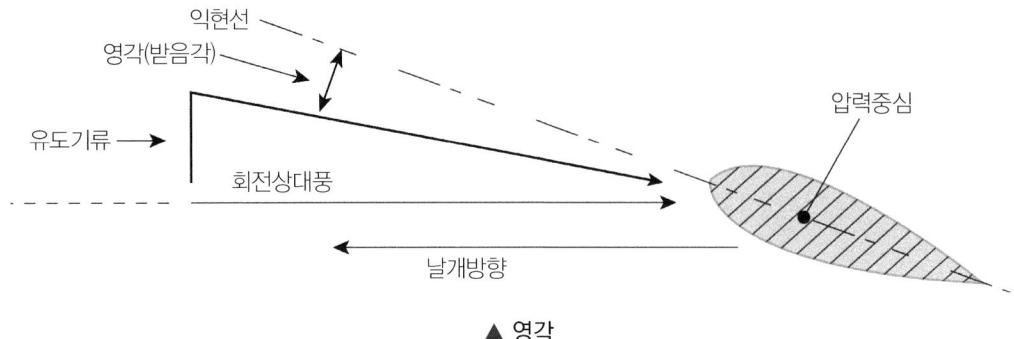

▲ 영각

영각은 날개에 의해서 발생되는 양력과 항력의 크기를 결정하는 중요한 요소로서 영각이 커지면 양력이 커지고 그 만큼 항력은 감소하는 상관관계를 형성한다.

■ 취부 각(붙임 각)

날개의 익현선과 로터 회전면(익단 경로면)이 이루는 각이다. 공기 역학적인 반응에 의해 형성되는 각이 아니라 기계적인 각으로 통상 Blade pitch각이라 한다.

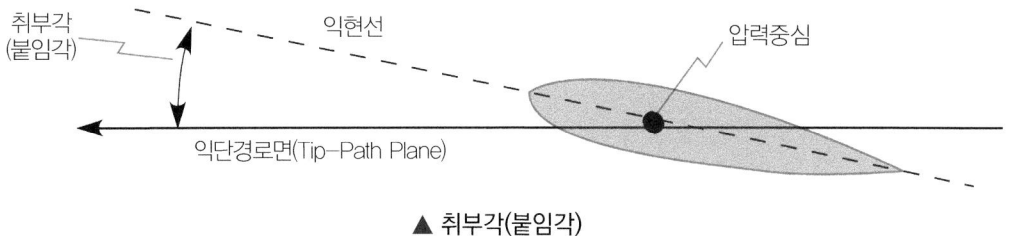

▲ 취부각(붙임각)

■ 멀티콥터의 날개

항공기 날개와 기본형태는 유사하나 대부분 피치Pitch가 꼬인 상태이며, 재질은 플라스틱, 티타늄, 카본 등 여러 가지 가벼운 재질로 구성되어 있다.

▲ 멀티콥터의 날개(Airfoil, 風板)의 형태

④ 날개의 공력특성

■ 레이놀즈 수

오스본 레이놀즈 교수에 의해 발견된 것으로 유리관 속을 흐르는 물속에 염료를 분사하여 층류와 난류의 흐름 발견하였다.

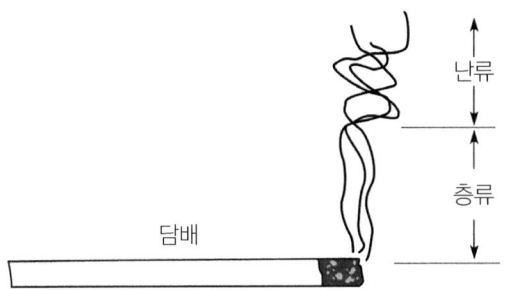

- 유리관을 흐르는 물에 염료를 분사하여 층류와 난류의 흐름 발견
- 레이놀즈수 : Re=Vx/y (V : 속도, x : 직경, y : 점성계수)
- Re2100 이하 : 층류   /   Re2100~4000 : 천이구역
  Re4000 이상 : 난류
- ※ 레이놀즈수는 점성력에 대한 관성의 비
- 레이놀즈수가 낮은 층류 : 점성력이 큼
- 레이놀즈수가 높은 난류 : 관성력이 큼

▲ 레이놀즈 수 (Reynolds Number)

· 점성은 유체의 흐름에 대한 저항, 운동하는 액체나 기체 내부에 나타나는 마찰력으로 내부 마찰이라고 하며 액체의 끈끈한 성질을 가진다.
· 관성은 물체가 외부로부터 힘을 받지 않을 때 처음의 운동 상태를 계속 유지하려는 성질을 말한다. 유체의 속도와 유체가 흐르는 직경을 곱한 값을 점성계수로 나눈 값으로 2,100보다 낮으면 층류, 2,100~4,000이면 천이구역, 4,000이상이면 난류로 표현한다.

■ 경계층 이론

날개의 표면으로부터 측정 가능한 공기 속도가 없는 곳까지의 공기 층을 말하며, 층류는 날개의 전연으로부터 시작되는 매우 얇고 부드러우며, 점성이 지배적이고, 평탄하면서도 일정한 유선의 형태를 말한다.

난류는 관성력이 지배적인 흐름으로 층류가 뒤로 이동하면서 경계층이 두꺼워지고, 작은 요란이 생기면서 기류흐름의 변동이 커서 공기입자의 혼합이 일어나는 기류 층이다.

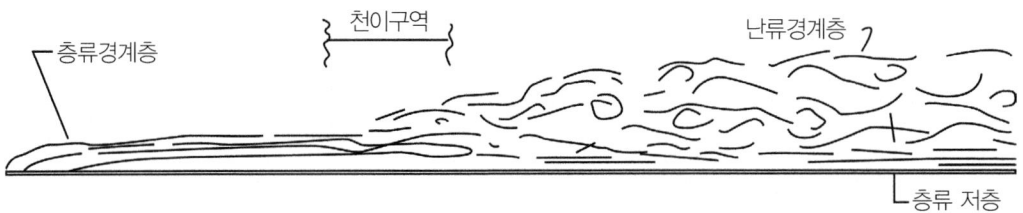

▲ 경계층 이론

■ 기류박리

　표면에 흐르는 기류가 날개의 표면과 공기입자 간의 마찰력으로 인해 표면으로부터 떨어져 나가는 현상을 말한다.

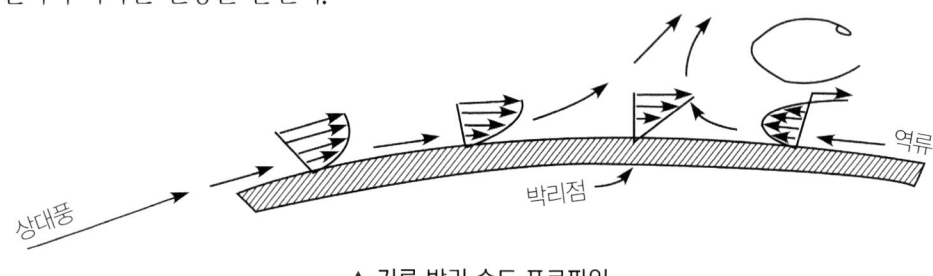

▲ 기류 박리 속도 프로파일

　날개의 표면과 공기입자간의 마찰력으로 공기속도 감소로 정체구역 발생하고, 경계층 밖의 기류는 정체 점을 넘어서게 되고 경계층이 표면에 박리되어 양력은 파괴되고, 항력이 급격히 증가한다.

⑤ 상대 풍과 유도기류

■ 상대 풍

　날개에 상대적인 공기의 흐름, 즉 공기 속으로 움직이는 것에 의해 발생한다. 날개가 평행하게 이동하면 상대풍도 평행하게 이동하지만 날개가 아래로 작용하면 상대 풍은 상대적으로 위로 작용하고, 날개가 위로 작용하면 상대 풍은 상대적으로 아래로 작용한다.

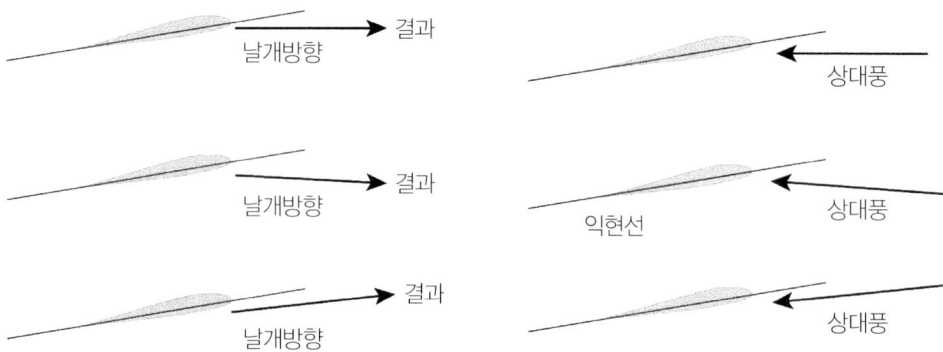

■ 회전 상대 풍

로터 블레이드가 마스트를 중심으로 회전하는 것에 의해 발생하는 상대 풍을 말하며, 블레이드 익단에서 가장 빠르고 회전축에서 '0'이 되도록 일률적으로 변화한다.

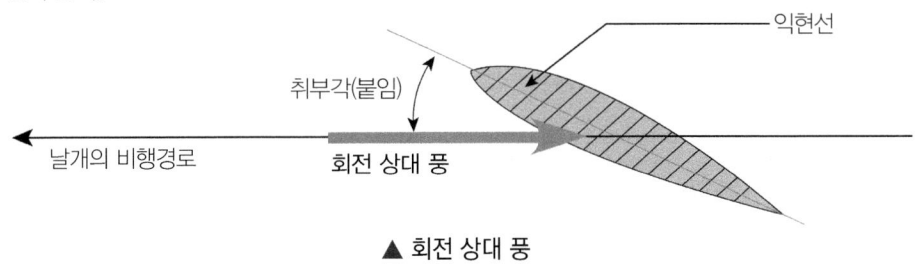

▲ 회전 상대 풍

■ 유도기류

공기가 로터(블레이드)의 움직임에 의해 변화된 하강기류로 취부 각이 '0'일 때는 수평, 취부 각 증가로 영각이 증가하면 하강으로 가속되며 이러한 하강기류를 유도기류라 한다. 유도기류에 의해 회전상대풍의 방향과 크기가 변화한다.

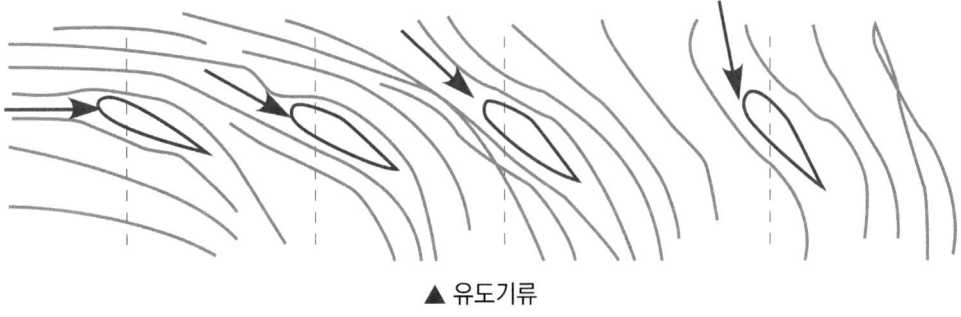

▲ 유도기류

2) 뉴턴의 운동법칙과 양력발생원리

① 뉴턴의 운동법칙

■ 제1법칙 관성의 법칙

외부의 힘에 의한 변화에 저항하는 힘에 관한 법칙으로 정지관성 과 운동관성으로 구분한다.

- **정지관성** : 정지하고 있는 물체는 계속 정지하려는 성질을 가지는 것으로 정지하고 있는 헬리콥터나 멀티콥터를 이동시키면 계속 정지하려는 성질을 말한다.
- **운동관성** : 움직이는 물체는 외부의 힘이 가해질 때 까지 같은 방향, 같은 속도를

유지하려는 성질을 가지는 것으로 이동하고 있는 헬리콥터나 멀티콥터를 정지시키면 즉각 정지하지 않고 계속 운동하려는 성질을 말한다.

정지하고 있는 물체는 계속 정지하려는 성질

▲ 정지관성

움직이는 물체는 외부의 힘이 가해질 때까지 같은 방향, 같은 속도를 유지하려는 성질

▲ 운동관성

- 제2법칙 가속도의 법칙

  가속도의 법칙이란 물체가 어떤 힘을 받게 되면 그 물체는 힘의 방향으로 가속되려는 성질을 가진 것이다.

  · **F=ma** : F는 힘, m은 질량, a는 가속도이며, 가해진 힘의 크기에 비례하고, 물체의 질량에 반비례한다.

  · **사례** : 타자가 친 야구공이 하늘 높이 치솟았다가 내려올 때 야구공에는 중력이라는 힘이 작용하여 낙하할수록 야구공의 속도는 야구공에 작용하는 항력과 힘의 균형을 이루는 속도까지 가속한다. 또한 헬리콥터가 제자리 비행에서 전진비행으로 전환되어 점점 속도가 증가되면 이륙하게 되는 과정을 말한다.

▲ 가속도의 법칙

- 제3법칙 작용과 반작용의 법칙

  작용과 반작용의 법칙이란 모든 작용은 힘의 크기가 같고 방향이 반대인 반작용을 수반하는 법칙으로 회전익 항공기나 멀티콥터의 로터에서 직접적으로 작용하는 현상이다.

- 사례
  - 군대에서 포를 쏠 때 포신의 후퇴작용, 무반동총의 후폭풍 발생하는 것을 말한다.
  - 전투기의 이륙 시 고온 고압가스가 뒤로 발생되면서 항공기는 추력이 발생되어 이륙하는 것이다.
  - 스쿼시를 할 때 공을 강하게 치면 강하게 튀어 나오고, 약하게 치면 약하게 튀어 나오는 것으로 작용에 대한 반작용을 말한다.
  - 헬리콥터의 주 로터가 회전 시 기체는 회전하는 반대 방향으로 회전하려는 것으로 이를 Torque현상이라고 한다.
  - 멀티콥터의 로터가 회전 시 암은 회전하는 반대 방향으로 작용하는 것을 말한다.

▲ 작용과 반작용의 법칙

② 베르누이 정리와 연계한 양력발생원리

■ 베르누이 정리

- 정리

    베르누이는 측정할 수 없었던 유체 에너지를 수치화하고자 많은 실험을 하였으며 그 결과 유체의 속도와 압력과의 관계를 정리하여 '정압과 동압을 합한 값은 그 흐름의 속도가 변화하더라도 언제나 일정하다.'라는 것을 알아냈다.

- 정압과 동압

    유체의 정압Static Pressure은 유체 속에 잠겨 있는 어느 한 지점에는 상/하, 좌/우 방향에 관계없이 일정하게 작용하는 압력을 말한다.

    유체의 동압Dynamic Pressure은 유체가 흐를 때 유체는 속도를 가지게 되며 이로 인해 유체는 운동에너지를 가지게 된다. 즉, 유체의 운동에너지를 압력으로 전환했을 때의 압력을 말한다. 예, 흐르는 강물에 둑을 쌓았다면 둑에 작용하는 압력이 강의 운동에너지이다.

정압(P) + 동압(q) = 전압(Pt)으로 일정하다. $q = 1/2\ pV^2 \rightarrow P + 1/2\ pV^2 = Pt$. 즉, 유체의 속력이 증가하면 동압은 증가하지만 정압은 감소한다.

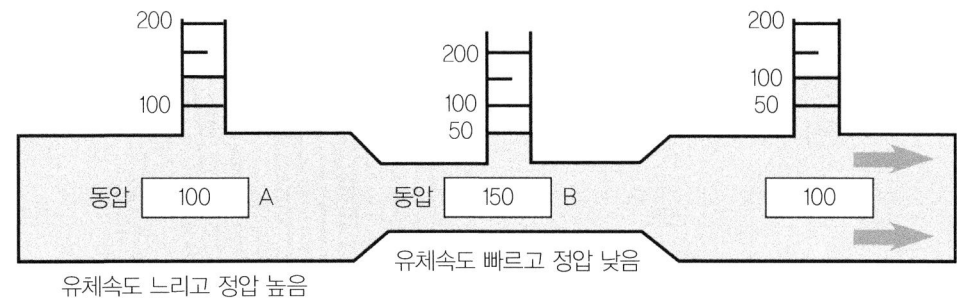

▲ 베르누이의 정리

따라서 베르누이 정리에서 A지역에서는 동압은 낮지만 정압은 높고, B지역에서는 동압은 높지만 정압은 낮게 나타난다.(두 지역을 상대적 비교 시)

■ 양력발생원리

항공역학적인 측면에서 양력발생원리를 명확하게 설명해 줄 수 있는 것은 **"베르누이 정리"**이다.

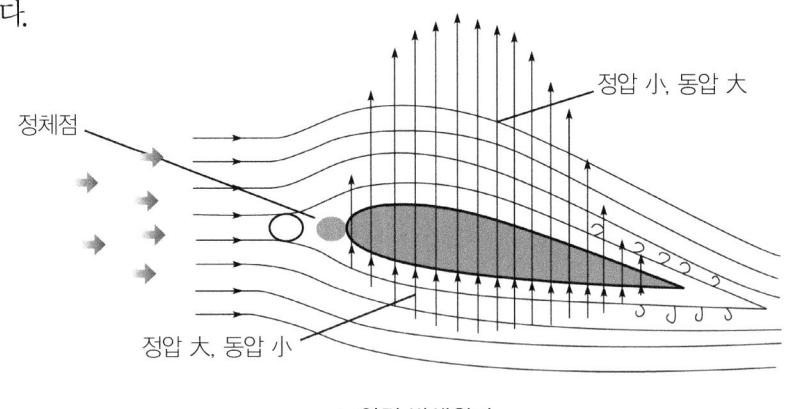

▲ 양력 발생원리

· 원리
  · 베르누이 정리는 동압 + 정압 = 전압으로 일정하다.
  · 날개의 전연부분 정체 점에서 발생된 높은 압력의 파장에 의해 분리된 공기는

후연에서 다시 만난다.(날개에 작용하는 공기 속도 와 정압)
- 날개 상부는 곡선율과 취부 각(붙임 각)으로 공기의 이동거리가 길다.(속도 증가, 동압증가, 정압감소 현상)
- 날개 하부는 공기의 이동거리가 짧다.(속도 감소, 동압감소, 정압증가)
- 모든 물체는 압력(정압)이 높은 곳에서 낮은 곳으로 이동하여 양력발생 한다.
- 결론적으로 날개의 하부에서 상부로 힘이 작용하게 되어 항공기나 드론을 부양시킨다.

■ 헬리콥터와 멀티콥터의 양력발생원리 차이
- **헬리콥터** : 운용 RPM(Revolution Per Minute, 분당회전수) 속에서 날개의 Pitch각을 조정하여 양력을 발생한다. Pitch의 변동으로 변동 Pitch라고 한다.
- **멀티콥터** : 고정된 날개의 Pitch 각에 모터의 회전수에 의한 양력발생크기를 조절한다. 고정 Pitch라고 한다.
- **차이** : 헬리콥터는 변동 Pitch, 멀티콥터는 고정 Pitch라고 한다.

 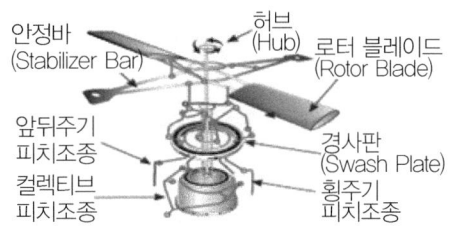

3) 회전익항공기(멀티콥터 등)의 비행특성

① 회전익 항공기(멀티콥터 등)에 작용하는 힘

- 힘의 방향과 종류
  - **힘의 방향** : 회전익항공기(멀터콥터 등)에 작용하는 힘은 양력, 중력, 추력, 항력이 있다.

▲ 힘의 방향

- **힘의 종류**

    양력Lift은 상대 풍에 수직으로 작용하는 항공역학적인 힘으로 항공기나 드론을 공중으로 뜨게 하는 힘이다. 상대 풍은 날개를 향한 기류의 방향을 의미한다.

    중력Gravity은 지구의 만류인력과 자전에 의한 원심력을 함한 힘으로 지표 근처의 물체를 연직 아래 방향으로 당기는 힘이다. 지구 중심 쪽으로 향한다.

    추력Thrust은 공기 중에 항공기나 드론을 앞으로 움직이는 힘으로 고정익 항공기는 작용과 반작용의 법칙에 따라 제트엔진에서 고온/고압가스를 뒤로 분출하여 발생하게 되고, 헬리콥터나 멀티콥터는 회전하는 로터에 경사를 주어 추력을 발생한다.

    항력Drag은 상대풍에 수평으로 작용하는 힘으로 즉, 추력에 반대 방향으로 작용하는 힘 또는 항공기나 멀티콥터의 공중에서 전진을 더디게 하는 힘이다. 공기의 밀도, 기온, 습도에 따라 크기가 달라진다. 회전익항공기에서 항력은 크게 세 가지로 나누어진다.

    먼저 유도항력은 양력발생 시 동반되는 하강기류 속도와 날개의 윗면과 아랫면을 통과하는 공기흐름을 저해하는 와류Vortex에 의해 발생하는 항력으로 양력발생과 관계되는 모든 항력을 말하며, 점성과는 무관하고 속도가 증가 시 유도기류 속도(유도항력)는 감소한다.

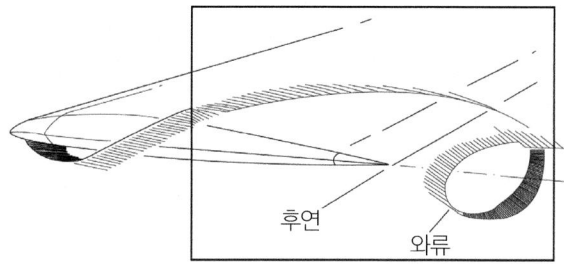

둘째, 형상항력은 블레이드가 공기 중을 지날 때 표면마찰(점성마찰)로 인해 발생하는 마찰성 저항Frictional Resistance이다. 블레이드의 표면을 지나는 공기는 점성에 의해 표면에 붙으려고 하고, 표면에서 떨어진 곳을 흐르는 공기는 표면에 가까운 공기를 끌고 가려고 한다. 이는 영각변화에 좌우되지 않으나 속도에는 상당히 좌우된다.

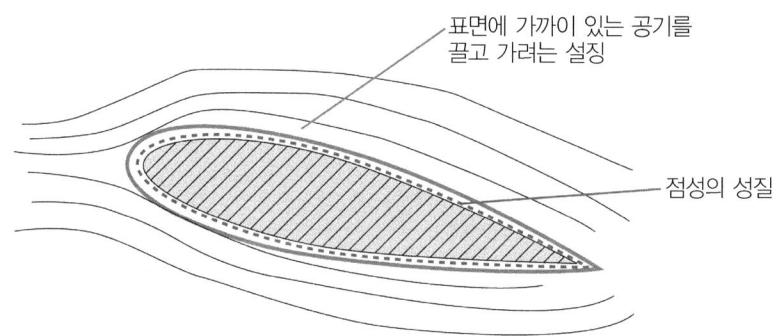

셋째, 유해항력은 로터를 제외한 항공기나 멀티콥터의 외부 부품에 의해 발생되는 항력이다. 항공기의 형체, 표면마찰, 크기, 설계 등에 영향을 받으며, 마찰성 저항으로 양력발생과는 무관하지만 속도제곱에 비례한다. 항공기나 비행체는 유해항력 발생을 최소화 할 수 있는 노출을 최소화(인입식 랜딩기어)하기 위해 형상을 유선형으로 설계하기도 한다.

■ 작용하는 힘에 따른 비행방향

· **전진, 후진, 좌/우측면 비행** : 회전익 항공기는 비행하는 방향에 따라 작용하는 힘의 관계가 달라진다. 회전면의 기울어 지는 방향으로 비행이 되어 진다.

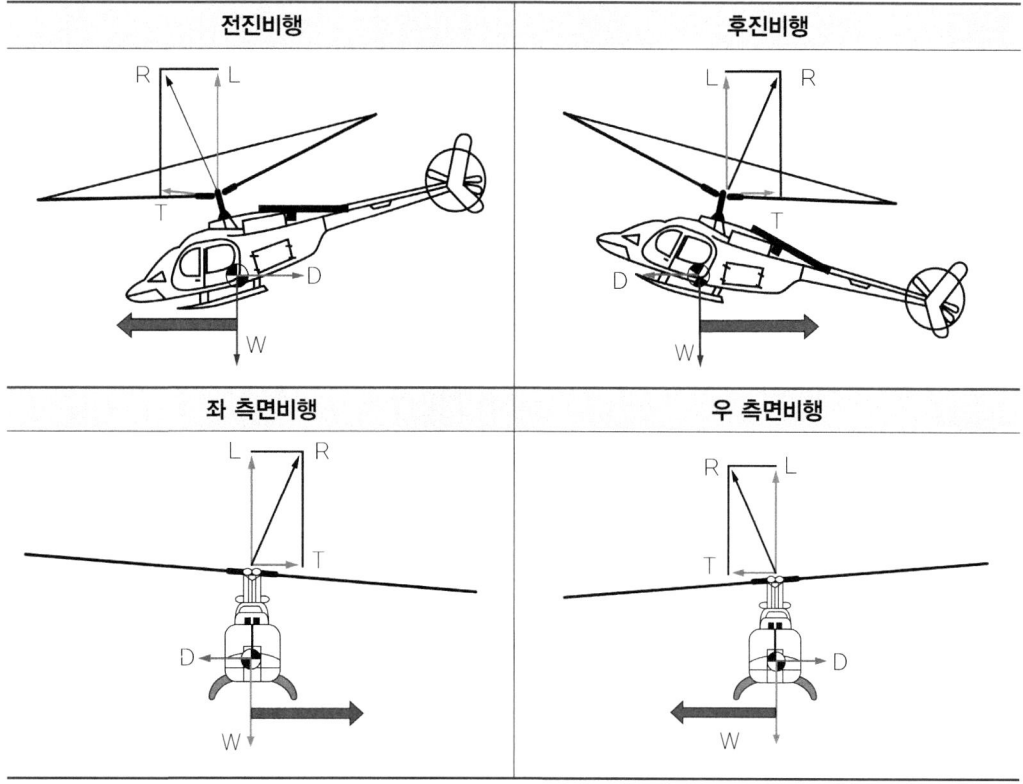

· **제자리비행, 수직상승 및 하강비행방향** : 힘의 방향이 어느 방향으로 더 많이 작용하는가에 따라서 그 방향으로 비행이 된다.

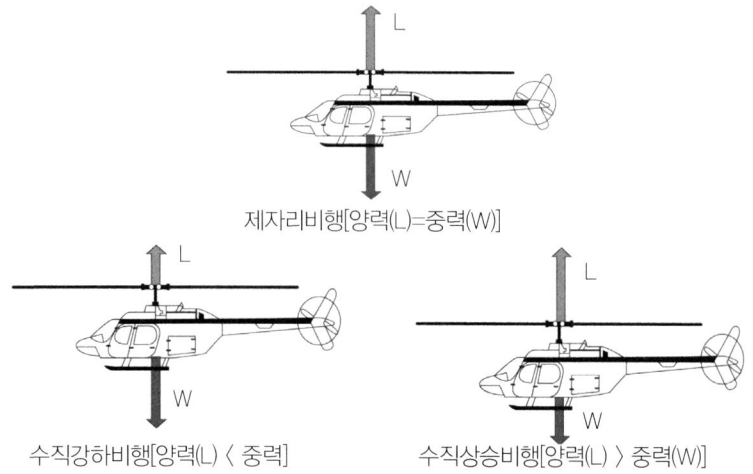

② 회전익 항공기의 비행특성
- 회전익 항공기(멀티콥터 등)의 특성

    회전익 항공기(멀티콥터 등)의 특성은 고정익 항공기에 비하여 상대적인 특성이다.

    · **제자리 비행 가능**

    제자리 비행이란? 공중의 한 지점에서 전후좌우 편류 없이 일정한 고도와 방향을 유지하면서 가만히 머무르는 비행으로 회전익항공기는 제자리 비행으로 시작하여 제자리 비행으로 종료한다. 이에 비해 고정익 항공기는 엔진에서 발생한 회전력을 프로펠러에 전달하여 추진력을 발생시키고 여기서 발생한 추진력과 날개를 이용하여 동체를 부양시키는 힘 즉 양력을 발생시킨다.

    · **측방 및 후진비행 가능**

    제자리 비행 상태에서 회전면을 좌, 우 및 후방으로 경사를 주면 경사진 방향으로 비행이 가능하지만 고정익 항공기는 전진비행만이 가능하다.

    · **수직 이, 착륙 가능**

    제자리 비행이 가능하다는 것은 동체 길이가 허용하는 공간만 확보되어도 그 자리에서 이, 착륙이 가능. 수평 직진 이, 착륙에 비행 동력이 많이 소요된다. 고정익 항공기는 활주 이, 착륙이 가능하다.

    · **엔진 정지 시 자동 활공**Auto-rotation **가능**

    엔진이 정지됨과 동시에 엔진 구동축과 로터 시스템이 분리되어 로터는 동체가 공기 속을 통과할 때 회전력을 얻어 활공가능하다. (위치 에너지가 운동 에너지로 전환되어 짧은 자동 활공이 가능)

    · 코스모스 꽃잎을 공중에서 회전시켜 놓으면 지면으로 떨어지면서 공기의 영향으로 회전력을 얻는 것과 같은 원리.

    이에 비해 고정익 항공기는 엔진 정지 시 조종사는 최후의 탈출 시도 가능하다.

    · **최대속도 제한**

    회전익 항공기의 최대속도 제한은 회전익 항공기의 특성에 의한 속도한계를 의미한다. 회전익 항공기의 전진 블레이드와 퇴진 블레이드의 속도차이에 의한 양력발생 차이로 양력의 불균형을 이루기 때문에 최대속도를 제한한다. 고정익 항공기는 최저속도가 제한된다. 최저속도 이하에서는 실속Stall에 들어가기 때문에 비행을 할 수 없다.

- **동적 불안정**

  동적 불안정이란 평형 상태에 7있는 물체에 외부의 힘이 가해졌을 때 시간의 경과와 더불어 진동이 감소하지 않고 진폭이 점점 커지는 상태이다. 회전익 항공기는 제자리 비행 시 동적으로 불안정한 특성을 가지고 있어 조종사가 수정을 해 주지 않으며 계속적인 진폭의 증가로 위험상황에 직면한다. 이에 비해 고정익 항공기는 제자리 비행이 불가능하므로 동적 불안정이 일어나지 않는다.

③ 회전익 항공기(멀티콥터 등)의 Rotor의 운동 특성

■ 멀티콥터의 양력의 불균형

일반적으로 유인헬리콥터는 One copter, Two copter의 회전면을 갖는데 비해 멀티콥터는 Multi-copter로 되어 4 Quad-copter, 6 Hexa-copter, 8 Octo-copter, 12 dodeca 등이다. 이들 4, 6, 8, 12개가 하나로 통합되어 하나의 회전면을 만들고 이들 회전면의 기울기에 따라서 비행방향이 결정된다.

따라서 멀티콥터의 양력불균형은 일반적인 헬리콥터와는 다르다. 각각의 로터에서 발생되지 않고 하나로 통합될 시 그 중 하나 또는 그 이상의 로터에 동력 전달이 원활하게 되지 않아 그 하나 또는 둘 이상으로 인해 양력이 불균형을 이루게 되어 과도하게 기울어지게 되고 심하면 전복되는 경우를 발생한다.

통상적으로 많이 발생하는 경우는 시동 후 이륙 시 Throttle을 일정한 속도로 지속적 상승(이륙가능 모터 회전속도)을 시켜야 하는데 지극히 천천히 상승 또는 중간 중간 멈출 경우 동력제어 시스템이 효과적으로 작동하지 못하여 각각의 모터(로터)에 회전속도를 일정하게 전달하지 못할 경우 발생한다.

조치방법은 우선 Throttle을 일정한 속도로 지속적 상승을 시키도록 훈련하고, 불균형 현상이 인지되면 이륙을 포기하고 Throttle를 Full down하여야 한다.

■ 비행 시 나타나는 현상

- **제자리 비행**Hovering : Hover는 "맴돌다, 곤충이나 새 특히 매 종류가 공중에 떠 있는" 이라고 명시한다. Hovering은 공중의 한 지점에서 전후좌우 편류없이 일정한 고도와 방향을 유지하면서 가만히 머무르는 비행술이다. 이는 헬리콥터 또는 회전익항공기의 특성이자 장점이다.

- **제자리 비행(Hovering) 시 기류현상**
  - 유도기류Induced flow는 로터 회전면을 따라 위에서 아래로 흐르는 공기 흐름(하강 풍), Pitch각이 커질수록 유도기류는 증가된다.
  - 익단 원형와류Rotor tip vortex는 공기가 회전하는 로터의 끝단 주위에서 빙빙도는 소용돌이 현상으로 양력 발생효율을 감소시킨다.

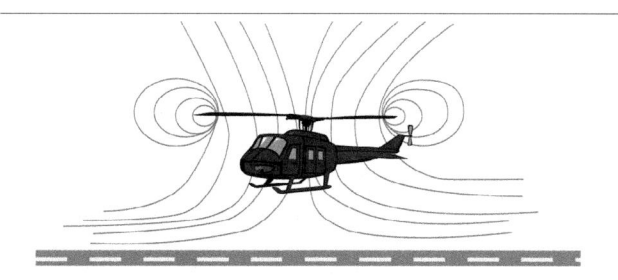

▲ 제자리 비행 시 기류

- **지면효과(Ground Effect)**

  지면에 근접하여 운용 시 로터 하강풍이 지면과의 충돌로 인하여 양력발생효율이 증대되는 현상으로 예를 들어보면 헬리콥터나 멀티콥터가 마지막 지면 접지 착륙단계에서 착륙이 어려운 현상을 볼 수 있는데 바로 이것이 지면효과를 받아

효율이 증대된 상태이다.

로터 회전에 의해 발생하는 하강 풍은 지면과 충돌하면서 유도기류 속도가 감소되고 이에 유도항력도 감소한다. 하강기류에 의해 익단에서 발생하는 와류가 감소되어 양력발생 효율은 증대된다.

지면효과를 받을 때와 받지 않을 때 현상으로 받을 때는 유도기류 속도가 감소되고 유도항력이 감소된다. 이에 따라 영각은 증가하게 되며, 받지 않을 때는 유도기류 속도가 증가되고 유도항력이 증가된다. 이에 따라 영각이 감소하게 된다.

지면효과는 양력과 밀접한 관계를 가지고 있으며, 고도에 따라 다르다. 일반적으로 헬리콥터에서는 로터 직경의 "1"이 되는 지점부터 효과를 받기 시작하여 1/6고도에서 효율이 20% 증대 된다고 되어 있다.(아래 그림은 헬리콥터)

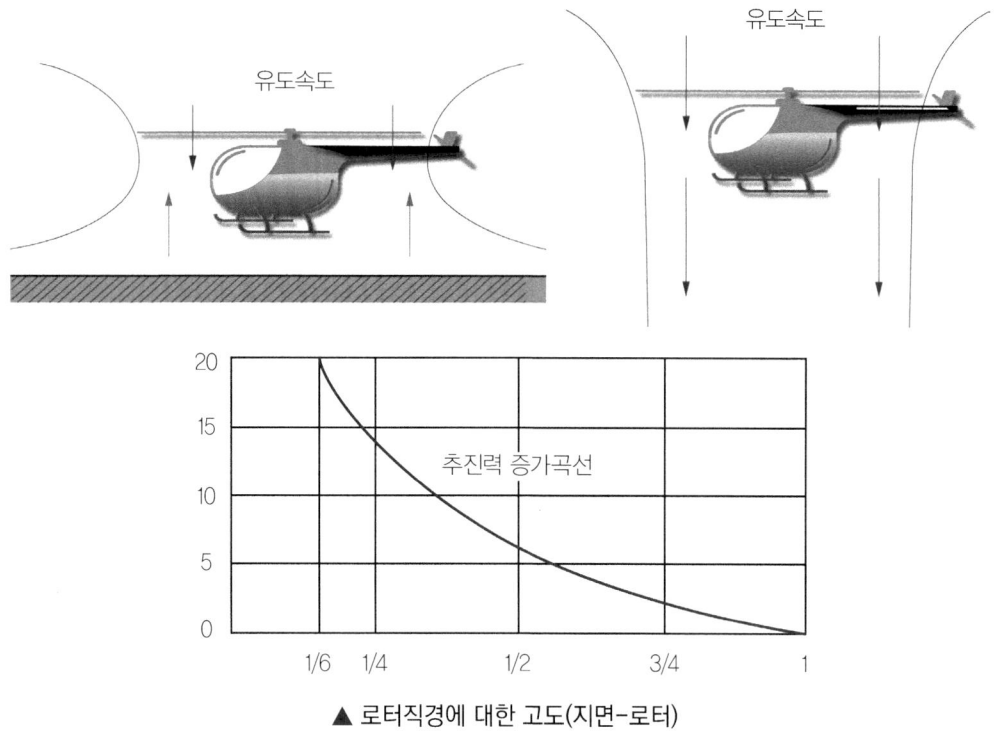

▲ 로터직경에 대한 고도(지면-로터)

그러나 멀티콥터는 작성된 통계치가 없으나 통상 운용해보면 멀티콥터 전체의 회전면을 1로 기준하여 그 이하 고도에서 지면효과를 받는 것을 볼 수 있다.

지면효과의 증대 및 감소요인은 로터의 회전에 의해 발생하는 하강기류가 지면과 충돌하여 발생하므로 결국 헬리콥터나 멀티콥터의 고도와 지면상태, 주변 환경에 따라 달라진다. 증대요인으로는 로터 직경의 1배미만 고도, 무풍 시(유도기류가 직하방으로 흘러 지면과 충돌하면서 외측으로 굽어 흐르기 때문에 익단 와류가 감소), 장애물이 없는 평평한 지형 등이다. 감소요인으로는 로터 직경의 1배 이상 고도, 바람이 불 경우, 수면이나 풀숲, 수목 상공 등이다.

- 토크(Torque) 작용

  토크의 사전적 의미는 회전하는 힘이며, 회전하는 힘에 의해 작용을 한다. 헬리콥터의 동체가 메인 로터 회전 반대방향으로 회전하려는 성질 즉 작용과 반작용의 법칙을 적용하여 메인 로터는 시계 반대방향으로 회전하고, 이에 대한 반작용으로 헬리콥터 동체는 시계방향으로 회전하려는 성질을 말한다.

  헬리콥터는 이러한 토크를 상쇄시키기 위해 Tail Rotor가 장착되어 있으며 조종사는 Pedal 압력을 가해 균형을 유지시킨다.

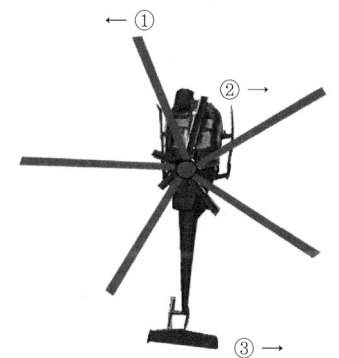

① : 메인 로터 회전방향
② : 토크작용
③ : 테일 로터 토크 조절(상쇄) 및 기수방향 조종

▲ 토크 작용

- 전이성향

  전이의 사전적 의미는 "변화되었다."라는 "Change"의 의미와 "옮겨지다"라는 "Spread"의 의미이다.

  전이성향은 운동하는 방향이 바뀌거나 다른 방향으로 옮겨지는 현상을 말한다. 결국 전이성향은 토크작용과 토크작용을 상쇄하는 Tail Rotor의 추진력이 복합되어 헬리콥터 동체는 우측으로 편류하려고 하는 현상이다.

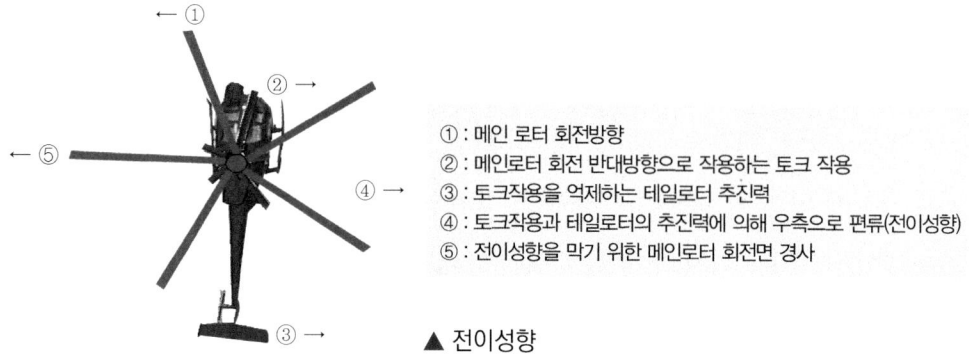

▲ 전이성향

① : 메인 로터 회전방향
② : 메인로터 회전 반대방향으로 작용하는 토크 작용
③ : 토크작용을 억제하는 테일로터 추진력
④ : 토크작용과 테일로터의 추진력에 의해 우측으로 편류(전이성향)
⑤ : 전이성향을 막기 위한 메인로터 회전면 경사

이러한 전이성향을 극복하기 위해 유인 헬리콥터는 Cyclic Pitch를 좌측으로 압을 주어 수직부양하고, 무인헬리콥터는 좌 Roll로 수직 부양시킨다.

· **회전운동의 세차**

회전하는 물체에 힘을 가했을 때 힘을 가한 곳으로부터 90° 지난 지점에서 현상이 나타나는 것을 말한다.

· **전이양력과 전이비행**

전이양력은 회전익 계통의 효율증대로 얻어지는 부가적인 양력으로 제자리 비행에서 전진비행으로 전환될 때 나타난다.

발생원인은 제자리비행 상태에서 서서히 속도가 증가되어 전진비행을 하게 되면 로터에 유입되는 기류가 회전면과 점차 수평을 이루게 되어 유도기류 속도가 감소하기 때문이다. 또한, 제자리 비행에서 전진비행으로 전환되면 제자리 비행에서 형성되었던 익단와류와 요란기류는 뒤로 처지게 되고 전진비행 시 로터 회전면은 전방으로 경사지므로 단위 시간당 로터 회전면에서 유입되는 공기량이 증가되어 추력 발생효율이 증대되기 때문이다.

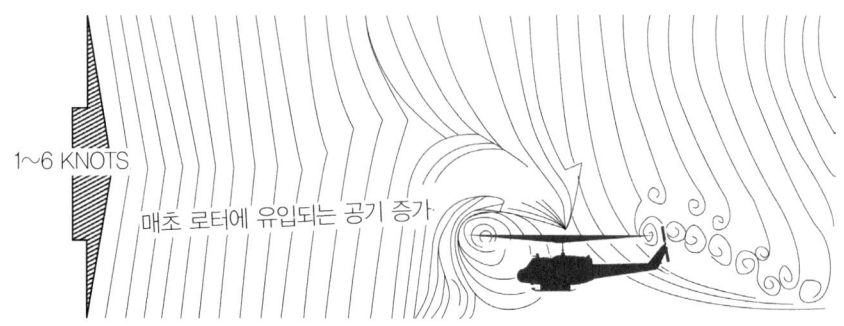

▲ 전이양력(1~5낫트)

▲ 전이양력(10~15낫트)

따라서 전이비행은 제자리 비행에서 전진비행 상태로 바뀌는 과도적인 상태를 말한다.

4) 멀티콥터의 비행특성

① 멀티콥터의 구조와 특성

- 멀티콥터의 구조

    멀티콥터는 통상 4개 이상의 동력 축(모터)과 수직 로터를 장착하여 각 로터에 의해 발생하는 반작용을 상쇄시키는 구조를 가진 비행체이다. 각각의 로터에 의한 반작용을 상쇄시키기 위해서 구조적으로 통상 짝수의 동력 축과 로터를 장착한다.(3개의 동력 축을 장착한 트라이 콥터도 있다.)

    · **비행체** : 동체 구조물, 스키드, 로터, 모터, 컨트롤러, 동력원인 배터리, 비행제어기 및 센서 등으로 되어 있다.

    · **GCS** : 조종기, Ground Control Station, 데이터 링크

    · **탑재 임무장비** : 촬영용은 카메라와 짐벌, 살포용은 약제 살포장치 등, 특수목적용은 그 운용 목적에 맞는 장비가 장착되어 있다.

- 멀티콥터의 특성

    구조가 간단하고, 부품수가 적으며, 구조적으로 안전성이 뛰어나서 초보자들도 조종이 쉽다. 헬리콥터는 주 로터와 테일 로터가 구조적으로 연결된 구조에 비해서 멀티콥터는 각 로터들이 독립적으로 모터에 의해 회전하는 차이가 있다. 헬리콥터에 비해 어느 한 부분의 문제가 될 시 상호 보상을 하는 역할을 한다.

② 멀티콥터의 작용과 반작용의 원리

■ 멀티콥터의 힘의 발생원리

· 헬리콥터와 멀티콥터의 비교

기본적으로는 헬리콥터와 같아서 로터(회전체)가 발생하는 양력에 의해 이륙된다. 헬리콥터는 로터가 1개 또는 2개이지만 멀티콥터는 4, 6, 8, 12 개 등으로 되어 이것은 비행안정성이나 조종성에 큰 차이를 준다.

Single Rotor(헬리콥터)는 로터가 회전하면 그 반작용으로 기체와 로터가 반대방향으로 돌려고 하는 힘Torque이 발생하고 이를 상쇄시켜 주기 위하여 꼬리부분에 테일로터를 장착하여 역방향으로 힘을 가해 기체의 회전을 막아 준다.

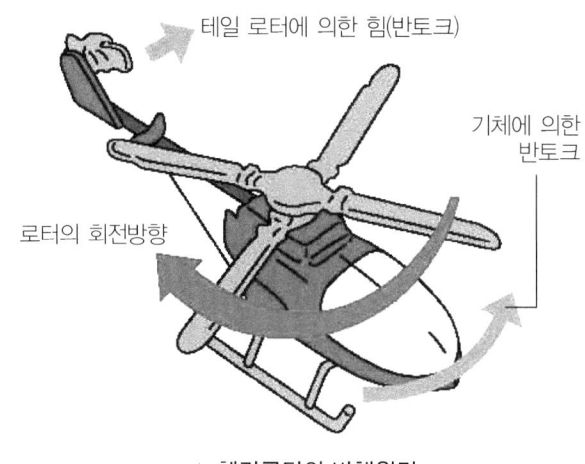

▲ 헬리콥터의 비행원리

반면 멀티콥터는 인접한 로터를 역방향으로 회전시켜 토크를 상쇄시키고, 테일 로터는 필요하지 않고 모든 로터가 수평상태에서 회전해 양력을 얻으며, 발생하는 전이성향을 서로 다른 방향으로 작용시켜 수직이착륙이 가능하도록 되어 있다.

■ 멀티콥터의 작용과 반작용

· 로터와 암에 작용한 힘

다음의 그림과 같이 고정된 축에 모터가 시계방향으로 로터를 회전시킬 경우 이 모터의 축에는 반시계방향의 반작용하는 힘이 작용한다.

또한 암의 양 끝에 모터와 로터를 장착하고 두 모터와 로터를 똑같이 시계 방향으로 회전시키면 로터의 회전에 따른 반작용이 모터의 축에 작용하고, 이 반작용의 힘은 두 암이 만나는 중앙에서 서로 반대방향으로 작용하는 힘으로 만나게 되어 서로 상쇄된다.

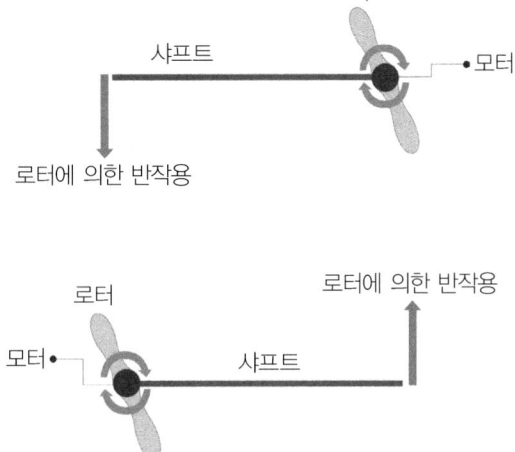

반대 방향으로 회전시키면 동일한 원리로 두 반작용에 의한 힘은 암의 가운데서 만나게 되어 상쇄된다.

다음은 반대방향으로 상쇄되는 모터와 로터 쌍들을 X자 모양으로 교차시켜서 이어 놓으면 X자의 중심에서 역시 반작용들이 상쇄되며, 서로 다른 방향으로 전이성향이 작용하여 수직이착륙이 된다.

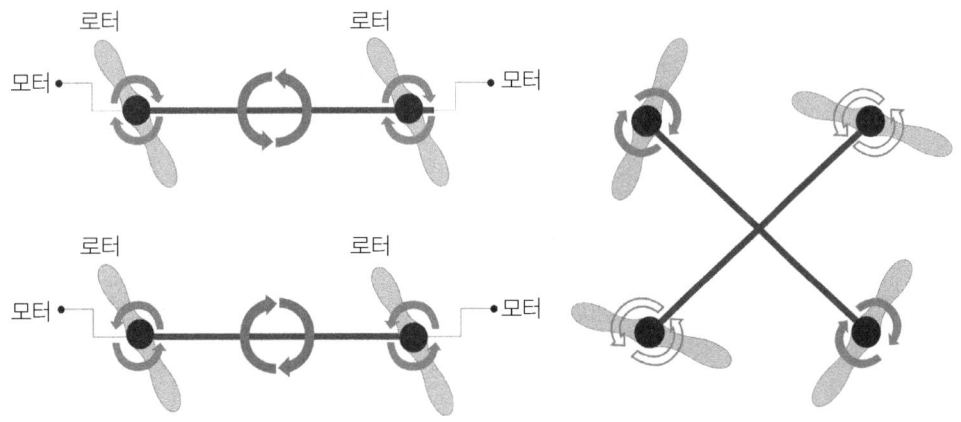

즉, 로터들이 양력을 발생시켜도 동체 전체는 반작용 없이 안정되게 양력만 발생 가능하고, 이렇게 하여 전체 동력을 로터가 동일한 속도를 갖게 하면서 상승, 하강한다.

- 멀티콥터의 형태적 구조

    X자 형태를 기본으로 4개Quad-Copter, 6개Hexa-Copter, 8개Octo-Copter, 12개Dodeca 등이 있다.

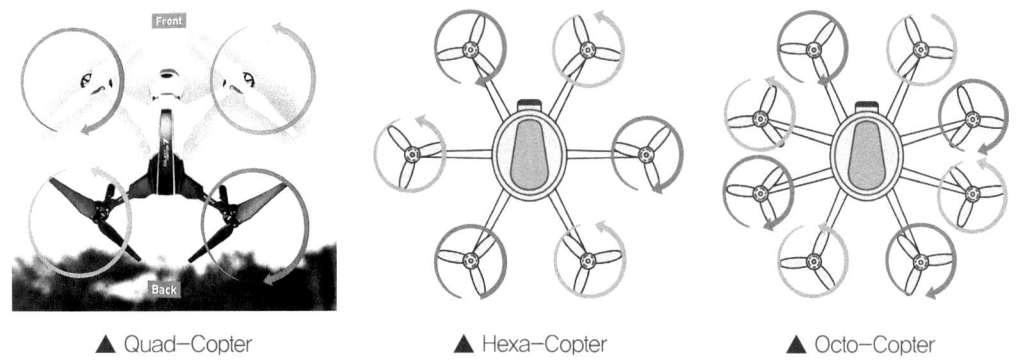

▲ Quad-Copter   ▲ Hexa-Copter   ▲ Octo-Copter

③ **멀티콥터의 전, 후진 및 좌, 우측 비행원리**

    헬리콥터와 같이 회전면의 경사에 의하여 경사가 이루어지는 방향으로 이동한다. 회전면의 경사는 앞, 뒤, 좌, 우 모터의 회전수를 상대적으로 빠르게 또는 느리게 회전하게 하여 회전면의 경사를 이루게 된다.(상대적인 것이다.)

■ 이동

- **전, 후진(Pitch) 이동** : 앞의 모터보다 뒤쪽의 모터 회전수를 빠르게 하여 회전면이 앞으로 기울어지도록 하면 전진이 되고 후진은 반대이다. 회전속도가 빠른 뒤쪽이 올라가고 속도가 낮은 앞쪽이 내려감으로 기체가 앞으로 기울어지면서 앞으로 나아가고 반대로 하면 뒤로 이동한다.

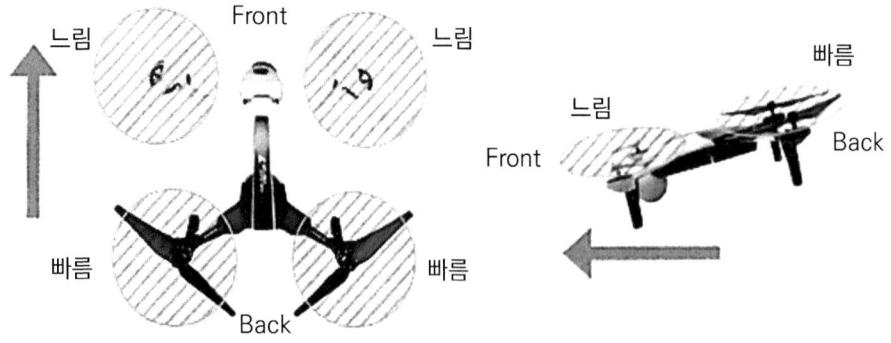

회전속도가 빠른 후방이 올라가고 속도가 낮은 전방이 내려감으로서 기체가 앞으로 기울어지면서 앞으로 나아간다. 전후 회전수를 반대로 하면 후방으로 나아간다.

▲ 전진(피치)의 원리

- **좌, 우(Roll) 이동** : 좌, 우 이동의 원리도 전, 후진 원리와 같이 좌측으로 이동 시 좌측 두 개의 모터 회전수를 느리게 하고, 우측 두 개의 모터 회전수를 빠르게 하여 회전면이 좌측 또는 우측으로 경사지게 하면 이동한다. 회전속도가 빠른 좌측이 올라가고 속도가 낮은 우측이 내려감으로서 기체가 옆으로 기울어진 상태에서 기체는 평행하게 좌, 우측으로 이동한다.

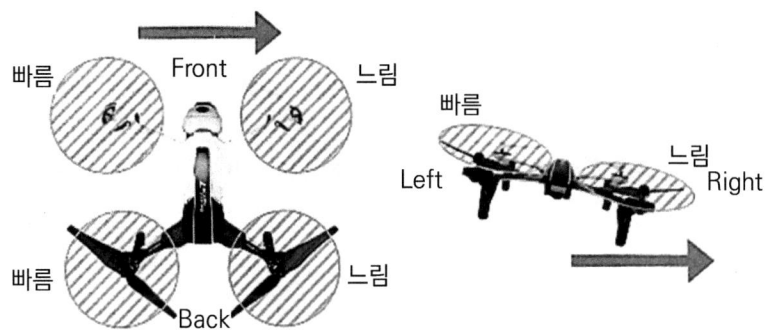

회전속도가 빠른 좌측이 올라가고 속도가 낮은 우측이 내려감으로서 기체가 옆으로 기울어진 상태에서 기체는 평행하게 우측으로 이동한다. 반대도 마찬가지이다.

▲ 좌, 우측 이동(롤)의 원리

■ 선회

- **좌, 우 선회(Yaw)** : 좌측 선회는 오른쪽으로 회전하는 모터의 회전속도가 왼쪽으로 회전하는 모터보다 빠르면 기체 전체가 좌측으로 회전하게 되며, 우측 선회는 반대의 원리이다. 오른쪽으로 회전하는 로터의 회전속도가 왼쪽으로 회전하는 로터보다 빠르면 기체 전체가 왼쪽으로 돌아가고, 반대로 좌회전이 우회전보다 빠르면 우측으로 돌아간다.

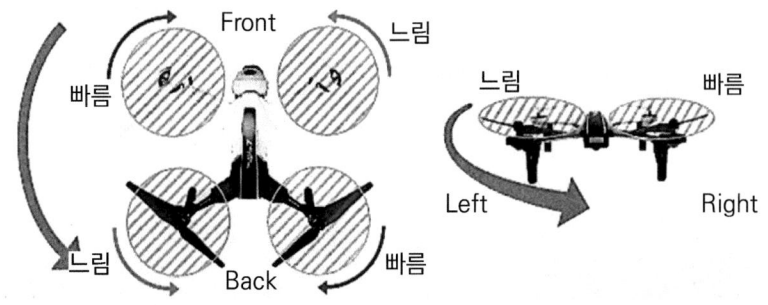

오른쪽으로 도는 로터의 회전속도가 왼쪽으로 도는 로터보다 빠르면 기체 전체가 좌측으로 돌아간다. 반대로 좌회전이 우회전보다 빠르면 우측으로 돌아간다.

▲ 좌측선회(요우)의 원리

※ 참고적으로 위에서 멀티콥터의 조종장치 설명 시 쓰로틀, 러더, 에일러런, 엘리베이터라는 용어를 사용하였다. 정확히 설명하면 이 용어들은 고정익 비행기에서 사용하는 용어로서 종전 RC에서 사용하던 것을 그대로 옮겨서 사용하고 있다. 그러나 멀티콥터는 명확히 회전익이고 용어사용에도 앞으로 발전시킬 필요가 있는 분야이다.

- 현재 사용 용어의 구분 : 비행기 조종장치의 용어를 사용 중이다.

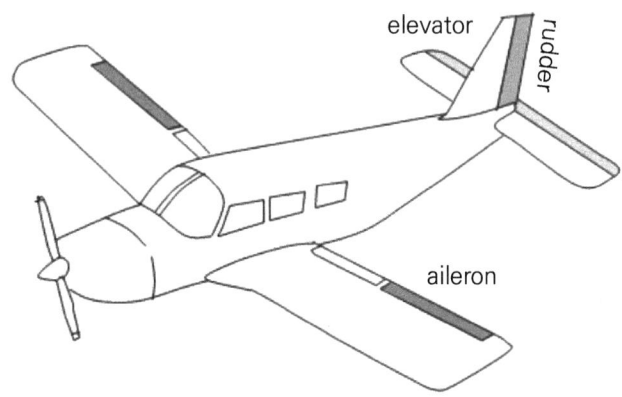

- 정확한 용어 : 전환이 필요하다

① **Throttle** : 왼쪽 스틱의 상, 하 조작으로 이, 착륙 조작.(현행과 동일하게 사용)

② **Yaw** : 왼쪽 스틱의 좌, 우 조작으로 좌, 우 방향 전환(현 Rudder → Yaw로 전환)

③ **Pitch** : 오른쪽 스틱의 상, 하 조작으로 전, 후진 조작(현 Elevator → Pitch로 전환)

▲ 멀티콥터 조종 장치 용어

※ 위 내용의 관련근거를 정리하면 다음과 같다.

<u>1. 용어의 정의 [네이버, 구글 사전]</u>

① Elevator / Aileron / Rudder : <u>비행 통제 표면을 나타냄</u>

비행기의 타면(날개에서 움직이는 부분)의 명칭이며, 해당 타면의 움직이는 조작을 의미한다.

- Throttle : 엔진의 출력 증감을 조절하는 장치

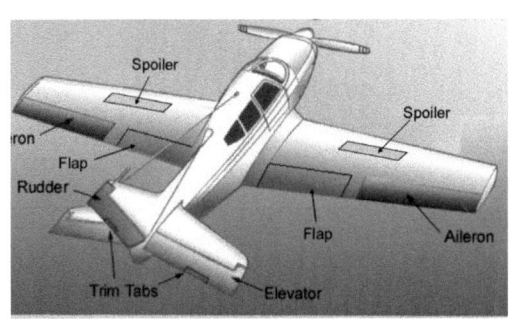
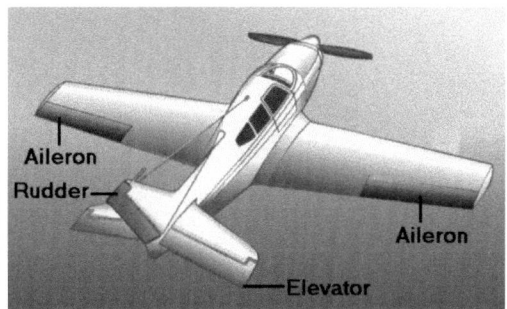

- Elevator(명사) : 항공기나 비행기의 승강타
- Aileron(명사) : 비행기 날개의 뒷전 끝단에 장착된 주 조종면
- Rudder(명사) : 항공기나 비행기의 방향타(선회의 개념)

② Pitching / Rolling / Yawing : 단어 뒤에 <u>ing가 붙어서 비행체의 운동 축/방향을 의미함</u>

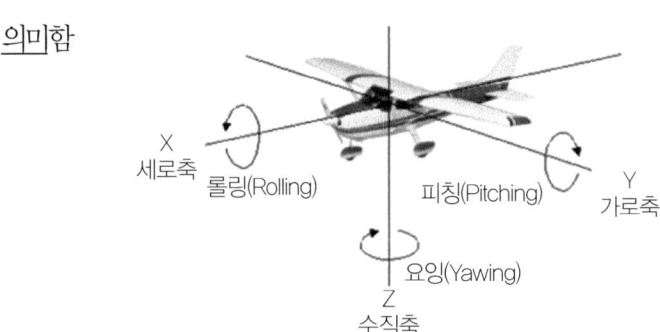

- Pitching : 비행체의 가로축(Y)에 대한 운동
- Rolling : 비행체의 세로축(X)에 대한 운동
- Yawing : 비행체의 수직축(Z)에 대한 운동

③ Pitch / Roll / Yaw : 로봇, 비행체, 드론 등의 자세를 의미하는 각도로 Pitch, Roll, Yaw로 나타낸다. [지형공간, 정보체계 용어사전]

※ 회전운동상태에 대한 오일러 각(Euler angle) : 물체가 놓인 방향을 3차원 공간에 표기하기 위해 1748년 레온하르트 오일러가 도입한 세 개의 각도이다. 모든 비행기, 헬리콥터, 드론 등 공중에 뜨는 기체는 Pitch, Roll, Yaw, Thrust(추력)의 네 가지 변수를 이용한다. 이중 Pitch, Roll, Yaw를 오일러 각이라고 한다.

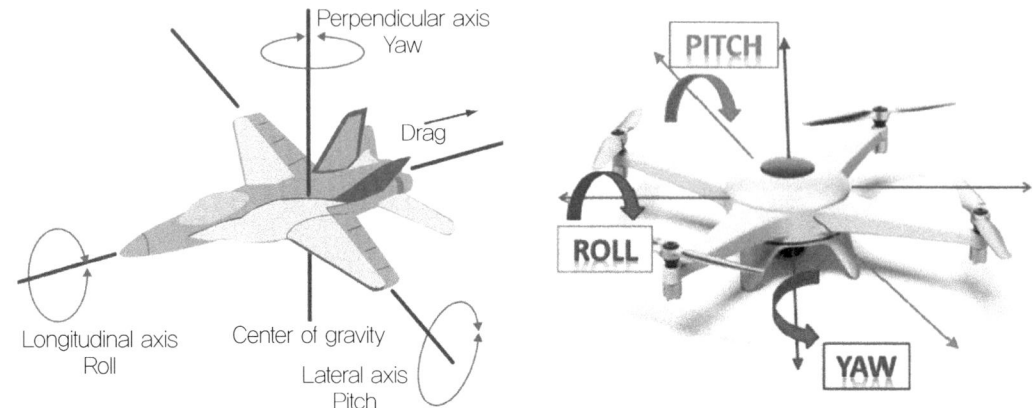

- Pitch : 항공기나 비행체의 전, 후에 대하여 기울어지는 방향을 의미
- Roll : 항공기나 비행체의 좌우로 회전하는 것을 의미
- Yaw : 항공기나 비행체의 Z축 방향의 회전을 의미

2. 위의 자료를 기초로 정리해 보면

- 현재 Elevator / Aileron / Rudder 용어를 멀티콥터의 조종스틱 용어로 사용하고 있는 것에 대하여 엄격히 구분하자면 고정익 비행기의 타면 용어를 사용하고 있음.
- 멀티콥터는 Elevator / Aileron / Rudder의 타면이 없는 회전익 비행장치로서, 적용 가능한 용어는 비행체의 이동 방향을 고려 시 Pitch, Roll, Yaw의 회전방향 용어가 적용 가능하다(올바르다)고 할 수 있음.
- **유인헬리콥터** : Collective(상승), cyclic(전,후,좌,우 이동), pedal(좌, 우 전환)로 사용.
- **경비행기** : 스로틀(엔진출력증감), 스틱(전, 후 : 엘리베이터, 좌, 우 : 에일러론), 러더(좌, 우 전환)의 용어사용.

⑤ 항공기 조종특성

■ 항공기의 축과 운동

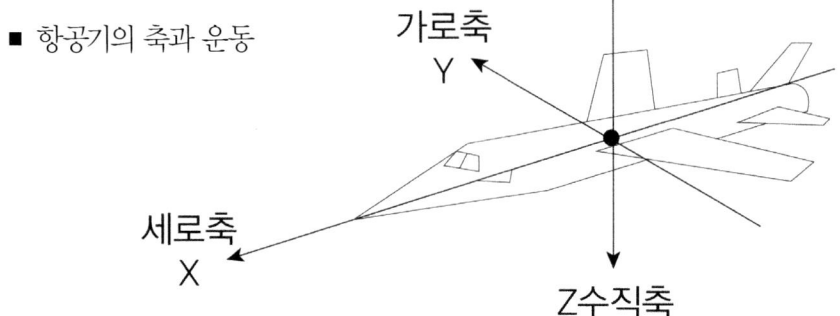

- **균형점 즉 무게 중심점** : 힘의 균형을 이루는 균형점 즉 무게 중심점이다. 모든 항공기는 무게중심점을 통과하는 축이 형성되고 이축을 중심으로 서로 90°의 각을 형성하며, 위의 그림에서 가운데 점이다.
- **가로축** Lateral axis : 항공기의 왼쪽의 무게 중심점을 통과하여 오른쪽 끝을 연하는 선으로 항공기는 기수의 상하운동을 하고 이를 종요 또는 Pitching이라하며 승강타로 조종한다.
- **세로축** Longitudinal axis : 항공기의 기수에서 꼬리를 연하는 축으로 항공기는 세로축을 중심으로 좌우운동을 하고 이를 횡요 또는 Rolling이라고 하며 보조날개에 의해 조종된다.
- **수직축** Vertical axis : 항공기의 위쪽에서 무게중심점을 통과하여 아래쪽에 이르는 축으로 이축을 중심으로 기수의 좌우운동을 하고 이를 편요 또는 Yawing이라하며 방향키로 조종한다.

■ 안정과 안정성

- **안정** : 안정과 조종은 항공기 특성 가운데 가장 중요한 부분이라 할 수 있으며, 항공기가 안전하고도 효율적으로 운용되기 위해서는 초기 설계 시부터 중요하게 다루어야한다.
  - **정적 안정** : 평형상태로부터 벗어난 뒤에 어떠한 형태로든 움직여서 원래의 평형상태로 되돌아가려는 항공기의 초기 경향을 말하며, 어떤 물체가 평형상태에서 벗어난 뒤에 다시 평형상태로 되돌아가려는 경향을 말한다.
  - **동적 안정** : 시간이 지남에 따라서 운동이 어떻게 변화하는가를 말하는 것으로 어떤 물체가 평형상태에서 이탈된 후 시간이 지남에 따라 나타나는 운동의 변화를 설명해 주는 것이다. 즉, 항공기의 균형이 상실된 후 항공기에 나타나는 전체적인 경향으로 시간의 변화에 따른 통제된 기능의 변화이다.
- **안정성** : 안전성은 항공기가 일정한 비행 상태를 계속해서 유지할 수 있는 정도를 말한다. 즉 물체의 평형이 방해를 받을 때 물체의 반작용이 안정성으로 고려된다. 안전성에는 세로 안정성, 가로 안정성, 방향 안정성이 있다.

- **세로 안정성**Longitudinal stability : 가로축에 대한 항공기의 운동을 안정시키는 것으로 Pitching이다. 세로로 불안정한 항공기는 기수가 들림 또는 숙여짐에 따라 매우 깊은 각으로 점점 급강하 또는 급상승하려는 경향이 발생한다.
- **가로 안정성**Lateral stability : 세로축에 대한 항공기의 운동을 안정시키는 것으로 Rolling이다. 어느 한쪽 날개가 반대쪽보다 낮아졌을 때 가로 또는 옆 놀이 효과를 안정시킨다.
- **방향 안정성**Direction stability : 수직축에 대한 항공기의 운동을 안정시키는 것으로 Yawing이다. 항공기의 수직안정판 또는 무게 중심 후방의 동체 측면은 방향안정의 주요소이다.

■ 조종
- **수평비행** : 항공기를 수평으로 조종하기 위해서는 이용 동력과 필요 동력과의 관계를 적절하게 조절하면서 필요한 조종면을 작동한다. 수평비행을 위해서는 스로틀과 승강타를 조작한다.
- **상승비행** : 수평 직진비행 상태에서 상승비행으로 전환 시 받음각을 증가시켜 양력을 증가시킨다. 이 순간 양력은 무게보다 커져 항공기는 상승한다. 동력의 변화가 없으면 속도 감소현상을 초래한다.
- **강하비행** : 강하비행을 위하여 항공기 기수가 낮아질 때 받음각은 감소하고 양력이 감소한다. 이는 하향 비행경로에 진입했을 때 항공기의 무게보다 양력이 순간적으로 작아지기 때문이다. 양력과 무게사이의 불균형은 항공기를 강하시키는 원인이 된다.
- **선회비행** : 선회비행을 위해서는 도움날개를 이용하여 선회하고자 하는 방향으로 비행기를 경사시켜야 한다. 이런 경우를 선회경사각으로 롤 인Roll in한다고 하며, 선회가 끝나고 직선비행으로 되돌아오는 경우를 롤 아웃Roll out이라고 한다.
- **실속**Stall : 항공기의 받음각이 증가함에 따라 날개의 윗면을 흐르는 공기 흐름이 조기에 분리되어 형성된 와류가 급속히 날개 전체로 확산되어 더 이상 양력을 발생하지 못하는 임계 받음각에 도달하고 임계받음각은 항공기의 설계에 따라 16~20도 정도가 된다.

실속의 직접적인 원인은 과도한 받음각이다. 실속은 무게, 하중계수, 비행속도 또는 밀도고도에 관계없이 항상 같은 받음각에서 실속이 발생한다. 임계받음각을 초과할 수 있는 경우는 고속비행, 저속비행, 깊은 선회비행 등이다.

- **스키드와 슬립** : 스키드는 항공기가 충분한 경사각을 사용하지 않고 선회하는 비행 기동을 말한다. 선회하는 항공기에서 발생하는 원심력은 내부로 향하는 양력에 의해서 상쇄되지 못하고, 항공기는 정확한 선회비행 경로로부터 외부로 미끄러진다. 슬립은 비행기가 선회할 때 선회 중심 쪽으로 미끄러지는 현상이다.
- **하중계수** : 항공기나 비행장치에 작용하는 하중과 중량과의 비를 말한다. 통상 항공기나 헬리콥터, 비행장치 등이 동 고도로 선회를 할 때 작용하는 총 하중계수의 계산은 45도 경사를 가지고 비행 시 총 중량의 1.5배, 60도 경사를 가지고 비행 시 2배의 총 하중계수를 갖는다.
- **비정상적인 착륙 방법**
  - 하드 랜딩Hard Land은 수직속도가 남아 있어 강한 충력으로 착륙하는 현상이다.
  - 바운싱Bouncing은 부적절한 착륙자세나 과도한 침하율로 인하여 착지 후 공중으로 다시 떠오르는 현상이다.
  - 프로팅Floating은 접근속도가 정상접근 속도보다 빨라 침하하지 않고 떠 있는 현상이다.
  - 복행은 착륙 접근 중 안전에 문제가 있다고 판단하여 다시 이륙하는 것이다.

2. 항공기상

1) 지구와 대기

① **지구의 자전Rotation과 공전Revolution**

지구는 태양계의 한 행성으로서 태양의 인력에 의한 회전운동으로 자전과 공전을 한다.

- **지구의 자전** : 지축을 중심으로 회전하는 운동이며, 자전의 결과는 밤과 낮이다. 지구 중심을 통과하고 북극과 남극을 연하는 가상 축으로 이 축을 중심으로 회전하며, 자전 속도는 초당 약 465.11m/sec이다.

- **지구의 공전** : 지구가 행성의 일원으로 태양 주위를 일정한 궤도를 그리면서 회전하는 운동으로 그 결과는 4계절의 연속적인 변화이다. 지구가 자전을 하면서 궤도의 한 위치에서 원래의 위치로 정확히 돌아 오는데는 365.25일이 소요된다. 공전 속도는 초당 약 29.783km/sec로 지구 자전속도보다 빠르다.
- **자전축 기울기** : 지구를 중심으로 지축이 오른 쪽으로 23.5° 기울어져 있다. 태양으로부터 받아들일 수 있는 태양 복사열의 변화를 초래하는 요인이 된다.

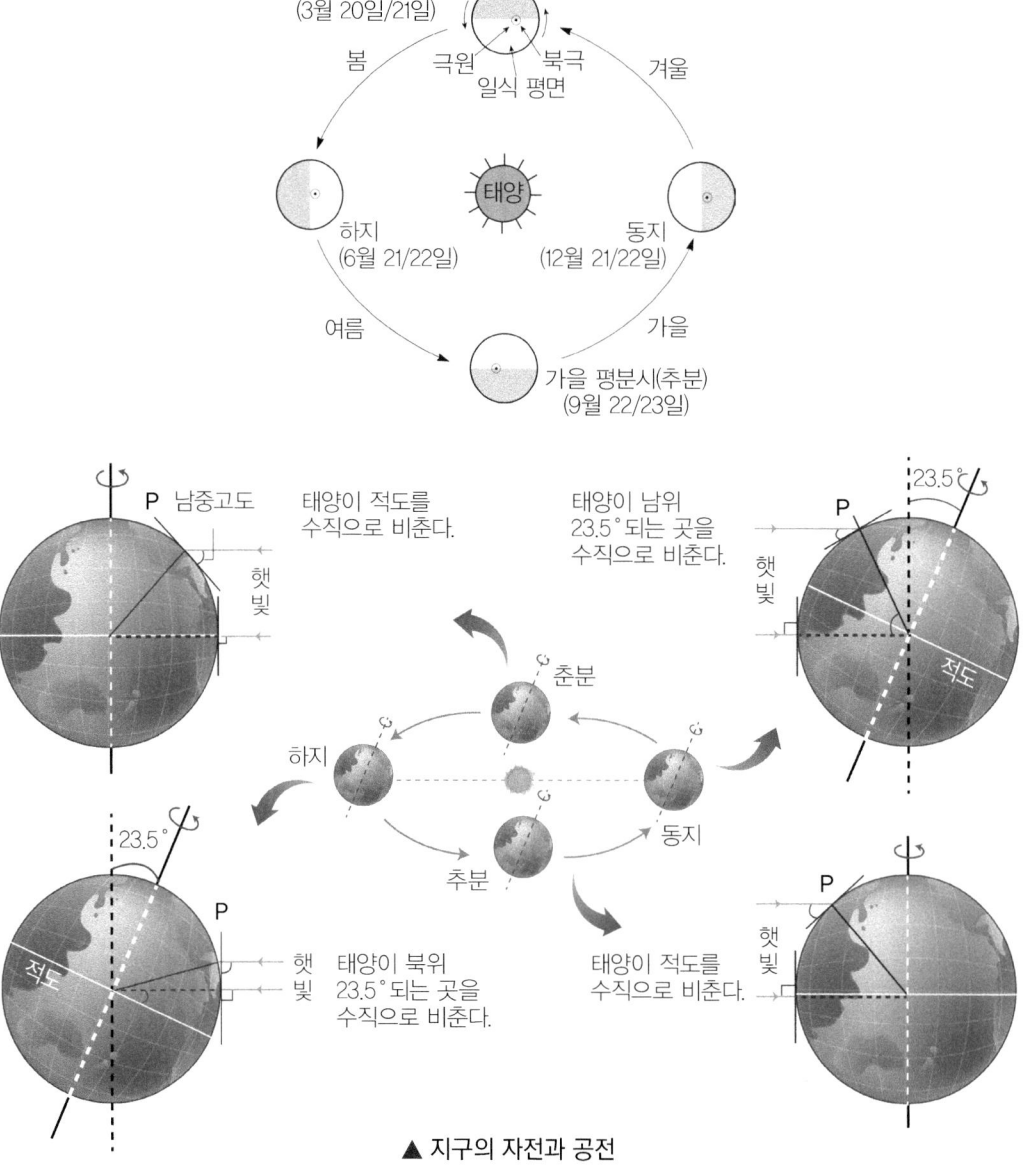

▲ 지구의 자전과 공전

② 해수면
  - 해수면 높이측정

    해수면의 높이는 "0"으로 선정하나 어느 지역에서나 똑같을 수는 없다. 각 나라에서는 해수면의 기준을 선정하여 활용하고 있으며, 우리나라는 인천만의 평균 해수면 높이를 "0"으로 선정, 활용하고 있다. 인천 인하대학교 구내에 수준 원점 높이를 26.6871m로 지정, 활용하고 있다.

③ 방위
  - 방향 결정수단

    방향 결정수단은 나침반이다. 항공기에 사용되는 나침반은 아래 그림을 참조하고, 나침반 문자판이 주축에 자유롭게 매달려 있으며, 작동시키기 위한 외부의 전원이 필요치 않는 방향지시계이다.

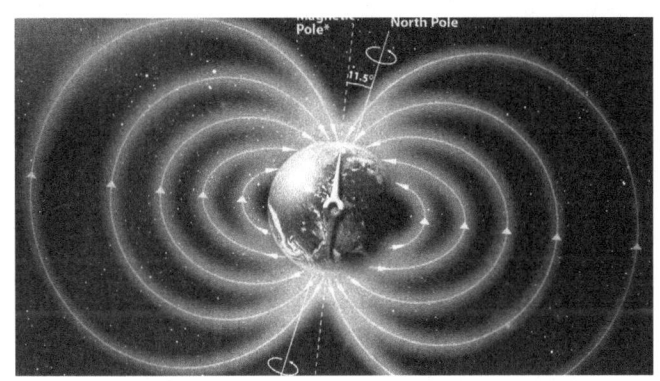 

▲ 방위 지시계

  - 자북Magnetic north과 진북True north

    자북은 지구 자기장에 의한 방위각, 나침반의 방위 지시 침이 지시하는 방위이다. 진북은 지구 자전축이 지나는 북쪽, 즉 북극성이 향하는 실제 북쪽이다.

④ 열에너지 전달방법
  - 복사Radiation

    복사는 절대영도(Absolute zero : −273.15℃) 이상의 모든 물체는 주변 환경에 광속으로 이동하는 전자기 파장의 형태로 에너지를 배출하는 것이다. 가시광의 파장 길이는 0.40~0.71마이크로미터이다.

- 전도Conduction

    물체의 직접 접촉에 의해서 열에너지가 전달되는 과정이며, 철로 된 물체는 열전도가 매우 잘 진행된다.

- 대류Convection

    가열된 공기와 냉각된 공기의 수직 순환형태를 말한다. 지구상에서 대류현상이 없을 시 극 지방은 매우 추울 것이고, 적도지방에서는 매우 뜨거울 것이나 수직과 수평적 대류에 의해서 상반된 공기가 순환되어 적절한 기온을 유지할 수 있다. 대기의 수직적 이동Vertical movement을 대류Convection, 수평적 이동Horizontal movement을 이류advection라 한다.

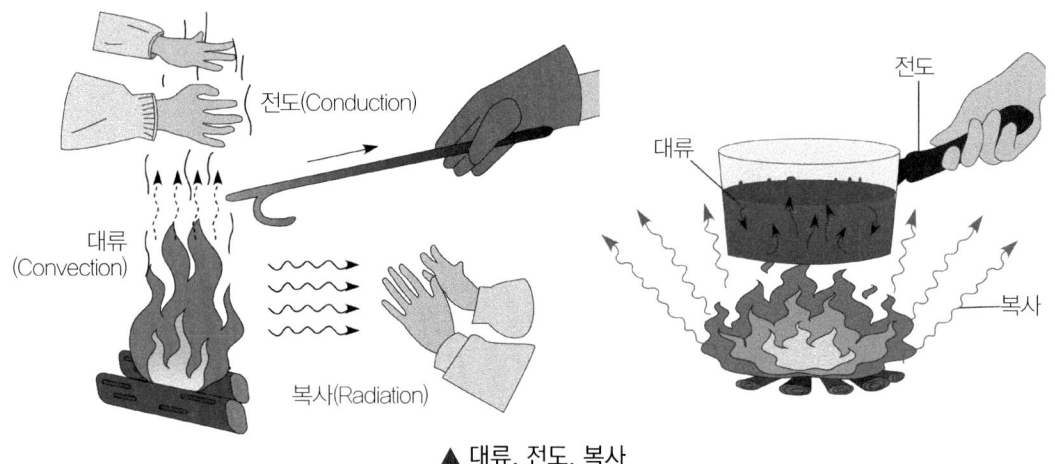

▲ 대류, 전도, 복사

⑤ 대기와 대기권

■ 대기의 구성

- **대기** : 대기란 지구 중력에 의해서 지구를 둘러싸고 있는 기체를 말한다. 대기 구성 기체는 질소(N_2) 약 78%, 산소(O_2) 약 21% 그리고 미량의 기체가 1%로 구성되어 있다.

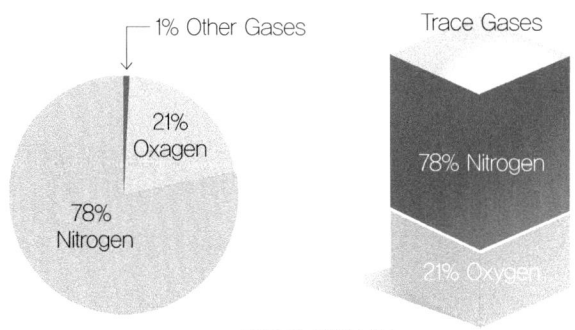

▲ 대기의 기체성분

- 대기의 구성물질

    질소는 지구 대기 중에 가장 많은 양으로 존재하는 원소로서 식물의 성장에 필수적인 에너지 공급원이다. 산소는 공기를 구성하는 물질 중 두 번째로 많이 존재하는 요소이며, 인간의 생존과 항공기 동력원을 제공하는 연료의 연소(Burning)와 밀접한 관계있다. 산소가 인체에 미치는 영향은 치명적이다.

- 기상의 7대 요소는 기온, 기압, 습도, 구름, 강수, 시정, 바람 등이다.

■ 대기권

    대기는 지구를 둘러싸고 있는 기체이지만 수십 km에서 수백 km까지 동일하지는 않다. 대류권, 성층권, 중간권, 열권으로 분류하고 그 이상은 극외권으로 명명하지 않는다. 아울러 멀티콥터는 지상에서 근접한 대류권에서 운영하므로 대류권과 대류권 계면을 중심으로 알아보고자 한다.

- **대류권**Troposphere : 지구표면으로부터 형성된 공기의 층으로 그 높이는 평균 12km 정도이다. 대기권 질량의 80%에 해당하는 기체가 모여 있으며, 지표면에서 발생하는 모든 기상현상이 발생하기 때문에 항공기 운용 및 일상생활에 매우 밀접한 관계가 있다. 기상현상은 상층공기 온도는 낮아 무겁고, 하층공기 온도는 높고 가벼워 대류현상이 발생한다.

- **대류권 계면**Tropopause

    대류권과 성층권 사이의 경계층이고 기온변화가 거의 없으며, 평균높이는 17km이다. 제트기류, 청천난기류 또는 뇌우를 일으키는 기상현상이 존재한다.

- 성층권, 중간권, 열권 등이 있다.

⑥ 물

■ 물의 형태

- **물의 형태** : 물은 세 가지의 형태로 변화하는 지구상의 유일물질이다. 액체상태는 물, 고체상태는 얼음, 기체상태는 수증기이다. 물 분자의 상태를 변화시킬 수 있는 것은 열로서 흡수와 방출로 된다. 지구의 약 70%는 물, 구름이나 안개를 구성하는 것은 물방울이다.

- **물의 순환**
  - 증발 Evaporation

    물이 액체 상태에서 기체 상태로 변화하는 것을 말한다. 모든 증발은 해양에서 80%, 나머지 20%는 내륙의 호수나 강 또는 식물에서 이루어지고, 기온이 높을수록 더 많은 수분을 함유할 수 있고, 수분은 공기보다 가벼워 공중의 비행체에 성능을 저하시킨다.

  - 응결 Condensation

    기체상태의 물이 액체로 변화하는 것을 말한다. 지표면 공기가 태양 복사열에 의해서 가열된 온난 공기가 상승하면서 공기는 냉각된다. 응결현상은 불안정 대기 속에서 대류과정을 통해서 활발하게 수행된다.

  - 대류 Convection

    대기의 수직방향 운동으로 지표면의 공기와 상층 공기의 상호 교류 역할을 한다.

  - 사이클론에 의한 수렴

    태풍이나 허리케인과 같은 열대성 사이클론은 거대한 상승 공기가 동원력이다.

  - 전선에 의한 순환

    두 개 기단(온난전선과 한랭전선)의 대치로 응결되어 구름과 강수를 만든다.

  - 지형적 상승

    이동 중인 공기가 높은 산맥에 도달하여 공기는 산의 경사를 따라 자연적으로 상승한다. 큰 산맥의 정상에는 지형성 구름을 형성한다.

  - 이류 Advection

    바람, 습기, 열 등이 수평으로 어느 한 위치에서 다른 위치로 운반하는 현상이다. 대류에 비해 적절한 이류는 지구기상의 유지를 시켜준다.

  - 강수

    대기에서 지표면으로 물을 운반하는 매체로 비, 눈, 우박, 진눈개비, 어는 비 등이다. 강수의 형태를 결정하는 것은 지역의 기온이며, 강수의 양은 대륙, 해양, 우림지대, 사막지대 등에서 다르다.

2) 기온과 습도

① 기온

- 온도와 열

    온도Temperature란 공기분자의 평균 운동 에너지의 속도를 측정한 값으로, 물체의 뜨거운 정도 또는 강도를 측정한 것으로 온도가 높을수록 물질분자의 입자들이 빨리 움직인다.

    열Heat이란 물체에 존재하는 열에너지의 양을 측정한 값으로 모든 원자의 운동은 -273℃에서 정지되며 이 온도를 절대온도라고 한다.

- 온도와 열에 사용되는 용어

    열량Heat capacity은 물질의 온도가 증가함에 따라 열에너지를 흡수할 수 있는 양이다. 비열Specific heat은 물질 1g의 온도를 1℃ 올리는데 요구되는 열이다. 현열Sensible heat은 일반적으로 온도계에 의해서 측정된 온도이며, 섭씨, 화씨, 켈빈 등이 있다. 잠열Atent heat은 물질의 상위 상태로 변화시키는데 요구되는 열에너지이다.

    비등점은 액체 내부에서 증기 기포가 생겨 기화하는 현상으로 그때 온도를 비등점 즉 끓는 점(1기압의 순수 물은 100℃)이라한다. 빙점은 액체를 냉각시키고 고체를 상태변화가 일어나기 시작할 때의 온도. 즉 어는 점.(순수 물은 0℃)이다.

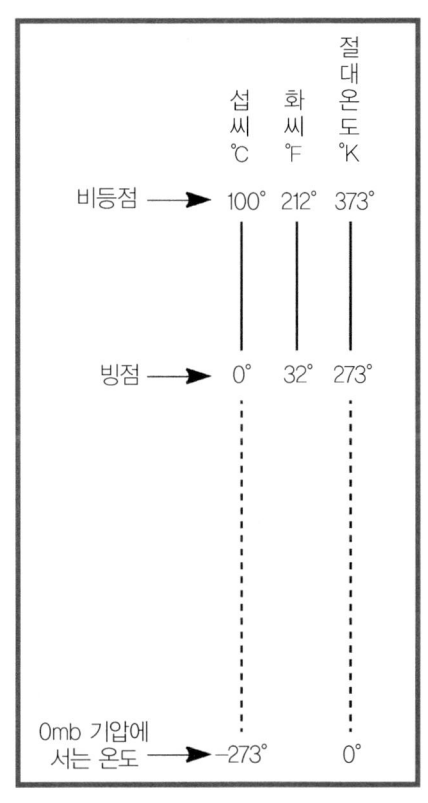

▲ 비등점과 빙점

- 기온

    태양열을 받아 가열된 대기(공기)의 온도이다. 햇빛이 가려진 상태에서 10분간 통풍을 통하여 얻어지며, 1.25~2m높이(통상 우리나라 1.5m)에서 관측된 공기의 온도이다. 해상에서는 선박 높이를 고려하여 10m높이에서 측정한다.

■ 기온의 단위

섭씨(Celsius : ℃)는 표준 대기압에서 순수한 물의 빙점(어는 온도)을 0℃로 하고 비등점(끓는 온도)을 100℃로 하며, 아시아 국가에서 사용하고 있다. 절대영도는 −273℃이다.

화씨(Fahrenheit : ℉)는 표준대기압에서 순수한 물의 빙점(어는 온도)을 32℉로 하고, 비등점을 212℉로 하며, 미국 등지에서 사용한다. 절대영도는 −460℉이다.

켈빈은 주로 과학자들이 사용하는 것으로 절대영도에서부터 시작된다. 얼음의 빙점을 273K로 하고 비등점을 373K로 하며, 절대영도는 0K이다.

▼ 온도의 단위

단위	비등점	빙점	절대온도
섭씨	100	0	−273
화씨	212	32	−460
켈빈	373	273	0

■ 기온 측정법

지표면 기온Surface air temperature은 지상으로부터 약 1.5m(5feet) 높이에 설치된 표준 기온 측정대인 백엽상에서 측정한다. 백엽상은 직사광선을 피하고 통풍이 잘 될 수 있도록 고려하여야 한다.

▲ 백엽상

■ 기온의 변화

일일변화는 밤낮의 기온차를 의미하며, 주 원인은 지구의 일일 자전현상 때문이다.

지형에 따른 변화는 먼저 물로서 육지에 비해 기온변화가 그리 크지 않아서(비열차이 때문) 변화한다. 불모지는 기온변화가 매우 크다. 기온변화 조절 가능한 최소한의 수분부족하기 때문이다. 눈 덮힌 지역은 기온의 변화는 심하지 않다 그러나. 눈은 태양열을 95% 반사시킨다. 초목지역은 동식물의 생존에 필요한 충분한 물과 수분이 존재하여 변화가 최소화된다.

계절적 변화는 태양으로부터 받아들이는 태양 복사열의 변화에 따라 기온이 변화한다.

■ 기온 감률

고도가 증가함에 따라 기온이 감소하는 비율이다. 환경기온감률(ELR Environmental Lapse Rate)은 대기의 변화가 거의 없는 특정한 시간과 장소에서 고도의 증가에 따른 실제 기온의 감소 비율이다. 고도가 올라감에 따라 일정 비율로 기온이 내려가며, 표준대기 조건에서 기온 감률은 1,000ft 당 평균 2℃이고(6.5℃/km) 이를 기온 감률이라 한다.

② 습도

· 습도(Humidity)

대기 중에 함유된 수증기의 양을 나타내는 척도를 습도라 한다. 한여름 특히 장마철이나 우기와 같은 대기 조건일 때 습도는 매우 높다. 몸이 끈적끈적하고 불쾌감을 느낄수 있다. 절대습도는 단순히 습도라고 하면 부피 1m³의 공기가 함유되어 있는 수증기 량이다. 포화는 공기 중에 수증기량이 상대습도가 100%까지 되었을 때를 말한다.

· 수증기의 상태변화

대기 중의 수증기는 기온변화에 따라 고체, 액체, 기체로 변화한다. 외부의 기온이 변화함에 따라 증발(액체→기체), 응결(기체→액체), 액체의 응결(액체→고체), 용해(고체→액체) 등 일련의 과정을 거쳐서 변한다.

· 응결핵

대기는 가스의 혼합물과 함께 소금, 먼지, 연소 부산물과 같은 미세한 입자로 구성되며 흙먼지와 같은 토양의 입자, 소금입자, 물보라, 암모니아, 화산재, 아황산가스 등이다.

· 과 냉각수

액체 물방울이 섭씨 0℃ 이하의 기온에서 응결되거나 액체 상태로 지속되어 남아 있는 물방울이며, 과 냉각수가 노출된 표면에 부딪칠 때 충격으로 인하여 결빙된다. 항공기나 드론의 착빙Icing현상을 초래하는 원인이 되며, 과 냉각수는 0℃~-15℃사이의 기온에서 구름 속에 풍부하게 있다. 구름과 안개는 대부분 과 냉각수를 포함한 빙정의 상태로 존재한다.

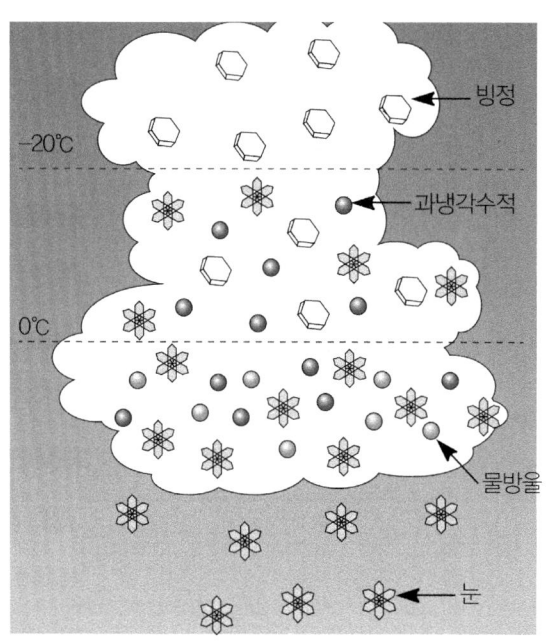

▲ 빙정, 과냉각수 및 물방울

3) 대기압과 일기도

① 대기압

■ 기압

- 기압과 1기압

진동하는 기체분자에 의해 단위 면적당 미치는 힘. 또는 주어진 단위 면적당 그 위에 쌓인 공기 기둥의 무게를 말한다. 단위 면적 위에서 연직으로 취한 공기 기둥안의 공기 무게이다.(주위와 상대비교)

1기압은 76cm의 수은(Hg) 기둥의 높이로서 10m정도의 물기둥의 무게가 주는 압력이다. 즉, 10m 깊이 정도의 물속에 사는 것과 동일하다고 할 수 있다.

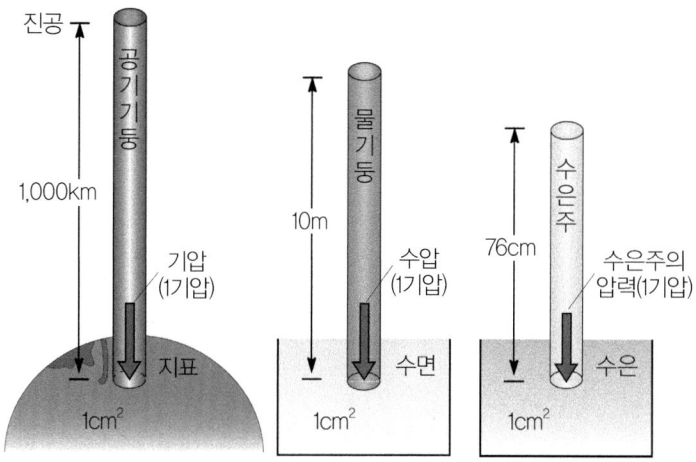

▲ 1기압의 높이

- 대기압 Atmospheric pressure

물체 위의 공기에 작용하는 단위 면적 당 공기의 무게로서 대기 중 기압은 각 지역마다 다르다. 기압의 일일 변화 중 최고는 9시와 21시, 최소는 4시와 16시이며, 대기에서 대기압의 변화는 바람유발의 원인이 되며, 수증기 순환과 항공기 양력을 제공한다.

· 기압 측정

① **수은 기압계** : 용기에 수은을 반쯤 채우고 끝이 열린 빈 유리관을 용기 속에 넣으면 주변 대기압에 의해 수은이 유리관을 따라서 상승한다. 표준대기의 해수면에서 수은의 상승이 정지되고 이때 수은이 지시하는 눈금은 29.92inch·Hg 또는 760mm Hg이다.

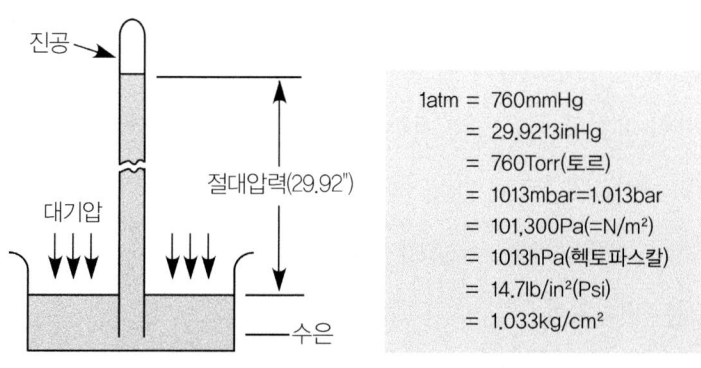

▲ 수은 기압계 / 기압

② **아네로이드 기압계** : 아네로이드 셀이 기압변화에 따라 수축과 팽창을 하고 연결된 셀의 끝이 기록 장치를 작동시킨다.(진공상태가 외부 기압에 찌그러지는 정도를 이용하는 것)

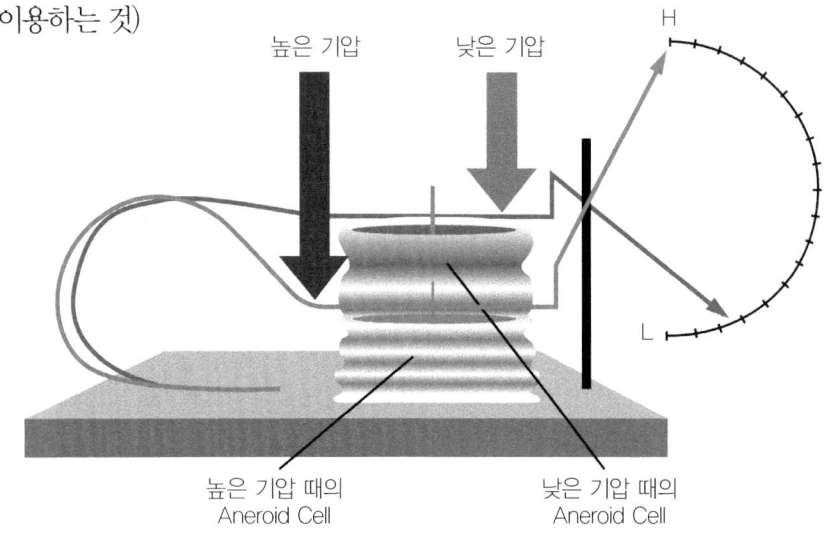

▲ 아네로이드 기압계 원리

■ 국제 민간항공기구(ICAO)의 표준 대기조건과 가정사항

- 대기조건

　해수면 표준 기압은 29.92inch.Hg(1013.2mb), 해수면 표준기온은 15℃(59°F), 음속은 340m/sec(1,116ft/sec), 기온 감률은 2℃/1,000ft(지표 :~36,000ft), 그 이상은 -56.5℃로 일정하다. 고도 36,000피트까지는 고도 1,000피트 당 약 2℃씩 감소하고 그 이상 고도에서는 -56.5℃로 일정하다.

- 가정사항

　대기는 수증기가 포함되어 있지 않은 건조한 공기이며, 대기의 온도는 따뜻한 온대지방의 해면상의 15℃를 기준으로 하였으며, 해면상의 대기 압력은 수은주의 높이 760mm를 기준으로 한다. 해면상의 대기밀도는 12,250kg/m³를 기준으로 하고, 고도에 따른 온도강하는 -56.5℃(-69.7°F)가 될 때까지는 -0.0065℃/m이고, 그 이상 고도에서는 변함없이 일정(-56.5℃)하다.

② 일기도

■ 일기도 이해

· **일기도란?**

　어떤 특정한 시각에 각 지의 기상상태를 한꺼번에 볼 수 있도록 지도위에 표시한 것으로 날씨의 몽타주이다. 일기예보나 일기 분석에 사용하며, 지표상에 풍향, 풍력, 일기, 기온, 기압, 동일기압의 장소, 고기압이나 저기압의 위치, 전선이 있는 장소 등을 숫자, 기호, 등치선으로 기호화, 수량화하여 기입한 것이다. 기압, 기온 등 공간적 연속표시는 등압선과 등온선으로 표시한다.

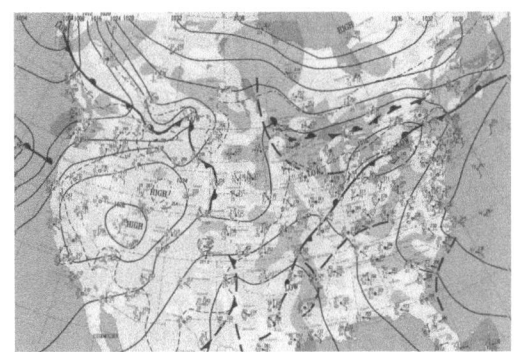 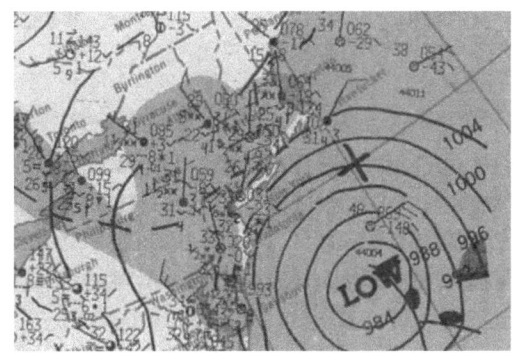

　기압, 기온 등 공간적 연속표시는 등압선과 등온선으로 표시하고, 많은 곡선들은 기압이 같은 지점을 연결한 등압선이다. H(고기압), L(저기압)은 등압선 형식으로 표시한 기압의 중심이다. 톱니 모양의 기호는 전선을 표시한 것이며 종합적으로 볼 때 일기도는 현 지상대기상태를 알 수 있으며, 일정시간 간격으로 연속하여 작성하면 날씨의 시간적 변화를 잘 알 수 있다.

　고기압은 주변보다 기압이 상대적으로 높은 지역이며, 저기압은 주변보다 기압이 상대적으로 낮은 지역이다. 기압골은 기압을 등압선으로 그렸을 때 골짜기에 해당하는 부분이며 주로 저기압의 가늘고 긴 축을 말한다. 기압 마루는 고기압이 길게 연장된 부분이다.

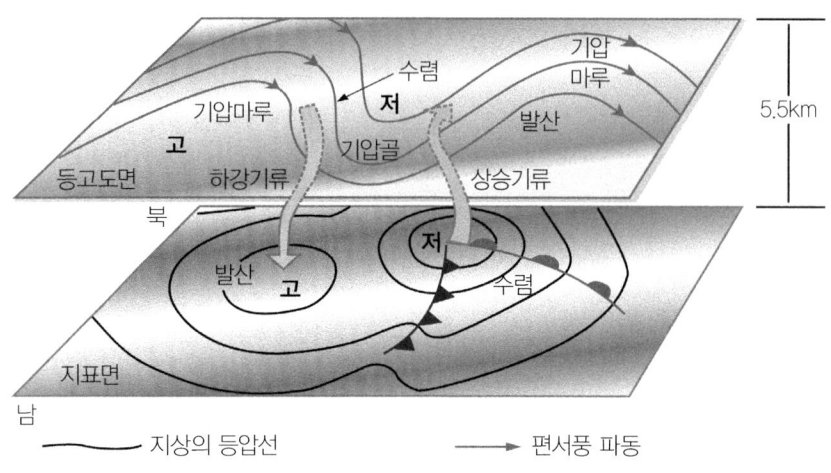
▲ 고기압/저기압 일기도

· **고기압과 저기압**

　　고기압은 기압이 높은 곳으로 주변의 기압이 낮은 곳으로 시계방향으로 불어간다. 중심부근은 하강기류가 존재하고, 단열승온으로 대기 중 물방울은 증발한다. 구름이 사라지고 날씨가 좋아지며, 중심은 기압경도가 낮아 바람이 약하다. 고기압권내의 바람은 북반구에서는 고기압 중심 주위를 시계방향으로 회전하고, 남반구에서는 반 시계방향으로 회전하면서 불어간다. 지상에서 부는 공기보다 상공에서 수렴되는 공기량이 많으면 하강한다.

구분	고기압	저기압
모습 (북반구)		
정의	주변보다 기압이 높은 곳	주변보다 기압이 낮은 곳
바람	시계 방향으로 불어 나감	반시계 방향으로 불어 들어옴
기류, 날씨	중심부에 하강 기류 → 구름 소멸 → 날씨 맑음	중심부에 상승 기류 → 구름 생성 → 날씨 흐림

저기압은 주변보다 상대적으로 기압이 낮은 부분이다.(1기압이라도 낮으면 저기압이 됨) 거의 원형 또는 타원형으로 몇 개의 등압선으로 둘러싸여 중심으로 갈수록 기압이 낮다. 상승기류에 의해 구름과 강수현상이 있고 바람도 강하게 분다. 저기압은 전선의 파동에 의해 생긴다. 저기압 내에서는 주위보다 기압이 낮으므로 사방에서 바람이 불어 들어온다. 저기압의 바람은 북반구에서는 저기압 중심을 향하여 반시계방향으로, 남반구에서는 시계방향으로 분다. 일반적으로 저기압은 날씨가 나쁘고 비바람이 강하다.

- **등압선**

 일기도 상에 해수면 기압 또는 동일한 기압 대를 형성하는 지역을 연결하여 그어진 선이다.

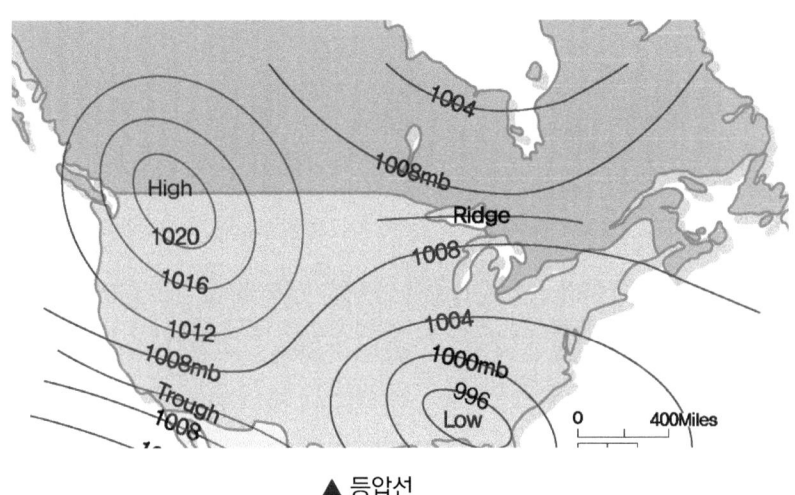

▲ 등압선

 저기압과 고기압 지역의 위치와 기압경도에 대한 정보를 제공하고, 동일한 기압지역을 연결한 것으로 거의 곡선모양이다. 조밀하게 형성된 지역은 기압경도가 매우 큰 지역으로 강풍이 존재한다.

- **기압경도**

 모든 지역에서 기압이 동등하지 않으며, 지역별 기압차이가 발생한다. 기압경도는 주어진 단위거리 사이의 기압차이 즉 한 등압선과 인접한 등압선 사이를 측정한 거리에서 기압이 변화한 비율이다. 수평면 위의 두 지점에서 기압차로 인하여 생기는 힘이며, 공기이동 촉발 원인이 된다. 바람은 기압경도에 직각으로 가까운 각도로 불고, 속도는 경도에 비례한다. 기압경도는 고기압 쪽에서 저기압 쪽으로 이동한다.

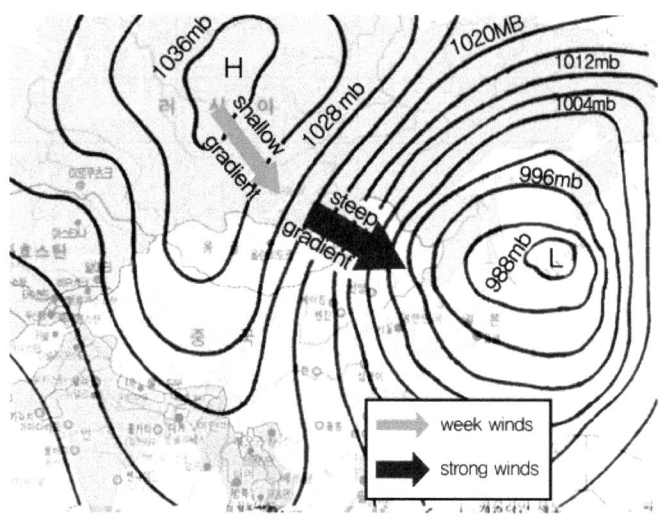

- 일기도 보는 법
- **보는 방법**

일기도 상에서 작은 원으로 표시된 각 지점의 날씨는 기호로 표시되어 있어 먼저 날씨 기호를 파악한다. 각 지점에서 그어진 직선과 끝 날개 선을 보고 바람 방향과 풍속을 파악한다. 예를 들어 풍향선이 북쪽에 있으면 북풍이다.

▼ 풍향풍속

기호	◎	─	⊢	⊢	⊢	⊢	⊢	⊢	⊢	⊬
풍속 (m/s)	고요	1	2	5	7	10	12	25	27	북서풍 12m/s

지상의 바람은 고기압에서 불어 나가고, 저기압에서 불어 들어오므로 등압선만 보면 개략적인 풍향을 알 수 있다. 등압선이 밀집되어 있는 곳일수록 기압 경도가 크며, 바람이 강하다. 일기도의 기호를 붙인 전선 부근은 일반적으로 날씨가 나쁘다.

- 일기 기호

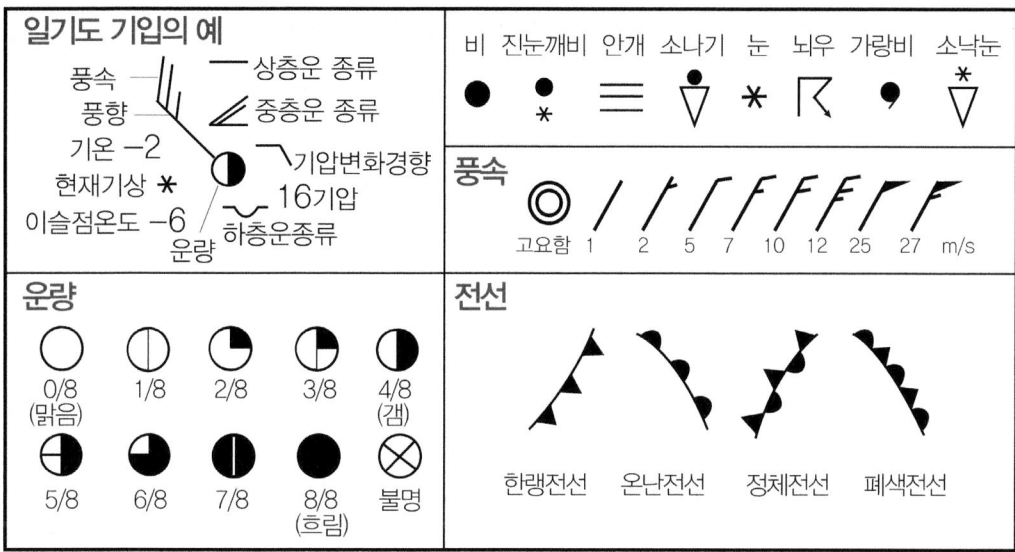

■ 경보와 주의보

· 개요

　기상재해가 일어날 가능성이 있을 때 주의를 환기 또는 경고하기 위해 기상청에서 발표하며, 기상 특보라고 한다. 어떤 기상이 강화되어 주의를 요할 시 "주의보"를 발령하고, 이후 더욱 주의의 필요성이 있을 때 "경보"를 발령한다. 정규 외 갑작스런 기상변화는 기상정보를 발표하고 악기상은 기상특보로 발령한다. 특보발령에 앞서 종류, 예상구역, 예상 일시 및 내용의 예비 특보를 발령한다.

　종류는 대설, 호우, 태풍, 폭풍(해상), 폭풍(육상), 파랑, 한파 등이 있으며 세부 내용은 기상청 홈페이지 또는 세부 기준의 교재를 참고하기 바란다.

■ 고도

· 종류

　기압고도는 표준 기지면 위의 표고이고, 표준대기 조건에서 측정된 고도이다. 기압고도계는 아네로이드 기압계를 이용하여 기압을 고도로 환산해 나타낸 것으로 항공기에 사용되는 고도계이다.

　지시고도 indicate altitude는 고도계의 창에 수정치 값을 입력하여 얻은 고도계의 지시치이다. 진고도true altimeter는 평균 해수면으로부터 항공기까지의 수직 높이(MSL로 표기)이다. 절대고도absolute altimeter는 지표면으로부터 항공기까지의 높이(AGL로 표시)이다.

4) 바람

① 바람과 바람의 측정

- **바람** : 바람은 공기의 흐름, 즉 운동하고 있는 공기이다. 수평방향의 흐름을 지칭하며 고도가 높아지면 지표면 마찰이 적어 강해진다. 공기흐름의 유발 근본적인 원인은 태양에너지에 의한 지표면의 불균형 가열에 의한 기압차이로 발생하며, 기온이 상대적으로 높은 지역에서는 저기압이 발생하고, 기온이 상대적으로 낮은 지역에서는 고기압이 발생한다.

- **바람의 측정** : 공항이나 기상 관측소에 설치된 풍속계anemometer와 풍향계wind direction indication에 의해서 측정한다. 종류는 바람주머니, T형 풍향지시기, Aerovane 등이 있으며, 지표면 10m 높이에서 관측된 것을 기준으로 하며, 풍향, 풍속을 표기한다. 상층의 바람은 기구, 도플러 레이더, 항공기 항법시스템, 인공위성 등으로 측정한다.

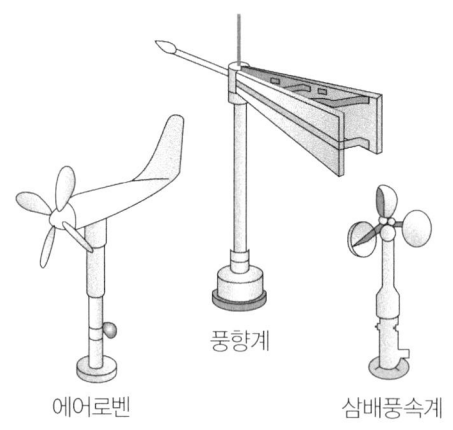

▲ 바람의 측정기구

풍속의 단위는 NM/H(kt), SM/H(MPH), km/h, m/s. 등을 사용하며, 멀티콥터에서는 통상 m/s를 사용한다.[1kt = 1,852m(Notical Mile)(State mile 1 mile = 0.869해리이다.)]

- **바람의 방향** : 바람의 방향을 제공할 때 지상에서 기상전문가들은 진북방향을 공중에서 항공종사자(조종사, 관제사 등)는 자북방향으로 제공한다. 항공에서 방위를 붙여서 표현하고, 풍향은 동서남북의 중간방위를 더해서 16방위로 표기하나 드론 등을 운용 시에는 8방위로 표기하여도 사용상 가능하다.

바람 방향에서 북풍이라는 것은 북에서 남으로 부는 바람을 말한다. 즉 북쪽을 향하는 바람이 아니라 나를 기준으로 불어오는 바람이다. 그러나 조류, 해류 등 물 흐름의 방향은 향해서 가는 방향을 의미한다.

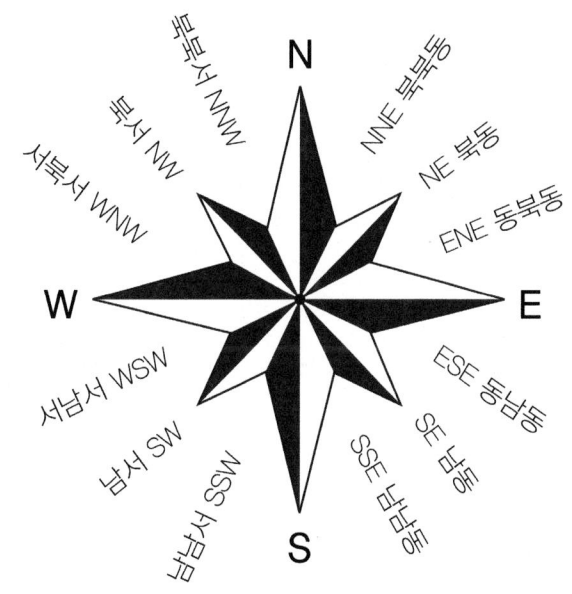

▲ 바람의 방향

- **풍향, 풍속 측정법**

1분간, 2분간, 또는 10분간의 평균치를 측정하여 지속풍속을 제공한다. 평균풍속은 10분간의 평균치로 공기가 1초 동안 움직이는 거리를 m/s, 1시간에 움직인 거리를 마일mile로 표시한 노트kt이다.

순간풍속은 어느 특정 순간에 측정한 속도를 말하며 최대 풍속은 관측기간 중 10분 간격의 평균 풍속 가운데 최대치이다. 순간최대 풍속은 관측기간 중 순간 풍속의 최대치 즉 가장 큰 풍속이다.

Wind sock에 의한 측정방법은 먼저 유의해야 할 점은 정확한 측정방법은 아니라는 것이다. 그러나 주변에 많이 설치된 Wind sock을 잘 활용하면 항공기 및 드론 운용 시 좋은 자료가 될 것이다.

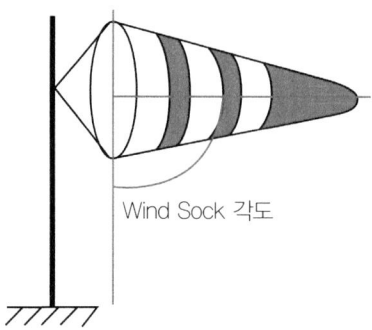

Wind Sock 각도	풍속(m/sec)
0도	0m/sec
15~20도	1m/sec
30~40도	2m/sec
50~60도	3m/sec
70~80도	4m/sec
90도	5m/sec

▲ Wind sock에 의한 풍향·풍속 측정법

Wind sock에 의한 측정방법에 있어서 유의해야 할 점은 정확한 측정방법은 아니라는 것이다. 그러나 주변에 많이 설치된 Wind sock을 잘 활용하면 항공기 및 드론 운용 시 좋은 자료가 될 것이다.

또 다른 방법으로는 휴대하고 있는 손수건을 활용한 방법으로 손수건을 손으로 잡고 날리는 정도에 따라 측정하는 방법이다.

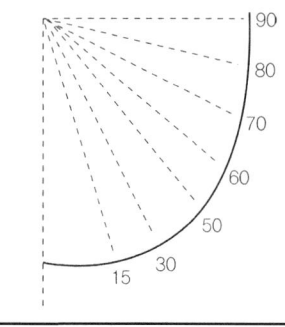

수직 각도	풍속(m/sec)
0도	0m/sec
15도	1m/sec
30도	2m/sec
50도	3m/sec
70도	4m/sec
90도	5m/sec

▲ 손수건에 의한 풍향·풍속 측정법

풍향, 풍속 표기법은 풍속을 측정하여 표기하는 방법이다.

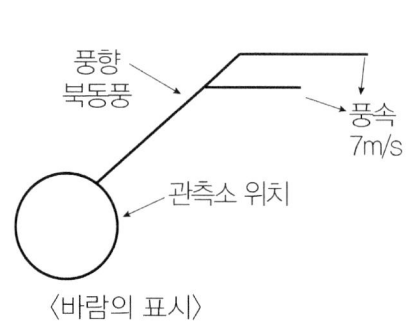

▲ 바람의 표기법

② 바람을 일으키는 힘

■ 기압경도력

기압경도pressure gradient는 공기의 기압 변화율로 지표면의 불균형 가열로 발생하며, 기압 경도력은 기압경도의 크기 즉 힘이다. 고기압 쪽에서 저기압 쪽으로 등압선에 직각 방향으로 작용하며, 등압선이 조밀한 지역에서는 기압 경도력이 강해 강풍이 발생한다.

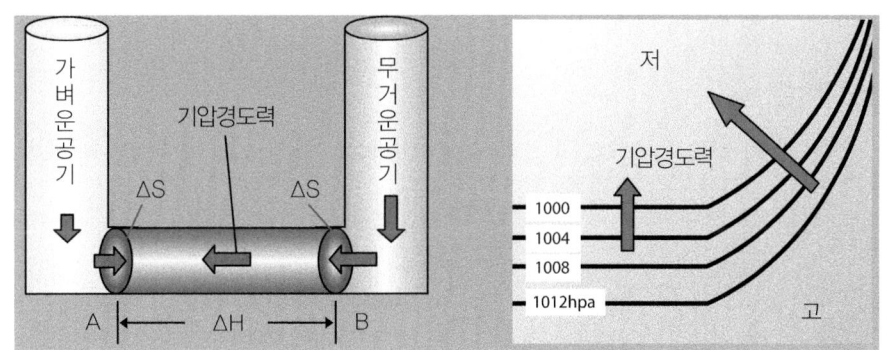

▲ Wind sock에 의한 풍향·풍속 측정법

■ 전향력

회전하는 운동계에서 운동하는 물체를 관측하였을 때 나타나는 겉보기의 힘이다. 물체를 던진 방향에 대해 북반구에서는 오른쪽으로 남반구에서는 왼쪽으로 힘이 작용하는 것처럼 운동하게 되는데 이때의 가상적인 힘이 전향력이다. 1828년 프랑스의 G.G. 코리올리가 이론적으로 유도하여 "코리올리의 힘"이라고도 하며, 극지방에서 최대이고 적도 지방에서는 최소이다.

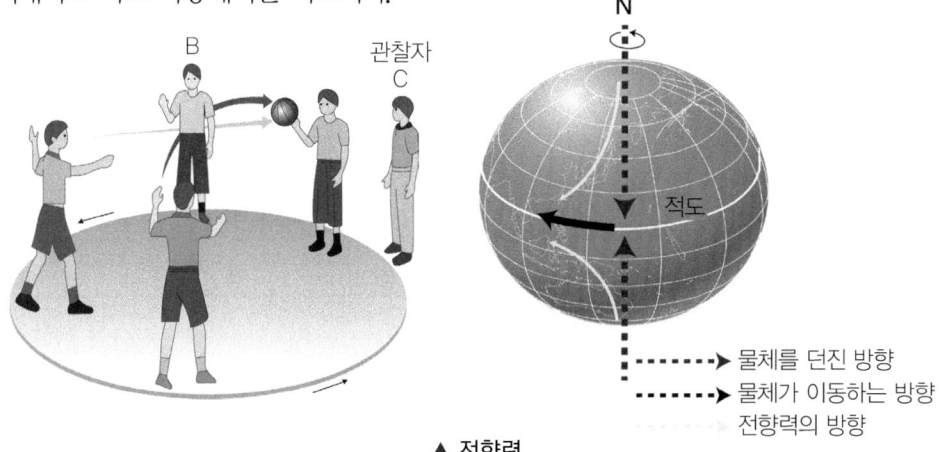

▲ 전향력

③ 항공 및 드론 운용에서의 바람 운용

■ **개요**

항공기 및 드론 등 공중에서 운용하는 비행체는 바람의 영향에 매우 민감하며 중요하다. 항공기 및 드론 등의 성능에 상당한 영향을 미치며, 항공기나 드론이 아니더라도 하늘을 나는 새들의 행태를 보더라도 바람을 적절히 활용하고 있음을 알 수 있다. 새들이 나뭇가지에 앉거나 날아 갈 때도 반드시 맞바람을 적절히 이용하고 있는 것을 볼 수 있다.

■ **맞바람** Head Wind

사람의 앞부분이나 항공기 또는 드론의 기수 nose 방향을 향하여 정면으로 불어오는 바람을 말하며, 항공기의 이착륙 성능을 현저히 증가시키고, 드론 역시 바람이 부는 상황에서 이·착륙 시 맞바람을 적절히 이용하면 안전하게 운용할 수 있다.

■ **뒷바람** Tail Wind

항공기 또는 드론의 꼬리 tail 방향을 향하여 불어오는 바람을 말하며, 뒷 바람은 항공기 이착륙 시 성능을 현저히 감소시키거나 이착륙 자체를 불가능하게 하며, 드론 역시 뒷바람 상태에서 이착륙 시는 안전하게 운용 될 수 없다.

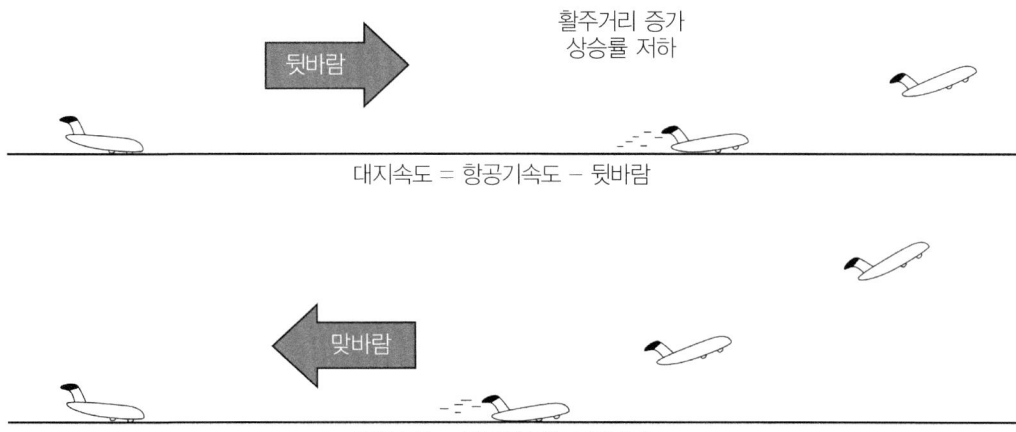

■ 측풍

항공기나 드론 등 비행체의 왼쪽 또는 오른쪽에서 부는 바람으로 항공기나 드론 운용에 많은 영향을 미치는 요인으로 작용한다.

④ 바람의 종류

■ 지균풍

지표면의 마찰 영향이 없는 지상 약 1km이상의 상공에서 기압 경도력과 전향력이 균형을 이루어 부는 바람으로 지균풍의 특징은 지균평형 상태에서의 바람으로 등압선(등고선)에 평행하고, 바람의 오른쪽은 고기압, 왼쪽은 저기압이며, 기압경도가 클수록 풍속은 강하다.

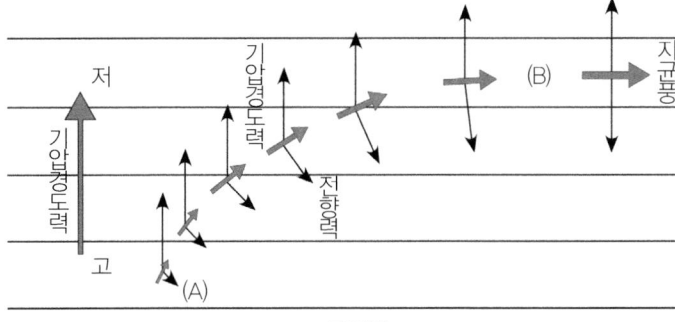

▲ 지균풍

■ 경도풍

지상 1km 이상에서 등압선이 곡선일 때 부는 바람으로 기압 경도력, 전향력, 원심력이 평행을 이룬다. 지상 약 1km이상의 상공은 지표면과 바람 사이에 마찰력이 없으며, 경도풍은 지균풍과 달리 등압선이 곡선이면 원심력이 작용한다.

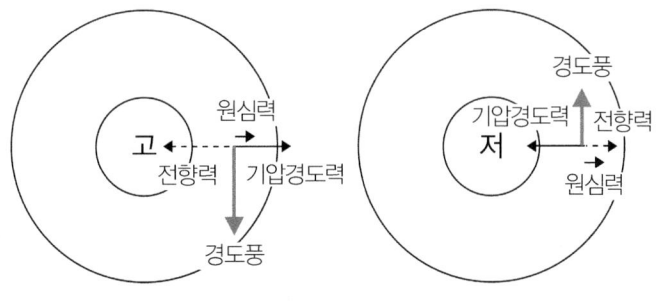

▲ 경도풍

■ 지상풍

지상 1km 이하의 지상에서 마찰력의 영향을 받는 바람으로 전향력과 마찰력의 합력이 기압 경도력과 평행을 이루어 등압선과 각을 이루며 저기압 쪽으로 부는 바람으로 마찰풍이다. 특징은 지상풍에 작용하는 힘은 기압경도력, 전향력, 마찰력이며, 바람은 마찰력의 영향으로 등압선을 비스듬히 가로질러 저기압으로 분다. 바람이 숲, 건물, 산 등에 부딪혀 마찰이 생기므로 속도는 상공보다 느리다.

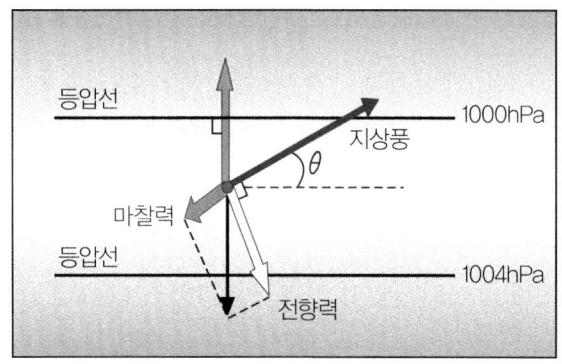

▲ 지상풍

■ 해륙풍

주간(해풍)에는 태양 복사열에 의한 가열 속도 차로 기압경도력이 발생한다. 즉 육지에서의 가열이 높아지면 기압이 낮아지고 수평 기압경도가 형성된다. 오후 중반 10~20kts 속도로 발생되나 그 이후 점차 소멸되며, 1,500~3,000ft 높이까지 발달한다. 야간(육풍)에는 지표면과 해수면의 복사 냉각차로 기압 경도력이 발생한다. 해풍(주간)보다 육풍(야간)이 적은 것은 야간의 기온 감율이 느리기 때문이다.

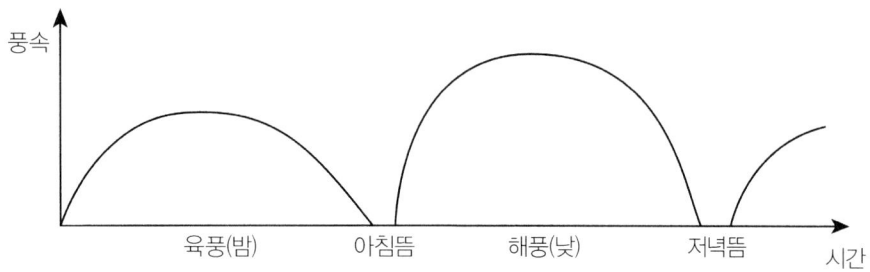

1. 해풍이 육풍보다 빠르다.
2. 해풍과 육풍이 바뀌는 순간 바람이 일시 정지함. 이 때를 뜸이라고 한다.

▲ 하루 중 해륙풍의 풍속 변화

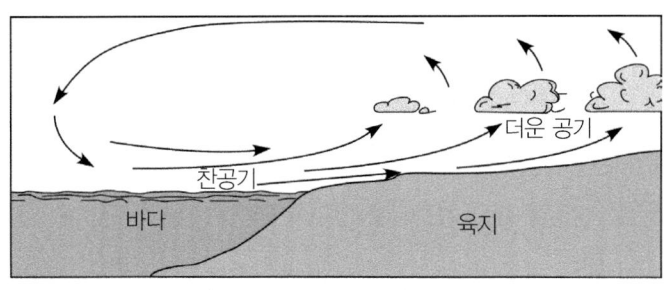

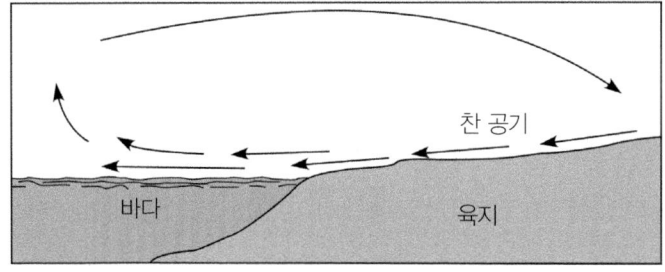

◀ 해풍(위)과 육풍(아래)

- **산곡풍**

  산곡풍(산들바람, mountain breezes, valley breezes)은 산바람과 골바람으로 나눈다. 산바람은 산 정상에서 산 아래로 불어오는 바람(야간에 붐)이며, 골바람은 산 아래에서 산 정상으로 불어오는 바람(주간)으로 적운이 발생하여 분다. 산 경사면의 태양 복사 차이로 수평적 기압 경도력이 발생하며, 비행기로 계곡 통과 시 순간적인 상승, 강하 현상이 발생하는 것을 볼 수 있다.

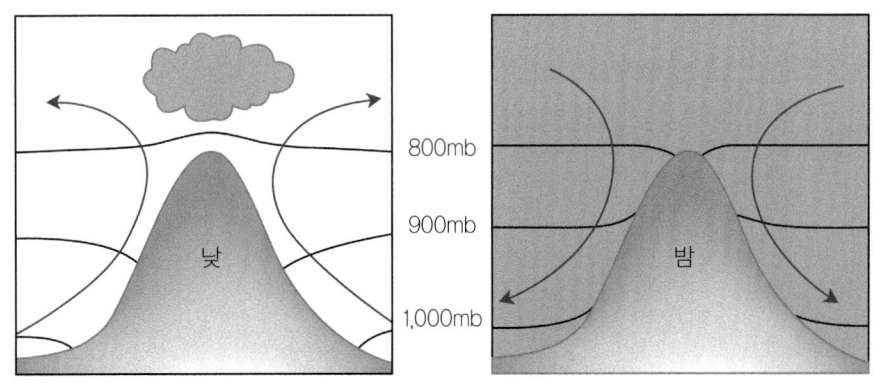

▲ 골바람(좌)과 산바람(우)

■ 계절풍

1년을 주기로 대륙과 해양 사이에서 여름과 겨울에 풍향이 바뀌는 바람으로 겨울은 대륙에서 해양으로, 여름은 해양에서 대륙을 향해 부는 바람이다.

발생원인은 육지와 해양의 비열의 차 혹은 계절에 따라 대륙과 바다 사이 기압배치 차이에 의해 발생하며, 겨울은 대륙이 현저히 냉각되어 한랭하고 무거운 공기가 퇴적되어 고기압으로 상대적으로 기압이 낮은 해양을 향해 바람이 되어 불게 된다. 여름은 대륙이 가열되어 저압부가 되고, 상대적으로 찬 해양의 고기압에서 대륙을 향해 바람이 분다. 계절풍이 현저한 지역은 인도, 일본, 동남아시아와 우리나라이다.

우리나라의 계절풍은 겨울에 북서 계절풍, 여름에 남동 계절풍이 분다. 겨울에 시베리아 내륙에 찬 공기가 쌓이면서 고기압이 발달하고, 태평양에 저기압이 발달하여 차고 건조한 북서 계절풍이 분다. 3~4일 주기로 고기압 세력이 약해지고 또 저기압이 몽고 일대를 지나갈 때 우리나라 부근의 기온은 올라간다. 이처럼 춥고 포근한 날이 반복되는 것이 우리나라 주변의 삼한사온 현상이다.

여름철은 바다에 고기압이 형성되고 대륙 내부에 저기압이 발달하여 남동~남서 계절풍이 분다. 따뜻한 바다에서 증발한 수증기가 많이 포함되어 기온이 높고 습기가 많다. 이는 여름철을 무덥게 하여 불쾌지수를 높인다. 4월에 시작하여 8월에 끝나며 6월 중순~7월 중순에 강하다. 우리나라의 계절풍은 건기와 우기를 결정하며 한반도 기후에 큰 영향을 미치는 계절풍이다.

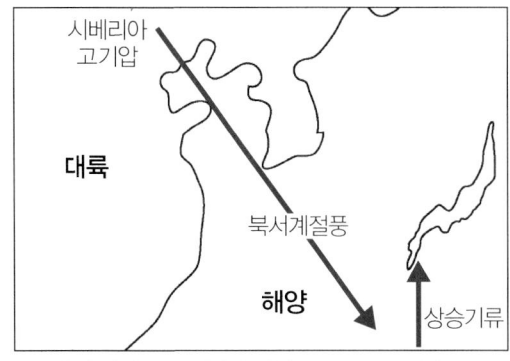

겨울엔 대륙이 금방 식으므로 해양에서 상승기류가 발생

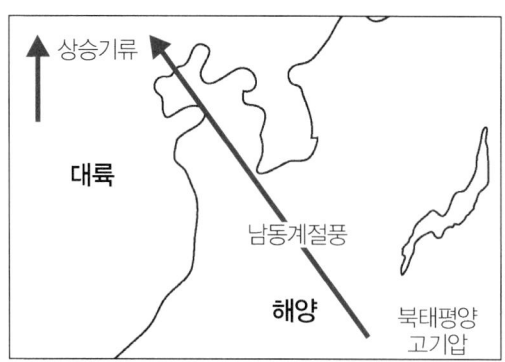

여름엔 대륙이 금방 뜨거워지므로 대륙에서 상승기류가 발생

■ 돌풍과 스콜

돌풍gust은 바람이 항상 일정하게 불지 않고 강약을 반복하는 바람을 말하며, 숨이 클 경우 갑자기 10m/sec, 때로는 30m/sec를 넘는 강풍이 불기 시작하여 수 분, 혹은 수십 분 내에 급히 약해진다.

돌풍 발생원인은 지표면이 불규칙하게 요철을 이루고 있어 바람이 교란되어 작은 와류(회오리)가 많이 생길 때, 북서 계절풍이 강할 때 발생하고, 태풍 중심 부근의 강풍대에서 저기압이 급속히 발달할 때 발생한다. 지표면이 불규칙하게 가열되어 열대류가 일어날 때 발생하며, 뇌우의 하강기류에서 고지대의 한기가 해안지방으로 급강하할 때 발생한다. 또한 한랭전선 전방의 불안정선이나 한랭전선 후방의 2차 전선이 통과할 때 발생한다.

돌풍발생의 근본원인은 한랭한 하강기류가 온난한 공기와 마주치는 곳, 즉 한랭기단이 따뜻한 기단의 아래로 급하게 침입하여 따뜻한 공기를 급상승시켜 일어나게 된다. 돌풍의 특징은 풍향이 급하게 변하고 큰 비 혹은 싸락눈이 쏟아지며, 우박을 동반할 수 도 있다. 기온은 급강하하고 상대습도는 급상승한다.

스콜squall은 관측하고 있는 10분 동안의 1분 지속풍속이 10kts이상일 때 이러한 지속 풍속으로부터 갑작스럽게 15kts 이상 풍속이 증가되어 2분 이상 지속되는 강한 바람이다.

■ 높새바람(푄현상)

푄fohn현상에 의해서 발생하는 바람을 푄 바람 또는 높새바람이라 한다. 습하고 찬 공기가 지형적 상승 과정을 통해서 고온 건조한 바람으로 변화되는 현상이며, 푄현상의 조건은 지형적 상승과 습한 공기의 이동 그리고 건조단열기온감률 및 습윤단열 기온률이다.

우리나라에서의 높새바람은 늦봄에서 초여름에 걸쳐 동해안에서 태백산맥을 넘어 서쪽사면으로 부는 북동 계열의 바람이다. 동쪽에서 서쪽으로 공기가 불어 올라갈 때에 수증기가 응결되어 비나 눈이 내리면서 상승한다. 고도가 높아지면서 기온은 고도 100m당 약 0.5℃ 정도 하강한다. 동쪽의 산에서 비를 내리게 한 뒤 건조해진

공기가 태백산맥의 서쪽인 영서지방 쪽으로 불어 내리는 공기는 비열이 높은 수증기를 거의 비로 내린 상태이므로 비열이 낮아져서 100m당 약 1℃정도로 기온이 상승한다.

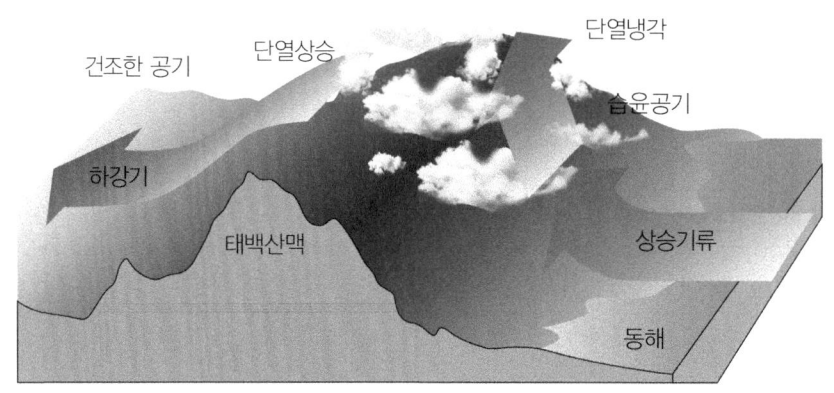

▲ 푄현상

지역별
- 유고 북부 아드리아 해안으로부터 러시아 내습 Rhone 계곡:미스트랄[Mistral]
- 미국 캘리포니아 서해안으로부터 로키산맥:치눅[Chinook]
- 유럽의 알프스 산맥:푄[F"ohn]

5) 구름과 강수

① 구름

■ 구름이란

· **개요** : 눈으로 볼 수 있는 공기 중의 수분 즉, 대기 중에 떠 있는 작은 수적 또는 빙정, 물방울의 결합체이다. 대기 중에 있는 수분의 양은 약 40조 갤런이다. 1일 10%가 비 또는 눈으로 변화되어 지면으로 내려온다. 대기 중에 떠 있는 구름은 수많은 미세한 물방울과 다양한 입자들로 구성되어 있다.

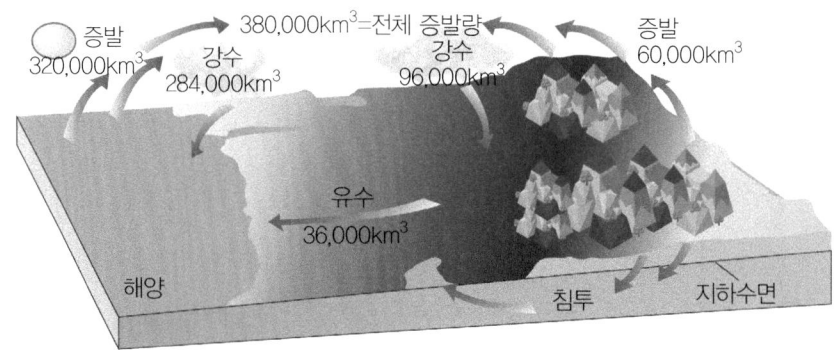

▲ 구름

· **구름의 형성조건**

① 첫째, 풍부한 수증기로서 상승하는 공기 덩어리에 충분한 수증기가 있어야 미세한

물방울 또는 빙정의 변화가 가능하다.
② 둘째, 냉각작용이다. 찬 지표면의 냉각이나 단열 팽창으로 공기 덩어리 내에 들어 있는 수증기가 단열 냉각되어 포화상태에 도달하게 된다.
③ 셋째, 응결핵으로서 수증기가 응결할 수 있는 표면을 제공하는 미세먼지, 소금 입자, 화산 입자 등이 수증기의 응결 표면을 제공한다. 소금과 같은 흡습성 응결핵은 주위의 수증기를 빨아들임으로써 구름입자를 생성한다.

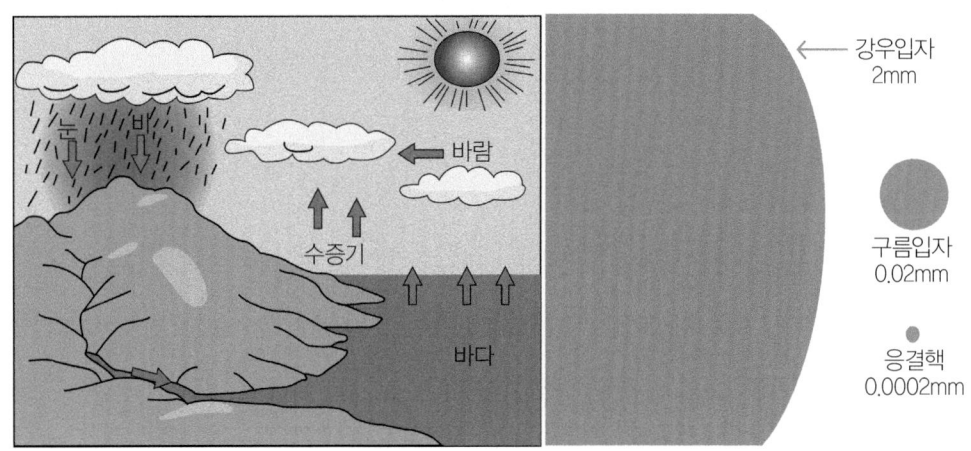

▲ 구름의 형성조건

· **구름이 형성되는 이유**

기류의 상승과 단열 팽창으로 대기의 수평적 이동은 바람(지균풍, 경도풍, 지상풍)을 일으키고, 대기의 수직적 이동은 공기의 단열 팽창과 구름을 생성한다.

저기압에서는 대기의 상승으로 구름이 생성되거나 강수가 되고 고기압에서는 대기의 하강으로 맑고 구름이 소산된다.

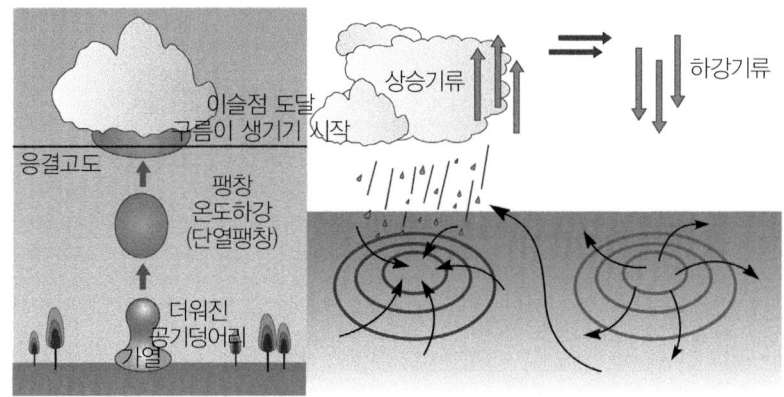

▲ 구름이 형성되는 이유

■ 구름의 관측
- **운고**Cloud Height : 구름층은 관측자 기준으로 보는 구름층의 하단을 의미한다. 운고는 지표면AGL에서 구름층 하단까지의 높이이다. 구름이 50ft이하 또는 그 이하에서 발생했을 때는 안개fog로 분류하기도 한다.
- **운량**Cloud Amount : 운량은 관측자를 기준으로 하늘을 8등분 또는 10등분하여 판단하며 clear는 운량이 1/8(1/10)이하 일 때를 말하며, scattered는 운량이 1/8(1/10)~5/8(5/10)일 때를 말하고, broken은 운량이 5/8(5/10)~7/8(9/10)일 때이다. 마지막으로 overcast는 운량이 8/8(10/10)일 때이다.

■ 구름의 종류
- **개요**

  구름은 공중의 물방울로서 전체로 보면 수 백만톤의 물이 공중에 떠 있는 것과 같다. 형성되는 모양과 형태를 기준으로 분류하여 권운형, 층운형, 적운형으로 나누며 권운형은 갈라져 있고 섬유가 늘어난 형태이며, 층운형은 뚜렷한 층layer을 형성한 구름 형태이다.

  적운형은 대류성 구름이 쌓인 형태이다. 높이에 의한 범주는 상층운, 중층운, 하층운, 수직운으로 구분한다.

- **구름의 기본 운형 10종류**

운저고도	온도	이름	기호	특징
상층운 6~15km	-25℃ 이하	권운(cirrus)	Ci	연달아 있는 새털모양
		권적운 (cirrocumulus)	Cc	작은 잔물결과 연기 모양
		권층운 (cirrostratus)	Cs	반투명한 베일
중층운 2~6km	0~-25℃	고적운 (altocumulus)	Ac	흰색부터 암회색의 연기 잔물결
		고층운 (altostratus)	As	흰색부터 회색까지 고르게 하늘을 덮음
하층운 2km 미만	-5℃ 이상	층적운 (stratocumulus)	Sc	부드러운 회색의 조각모양
		층운(status)	St	흐린 회색빛으로 하늘을 고르게 덮음
		난층운 (nimbostratus)	Ns	회색, 운량이 많음 강수가 있음
수직운 3km이내	-50℃ (운정)	적운(cumulus)	Cu	편평한 밑바닥을 가지 꽃양배추 모양
		적란운 (cumulonimbus)	Cb	거대하게 부풀어 있으며, 흰색, 회색, 검정색, 종종 모루형태

■ 멀티콥터 운용과 관련한 알아야 할 구름

지상으로부터 가장 낮은 높이의 구름은 하층운(층적운, 층운, 난층운), 3km이내의 수직운(적운, 적란운)이다.

층적운stratocumulus은 주로 8,000ft이하에 형성되며 재색이나 밝은 재색을 띠고, 둥근 형태나 말린 모양의 구름과 같으며, 가랑비, 약한 비(눈)의 가능성이 있다. 또한 돌풍형태의 폭풍의 전조가 되기도 한다.

▲ 층적운

층운status은 6,000ft 미만에 형성된 구름으로 안개가 상승하여 형성되기도 한다. 강수가 없으나 하부로부터 냉각으로 안개, 가랑비, 박무가 생기기도 한다.

▲ 층운

난층운Nimbostratus은 특별한 외형이 없고 전반적으로 어두운 재색을 띠고 있고 8,000ft 이하의 층운형 구름에서 비를 동반한 구름이다. 밀도가 높아 태양을 완전히 차단할 수 있다.

▲ 난층운

② 강수

■ 강수의 정의

· **강수**Precipitation란?

　대기로부터 떨어져서 지상에 도달하는 액체상태의 물방울이나 고체상태의 얼음조각으로 비rain, 눈snow, 가랑비drizzle, 우박hail, 빙정ice crystal 등 모두를 포함하는 용어이다. 강수는 이들 입자가 공기의 상승 작용에 의해서 크기와 무게가 증가하여 더 이상 대기 중에 떠 있을 수 없을 때 지상으로 떨어진다. 강수의 필요충분조건은 구름이다.

 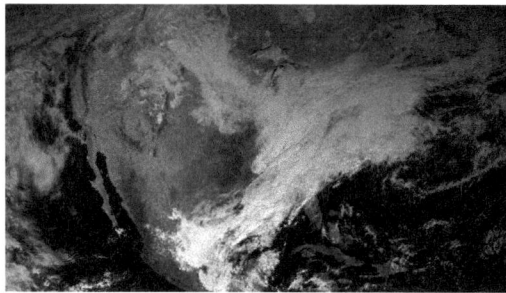

▲ 강수

■ 강수의 구분

· **액체 강수** : 이슬비, 비, 소나기 등

　이슬비drizzle는 구름에서 떨어진 직경 0.5mm 이하의 아주 작은 입자가 밀집되어 천천히 떨어지는 현상이다.

　비rain는 0.5mm 이상의 입자로 구성되어 있으며 상대적으로 일정하고 빠른 낙하 속도로 떨어진다.

　소나기rain shower는 액체 강수지만 갑자기 시작한 후 강도가 크게 변화하고 그칠 때도 갑자기 그친다. 큰 물방울(0.5mm 이상), 그리고 단시간의 강수는 적란운이나 뇌우와 관련된 소낙성 강수에서 발생한다.

· **어는 강수** : 어는 비, 어는 이슬비 등

　어는 이슬비freezing drizzle, 어는 비freezing rain는 구름 하단에서 눈이 내릴 때 중간 대기층이 0℃ 이상이 되어 반쯤 녹거나 완전히 녹은 상태로 내리는 액체 강수이다.

어는 비가 찬 물체에 부딪혀 발생하는 착빙현상을 우빙graze ice이라 한다. 활주로에 우빙이 있으면 비행기 이착륙에 치명적이다.

▲ 어는 비와 활주로

- **언 강수** : 눈, 소낙눈, 눈 싸라기, 쌀알 눈, 얼음싸라기, 우박, 빙정 등

  눈snow은 빙정으로 구성된 강수 즉, 이미 얼어버린 강수이다. 구름 하단이 눈으로 구성되고 눈이 지표면에 도달할 때까지 대기 기온이 0℃이하여야 한다.(눈은 시정을 악화 시키는 주요 요인 중의 하나이다.) 눈의 종류는 눈보라, 소낙눈, 눈 싸라기, 쌀알 눈, 땅 눈보라, 눈 스콜, 눈 폭풍, 뇌우 눈 등이 있다.

- **비가 내리는 이유**

  공기 중에는 수증기가 있고, 공기는 상승기류가 생겨 수증기를 포함한다. 상공으로 상승하면 주변 기압이 낮아지므로 상승한 공기는 단열 팽창한다. 공기의 부피가 늘어나면 기온이 낮아지게 되는데(보일, 샤를의 법칙) 기온이 이슬점(노점온도) 아래로 떨어지면 공기 중의 수증기가 응결되어 작은 물방울이 된다.(작은 물방울의 집합체가 구름이다.) 이때 바람, 태양복사, 기단과 전선의 영향 등으로 수증기가 과다 유입되거나 기온이 내려가면 크고 작은 물방울들이 충돌하거나 구름 꼭대기 부분(기온이 내려감)의 과포화 상태가 심해져 일시에 많은 양의 응결이 일어나 물방울이 커진다. 커진 물방울은 무게를 이기지 못하고 지상으로 떨어져 비가 된다.

· 물의 액체상태와 고체상태의 종류비교

▼ 물의 액체 및 고체상태의 종류비교

종류	대략 크기	물의 상태	설명
박무(mist)	0.005–0.05mm	액체	공기가 이동할 때 얼굴에 느낄 수 있는 크기
이슬비(DZ)	0.5mm미만		층운에서 지속적으로 내리는 작은 물방울
비(RA)	0.5–5mm		난층운/적란운에서 내려오며 다양함
진눈깨비(Sleet)	0.5–5mm	고체	작고 구형의 얼음 입자
비얼음(glaze)	1mm–2cm층		과냉각된 물이 고체와 접촉할때 생성
상고대(rime)	다양함		바람부는쪽에 형성된 얼음 깃털형태 침전물
눈(snow)	1mm–2cm		육면체, 판/비늘모양의 결정성
우박(hail)	5mm–50cm		딱딱하고 둥근 모양의 얼음덩이
싸락눈(graupel)	2–5mm		연한 우박으로 불림, 눈결정이 얼음결정화

· **강수량과 강수강도**

강우량은 일정 장소에 일정기간 동안 내린 비의 양이다. 강수량은 비/눈, 우박등과 같이 일정기간 일정한 곳에 내린 물의 총량을 말하며, 일정기간 동안 내린 강수가 땅위를 흘러가거나 스며들지 않고 땅 표면에 괴어 있다는 가정 아래 그 괸 물의 깊이를 측정한다.

- 매우 약한 비(very light rain) : 시간당 0.25mm 미만
- 약한 비(light rain) : 시간당 0.25~1.0mm 미만
- 보통 비(moderate rain) : 시간당 1~4mm 미만
- 많은 비(heavy rain) : 시간당 4~16mm 미만
- 매우 많은 비(very heavy rain) : 시간당 16~50mm 미만
- 폭우(extreme rain) : 시간당 50mm 이상

■ 비가 내릴 수 있는 조건

· **지형성 비** : 풍부한 습기를 가진 바람이 산과 장애물을 만나 냉각과 증발과정을 거쳐 풍상 쪽에 형성된 비구름에서 내리는 비로 풍하 쪽 지역에 비 그림자 구역이 생성되고, 하와이, 남아메리카서해안 지역에서 발생한다. 예를 들어 우리나라에서는 제주도 지역에 한라산으로 인해 남 제주 지역에는 비가 내리고 있으나 북 제주 일대는 비가 내리지 않는 현상이다.

▲ 지형성 비

- **대류성 비** : 열대지방에서 강한 복사열로 증발과 대기 불안정으로 야기된 급속응결로 만들어진 강한 비구름에서 내리는 비로 적운에서 만들어진 폭우, 번개, 뇌우를 동반한다. 열대 및 아열대 지방에서 많다.
- **전선성 또는 사이클론 비** frontal or cyclonic rain : 한랭전선과 온난전선 사이에서 냉각과 응결로 인해 구름 강수가 발생하며 한랭전선 전면에서는 소나기, 뇌우가 발생하고, 온난전선 전면에서는 지속성 비와 눈이 내린다. 주로 중위도 지방에서 많다

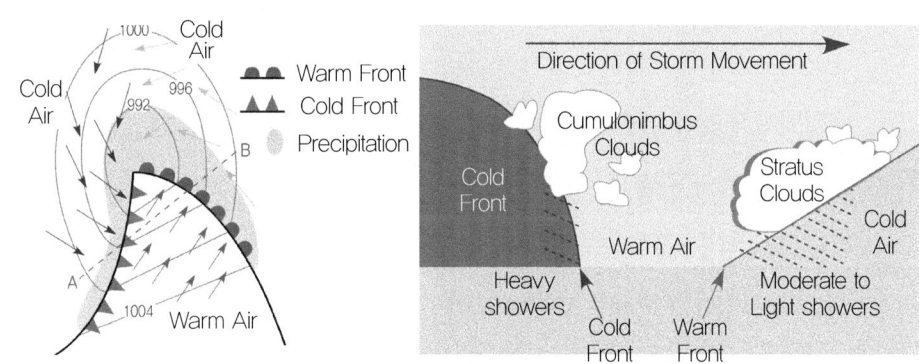

▲ 전선성 또는 사이클론 비

6) 안개와 시정

① 안개

■ 안개의 발생

- **안개, 연무, 박무란?**

  안개fog는 아주 작은 물방울이나 빙정들이 대기 중에 떠 있는 현상이며, 수평 시정거리가 1km 미만이고 습도가 거의 100%이다. 연무는 안개와 같으나 1km이상 10km미만의 시정이고 습도는 70~90%이다. 매연, 작은 먼지, 염분 등이 무수히 떠

있어 배경이 어두우면 푸른 느낌이 들고 밝을 때는 황색 느낌이 든다. 박무는 안개 입자보다 작은 수적이 무수히 떠 있어 시정이 나쁘게 된 상태를 말하며, 안개보다 다소 건조하고 보통 습도가 97%이하일 때 많고 회색이 특징이다.

■ 안개의 생성과 사라질 조건

· **안개의 생성원인**

대기 속에서 수증기가 응결하여 아주 작은 물방울이 되어 대기 밑층을 떠도는 현상으로 기온이 0℃이하가 되면 승화하여 작은 얼음 덩어리인 빙무가 된다. 공기 중에 수증기가 다량 함유되고, 공기가 노점온도 이하로 냉각되어야 하고, 공기 중 흡습성 미립자, 즉 응결핵이 많아야 하며, 바깥에서 공기 속으로 많은 수증기가 유입되어야 하며, 바람이 약하고 상공에 기온의 역전현상이 있어야 한다.

· **안개의 사라질 조건**

지표면이 따뜻해져 지표면 부근의 기온이 역전이 해소 될 때, 지표면 부근 바람이 강해져 난류에 의한 수직 방향 혼합으로 상승 시, 공기가 사면을 따라 하강하여 기온이 올라감에 따라 입자가 증발 시, 신선하고 무거운 공기가 안개 구역으로 유입되어 안개가 상승하거나 차가운 공기가 건조하여 안개가 증발할 때 사라진다.

· **구름과 안개의 구별**

구름, 안개, 연무는 모두 같으며, 0.002mm전후의 작은 물방울로 공기 중에 떠다니고 있다. 구름은 지면에 붙어 있지않은 작은 물방울이 상공을 표류하고 있는 것이고, 안개는 작은 물방울이 지면 부근에 떠 다니고 있는 것이다. 구름과 안개의 구별은 관측하는 관측자의 위치에 의해 결정되는데 멀리 떨어진 곳에서 관측한 경우 정상부근에 구름이 걸려 있지만 높은 산에 올라 정상에 있는 사람은 안개라고 한다. 물방울의 크기, 지면에서 떨어져 있는 정도에 의해 구분되며 물방울이 지면 가까이 떨어지면 안개이다.

■ 안개의 종류

· **복사안개**

　복사안개는 야간에 지형적인 복사가 표면을 냉각시키고 표면 위의 공기를 노점까지 냉각될 때 응결에 의해 형성되는 안개이다. 가을에서 겨울에 걸쳐 개활지 일대에 빈번히 발생하고, 이른 아침에 발생하여 일출 전 후 가장 짙었다가 오전 10시경 소멸한다. 낮 동안 비 내린 후와 밤 동안 맑았을 때 짙은 복사안개가 발생한다.

· **증기안개** steam fog

　차가운 공기가 따뜻한 수면으로 이동하면서 충분한 양의 수분이 증발하여 수면 바로 위의 공기층을 포화시켜 발생하는 안개로 기온과 수온의 차가 7℃ 이상인 경우 호수 및 강 근처에서 광범위하게 형성되기 때문에 악 시정을 유발한다.

▲ 복사안개와 증기안개

· **이류안개** warm advection fog

　습윤하고 온난한 공기가 한랭한 육지나 수면으로 이동해 오면 하층부터 냉각되어 공기 속의 수증기가 응결되어 생기는 안개이다. 풍속 7m/sec 정도이면 안개의 두께가 증가하고 7m/sec 이상이 되면 안개가 소멸하고, 층운이 생긴다. 해상에서 생기는 이류안개는 해무 즉 바다안개라 한다. 고위도 해면에서 해무가 발생하는 원인은 표면 수온이 연중 변화 없이 차갑고, 여름에는 고온다습한 기단이고 위도로 침입하기 때문이다.

· **활승안개** upslope fog

　습한 공기가 산 경사면을 타고 상승하면서 팽창함에 따라 공기가 노점 이하로 단열 냉각되면서 발생하는 안개이다. 기온과 이슬점 온도의 차이가 적을수록 안개의 발생 가능성이 커진다. 주로 산악지대에서 관찰되며 구름의 존재에 관계없이 형성된다.

▲ 이류안개와 활승안개

- **스모그**smog

　물방울, 공장에서 배출되는 매연 등의 대기오염물질에 의해서 시계가 가로막히는 경우를 말하며, 영어인 smoke+fog의 합성어이다. 1905년 영국에서 처음 사용하였으며, 기상용어가 아니고 연기가 길게 늘어져 있거나 연기로 인한 안개나 연무가 발생하여 앞이 아스라이 보이는 현상이다. 안개 형성 조건하에서 안정된 공기가 대기오염물질과 혼합 시 발생한다.

- **기타 안개**

　전선안개frontal fog는 전선부근에 발생하는 안개로 온난전선, 한랭전선, 정체전선 중 어느 것에 수반되느냐에 따라 안개의 발생과정이 조금씩 다르게 나타난다.

　얼음안개ice fog는 안개를 구성하는 입자가 작은 얼음의 결정인 경우 발생하며, 수평시정이 1km이상인 경우 발생하는 세빙ice prism이 있다. 기온이 −29℃이하의 낮은 온도에서 발생한다.

　상고대 안개rime fog는 안개를 구성하는 물방울이 과냉각수적인 경우 지물이나 기체에 충돌하면서 생기는 착빙이다.

② 시정

■ 시정이란

· **개요**

　시정visibility이란 정상적인 눈으로 먼 곳의 목표물을 볼 때, 인식 될 수 있는 최대의 거리 즉 지상의 특정지점에서 계기 또는 관측자에 의해서 수평으로 측정된 지표면의 가시거리이다.

▲ 시정

■ 시정의 종류

· **수직시정** : 수직 시정은 관측자로부터 수직으로 측정하여 보고된 시정이다.
· **우시정** : 우시정은 관측자가 서 있는 360도 주변으로부터 최소 180도 이상의 수평반원에서 가장 멀리 볼 수 있는 수평거리를 말한다.

■ 시정 장애물

· **황사** : 황사는 미세한 모래입자로 구성된 먼지폭풍이다. 바람에 의하여 하늘 높이 불어 올라간 미세한 모래먼지가 대기 중에 퍼져서 하늘을 덮었다가 서서히 떨어지는 현상이다. 구성물질은 대규모 산업지역에서 발생한 대기오염 물질과 혼합되어 있다. 황사는 공중에서 운항하는 항공기에게 직접적인 영향을 미치며 시정 장애물로 간주한다. 우리나라에 영향을 미치는 황사는 중국 황하유역 및 타클라마칸 사막, 몽고 고비사막 등에서 불어오는 황사이다.

▲ 황사 발생지역과 영향권

황사는 공중에 운용하는 항공기의 엔진 등에 흡입되어 엔진고장의 원인이 되고, 지상으로 내려앉을 경우 생활에 불편과 각종 장비에 흡입되어 장비 고장의 원인이 된다. 드론 운용의 경우 황사 상황 하에서 운용 시 장비의 효율이 떨어지고 운용 후 장비 손질이 반드시 되어야 한다.

- **연무**haze

안정된 공기 속에 산재되어 있는 미세한 소금입자 또는 기타 건조한 입자가 제한된 층에 집중되어 시정에 장애를 주는 요소이다. 연무는 한정된 높이가 있으며 이 높이 이상의 수평 시정은 양호하나 하향시정은 불량하고 경사시정은 더욱 불량한 것이 특징이다.

- **연기, 먼지 및 화산재**

연기smoke는 공기가 안정되었을 때 주로 공장 지대에서 집중적으로 발생하며, 연기는 기온역전 하에서 야간이나 아침에 주로 발생한다.

먼지dust는 공기 속에 떠 있는 미세한 흙 입자들이다. 먼지는 태양을 흐릿하게 보이게 하거나 노란색 색조를 띠고 멀리 있는 물체를 황갈색 또는 재색 색조를 띠게 한다. 먼지는 불안정한 대기에서 흙 입자가 분산되고 바람이 강할 때 수백 마일까지 불어간다.

화산재는 화산 폭발 시 분출되는 가스, 먼지, 그리고 재 등이 혼합된 것으로 지구 주변에 분산되고 때로는 성층권에 수개월 동안 남아 있는 경우도 있다. 화산재가 대류권계면까지 확장될 경우 구름과 혼합되어 식별이 불가하여 항공기 운항에 치명적인 위험을 줄 수 있다.

7) 기단과 전선

① **기단**airmass

■ 기단이란

수평방향으로 우리나라 몇 배의 크기를 가진 수증기 양이나 기온과 같은 물리적 성질이 거의 같은 공기 덩어리 즉 유사한 기온과 습도 특성을 지닌 거대한 공기 군으로 수백 평방킬로미터에서부터 수천 평방킬로미터에 분포되는 공기 덩어리를 말한다.

■ 우리나라 주변 기단

시베리아 기단은 대륙성 한랭기단으로 발원지의 특성이 얼음이나 눈으로 덮여 있는 대륙인 점을 고려했을 때 지표면의 기온이 매우 낮고 건조하기 때문에 지표면 위는 매우 차고 건조한 공기가 존재한다. 겨울철 긴 밤과 강한 복사냉각이 연속적으로 반복되어 기온은 급강하 하고 대기는 매우 안정된다. 하부의 찬 공기는 대기의 안정성에 기여하는 면이 크기 때문에 대기는 비교적 안정되어 있고 날씨는 맑은 편이다.

오호츠크해 기단으로 해양성 한랭기단이다. 한반도 북동쪽에 있는 오호츠크해로부터 발달하였으며 해양의 특성인 많은 습기를 함유하고 비교적 찬 공기 특성을 지니고 있다. 습하고 찬 공기의 특성은 쉽게 냉각과 응결이 발생할 수 있어 해양성 한랭기단의 세력이 확장하는 시기에는 안개의 형성하거나 지속적인 비가 내린다.

북태평양 기단은 해양성 열대기단으로 적도지방으로부터 뜨거운 공기와 해양의 많은 습기를 포함한 기단이다. 우리나라에서는 남태평양에서 발생하는 기단으로 여름철의 주요 기상현상을 초래한다. 하층의 고온 다습한 공기는 활발한 대류 현상을 초래하여 대기는 불안정하고 많은 구름과 비가 내린다. 급격한 기온의 상승으로 유발된 상승기류와 습한 공기는 짧은 시간에 적운형 구름을 형성하고 뇌우가 발생하기도 한다.

양쯔강 기단은 대륙성 열대기단으로 온난 건조하고 주로 봄과 가을에 이동성 고기압과 함께 동진한다. 적도기단은 적도 해상에서 발달한 해양성 기단으로 매우 습하고 덥다. 주로 7~8월에 태풍과 함께 한반도 상공으로 이동한다.

▲ 우리나라 주변 기단

② **전선**front

■ 전선이란

공기는 장애물이나 차고 무거운 공기와 따뜻하고 가벼운 공기 즉, 성질이 서로 다른 공기와 부딪힐 때 상승운동이 일어난다. 차고 무거운 공기가 머물러 있는 곳에 따뜻하고 가벼운 공기가 불어오면 이 가벼운 공기는 찬 공기 위를 산을 타고 올라가듯이 상승한다. 그사이에 경계면이 생기는데 이 경계면을 불연속선, 전선이라 한다. 전선이 발생하는 것은 공기는 혼합되기 어려워 기단과 기단이 부딪치면 경계가 생기게 되어 전선이 발생하게 된다.

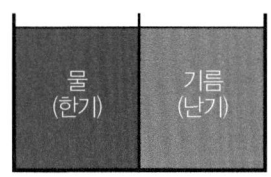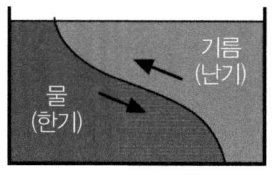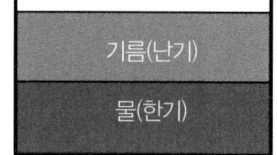

▲ 전선의 발생

■ 전선의 종류

온난전선은 남쪽 따뜻한 공기가 우세하여 북쪽의 찬 공기를 밀면서 진행하게 할 때, 따뜻한 공기가 찬 공기 위를 타고 오르면서 생기는 전선이다. 층운형 구름이 발생하고 넓은 지역에 걸쳐 적은 양의 따뜻한 비가 오랫동안 내리며, 찬 공기가 밀리는 방향으로 기상변화가 진행된다.

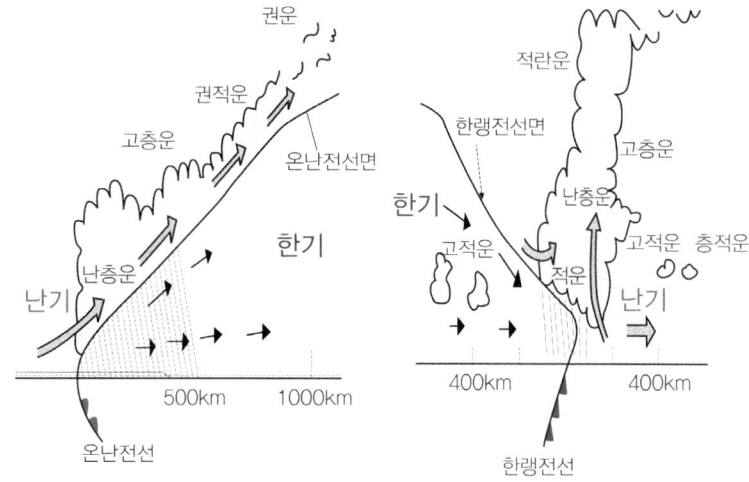

▲ 온난전선과 한랭전선

한랭전선은 북쪽 찬 공기 힘이 우세하여 찬 공기가 남쪽의 따뜻한 공기를 밀어내고 찬 공기가 따뜻한 공기 아래로 들어가려고 할 때 생기는 전선이다. 적운형 구름이 발생하고 좁은 범위에 많은 비가 한꺼번에 쏟아지거나 뇌우를 동반하고 북쪽에서 돌풍이 불 때가 있으며, 기온이 급격히 떨어진다. 봄철 천둥과 돌풍을 동반한 강한 비와 우박이 내렸다가 화창하고 기온이 강하하는 현상을 나타낸다.

폐색전선은 한랭전선과 온난전선이 동반될 시 한랭전선이 온난전선보다 빠르기 때문에 온난전선을 한랭전선이 추월하게 되는데 이때 폐색전선이 만들어지며, 한랭전선과 온난전선의 합쳐진 것이다.

정체전선으로 한랭전선은 찬 공기가 따뜻한 공기보다 세력이 강한 것이고 온난전선은 따뜻한 공기가 찬 공기보다 강한 것을 말한다. 그러나 찬 공기가 따뜻한 공기의 세력이 비슷할 때는 전선이 이동하지 않고 오랫동안 같은 장소에 정체하는 것을 정체전선, 장마철 장마전선이라 한다.

8) 착빙과 난류

① **착빙** icing

- 착빙이란?

   물체의 표면에 얼음이 달라붙거나 덮여지는 현상으로 항공기 착빙은 0℃ 이하에서 대기에 노출된 항공기 날개나 동체 등에 과냉각 수적이나 구름 입자가 충돌하여 얼음의 막을 형성하는 것. 계류장에 주기 중이거나 공중에서 비행 중에 발생한다.

항공기 날개, 로터 끝에 착빙이 발생하면 날개 표면이 울퉁불퉁하여 날개 주위의 공기 흐름이 흐트러지게 되고 이러한 결과는 항공기(헬기, 드론 등 포함) 항력이증가하고 양력이 감소하고, 엔진이나 안테나의 기능을 저하시켜 항공기 조작에 영향을 미친다. 착빙을 방지하기 위해 항공기는 방빙 장치를 이용한다.

■ 착빙의 종류

Induction(흡입)은 -7℃~21℃, 상대습도 80% 이상일 때 보통 발생하며, Carburetor Icing, Intake Icing (항공기 표면온도가 0℃ 이하로 냉각 시 발생하며, 상대습도가 10% 이하의 맑은 대기에서도 발생 가능) 이 있다.

Structural(구조물)은 서리착빙, 거친착빙, 맑은착빙 등이 있으며 서리착빙Frost은 백색, 얇고 부드럽다. 수증기가 0℃ 이하로 물체에 승화되는 특징이 있다. 거친착빙Rime은 백색, 우유 빛, 불투명, 부서지기 쉽다. 층운에서 형성된 작은 물방울이 날개표면에 부딪혀 형성, -10~-20℃, 층운 형이나 안개비 같은 미소수적의 과냉각 수적 속을 비행할 때 발생한다. 맑은착빙Clear은 투명, 견고하고, 매끄럽다. 온난전선 역전 아래의 적운이나 얼음비에서 발견되는 비교적 큰 물방울이 항공기 기체 위를 흐르면서 천천히 얼 때 생성, 착빙 중 가장 위험하다.(가장 빠른 축적 율 및 Rime Icing보다 떼어내기 곤란) 0~-10℃, 적운형 구름에서 주로 발생한다.

② **난류**

■ 난류turbulence

· **난류의 발생**

비행 중인 항공기나 드론 등 비행체에 동요를 주는 악기류를 말한다. 이러한 난류는 상승기류나 하강기류에 의해 발생된다. 난류는 소용돌이가 섞인

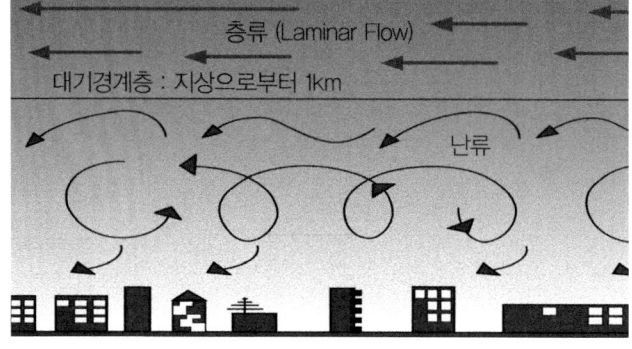

▲ 난류와 층류

매우 불규칙한 공기의 흐름이다. 대부분의 난류는 지표면의 기복에 의한 마찰 때문에 일어나므로 높이 1km 이하의 대기 경계층에서 발생한다.

난류가 강하게 일어날 조건은 지표면의 기복이 커야하고, 풍속이 강해야 한다. 층류는 1km이상의 상공에서 비교적 규칙적인 공기의 흐름을 말한다. 난류의 원인은 지형의 효과, 고도에 따른 풍속변화 그리고 지표 온도차이다.

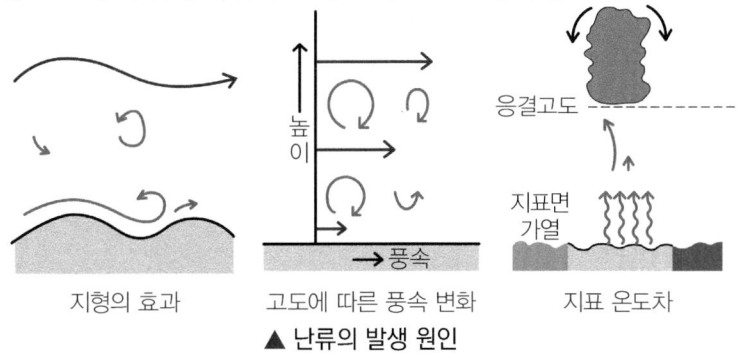

▲ 난류의 발생 원인

· **비행 난기류**

비행기 날개 끝에서 발생하는 와류에 의해 난기류가 발생하는 것이다. 강도는 항공기 무게, 속도, 형태에 따라 다르다. 이륙 시 난기류는 활주로에서 부양하기 시작하면 난기류가 형성되고, 착륙 시는 항공기 접지 시 난기류가 소멸된다.

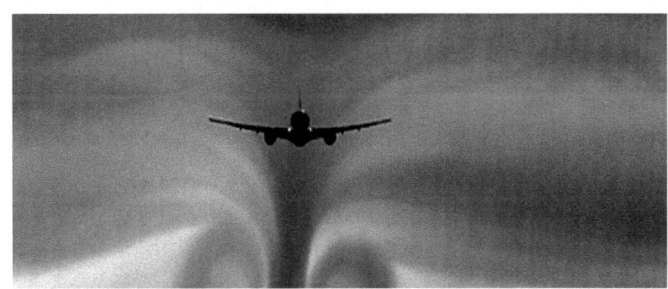

▲ 비행 난기류

■ 윈드쉬어 wind shear

· **윈드쉬어의 발생**

짧은 거리 내에서 순간적으로 풍향과 풍속이 급변하는 현상을 의미한다. 윈드쉬어는 모든 고도에서 나타날 수 있으나 통상 2,000ft 범위 내에서의 윈드쉬어는 항공기, 드론 등의 운용에 지대한 위험을 초래할 수 있다. 풍속의 급변현상은 항공기 및 드론의 상승력 및 양력을 상실케 하여 항공기 및 드론 등을 추락시킬 수도 있다.

저고도 윈드쉬어의 기상적 요인으로 뇌우, 전선, 복사 역전형 상부의 하층 제트,

깔때기 형태의 바람, 산악파 등에 의해 형성된다. 기타요인은 지속적으로 강한 바람이 활주로 부근의 건물이나 다른 구조물을 통해 볼 때 10kts 이상의 국지적인 윈드쉬어 현상이 발생한다.

- **깔때기 바람과 산악파**

산악이나 좁은 협곡으로 둘러싸인 지형에서는 계곡으로 부터 압축되어 불어오는 깔때기 바람으로 인해 풍속의 급변현상이 일어나는데 산악주위나 좁은 협곡을 비행 시에는 이러한 깔때기 바람에 주의를 해야 한다.

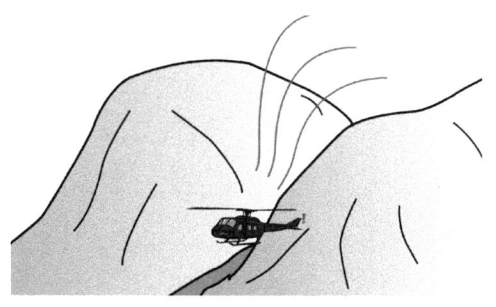

▲ 깔대기 바람과 산악파 윈드쉬어

9) METAR와 TAF

① **항공정기기상보고(METAR** : aviation routine weather report**)**

```
METAR KLAX 201040Z AUTO 26015KT 290V360 1/2SM R21/2500FT
  (1)    (2)     (3)    (4)    (5)      (6)        (7)
+SN BLSN FG VV008 00/M03 A2991 RMK RAE42SNB42
 (8)       (9)  (10)  (11)   (12)
```

1. 보고 종류type of report는 항공정기기상보고METAR

2. ICAO 관측자 식별문자로서 ICAO 식별문자는 "KLAX"이다.

3. 보고일자 및 시간은 관측일자와 시간이 6개의 숫자로 기입된다.

4. 변경수단으로서 AUTO는 METAR/SPECI가 전적으로 자동기상관측소로부터 획득된 정보이고,

5. 바람정보wind information는 풍향 260도, 풍속 15노트 뜻이다.

6. 시정visibility은 우시정이 육상 마일로 표기된다.

7. 활주로 가시거리runway visual range

8. 현재 기상present weather

첫째, **강수의 강도**, 약함light은 "−"로 중간moderate은 표기가 없고, 강함heavy은 "+"로 표기한다. 둘째, **근접도**, 셋째, **서술자**descriptor

* 서술자 부호와 기상현상 부호는 다음과 같다.

① 서술자 부호 : TS : 뇌우thunderstorm, DR : 낮은 편류low drifting, SH : 소나기shower, MI : 얕음shallow, FZ : 결빙freezing, BC : 작은구역patches, BL : 강풍blowing, PR : 부분적partial

② 강수부호 : RA : 비rain, GR : 우박hail, DZ : 가랑비drizzle, GS : 작은 우박 또는 싸라기small hail/snow pellets, SN : 눈snow, PE : 얼음싸라기icepellet, SG : 싸락눈snow grains, IC : 빙정ice crystals, UP : 알려지지 않는 강수

③ 시정 장애물 부호 : FG(fog-시정 5/8마일 이하), PY : 스프레이spray, BR : 박무(mist-시정 5/8마일에서 6마일), SA : 모래sand, FU : 연기smoke, HZ : 연무haze, DU : 광범위한 먼지dust, VA : 화산재volcanic ash

④ 기타 기상현황 : SQ : 스콜squall, SS : 모래폭풍sandstorm, DS : 먼지폭풍duststorm, PO : 먼지/모래 회오리바람dust/sand whirls, FC : 깔때기 구름funnel cloud, +FC : 토네이도 또는 용오름tornado or waterspout 예를 들어서 TSRA 는 뇌우와 비이다.

9. 하늘 상태sky condition
10. 기온/노점temperature / dew point
11. 고도계altimeter
12. 비고란

② 터미널공항예보(TAF Terminal Aerodrome Forecast)

특정 시간 동안의 공항의 예측된 기상상태를 요약한 것으로 목적지 공항에 대한 기상정보를 얻을 수 있는 주요 기상정보 매체이다. 터미널 공항예보는 METAR 전문에서 사용된 부호를 동일하게 사용하고 일반적으로 하루에 네 차례(0000Z, 0600Z, 1200Z, 1800Z) 보고된다.

3. 법규

무인항공기(초경량무인비행장치) 교육에 관련되는 법은

1. **항공안전법**   2. **항공사업법**   3. **공항시설법** 등이 있다.

이를 확인하는 방법은

1. **법제처 홈페이지에서 해당 법을 검색하거나**
2. **네이버, 다음, 구글 등에서 해당 법을 검색하면 쉽게 확인이 가능하다.**

4. 비행교수법

1) 교수 학습의 본질

① 교수의 정의

본래 인간은 자연적인 상태 그대로 두어도 어느 정도의 학습은 이루어 질 수 있다. 즉 인간이 일상생활을 통하여 보고, 듣고, 느낀 것을 통해 습득한 지식이나, 기능, 태도, 행동양식 등은 다양하게 변하기 때문에 학습자가 올바른 행동변화를 가질 수 있도록 효율적인 학습지도가 필요하다. 따라서 교수란 『학습자에게 수업의 결과나 행동양식이 바람직한 방향으로 변화하도록 학습과정을 안내하고 통제하며 발전시켜 가는 행위』라고 할 수 있다. 그래서 지도조종자(교관), 학생 그리고 교육내용이 상호연관이 있으며 공감대가 형성되어야 그것이 진정한 교수 즉 가르치는 것이 되는 것이다.

③ 학습의 정의

학습이란 경험이나 연습의 결과로써 일어나는 비교적 영속적인 행동의 변화를 말한다. 그래서 교육생(학생)들은 바람직하고 진보적인 행동의 변화를 위하여 학교 또는 교육원에 가는 것이고 학교나 교육원은 가치 있고 효과적인 학습을 위하여 그 기능을 다하는 것이다. 이러한 학습활동을 통해서 교육생(학생)들은 인생에 필요한 많은 것을 배우게 되고, 하나의 훌륭한 인간으로 성장하게 된다. 학습은 교육에 있어서 핵심이 되는 중요한 요소이다.

④ 교수와 학습과의 관계

교수활동과 학습활동이 이루어지는 현상을 교육활동이라고 한다. 이러한 교육활동은 학습자에게 기대하는 방향으로의 행동변화를 위해 계획된 경험과 연습을 제공하게 되며, 교수자와 학습자의 상호작용에 의해 이루어진다. 교육활동의 궁극적인 목적은 학습자의 학습요구와 학습장애요소를 종합적으로 분석하여 그 결과에 대한 적절한 처방이 이루어져야 한다. 즉 학습자의 특성을 고려한 교수활동이 이루어질 때 바람직한 학습결과를 기대할 수 있다. 학습자의 특성을 고려한 바람직한 교수활동의 특징으로는 첫째, **학습자는 목적을 추구하는 유기체로써 교수목표의**

명확성과 일관성이 유지되는 수업이어야 한다. 둘째, **학습자는 통합된 전인적인 존재로서 민주적인 인간관계를 유지하는 수업이어야 한다.** 민주적인 인간관계가 유지되는 수업에서는 학습자의 지적, 정서적, 사회적, 신체적 발달이 조화있게 이루어지기 때문이다. 셋째, **학습자는 활동적이고 탐구적인 존재이므로 탐구하는 태도를 중시하는 수업이어야 한다.** 넷째, **학습자는 탐구적인 존재이므로 학습결과의 정착을 중시하는 수업이어야 한다.** 다섯째, **학습자는 통합된 유기체로서 동시학습을 수행하게 되므로 학습의 전이력을 높여주는 수업이어야 한다.** 여섯째, **학습자는 지적능력, 성격, 흥미 등의 다양한 심리적 특성 면에서 개인차를 나타내므로 학습자의 개인차에 알맞은 수업이 이루어져야 한다.**

따라서 교수자의 교수활동과 학생의 학습활동간의 상호관계를 현상적, 구조적으로 파악하여 학생이 바람직한 학습효과를 얻을 수 있는 제반요인과 관계를 규명하고, 이를 기초로 효과적인 교수방법을 체득하는 것이 중요하다.

④ **학습의 법칙**

에드워드 엘 쎈다이크 교수의 처음 **세 가지 법칙(준비성의 법칙, 연습의 법칙, 효과의 법칙)**은 기본적인 것이라고 할 수 있으며, 그 다음의 세 가지 법칙(최초의 법칙, 실물모형의 법칙, 최근의 법칙)은 실험 연구결과가 추가된 법칙이다.

■ 준비성의 법칙

각 개인은 학습할 수 있는 준비가 되어 있을 때 가장 잘 배울 수 있다. 그리고 배울만한 아무런 이유도 찾지 못했다면 많은 것을 배우지 못한다. 학생들로 하여금 학습준비를 하도록 하는 것은 대개 교수(교관)의 책임이다. 만약 교육생이 강한 목적의식과 명확한 목표 그리고 어떤 것을 배우는데 대한 잘 정돈된 이유를 가지고 있다면 학생(교육생)들의 동기가 부족할 때 보다 훨씬 더 많은 발전을 가져올 수 있다. 준비성을 갖고자 하는 외골수적인 생각과 열정의 정도를 함께 포함한다. 학생들이 학습할 수 있는 준비가 되어 있을 때 그들은 교수(교관)의 교육에 최소한 반 정도는 충족된 상태이며 이것은 교수(교관)의 할 일을 덜어준다.

- **연습의 법칙**

  이 법칙은 가장 많이 반복된 것은 가장 잘 기억된다는 것이다. 이것은 연습과 훈련의 기본이다. 인간의 기억력이 전혀 오류가 없는 것은 아니다. 정신력은 파지하고 평가하고 새로운 개념을 적용하거나 한 번의 시범으로 연습하기에는 제한이 있다. 학생들은 한 번의 공장실습을 통하여 용접하는 법을 배울 수 없고 한 번의 교육으로 측풍 착륙을 실시하지 못한다. 매 실습이 이루어질 때 마다 학습은 계속되는 것이다. 따라서 지도조종자(교관)은 학생들이 연습하거나 반복할 수 있는 기회를 제공해야 한다. 그러면 이러한 과정이 목표로 가는 방향임을 알 수 있다.

- **효과의 법칙**

  이 법칙은 교육생의 감정적 반응에 기초를 두고 있다. 이 법칙에 의하면 학습은 기분이 좋거나 만족스러운 감정이 수반될 때 증가될 수 있고 불쾌한 감정과 연관 지어질 때 학습은 부진하게 된다. 패배, 신경질, 분노, 혼돈이나 무익하다는 감정을 유발하는 경험은 학생들에게 불쾌한 것이다. 예를 들어 지도조종자(교관)가 처음으로 교육생들을 지도할 때 처음으로 가르친다는 심리적 부담을 가질 경우 지도조종자(교관) 자신도 불안한 상태에 놓일 수 있다. 이런 감정이 있을 때 교육생을 가르친다면 교육의 효과는 떨어질 것이 자명하다. 따라서 지도조종자(교관)은 사전 준비를 철저히 하여 이런 감정이 최소화 되도록 스스로 노력해야 한다.

- **최초의 법칙**

  최초에 배운 것은 학생들에게 강한 인상을 주게 된다. 따라서 지도조종자(교관)가 가르치는 것은 정확하고 사실Truth이어야 한다. 또한 교육생은 처음부터 바르게 시작해야 한다. 예컨대 컴퓨터 자판을 배우는 사람이 처음에 열 손가락을 쓰지 않고 두 손가락만을 사용했다면 나중에 이 습관을 고치려고 할 때는 많은 어려움을 겪게 된다. 그러므로 교육생이 얻게 되는 최초의 경험은 긍정적이고 능률적이어야 하며 처음부터 바르게 시작해야 한다.

- 최근의 법칙

    모든 교육이 다 마찬가지겠지만 최근에 배운 것은 대부분 잘 기억된다는 것이다. 지도조종자(교관)가 강의 후 중점요약을 하는 것은 이 법칙에 근거한 것이며, 조종교육도 훈련 종료 전에는 반드시 처음 내용부터 중요한 내용은 재 요약하여 훈련 시 포함해야 할 비행이론, 조작방법들을 이해하도록 재정립해 주어야 한다.

    이상의 학습의 법칙은 개별법칙 하나만으로도 교육의 효과를 증진 시킬 수 있고 때로는 몇 가지 법칙이 모여서 그 성과를 가져올 수 도 있다. 따라서 지도조종자(교관)은 학습의 법칙을 이해하고 학습의 동기부여, 참여의식, 개인차 등을 고려하여 효율적인 교육이 이루어 지도록 하는 것이 매우 중요하다.

⑤ 학습동기 조성방법

- 필요성 제시

    지도조종자(교관)은 교육 직전에 교육생들에게 이 과목은 왜 배워야 하고 앞으로 어디에 어떻게 사용된다는 필요성을 제시하여 교육생(학생)들 자신이 과목을 배우려는 의욕을 북돋아 주어야 한다. 따라서 교육생(학생)들에게 이 과목은 실무부서 근무에 어떠한 도움을 주고 현장에 나아가서 어떠한 이점이 있다는 등 타른 조건과 연관시켜서 과목을 설명해 주는 것은 과목에 대한 동기의 조성과 필요성을 제시하는 방법의 하나가 된다.

- 학습의 의욕 증진

    지도조종자(교관)는 교육 직전에 교육생들 각자에게 학습 결과에 대한 책임은 자기 자신에게 있다는 사실을 이해시켜 교육생들 자신이 스스로 노력할 수 있는 동기를 조성해 주어야 한다. 만약 교육생들이 배우고 싶어 하는 생각 없이 학습에 임한다면 시간만 낭비하는 결과를 초래하고 학습에 대한 효과는 감소된다. 그러므로 지도조종자(교관)는 정신적으로나 육체적으로 온 정력을 집중하여 교육생들이 과목에 집중할 수 있도록 학습의 효과를 자주 파악하여야 한다.

- 흥미 유지

    지도조종자(교관)는 교육생들이 학습에 대한 열의를 집중시키고 흥미를 계속 유지시키기 위하여 흥미있는 교육을 실시하여야 한다.

- **조기 성공격려**

  자기가 이미 배운 사항이나 하고자 하는 일이 예상보다 달리 성공하면 자신감을 갖게 되고, 기쁨과 만족감을 느끼게 되므로 교육생들은 더 많은 학습을 하려고 노력하는 좋은 동기가 조성된다. 그러므로 지도조종자(교관)는 최초 단계에서는 교육생들이 쉽게 풀 수(성공) 있는 일을 계획하여 흥미 있는 분위기 속에서 학습을 할 수 있게 하여야 한다.

- **인정 및 칭찬**

  사람은 누구나 잘한 일에 대하여 인정과 칭찬을 받고자 하는 심리적인 욕구를 가지고 있다. 그러므로 지도조종자(교관)은 교육생들이 내용을 쉽게 이해하거나 어떠한 문제를 해결했을 때는 인정과 칭찬을 해주어 그들이 기쁨과 만족감을 갖게 함으로써 교육생들은 동기를 계속적으로 유지하게 된다. 또한 지도조종자(교관)는 학생들이 만족스럽지 못한 일을 하더라도 좋은 점을 골라 칭찬해 주고 잘못된 점에 대해서는 자극적인 언급을 피하고 가볍게 타일러 주어 교육생(학생)들이 학습에 적극적으로 참여할 수 있도록 해야 한다.

- **감정 조절**

  감정은 학습에 영향을 준다. 그러므로 지도조종자(교관)은 분개하거나 흥분한 상태 등 좋지 않은 감정을 가지고 교육에 임하여 교육생(학생)들에게 불안한 마음을 주어서는 안 되며 교육생(학생)들이 안정되고 좋은 분위기 속에서 학습에 열중할 수 있도록 항시 노력해야 한다.

- **경쟁 의욕 고취**

  우호적인 경쟁은 학습에 자극을 준다. 사람은 누구나 남에게 지지 않으려는 경쟁심을 가지고 있기 때문에 지도조종자(교관)은 이와 같은 심리를 잘 이용하여 학습을 효과적으로 유도하여야 한다. 지도조종자(교관)은 조 편성을 2개 또는 그 이상의 조로 편성하여 상호 발표하게 하여 조별 협동심을 기르고 독창성과 용기를 갖게 하여야 한다. 경쟁방법을 잘못 이용한다면 극히 이기적이고 질투심을 가져오는 나쁜 점도 있으므로 가능한 한 개인 경쟁을 지양하고 우호적인 단체경쟁 방법으로 동기를 조성해야 한다.

- 상벌방법 적용

    포상은 교육생(학생) 자신이 스스로 학습케 하는 좋은 방법이므로 잘하는 교육생(학생)에게는 포상의 특혜를 주어 누구나 잘 하려고 노력하게 해야 한다. 그러나 잘못하는 교육생(학생)에게 너무 가혹한 처벌방법을 적용하면 오히려 분개하고 반감을 사게 되어 학습을 실패할 우려가 있으므로 지도조종자(교관)은 상벌 방법을 기술적으로 적용해야 한다.

⑥ 흥미 유지 방법

- 명확한 설명

    명확한 설명은 항상 흥미를 유발시켜 주나 막연하고 추상적인 설명은 이해가 곤란함은 물론 흥미를 상실하게 되므로 지도조종자(교관)은 언제나 명확하게 교육생(학생)에게 설명을 해 줌으로써 과목에 대한 이해를 용이하게 할 수 있다.

- 이야기와 경험담

    지도조종자(교관)는 자기가 부여받은 과목을 흥미 있게 진행하기 위하여 딱딱하고 원칙적인 사항만을 설명하는 것보다는 필요 시 원칙과 내용에 부합되는 이야기와 경험담 등을 교육생(학생)들에게 들려주어 교육생(학생)들이 긴장을 풀고 과목에 열중할 수 있는 분위기를 조성해 주어야 한다.

- 교육보조 재료 사용

    교육보조 재료란 교육의 효과와 흥미를 증진시키기 위하여 준비한 모든 자료를 말한다. 지도조종자(교관)은 교육에 필요한 모든 교육보조 재료를 준비해야 한다. 지도조종자(교관)은 내부 구조 및 기능이 복잡한 구조물에 대하여 설명 시 실제 장비를 사용하여 교육생(학생)들의 이해를 도와주고 흥미를 유지시켜 주의를 집중시킬 수 있도록 해야 한다.

- 수사적 질문

    수사적 질문이란 지도조종자(교관)이 어떤 문제를 제시하여 교육생(학생)들이 그에 대한 해답을 할 수 있도록 유도한 다음 지도조종자(교관) 자신이 답변하는 것을 말하여, 이는 교육생(학생)들이 그 문제에 대한 해답을 머릿속에 구상하고 문제의 요점을 정확하게 파악할 수 있게 하고 독자적인 사고력을 부여하기 위하여 때때로 사용하는 교수기법이다. 수사적 질문은 지도조종자(교관)과 교육생(학생)을 통합시켜 주어 흥미를 유지시켜 주는 좋은 방법이다.

⑦ 지도조종자(교관)의 역할과 자질

■ 지도조종자(교관)의 중요성

교육의 질은 교사의 질을 능가하지 못한다.(As is the teacher so is the school)는 말은 교육에 종사하고 있는 대부분의 사람들이 이구동성으로 주장해 왔다. 이는 교육에 있어서 핵심은 교사임을 단적으로 나타내는 것이다. 아무리 훌륭한 건물과 최신식 교육기자재를 갖추어 놓은 학교라도 그것을 교육적으로 의미 있게 활용할 수 있는 유능한 교사가 없다면 좋은 교육이 이루어질 수 없다. 따라서 교사는 교육에서 가장 중심적인 위치를 차지하고 있으며 또 실제에 있어서 중요한 영향을 미치고 있는 사람이다.

오늘날은 교육환경이 크게 개선되고 교육이론도 많이 발전하였으며, 교육공학의 발전으로 교수, 학습기자재도 매우 편리해졌다. 그러나 교육이 지식이나 기술을 가르치는 것만을 목적으로 하지 않고, 전인교육(全人敎育)을 목적으로 하는 이상 가장 중요한 교육의 요건은 역시 교사의 사람됨이라고 할 수 있다.

옛말에 "스승의 그림자도 밟지 않는다"라는 말이 있다. 교사는 학생으로부터 존경을 받는 언행을 하고 그를 보고 본받을 수 있도록 해야 한다. 교사는 누구나 할 수 있는 일을 하는 사람이 아니다. 사람의 심성을 올바르게 키우고, 사회와 국가를 번영으로 이끌며 인류를 구원할 수 있는 길이 교육의 길임을 깨닫는 자만이 교직의 길을 걸을 수 있기에 교사가 되는 것은 이미 천부적 자질의 결과이요 하늘의 은총이다.

최근 초경량비행장치 지도조종자들이 많이 양성되기는 하지만 이들이 모두 자격에 맞는 임무수행을 하지 못하는 것을 볼 수 있다. 이것은 교사 즉 지도조종자의 역할이 얼마나 어려운 것인지를 보여주는 것이다. 그냥 나의 손가락 기술이 뛰어난다고 하여 모두 그 기술을 가르칠 수 있는 것이 아니다는 것이다. 그 기술에 자기의 인품과 기법 등을 가미하여 교육생들에게 가르쳐야 한다는 것이다. 진정 손가락 기술만 가지고 있는 "쟁이"밖에 되지 못하기 때문이다. 손이나 발 기술로 싸워 이기는 것보다 머리로서 싸워 이기는 것이 진정 더 효과적이고 쉽게 이길 수 있음을 알 수 있는 것과도 비슷한 이야기 이다.

교육생(학생)들은 늘 왜? 라는 의문점을 가지고 있기에 이를 잘 해소 시킬 수 있는 자기만의 능력을 키워야 진정한 가르침을 할 수 있는 것이다. 자기의 능력이 되지 않는데도 불구하고 자만으로 가득차서 가르침을 행하면 그 가르침을 받아들이는 교육생도 힘이 들고 그 교육생은 다음에 또다시 반복되는 행위를 일으키게 된다.

■ 지도조종자(교관)의 자질과 역할

올바른 교육이 이루어지기 위해서는 훌륭한 지도조종자(교관)가 필요하다. 가령 지도조종자(교관)는 훌륭한데 시설이 보잘것없는 교육원, 시설은 좋은데 지도조종자(교관)가 그렇지 못한 곳 중 하나를 선택하라면 훌륭한 교육을 위해서 전자를 택할 수밖에 없다. 왜냐하면 교육의 성패는 지도조종자(교관)의 질에 달려있다고 할 수밖에 없기 때문이다. 지도조종자(교관)에 의해서 교수/학습지도의 방법과 능률이 결정될 뿐만 아니라 교육원의 풍토와 교육생(학생)들의 인지적, 정의적 등 여러 가지가 촉진하는 환경이 좌우된다. 그러면 좋은 지도조종자(교관)는 어떤 자질을 구비해야 하는가? 지도조종자(교관)가 수행해야 할 역할은 무엇이며 어떤 사람이 그와 같은 역할을 훌륭하게 수행할 수 있는가? 하는 것이다.

· **지도조종자(교관)의 자질**

지도조종자(교관)는 지식이나 기능만을 가르치는 것이 아니라 향후 교육생들의 배운 것을 가지고 안전하게 잘 운용할 수 있는 인품과 능력을 동시에 겸비하도록 해야 하며 특히 인간다움을 지닐 수 있도록 하는 것이 중요하다.

따라서 첫째, **가르침으로부터 부름을 받았다는 소명의식을 가져야 한다.** 지도조종자(교관)는 단순한 직업이나 노동이 아니라 그에게 소명감을 주는 비전과 헌신에 의하여야 한다. 비전과 헌신을 속성으로 하는 소명감에서 비롯되지 않은 교육은 산교육이라

할 수 없다. 소명감이 있으면 지도조종자(교관)는 산 스승이 될 수 있고, 교육생의 영의 성장을 돕는 참된 교육자 될 수 있는 것이다. 따라서 지도조종자(교관)에게 기본적으로 요청되는 것은 소명의식이며, 그 소명감이란 내일의 생명을 키운다는 비전, 정열, 충성을 다하는 헌신에 의해서 가능한 것이다.

둘째, **지도조종자(교관)는 깊은 이해심과 사랑과 봉사의 정신을 가져야 한다.** 지도조종자(교관)는 필연적으로 어떤 복잡한 인간관계의 망(網) 속에 들어가게 된다. 지도조종자(교관)는 교육생들을 사랑과 이해와 친절과 따뜻함으로 대해야 한다. 받는 사랑이 아니라 주는 사랑을, 한없이 베푸는 사랑을 해야 한다. 똑똑하고 잘하는 교육생을 칭찬하는 대신 잘못하는 교육생에 대하여 더 많은 정성을 베풀어 주는 책임감을 가진 지도조종자(교관)가 되어야 한다. 교육생이 잘 못하고 잘 이해하지 못하는 것은 당연하다. 그러기 때문에 배우려고 하는 것이다. 그런데 하나만 가르쳐주고 열을 이해하라고 하면 이해하는 교육생이 있을 수 있지만 이해 못하는 교육생이 더 많은 것이 당연하다. 이를 지도조종자(교관)는 본인의 부족으로 여기고 정성을 다하여 교육생을 지도하고 가르쳐야 한다.

셋째, **지도조종자(교관)는 사람을 존중하는 태도를 지녀야 한다.** 교육이란 인간을 존중하고 그 존엄성을 믿는 것으로부터 시작되어야 하다. 교육생이 어리거나 나이가 많거나 할 때 경솔한 판단과 결정을 해서는 절대 안된다. 인간은 인간이기 때문에 절대 존중하고 사랑해야 한다.

넷째, **지도조종자(교관)는 넓고 신성한 교육관을 가져야 한다.** 직업을 생계의 수단으로 생각하는 사람도 있고, 자신의 직업을 즐기며 인생을 보내는 사람도 많이 있다. 그러나 가르침을 인간의 바른 성장과 존엄성 실현을 위한 것으로 보고 가르칠 때 올바른 교육관이 확립될 수 있다. 올바른 교육관은 진정한 가르침을 윤리로부터 출발한다. 본래 사람은 자기에게 주어진 환경과 직업에 헌신함으로써 인생의 즐거움을 얻고 인생의 참뜻을 발견하게 된다. 지도조종자(교관)는 교육생을 가르치는 일에서 헌신의 기쁨과 만족을 얻을 수 있어야 한다. 지도조종자(교관)의 몸은 비록 과거에서부터 살아 왔으나 지도조종자(교관)의 눈과 뜨거운 가슴은 언제나 현재와 미래를 응시해야 한다. 매일매일 새로워져야 한다. 가르치는 자는 곧 배우는 자이기 때문이다. 지도조종자(교관)의 지속적인 학구열은 곧 교육생들에게 영향을 미치게 되고 지도조종자(교관) 자신에게는 신선한 지식을 더해 준다.

　다섯째, **지도조종자(교관)는 행동으로 옮기는 사람이 되어야 한다.** 학행일치學行一致란 말이 있듯이 소양과 인간애를 갖추었으며 그것을 실제로 실천해야 한다. 다른 사람을 움직이려면 내가 먼저 움직여야 하고 남을 감동시키려면 내가 먼저 감격해야 한다. 마음속에서 우러나오는 말만이 정말 사람을 감동시킬 수 있다. 나의 정성은 학생들의 정성을 불러 일으키고, 나의 정열은 학생들의 정열에 의해 전파된다. 사람은 부르면 대답하는 존재이다. 진정한 교육은 열과 성에서 이루어진다. 가르침은 혼과 혼의 대화요, 인격과 인격의 만남이요, 정성과 정성의 호응이요, 정열과 정열의 만남이다. 이렇듯 가르침의 목적은 현재 모르고 있는 것을 가르치는 것만이 아니라, 현재 행할 수 없는 것을 행할 수 있도록 지도하는데 있다.

　여섯째, **지도조종자(교관)는 교육생들에게 희망을 주는 사람이어야 한다.** 지도조종자(교관)의 얼굴에는 어두운 그림자나 실망이 없고 언제나 미래를 내다보는 희망이 깃들어 있어야 한다. 교육생이 잘못을 했을 때 비관하는 얼굴이 아니라 바른 길을 가도록 격려하는 얼굴이어야 한다. 지도조종자(교관)의 얼굴은 늘 새로움을 향해 나아가는 앞날의 비전에 용기를 가지는 얼굴이어야 한다. 좀 과격하게 표현하면 불의를 분쇄하기 위해 돌격하는 얼굴, 불의를 보면 이를 도려내기 위하여 총칼을 빼든 전사의 얼굴이어야 한다.

- **지도조종자(교관)의 역할**

　가르침이 성립되기 위해서는 반드시 가르치는 사람과 배우는 사람이 있어야 한다. 이때 교수, 학습과정에서 지도조종자(교관)와 교육생과의 상호작용은 무엇보다도 중요하며, 가르침의 과정 중 가장 핵심적인 부분을 이룬다. 그러므로 지도조종자(교관)는 그가 원하든 원하지 않든 간에 교육 성립의 전제조건으로서 대단히 중요하다.

　첫째, **지도조종자(교관)는 해당분야 사회의 대표자이다.** 교육생이 배운 후 사회에서 활용해 나가는 과정에서 지도조종자(교관)는 해당분야 사회의 가치와 생활양식을 대표하는 위치에 서게 된다. 교육생의 여러 가지 행동에 대하여 인정할 것은 인정해 주고 경우에 따라서는 질책도 하며 격려해 주는 일을 통하여 사회가 바라는 방향으로 가도록 해 주어야 한다. 따라서 지도조종자(교관)가 무의식중에 하는 말과 행동 하나하나는 교육생이 사회에서 활용하는데 결정적인 역할을 한다는 것을 잊어서는 않된다.

둘째, **서식자원으로서 지도조종자(교관)이다. 교육생들에게 필요한 지식을 가르친다는 것은 지도조종자(교관)의 제일 중요한 임무이다.** 따라서 지도조종자(교관)에게는 살아 있는 교과서의 역할이 기대되고 있다. 지도조종자(교관)의 지식 이해 정도가 교육생들의 교육성취도와 밀접한 관련이 있는 점으로 보아 지식의 공급원으로서 지도조종자(교관)의 역할은 매우 크다.

셋째, **학습조력자로서의 지도조종자(교관)이다. 지도조종자(교관)의 역할은 단순한 지식의 전달에 그쳐서는 안 된다.** 교수, 학습과정에서 교육생들이 스스로 중요한 지식을 이해하고 새로운 지식을 찾아내며 배운 지식을 적용하여 새로운 문제를 해결할 수 있도록 지도조종자(교관)는 유능한 배운 지식을 적용하여 새로운 문제를 해결할 수 있도록 유능한 조력자로서의 역할을 해야 한다.

넷째, **심판자로서의 지도조종자(교관)이다. 교육 시 학급 또는 조 내에서 학생들의 의견이 일치하지 않거나 갈등, 대립하는 상황을 종종 볼 수 있다.** 이 때 공정하게 시시비비를 가려낼 수 있는 유일한 권위자는 지도조종자(교관)이다. 이때 지도조종자(교관)의 공정성과 타당성 여하에 따라서 학생들에게 비치는 지도조종자(교관)의 권위는 크게 달라진다고 볼 수 있다.

다섯째, **불안제거자로서의 지도조종자(교관)이다. 배움의 훗날 적용상황에서 교육생들은 여러 가지 불안을 경험하게 된다.** 현실에 대한 이해부족과 자신의 능력부족에서 오는 불안은 자연히 도움을 필요로 하게 된다. 현실상황에 대한 적절한 설명, 교육생들에게 불필요한 불안을 주지 않도록 상황을 잘 이끌어 주는 일을 지도조종자(교관)가 해야 할 역할이다.

2) 교수 기법

① 교수의 올바른 이해

교수敎授란 학습자(교육생)에게 수업의 결과나 행동양식이 바람직한 방향으로 변화하도록 안내하고 발전시키는 과정 즉 지도조종자(교관)가 교육생들에게 교육내용을 가르치는 것, 또는 가르치는 과정이라고 말할 수 있다.

지도조종자(교관)가 자신의 지식을 교육생들에게 제대로 전달하고 이해시키기 위해서는 교수기술이 필요한데 여기에서는 공통적으로 적용되는 교수방법과 교수기술의 기본적인 사항에 대하여 알아보고자 한다.

지도조종자(교관)에 의해서 전개되는 훈련(수업)은 지도조종자(교관)의 자질과 열성에 따라 훈련(수업)효과에 많은 변화를 가져올 수 있다. 지도조종자(교관)의 주 임무는 주어진 훈련(학습)과제에 대하여 교육생들을 잘 이해시키고 능률적인 훈련(학습)이 될 수 있도록 유도하는 것이다. 따라서 지도조종자(교관)는 다음과 같은 사항에 유념하여 학습하여야 한다.

첫째, 교육생들이 훈련(학습)해야 할 내용과 방법을 알기 쉽게 제시한다. 둘째, 훈련(학습)과제의 구조와 순서에 따라 실시하되 과거, 현재, 차후훈련(학습)의 연계성 유지한다. 셋째, 교육생들 개인이 훈련(학습)해야 할 자료 제시한다. 넷째, 교육생들의 능력이나 동기부여 등의 특성을 고려한 훈련 진행한다. 다섯째, 훈련(학습)의 질적 향상이나 훈련(학습)효과는 교육생 개인의 기준에서 고찰되어야 하며 지도조종자(교관)는 훈련(학습)개선 및 전반적인 발전을 도모하기 위하여 노력을 경주하여야 한다.

훈련현장에서 지도조종자(교관)의 태도는 매우 다양하며, 서로 복합적 상관관계를 유지하면서 교육생들의 교육의욕을 촉진시키게 된다. 특히 지도조종자(교관)의 위치는 훈련내용을 가르치는 것 못지않게 인간적인 면에서도 영향을 주게 되는 지도자적 위치에 있기 때문에 지도조종자(교관)의 태도는 매우 중요한 요소이다.

② 교수의 단계
- 준비단계

    준비단계란 지도조종자(교관)가 교육생에게 교육(훈련)을 실시하기 위하여 교육(훈련)에 관한 상황을 판단하고 교재의 선택과 구성, 교안작성, 연습, 최종검토 등의 일련의 절차를 말하며, 비행훈련에 있어서도 훈련과목에 따른 가용 비행기체, 교재, 비행교육장비 및 장구류 등을 사전에 준비하는 것을 말한다.

- 강의 및 시범

    이 단계는 지도조종자(교관)의 지식과 기술에 대한 설명 단계로서 설명(강의)방법의 선택은 과목의 성격과 목적에 의해서 결정되며 과목에 따라 강의 후 시범, 시범 후 강의, 시범식 강의 등으로 이 중 한 가지 또는 두 가지 이상을 선택하여 실시되는 것으로 비행훈련에 있어서는 시범식 강의가 바람직할 수 있다.

- 실습(비행훈련)

    실습이란 실제로 교육생이 훈련을 실시하면서 숙달하는 것을 의미하는 것으로 비행교수법에서는 이를 "응용단계"로 구분할 수 있다. 이는 지도조종자(교관)가 제시한 훈련내용을 교육생이 그대로 실시하는 단계를 말한다. 특히 비행훈련에 있어서는 실습과 조작요령을 초기단계에 올바로 훈련하는 것이 중요하다. 그러므로 지도조종자(교관)는 교육생의 잘못된 조작에 있어 이를 즉각 교정하고 표준조작에 이를 때까지 시범과 실습(훈련)이 병행하는 훈련과정을 행하여야 한다.

- 시험(평가)

    시험(평가)단계란 지도조종자(교관)가 교육생들에게 실시한 훈련결과를 점검하는 단계이다. 실습(훈련) 후 훈련내용에 대하여 교육생의 훈련결과를 평가하여 상대적 우열을 가리고 등급을 결정하는 단계라 할 수 있다.

- 강평

    강평은 훈련의 최종단계로서 시험(평가)이나 훈련 후 훈련내용에 대하여 교육생의 훈련 결과를 평가하여 교정할 것을 알려주고 다음 훈련단계로의 진출 또는 교육생의 능력함양 상태를 점검하여 보완해야 할 내용을 도출하는 과정이다.

③ 교수 전개방법
- 과거에서 현재로

    과거에서 현재로의 전개방법은 시간 흐름의 내용을 포함하는 과목에서 역사적인 요소가 고려될 때 적용하는 것이다.

- 간단한 것에서 복잡한 것으로

    훈련과목 구성에 있어서 간단한 원리부터 전개하여 상호 관련성과 줄거리를 이어서 점차 복잡한 이론으로 전개함으로 교육생들의 이해를 돕고 훈련의욕을 증진시킬 수 있는 것이다. 예를 들어서 어떤 계통을 이해시키려고 할 때 우선 구성품별 기능을 교육시킨 다음 이를 순서대로 연대시켜서 계통을 형성하는 체계를 가르친다면 이해도를 높일 것이다.

- 아는 것에서 모르는 것으로

    현재 학습하는 내용이 새로운 것이라면 교육생이 알 수 있는 관련분야부터 전개하여 새로운 것으로 연계 시켜서 교육생으로부터 학습 접근이 용이토록 유도하는 것이다. 예를 들어 멀티콥터의 삼각비행 과목을 숙달하기 위해서는 좌, 우 이동훈련과 상, 하 이동 훈련을 먼저 실시한 후 연계하여 차이점을 교육시키면 쉽게 이해할 것이다.

- 사용빈도가 많은 것에서 적은 것으로

    두 개 이상의 다수 과목이나 과제가 구성된 것이라면 가장 많이 사용되며 공통적인 요소와 기본요소가 많이 내포된 것으로부터 전개하여 사용빈도가 적고 공통적 요소가 적은 순으로 학습함으로서 교육생으로 하여금 자신감과 이해를 증진시킬 수 있는 것이다.

④ 교수태도의 요소

    교육현장에서 지도조종자(교관)의 태도는 매우 다양하며 서로 복합적 상관관계를 유지하면서 교육생들의 교육의욕을 촉진시키게 된다. 특히 지도조종자(교관)의 위치는 교육내용을 가르치는 것 못지않게 인간적인 면에서도 영향을 주게 되는 지도자적 위치에 있기 때문에 지도조종자(교관)의 태도는 매우 중요한 요소이다.

- 외모와 복장

    강의 시 강의 장에서 지도조종자(교관)의 외모와 복장은 수업분위기까지 저해하는 요인이 될 수가 있다. 이상한 머리모양, 덥수룩한 수염, 비뚤어진 넥타이, 더러운 구도, 요란한 액세서리 등은 교육생의 불필요한 시선이나 잡념을 가져오게 하므로 유의하여 강의에 임해야 한다. 예를 들면 아래와 같이 하는 것을 권장한다.
    - 첫째, 단정하고 말쑥한 용모(머리, 수염, 구두손질 등)
    - 둘째, 규정된 복장(강의 시는 가능하면 정장에 넥타이, 비행훈련 시는 회사의 비행복)
    - 셋째, 교육(훈련)내용에 적절한 복장(반바지, 슬리퍼, 이상한 모자 등 지양)

- 자세

    지도조종자(교관)는 항상 자연스럽고 바른 자세를 유지하여 부수적인 교육(훈련)효과를 얻게 해야 한다. 교육생들이 지도조종자(교관)을 잘 볼 수 있고 바라볼 수 있는 곳에 위치한다. 부드러운 자세와 적절한 움직임으로 강의의 단조로움에 변화를 주어야 한다. 강의 시 지도조종자(교관)가 유의해야 할 자세는 다음과 같다.

- 강의 시 기본자세
    - 첫째, 양발을 어깨넓이 정도로 벌려서 안정감을 유지 시킨다.
    - 둘째, 체중을 양발에 균등하게 유지한 자연스럽고 바른 자세를 유지한다.
    - 셋째, 상황에 따른 적절한 움직임이 효과적이다.
    - 넷째, 경직된 자세는 교관의 긴장을 가중시킨다.

- **잘못된 자세**
    - 첫째, 호주머니에 손을 넣는 행위
    - 둘째, 팔꿈치를 교탁에 기댄 자세
    - 셋째, 시종 교안이나 교재를 보면서 강의를 진행(자신감 결여)
    - 넷째, 한곳에만 위치하여 강의(지루감)
    - 다섯째, 수시로 위치를 바꾸는 행위(주의산만)
    - 여섯째, 지시봉이나 레이저 포인트로 교육생을 가리키는 행위(인격무시)

- **칠판 또는 보드판 사용 시 기본자세**

  교단 중앙에서 한, 두 걸음 앞에 자연스럽게 바른 자세로 서서 설명하고, 판서 시에는 뒤로 두, 세 걸음 물러서되 가급적 등을 보이지 않게 한다.

- **지도조종자(교관)가 몸을 움직일 필요가 있을 경우**
  - 첫째, 긴장을 풀고자 할 때
  - 둘째, 교육생들에게 여유를 주고자 할 때
  - 셋째, 교육생의 주의를 끌고자 할 때
  - 넷째, 지정된 장소의 교육생을 보고자 할 때
  - 다섯째, 이야기의 내용이 다음 단계로 전환될 때
  - 여섯째, 교보재 조작을 할 경우
  - 일곱째, 강의나 교육 시, 기타 필요 시

■ 시선

"눈은 마음의 거울"이라고 하듯이 대화 시에는 교육생을 마주보면서 하는 것이 교육생에 대한 예의이며 친근감을 갖게 된다. 교육생의 주의를 집중시키고 교육태도를 유지시키며 이해도 등을 감지하여 교육을 주도해 나가려면 지도조종자(교관)의 시선은 교육생들에게 골고루 배분되어야 한다.

1. 시선 활용방법

- **지도조종자(교관)와 교육생의 시선을 연결**

  교육생들과의 시선연결은 지도조종자(교관)과 교육생의 유대를 강화시키며 친근감을 갖게 하고 교육태도의 주의나 경각심을 심어줄 수 있는 기술이다. 그러나 강의 시 메모지만 쳐다본다든가? 허공이나 창밖을 주시하는 태도는 교육생으로부터 외면을 받기 쉽고 교육의 효과가 낮아지기 때문에 시선접촉을 통해 교육생들의 반응을 살피고 분위기를 조성해 나간다.

- **시선을 골고루 분배**

  시선을 교육생 전체에 배분하는 방법은 여러 가지 있으나 일반적으로 볼 때 지도조종자(교관)로부터 이탈되기 쉬운 위치에 있는 교육생에게 시선을 자주 줄 필요가 있다. 따라서 맨 뒤의 좌에서 우로, 뒤에서 앞으로 시선을 골고루 배분하여 전체를 장악해야 한다.

- **대화의 내용과 시선을 일치**

  강의내용에 따라 시선도 따라가야 한다. "높은 산위에 올라"라는 말을 할 때는 시선을 위로 향하게 한다거나, "가"와 "나"라는 두 사람을 예로 들었을 때 "가"를 이야기 할 때는 "가"를 향하고, "나"를 이야기 할 때는 "나"를 바로 보면서 강의한다면 양자를 대비 시키는 효과를 가져 올 수 있다.

- **정상적인 시선으로 응시**

  상대를 바라볼 때는 자연스럽게 머리를 돌려서 응시해야지 눈동자만 굴려서 본다면 품위를 잃게 되고 시선을 받는 교육생도 좋은 기분을 가질 수가 없을 것이다.

2. 시선 처리 시 유의사항

   - 첫째, 먼 곳을 보거나 시선을 자주 변경하면 주의집중이 산만해진다.
   - 둘째, 강의 간 특정 교육생이나 장소만을 주시하면 소외감을 갖기 쉽다.
   - 셋째, 눈을 자주 깜박거리면 불안감이 조성된다.
   - 넷째, 설명하는 내용과 시선, 제스처는 일치시켜야 한다.
   - 다섯째, 시선을 향하는 곳에 얼굴이 자연스럽게 따라가야 한다.

■ 목소리

음성의 좋고 나쁨은 천성이라고 하지만 이외의 요소는 개인의 노력여하에 따라 충분히 고칠 수가 있다. 목소리는 자신감의 표출로서 신뢰감을 조성할 수 있도록 해야 한다.

- **목소리의 크기**

  강의 시에 강의 장 맨 끝자리에 앉아 있는 교육생에게도 잘 들리도록 해야 한다. 목소리의 청취도는 주의환경, 날씨, 교육내용 등에 따라서 달라질 수가 있으므로 지도조종자(교관)는 목소리의 크기를 조정할 수 있어야 하며, 의심스러울 경우에는 맨 끝자리의 교육생을 향하여 "제 말이 잘 들립니까?"라는 질문을 하여 확인해야 한다.

- **자신감**

  자신감은 지식정도에 좌우되며 개인의 역량이나 경험에 따라서도 영향을 받게 된다. 자신감을 잃었을 때는 목소리도 작아지고 떨리게 되며 경험이 부족한 신임

지도조종자(교관)일수록 더욱 심하다. 따라서 지도조종자(교관)는 과목에 대한 폭넓은 지식을 쌓고 자신감이 있을 때까지 꾸준히 노력해야 한다. 자신감을 유지시키는 방법은 다음과 같다.

- 첫째, 강의도 개인과의 대화와 같다는 점을 인식하라.
- 둘째, 강의시작 1분이 중요하므로 강의시작 첫 부분을 잘 준비하라.
- 셋째, 강의 전에 긴장이 될 때는 긴장을 완화시킬 수 있도록 노력하라.
- 넷째, 상황에 따라 유머를 사용하여 교육 분위기를 전환하라.

· **목소리의 조절**

　목소리의 고저, 강약, 장단의 조화는 중요한 청취효과를 가름한다. 단조로운 강의는 아무리 좋은 내용이라도 생명력을 잃게 되어 지루함이나 졸음을 가져오기 쉽고 웅변식 강의도 적당하지가 않다. 목소리는 평상시에 대화하듯이 감정이 실려 있어야 하며 강의내용, 강의 장 크기, 인원수를 고려하여 목소리의 크기를 조절해야 한다.

■ 언어

　언어는 그 사람의 인품과 직결되며 신뢰와 존경심, 경외감과 비웃음을 유발할 수 있는 중요한 요소이다. 어구나 언어는 일회성을 지니고 있어 한번 뱉은 말은 다시 주어 담을 수 없으므로 항상 조심하고 책임 있는 말을 해야 한다.

1. 언어 사용 시 유의사항

   - 첫째, 강의 목적에 불필요한 내용은 삼가고 표준어를 사용하다.
   - 둘째, 불필요한 수식어를 제외하고 짧고 조리 있는 표현을 하라.
   - 셋째, 말의 속도를 적절히 변환하라.
   - 넷째, 강조할 부분에 대해서는 억양을 조절하여 강하게 표현하라.
   - 다섯째, 명확한 발음으로 쉽게 알아들을 수 있도록 사용하라.
   - 여섯째, 비속어나 낮춤말 사용을 지양하라.

2. 말의 속도를 늦추어야 하는 경우

   - 강조하고자 하는 내용
   - 다짐을 하는 부분
   - 전문 및 학술용어 사용 시
   - 반복하여 설명하는 내용
   - 숫자, 인명, 지명 등을 설명할 때

3. 말의 속도를 빨리해야 할 경우
   - 평범한 사실의 전달
   - 중요하지 않은 내용
   - 이야기의 절정 부분
   - 억압된 감정이 아닐 때

■ 동작(제스처)

강의 시 제스처는 강의 내용을 강조하거나 보조설명이 되도록 적절히 활용하는 것으로서 지도조종자(교관)의 언어 표현을 보조하여 수업에 활력을 넣어 주지만 우리나라 사람들은 이러한 동작에 익숙해 있지 않으므로 평상시에 연습이 필요한 부분이다.

1. 제스처 사용 시 유의사항
   - **자연성** : 제스처는 전체가 자연스럽게 조화를 이루도록 한다. 지나친 긴장은 제스처를 딱딱하고 어색하게 하기 때문에 교육하기 전에 몸의 근육을 풀고 긴장을 완하 시킨다.
   - **변화성** : 제스처는 새로운 변화가 있어야 한다. 너무 자주 사용해도 효과가 적으며 동일한 동작의 반복은 교육생들에게 권태를 느끼게 한다.
   - **일치성** : 지도조종자(교관)가 설명하고자 하는 내용과 제스처는 의미상으로나 시간상으로 일치되어야만 효과가 있다.
   - **융통성** : 제스처는 장소와 대상에 따라서 융통성 있게 조절되어야 하며 장소와 분위기, 교육생의 수준과 인원에 따라 모양, 크기, 횟수 등이 달라져야 한다.
   - **생동성** : 제스처는 지도조종자(교관)의 주장과 신념을 교육생에게 강조하는 수단이 생동적이고 활기차게 해야 한다. 제스처는 일정한 형태가 있는 것이 아니라 사용자의 개성에 따라 얼마든지 달라질 수 있으므로 지도조종자(교관) 자신이 자연스럽게 사용할 수 있는 제스처를 개발하여 활용하도록 노력해야 한다.

■ 습벽

강의가 전개되고 있는 동안 지도조종자(교관)의 불필요한 버릇이나 말에 의해서 교육생에게 나쁜 인상을 주거나 주의를 산만하게 하는 경우가 있다. 예를 들면 계속해서 에!…또!… 등을 반복한다면 교육생들은 교육내용보다 지도조종자(교관)의 유별난 행동에 관심을 더 가지게 되어 교육효과를 감소시킨다.

■ 열의와 신념

　지도조종자(교관)의 동작과 목소리도 중요하지만 지도조종자(교관)의 열의와 신념은 교육생들에게 투사되기 때문에 열성적인 태도를 가져야 한다. 그러나 지나친 열정은 오히려 교육생들로 하여금 좋지 않은 반응을 일으킬 수가 있으며 방관자적 태도나 소극적 자세, 자신이 없는 교수태도는 지도조종자(교관)의 열의가 부족하다는 인상을 주기 때문에 적극적이고 자신감 있는 태도로 교육에 임해야 한다.

⑤ 언어 표현기술

　언어 표현기술이란 지도조종자(교관)가 알고 있는 지식과 생각을 명확하게 논리적으로 교육생들에게 전달하는 기술을 말한다. 지도조종자(교관)가 아무리 교육내용에 대한 풍부한 지식을 가지고 있어도 표현력이 부족하여 교육을 제대로 못한다면 교육의 성과는 기대할 수 없다. 언어 표현기술의 세부적인 향상방법은 다음과 같다.

■ 접촉유지

　지도조종자(교관)가 강의를 하는 동안 교육생들이 다른 생각을 하지 않고 지도조종자(교관)와 같이 이해하고 학습토록 하는 것으로 접촉유지 방법에는 교육생들의 주의를 집중시키고, 교육생들을 바라보면서 강의를 하고, 딱딱한 어투보다 담화어로 말하며, 수시로 교육생의 반응을 파악하면서 교육해야 한다.

■ 감정 조절

　누구나 처음으로 대중 앞에 서게 되면 대중을 의식함으로 인한 신경과민 증상에 걸리기 쉽다. 지도조종자(교관)는 이러한 증상을 조절하기 위해서는 철저한 교육내용 연구를 통하여 교육내용에 대해 자신감을 가져 긴장을 완화시켜 침착하게 교육을 진행하여야 하며 교육내용의 요점을 미리 염두에 두어야 한다.

■ 쉽게 이해시켜야 한다.

　어려운 것도 쉽게 설명할 수 있고, 쉬운 것도 어렵게 설명할 수 있다. 쉽게 설명하기 위해서는 먼저 교육할 대상을 파악하여 수준에 맞는 언어를 사용해야 하고, 문장은 간단명료해야 하며, 말의 속도를 적절히 조절해야 한다. 또한 표준어 사용과 강약을 조절하여 생각한 바를 정확하게 표현해야 교육생들이 지도조종자(교관)의 설명을 정확하게 이해할 수가 있는 것이다.

- ■ 적절한 유머의 활용

  "인간만이 소리 내어 웃을 수 있는 유일한 동물"이라는 말이 있다. 이는 웃음이 인간의 언어활동에 차지하는 비중이 대단히 높다는 것을 표현한 것이다. 즉 유머 없는 언어 표현은 꽃이 없는 정원에 비유할 수 있다. 그렇다고 하여 지도조종자(교관)의 교육내용이 핵심이 없어서는 안 되기 때문에 내용과 상황에 따라서 적절히 구사해야 한다. 이때 주의할 사항은 유머는 간단하고 빨리 끝내야 하며, 서투르게 또는 무리하게 웃기려 하지 말고 예고 없이 사용해야 보다 효과적이라고 할 수 있다.

- ■ 바른 교수태도 유지

  교육생은 지도조종자(교관)의 강의내용 뿐 아니라 지도조종자(교관)의 외모와 교수태도에도 신경을 쓰게 된다는 것을 알아야 하며, 복장을 단정히 하고, 연습한 교수태도를 강의 중에 흐트러뜨리지 말고 신체적 동작 즉 제스처와 교육 보조 재료 등을 적절히 사용하여 의사 표시를 할 수 있도록 해야 한다.

⑥ 질문 및 답변

- ■ 질문

  질문은 교육생들의 교육내용 이해여부를 파악하는 수단으로 이용할 수 있는 것으로 지도조종자(교관)는 교육생들이 학습 내용을 얼마나 잘 받아들이고 있는지를 수시로 파악하여 강의를 끌고 나가야 한다.

1. 질문의 형태

   첫째, **전체 질문으로서 어떤 특정 교육생을 지적하지 않고 모든 교육생에게 던져지는 질문으로써 교육생들에게 자극을 주어 사고하고 답변하도록 하는 질문형식이다.** 주로 토론 시 많이 사용하는 방법이다.

   둘째, **직접 질문은 어떤 특정 교육생에게 대답을 시키고자 할 대 특정교육생을 지정하여 실시하는 질문형식이다.** 직접질문은 교육에 참여하는 상태가 소극적이거나 주의가 산만할 때 실시하는 방법이다.

셋째, 반대질문으로 지도조종자(교관)가 교육생으로부터 질문을 받았을 때 답변하는 대신에 질문한 교육생에게 되묻는 형식이다.

넷째, 중계질문은 교육생들이 질문을 하였을 때 지도조종자(교관)가 직접 답변하지 않고 제3의 교육생에게 그 질문은 되돌려 "거기에 대하여 어떻게 생각하십니까?"하는 식으로 중계해 나가는 질문이다. 강의분위기에 활력을 넣어주며 교육생의 사고능력을 자극시켜 준다.

2. 질문절차
- **문제제시** : 질문은 특정한 교육생을 지명하기 전에 모든 교육생들을 대상으로 해야 한다. 특정 교육생에게만 지명을 했을 경우 나머지 교육생들은 질문에 대한 관심도가 낮아지기 때문에 문제지시를 먼저 함으로써 전 교육생이 답변하도록 유도해야 한다.
- **시간부여** : 지도조종자(교관)가 질문한 내용을 교육생들이 조리 있게 답변할 수 있도록 정리할 수 있는 시간적 여유를 주어야 한다. 질문을 해 놓고 바로 답변을 요구하는 것은 교육생들을 당황스럽게 만들 수 있으므로 생각을 정리할 시간을 주어야 한다.
- **지명** : 지도조종자(교관)가 교육생을 지명할 때는 일정한 순서를 정해서 하거나 학급에서 우수한 교육생이나 특별한 흥미를 갖는 교육생에게만 규칙적으로 국한하여 지명하는 것을 회피하고 불규칙적으로 골고루 지명하여 문제에 대한 답을 교육생들 전원이 머릿속에 구상할 수 있도록 해야 한다.
- **강평** : 지도조종자(교관)는 교육생들이 답변한 내용을 강평하고 격려하기 위하여 강평을 실시해야 하며, 답변내용을 전원에게 알려주어야 한다. 또한 교육생들이 답변한 내용 중 좋은 점은 칭찬해 주고 부족한 점은 구체적으로 보충 설명해 줌으로써 교육생들의 주의를 집중시키며 연구심을 자극하거나 중점을 강조하는 등 질문의 목적에 부합하도록 해야 한다.

3. 효과적인 질문방법
- **명확한 목적 요구** : 질문은 교육생들이 쉽게 이해할 수 있도록 명확한 목적을

요구해야 한다.

- **답변 가능한 질문** : 교육생들의 예습상태나 교육 후에 인지상태, 현 수준을 파악하기 위하여 지도조종자(교관)가 질문을 할 때는 교육내용과 전혀 관련이 없거나 교육생의 수준을 고려하지 않은 질문을 하여 교육생들이 답변하지 못하는 일이 없도록 해야 한다.
- **정확한 답변요구** : 질문에 대한 요지를 잘 모르거나 자신감이 없어 답변을 못할 경우라도 암시를 주어 유도하도록 하며, 답변자가 다른 교육생에게 창피를 당하는 일이 없도록 세심한 배려를 해야 한다.
- **한 가지씩 질문** : 질문을 할 때 동시에 여러 가지를 하게 되면 알고 있는 내용이라도 명확한 답변을 할 수가 없게 된다. 한 가지씩 질문하여 답변을 들은 다음 재차 질문하는 방식을 취해야 한다.

4. 질문의 이점

질문을 함으로써 교육생들로 하여금 연구심을 자극하고, 교육생 수준판단 척도가 되며, 의사표시 기회를 부여하고, 주요한 점을 강조할 수 있으며, 교육효과를 확인할 수 있다.

■ 답변

1. 질문에 답변하는 방법

- 질문의 요지를 명확하게 파악해야 한다. 교육생이 지도조종자(교관)에게 질문을 했을 때는 질문의 요지가 무엇인지를 파악해 보고 그 질문에 대해 교육생에게 다시 확인을 한 다음 답변한다.
- 적절한 답변방식과 절차를 생각해야 한다. 질문을 받게 되면 임기응변식으로 바로 반응을 보일 것이 아니라 사전 설명한 내용을 다시 설명할 것인가? 유추해석을 할 것인가? 도표로 설명할 것인가? 등을 판단해서 답변하는 여유를 가져야 한다.
- 충분한 설명이 되었는가를 확인한다. 질문에 대한 답변이 충분하지 못했다면 지도조종자(교관)나 교육생 모두가 불만족스럽기 때문에 질문자에게 이해여부를 확인한 후 불충분했다면 자세하게 다시 설명을 해 주고 다시 이해여부를 확인해야 한다.

2. 질문 답변 시 유의사항
- 어떤 종류의 질문이라도 받아들인다. 교육과 연관된 내용이라면 어떤 내용이든지 받아들이고 성심껏 답변을 해 주어야 한다.
- 질문에 대해 강하게 반문하지 않는다. 질문에 대해 공격적이거나 불쾌하게 반문을 하게 되면 다음에 질문을 하지 않거나 반발심을 가지기 쉽기 때문에 주의해야 한다.
- 질문자를 몰아세우지 않는다. 질문자가 어떤 질문을 하더라도 "그것도 질문이라고 하는 거냐?, 설명할 때 무엇을 했느냐?"하는 식의로 질문자를 몰아세우다 보면 교육생과 지도조종자(교관)의 의사소통은 단절되고 말 것이다.
- 질의응답은 논쟁과는 다르다. 질의와 답변은 교육 범위 내에서 간단명료해야 한다. 어떤 논제에 대하여 지도조종자(교관)와 교육생이 논쟁을 한다면 지도조종자(교관)의 권위가 실추되기 때문에 지혜롭게 대처해야 한다.
- 당황하지 않는다. 지도조종자(교관)는 자신이 잘 모르는 내용에 대해 질문을 받았을 때는 당황하거나 임기응변식의 답변을 하지 말고 침착하게 대처하면서 정말로 모르는 경우에는 솔직하게 시인하고 확인 후 차후에 알려주겠다고 답변을 하여 상호 신뢰를 쌓아야 한다.

⑦ **지도조종자(교관)의 발표 불안증 관리의 기본원칙(해소방법)**

■ 불안증이 증폭되는 것을 막아야 한다.

발표에 대한 불안증은 상황의 중요성과 성공여부의 불확실성에 대한 인식에서 비롯되는 것이지만, 일단 불안증이 정상적인 수준을 넘어서게 되면 불안증 자체가 불안증을 낳는 걷잡을 수 없는 상태에 빠지게 된다. 좀 중요한 상황이라고 해서 이것을 지나치게 심각하게 받아들이거나 성공여부를 예측할 수 없다고 해서 '잘못되어 망신을 당할지도 모른다.'는 우려에 빠져들게 되면 발표 불안증은 참을 수 없을 만큼 거세어진다. 설상가상으로 자신이 불안해하고 있다는 것을 의식하기 시작하면 그 불안증 때문에 일을 그르치게 될지도 모른다는 우려에 빠지게 되어서 불안증은 점점 심각해지게 된다.

이처럼 불안증이 불안증을 낳는 지경에 이르게 되면 성공적인 강의를 하지 못하게 된다. 그래서 우선 나 자신이 불안이 더 이상 커지는 것을 나의 마음속에서 더 커지지 않도록 해야 한다.

- 모든 것을 긍정적으로 생각하라.

결국 모든 것은 마음먹기에 달려 있다. 혹시, 혹시 하면서 잘못된 경우를 생각하다 보면 점점 자신을 잃게 되지만 '열심히 준비했는데 잘못되면 얼마나 잘못되겠는가? 하는 편안한 마음가짐으로 임하다 보면 자신감이 생겨나기 마련이다. 스피치 자체를 바라보는 시가 또한 중요하다. 스피치가 어렵고 힘든 시련이라는 부정적인 태도를 가지게 되면 "잘못하면 망신당하고 점수까지 잃는다."는 우려에 빠지기 쉽다. 그러나 스피치가 자신의 발전을 위한 좋은 기회라는 긍정적인 태도를 가지게 되면 걱정보다는 "잘하면 나를 부각시킬 수 있다"는 희망을 더 많이 갖게 된다.

불안증 역시 긍정적으로 바라다 볼 필요가 있다. 긴장이 없으면 발전이 없다. 긴장과 불안은 다가 올 사태에 대한 심리적 준비가 계속 되고 있다는 건강한 신호이며 사람으로 하여금 준비에 만전을 기하도록 하는 촉매역할을 한다. 그러므로 불안감은 곧 자신을 발전시켜 주는 원동력이 될 것이라는 믿음을 가져야 한다.

- 스스로를 과소평가 하지마라.

스피치에 임하는 사람은 흔히 자신의 발표 능력을 과소평가하는 경향이 있다. 별로 스피치를 해 본 경험이 없기 때문에 또는 평소 말 주변이 없어서 스피치를 잘 해낼 수가 없으리라고 생각하는 사람이 많다. 그러나 사실은 그렇지 않다. 누구나 다 잘할 수 있다. 문제는 자신이 청중을 감동시키는 화려한 스피치를 해야 한다는 강박관념 때문이다. 청산유수처럼 막힘없이 말을 잘한다고 해서 반드시 좋은 스피치는 아니다. 어느 정도 실수를 하더라도 자신의 능력과 진실함 그리고 정열만 충분히 보여 줄 수 있으면 충분하다. 따라서 자신이 가진 능력을 과소평가해서 불안감에 시달리는 우를 범해서는 안 된다.

- 불안감을 숨기려 하지 마라.

속으로는 불안한데 겉으로 태연한 척하려 하면 불안감은 더욱 고조되기 마련이다.

"혹시 내 얼굴이 붉어지지는 않나?" 또는 " 내 목소리가 떨리지는 않나?" 하고 신경을 쓰다보면 스스로가 불안해 한다는 것을 점점 더 의식하게 되고 결국은 불안증이 크게 증폭되고 만다. 스피치에 임하는 사람은 누구나가 다 불안해 한다는 것을 기억하라. 자신이라고 불안해하지 않을 이유가 없기 때문에 그 불안함을 숨기려 노력할 필요도 없다. 청중들은 연사의 진지함과 진솔함을 높이 사게 되어 사소한 실수를 덮어주게 된다. 연사 역시 자신의 "어두운 비밀을 털어 놓았기 때문에 홀가분한 마음으로 스피치에 임할 수 있게 된다.

- 자신의 불안감을 긍정적으로 표현하라.

발표 불안증은 걱정과 초조, 흥분과 긴장 등 여러 가지 감정이 복합적으로 작용하여 만들어진다. 이 중에서 걱정과 초조는 상당히 부정적인 감정상태이지만 흥분과 긴장은 비교적 건강한 감정상태이다. 따라서 불안증은 부정적인 측면 못지않게 긍정적인 측면도 내포하고 있는 것이다.

발표 불안증은 의식할수록 심해지는 것이기 때문에 되도록 의식하지 않는 것이 좋다. 그러나 의식하지 않는 것이 불가능한 때는 긍정적인 언어로 이를 인식하는 것이 상책이다. "불안해 미치겠다." 또는 "정말 초조하다."라는 식의 부정적인 의식은 의욕을 감소시키는 파괴적인 효과를 가져 오지만 "흥분된다." 또는 "긴장된다."라는 식의 긍정적인 의식은 노력을 배가 시키는 건설적인 효과를 가져 올 수도 있다.

- 불안감은 일시적인 현상이라고 생각하라.

불안감은 한번 생겨나면 지속적으로 존재하는 것이 아니라, 사태의 진전에 따라 약화되거나 사라져 버리기도 한다. 따라서 자신이 불안해하고 있다는 것을 의식하게 될 때는 이것이 곧 사라지게 될 것이라는 믿음을 갖는 것이 중요하다. 또한 스피치를 잘 준비해서 시작부터 청중의 흥을 얻게 되면 불안감은 금방 자신감으로 바뀌게 된다.

- 성공적으로 발표하는 장면을 상상하라.

심리학에 사람은 언제나 자기예언을 실현하는 방향으로 노력한다는 이론이 있다. 자기예언이란 자신이 앞으로 어떻게 될 것인가에 대한 스스로의 예측인데, 이것이 자아실현에 미치는 영향은 상상 외로 높은 것으로 알려져 있다. 자신의 미래를 밝은 것으로 내다보게 되면 의식적이건 무의식적이건 이를 실현하는 방향으로 노력하게 되고 반대로 자신이 실패자가 되고 말리라는 생각을 갖게 되면 의식적으로나 무의식적으로나 실패자가 되는 방향으로 행동하게 된다. 실패를 예감하고 그 후에 수반되는 망신을 기정사실화 하게 되면 맥이 빠지고 머릿속도 멍해져서 그동안 준비하고 연습해 온 것을 제대로 실행해 낼 수 없게 된다. 그러나 자신이 성공적으로 발표해 나가는 장면을 상사하게 되면 의욕이 솟구치고 정신도 맑아지게 된다. 따라서 자신이 불안해 한다는 것을 느끼게 될 때는 그 불안감 때문에 스피치를 망치는 상황을 상상하지 말고 그것을 극복하고 성공리에 발표해 나가는 상황을 머릿속에 그리려고 노력해야 한다.

⑧ 바람직한 판서방법

교육현장에서 어떻게 판서하는 것이 가장 효과적인가 하는 문제는 지도조종자(교관)에게 매우 중요한 일이다. 판서방법은 교육내용의 특성에 따라 다를 수 있기 때문에 사전 구상을 하는 것이 바람직하다. 판서 방법은 아래와 같다.

첫째, **글씨는 크고 정확하게 쓰되 가능한 신속하게 기록하라.** 글씨가 너무 작으면 뒤쪽의 교육생의 학습에 지장을 줄 수 있다. 늦으면 교육진행의 흐름을 깰 수 있다.

둘째, **정자체로 쓰되 필순과 띄어쓰기 등에 유의하라.** 모든 교육생이 알아볼 수 있는 정자체로서 필순과 띄어쓰기를 정확히 하라. 판서를 모방하는 교육생도 있음을 유념하라. 셋째, **학생들의 시야를 가리지 않도록 유의하라.** 판서 시 판서 내용을 가리지 않는 위치에 있어야 하며, 판서를 하면서도 교육생들을 바라보고 진행하여야 한다. 넷째, **항목을 나타내는 부호를 일치시켜라.** 부호가 다르면 교육생들에게 혼란을 준다. 다섯째, **중요한 내용은 색 분필/보드 마카를 이용하라.** 옛날 말에 백문이 불여일견이라는 말이 있다. 듣는 것보다 보고 듣는 경우에는 이해력을 더욱 향상 시킨다. 핵심요소를 색으로 구분하여 교육생들에 교육효과를 높여야 한다. 여섯째, **양을 적절하게 하라. 많은 양을 판서하는 것은 교육효과 면에 있어서 좋지 않다.** 판서의 양이 많으면 중앙부분이나 기타 공간을 사용하되 가장자리에 판서하는 것은 피해야 한다. 일곱째, **판서가 지도조종자(교관)의 독점물이 되지 않도록 하라.** 판서는 꼭 필요한 내용을 설명할 때나 이해를 돕기 위해 사용되어야지 판서에만 치우치면 여러 가지 면에서 교육에 장애요소가 될 수 있다.

3) 지도조종자(교관)의 특성

① 지도조종자(교관)의 구비조건

- 성의Sincerity

    지도조종자(교관)는 솔직하고 정직해야만 한다. 교육내용과 관련 없는 지시의 연막 뒤에 어떤 부적당한 것을 시도한다면 지도조종자(교관)가 교육생으로 하여금 흥미 있는 주의를 기울이도록 하는 것이 불가능하게 된다. 교육생의 교육은 지도조종자(교관)의 성의에 따라 그 결과가 달라짐을 명심해야 한다.

- 교육생에 대한 수용자세

    지도조종자(교관)는 교육생의 잘못과 그들의 문제점 모든 것을 받아 들여야 한다. 교육생은 비행방법을 배우기 원하는 사람이고, 지도조종자(교관)는 그 과정에서 도움을 줄 수 있는 사람이다. 이러한 이해를 할 때 지도조종자(교관)와 교육생간의 전문적 관계는 교육생과 지도조종자(교관) 모두 중요하며, 서로 동일 목적을 향해 가고 있다는 상호이해에 중점을 두어야 한다. 어떤 경우에도 지도조종자(교관)는 교육생을 아래로 낮추는 행동을 해서는 안 된다. 비웃기보다는 긍정으로, 비난보다는 협조가 교육생이 빨리 배우고 늦게 배우고 근심하는데 관계없이 학습의욕을 증진시킬 수 있는 것이다. 진도가 빠르지 못한 교육생을 비난하는 것은 원하는 데로 빨리 회복되지 않는 환자를 경계하는 의사와 같을 수 있다.

- 외모와 습관

    외모는 지도조종자(교관)의 전문적인 이미지를 나타내는 중요한 요소이다. 멀티콥터 조종 인구가 급속도로 증가하고 있는 이 시점에서 지도조종자(교관)가 비행훈련 시 단정하고 청결하고 알맞은 복장을 착용하고 교육하면 교육생들 역시 단정한 복장으로 임할 것이다. 호흡과 몸의 청결은 지도조종자(교관)에게 특히 중요하다. 어린 교육생이나 여성 교육생을 교육 시 지도조종자(교관)가 흡연 후 담배 냄새를 풍긴다면 교육생이 곤란한 지경에 이를 것이다. 아울러 초경량비행장치 조종자도 음주비행이 금지되어 있음을 모두가 알고 있는데 아침에 초췌한 모습으로 헐렁한 복장을 하고 술 냄새를 풍기면서 교육서 임한다면 교육생들은 지도조종자(교관)를 존경은커녕 조종술을 전수 받지 않으려고 요구할 것이다.

- **태도**

  지도조종자(교관)의 행동과 자세는 많은 전문가의 이미지를 창출해 낸다. 지도조종자(교관)는 변덕스런 행동이나 주의를 산만하게 하는 언어습관 및 변덕스런 분위기의 변화를 피해야만 한다. 전문가의 이미지는 우울하지 않는 조용하고 사려 있고 세련된 태도를 요구한다. 지도조종자(교관)는 상이한 재연이나 정반대로 지시하는 일이 자주 일어나지 않도록 주의하고 이유 없이 칭찬하거나 정중하지 못하게 교육생을 비평하는 일은 피해야 한다. 건방지거나 하지 말라고만 하는 태도는 되도록 피해야 한다. 영향력 있는 지도조종자(교관)는 조용하고 유쾌하며 사려 깊은 행동으로 교육생을 평안하게 하여 배움의 순수한 흥미와 유능한 지도조종자(교관)의 이미지를 간직한다.

- **안전관리 전문가**

  지도조종자(교관)는 안전 활동과 사고예방에 만전을 기울여야 한다. 배우는 교육생은 조종술 연마에 급급하여 안전을 도외시한 채 조종훈련만 급급하다. 비행 전, 중, 후에 지도조종자(교관)는 주변 환경과 현상을 잘 파악하여 불안전요소가 무엇인지 판단, 식별한 후 신속한 조치를 하여 안전 활동에 기여하여야 한다. 즉 지도조종자(교관)는 안전관리 전문가가 되어 총괄적인 안전 활동에 책임을 져야 한다.

- **화술능력구비**

  · **화술의 목적**

  화술이란 대화, 강의, 발표, 토의 등 제반 언어활동의 표현기술을 의미하며 또한 아이디어를 전달할 목적으로 신체상의 많은 근육과 신경조직을 이용한 청각적이고 시각적인 체계라고 할 수 있으며, 이러한 정의에 기초한 화술의 목적은 상대방에게 간단하고 명확하게 의사를 전달하고 이해시키는 의사소통에 그 목적을 두고 있다.

- 화술의 원리
    - 첫째, 전체를 보통으로 표현하고 가장 중요한 부분만 강조하라.
    - 둘째, 감정이 깃든 목소리로 열성껏 표현하라.
    - 셋째, 소리의 원근법을 맞추어서 실시하라.
    - 넷째, 동격어 표현은 강조로서 효과를 달성한다.
- 성공적인 화술의 비결
    - 첫째, 사전 철저한 준비를 하라.
    - 둘째, 멋진 서두로 주위를 끌어야 한다.
    - 셋째, 예증으로 확신을 준다.
    - 넷째, 열정적으로 생기 있게 말한다.
    - 다섯째, 함축성 있는 말로 짧게 한다.
    - 여섯째, 제스처를 적절히 사용한다.
    - 일곱째, 강렬한 말로 여운을 남긴다.

② 비행 훈련 중 학습장애

■ 불공평한 대우의 느낌

　지도조종자(교관)는 모든 교육생에게 공평하게 가르쳐야 한다. 물론 교육생 수준에 따라 진도는 달라질 수 있지만, 기본적인 교육과목이나 내용은 공평하게 가르쳐야 한다. 어떤 특정 교육생과 인간적인 관계로 조금 더 많이 안다고 해서 편애한다면 다른 교육생들은 여기에서 불만 또는 좌절감을 느끼게 되어 훈련의 장애요소가 될 수 있는 것이다.

■ 흥미로운 것을 배우려는 조바심

　예비 훈련이나 기초훈련 없이 이해하지 못하는 목표에 빨리 접근하려고 하는 것은 학습의 장애요소가 될 수 있다. 예를 들어 충분한 시뮬레이션 훈련이나 기본 공중 조작훈련 없이 원주비행을 하려고 하면 큰 오산이다. 물론 빨리 완성단계를 이루고자 하는 마음은 이해하지만 시뮬레이션으로부터 기본동작 그리고 원주비행까지 순서대로 완성을 하는 것이 가장 효과적이며 목표달성에 이를 수 있는 것이다.

■ 흥미의 결핍

　초경량비행장치 멀티콥터의 패턴비행을 매일같이 반복하다보면 자칫 흥미를 잃어버릴 수 있다. 모든 교육이 그렇듯이 흥미가 떨어지면 교육을 받기 싫어진다는 것은 누구나 알고 있는 것이다. 따라서 지도조종자(교관)는 교육생들의 흥미를 유지하기 위한 교육방법을 계속적으로 개발해 나가야 한다.

- **신체적 불편, 피로**

    신체적 불편이나 피로는 강의실이건 훈련장이건 교육생들의 학습 진도를 현저하게 저하시킨다. 이것은 교육생 뿐 만아니라 지도조종자(교관)도 마찬가지이다. 비행훈련을 하기 전에는 음주를 삼가고, 수면도 충분히 취해 피로를 없애야 한다. 또한 비행훈련 도중 학생이 피로를 느끼는 것 같다면 잠시 쉬었다 하라고 지도하기도 해야 한다.

- **무관심과 무계획적 교육에 대한 불만**

    교육생들은 자기에게 무관심 한다든지 제대로 교시를 하지 않는다든지 교육을 제대로 준비하지 않는 등 교육준비에 성의를 보이지 않으면 교육에 임하는 자세도 같은 현상이 나타나며 결국에는 불만이 증폭되어 학습의 장애요소가 되므로 지도조종자(교관)는 교육생들에게 부단한 관심과 교육에 대한 준비를 성실히 해야 한다.

- **근심, 불안**

    근심과 불안은 교육생의 학습능력을 제한하고 시야를 좁게 하는 가장 큰 요인이 된다. 교육생이 편안하고 자신감을 견지할 수 있도록 배려해야 하며 사고의 영역을 넓힐 수 있도록 교육생이 지니고 있는 근심, 불안의 원인을 파악하여 제거하는 노력을 기울여야 한다.

③ 지도조종자(교관)가 범하기 쉬운 과오

지도조종자(교관)라고 하여 모든 것을 다 아는 것은 아니다. 따라서 지도조종자(교관)는 다음과 같은 과오를 범하지 않도록 주의하면서 교육해야 한다.

조종술과 같은 기술교육이 대부분 그렇듯이 어떠한 특정 기술을 소지한 사람은 그것을 다른 사람들에게 널리 전수하기보다는 자신만이 소유하여 과시하려는 본능을 가지고 있다. 예를 들어 특정한 비행방법을 나 혼자만 잘 알고 있다는 것을 내세우고자 하는 지도조종자(교관)를 주변에서 보았을 것이다. 이것은 지도조종자(교관)가 경계해야 할 과오 중 가장 주의해야 할 사항이다. 과시를 하는 지도조종자(교관)는 결코 좋은 지도조종자(교관)가 될 수 없다. 항상 겸손하고 지도조종자(교관)로서의 사명감을 가지고 자신의 기량을 후배 조종자들에게 전수해 준다면 그 조종술을 전수받은 조종자는 단순히 비행기량만 전수받는 것이 아니라 인격까지도 배우게 될 것이다.

또한 지도조종자(교관)가 조금 안다고 해서 교육생을 아주 우습게 생각하고 비인격적인 대우를 하고, 그때그때 느끼는 기분, 감정 등을 아무 부담 없이 원색적인 핀잔으로 표출되거나 또는 교육생이 조종을 조금만 잘못하면 조종기를 빼앗아 교육생으로 하여금 공포감을 주는 등의 행동은 지도조종자(교관)로서 삼가야 할 행동들이다.

④ **비행 교시 요령**

지도조종자(교관)는 자신에게 맡겨진 교육생을 어떻게 하면 주어진 시간에 학습목표를 달성하여 평가에 합격시키고 훌륭한 조종자로 양성할 것인가를 고민해야 한다.

■ 동기유발

지도조종자(교관)는 교육생에게 동기를 유발 시킬 수 있는 것이 무엇인지 잘 생각하여 적용시켜야 한다. 교육생이 지루해 하지 않도록 하며 강요당하여 끌여 가는 형상이 되면 안 된다. 교육생에게 동기를 부여하여 자발적으로 훈련의 성과가 달성될 수 있도록 해야 한다. 따라서 지도조종자(교관)는 비행훈련에 앞서 교육생의 심리상태를 파악하여 그 교육생이 흥미를 느낄 수 있는 것부터 언급하여 교육시켜 나가야 한다.

■ 지속적 교시

비행훈련 시 교육생이 달성해야할 교육단계를 미리 알려주고 또한 세부적인 방법을 교시해 주어 예습이 되도록 한다. 비행 중에는 필요시 지도조종자(교관)의 시범과 지속적인 교시로 교육생이 표준 조작 방법을 정확히 알고 습성화 할 수 있도록 해 주어야 한다. 순간순간 기체가 벗어 났을 때 교육생이 위치를 잘 모른다면 지도조종자(교관)는 현재의 위치를 정확히 설명해 주고 얼마나 어떻게 벗어

낫는지를 설명해 주어야 한다. 또한 주변 환경과 요행에 의해 조종이 된 것이 정확한 표준조작으로 연결될 수 있는 경우도 있다. 이를 파악하기 위해 지도조종자(교관)는 교육생의 일거수일투족을 예의 관찰하여 지도해야 한다.

교육생의 정확한 의도된 조종에 따라 비행장치가 움직이고 그것을 느끼고 수정조작을 하는 등의 조종이 되도록 교육해야 한다.

- **적절한 칭찬**

사람의 심리는 잘한 것에 대해 칭찬을 받고 싶은 충동이 있다. 만약 지도조종자(교관)가 그날의 비행조종 중 잘한 것은 묵인하고 잘못된 것만 지적하여 힐책한다면 교육생은 점점 자신을 잃게 되고 교육생 자신이 지니고 있는 잠재능력의 발휘도 위축되어 훈련에 역효과가 나타날 수 있다. 하지만 적절한 칭찬은 교육생의 고벽이나 잘못된 습관, 조작 등을 수정시켜 나가는 좋은 방법이 될 수 있다. 그러나 과도한 칭찬은 자만심을 불러일으킬 수 있어 그 정도를 조절하는 것이 효과적이다.

- **건설적인 강평**

비행 후 교육생의 노력 결과에 발전적인 강평을 실시해 주어야 한다. 잘못된 조종은 어떻게 해서 발생한 것이고, 교육생의 고벽은 무엇인지를 정확히 파악해서 다음 훈련시간에 같은 잘못된 조종이 나오지 않도록 해야 한다.

만일 지도조종자(교관)가 교육생의 잘못된 학습결과에 대해서만 이야기 해주고 그것에 대한 원인과 세부적인 절차, 논리적 이론을 설명하지 않아서 교육생이 무엇을 잘못하였으며, 어떻게 시정해야 할지 모른다면 지도조종자(교관)의 지적사항은 아무런 도움이 되지 않을뿐더러 교육생에게 의혹만 불러 일으켜 더 엉뚱한 조종을 하게 할 수 있다. 그러므로 지도조종자(교관)는 교육생의 진보에 초점을 맞추어 교육생의 잘못을 지적하면서 그 잘못으로 인하여 보다 향상된 학습이 될 수 있도록 강평하여야 한다.

- **인내**

비행 시 지도조종자(교관)는 특별한 인내심이 요구된다. 지도조종자(교관)의 눈에 비치는 교육생의 실력은 때로는 답답하고, 때로는 지독할 정도로 미련하게 보일 수도 있다. 이는 지도조종자(교관) 자신의 능력과 교육생의 조종능력을 동등하게 보는데서 그 원인을 찾을 수 있다. 교육생이 어떤 날은 발전된 조작을 하다가 그 다음에는 한동안 발전 없이 정체된 조작을 계속하게 될 때 지도조종자(교관)는 인내를 가지고 전, 후의 내용을 상호 연관시켜서 발전된 조종을 할 수 있도록 교육해 주는 것이 필요하다.

- 비행 교시의 과오 인정

비행 시 지도조종자(교관)는 자칫 잘못하면 권위주의적 교육에 빠지기 쉬우며 자신의 잘못된 시범이나 교시 내용이 틀렸을 경우 교육생으로부터 질문을 받으면 자신의 잘못을 합리화 또는 잘못을 인정하지 않으려는 심리가 먼저 작용하기 쉬운데 이는 교육에 임하는 교육생의 혼돈과 갈등을 불러일으키는 것은 물론 나중에 교육생이 지도조종자(교관)의 틀린 조작이나 교시 내용을 알게 되었을 경우 지도조종자(교관)를 불신하게 됨으로 지도조종자(교관)의 교시의 효과를 상실하게 되어 훈련 목표를 달성할 수 없게 된다. 지도조종자(교관)는 신이 아니다. 지도조종자(교관)도 사람이기 때문에 모든 것을 다 아는 것이 아니다. 따라서 지도조종자(교관)는 자신이 잘못한 것이 있다면 솔직히 인정을 해서 교육생과 신뢰감을 쌓아나가야 보다 나은 훈련목표를 달성할 수 있을 것이다.

CHAPTER 02 무인항공기(드론) 관제와 공역운영

항공교통관제란(Air Traffic Control) 안전하고 질서 있는 신속한 공중 교통의 증진을 위해 권위 있는 기관(전문교육을 받은 관제사가 근무하는 기관)에 의해 제공되는 근무를 말한다.

1. 관제

1) 개요

항공교통관제란 Air Traffic Control 안전하고 질서 있는 신속한 공중 교통의 증진을 위해 권위 있는 기관(전문교육을 받은 관제사가 근무하는 기관)에 의해 제공되는 근무를 말한다. 여기에는 유인항공기이든 무인항공기이든 공중에서 운용되는 공중 교통의 원활한 활동을 보장하여야 한다. 따라서 교통관제의 목적은 항공기(유, 무인항공기) 상호간의 충돌을 방지하고 항공교통의 신속성과 안전한 질서를 유지하는데 있다. 현재 우리나라는 유인항공기에 대한 항공교통관제업무는 효율적으로 운용되고 있으나 무인항공기에 대한 교통관제업무는 초기단계로 고도나 시간의 분리로 운영되는 수준이다.

따라서 여기에서는 무인항공기 관제업무의 개념, 절차, 방법 등 위주로 기술하고자 한다. 먼저 무인항공기 충돌방지 및 위치식별을 위한 음성관제시스템 및 음성관제 방법에 대하여 저자(박장환)가 가지고 있는 특허기술(등록특허 10-1119175)에 대하여 소개를 하고 이를 이용한 관제방법과 관제실무에 사용할 용어, 실제 교신요령에 대하여 기술하고자 한다.

※ 다음의 저자(박장환)가 가진 특허기술을 도용, 발췌, 임의사용 등은 처벌받을 수 있음을 미리 경고합니다.

2) 무인항공기 충돌방지 및 위치식별을 위한 음성관제 시스템 및 음성관제방법 소개
① 기본개념

무인항공기 조종사가 위치한 지상통제(GC Ground Control) 시스템의 GC음성통신 시스템과 비행 중인 무인항공기(UAV Unmaned Aerial Vehicle) 시스템의 UAV음성통신 시스템 그리고 관제사가 위치한 항공교통관제소(ACC Area Control Center) 시스템의 ACC음성통신 시스템으로 구성하여 GC음성통신 시스템과 UAV음성통신 시스템이 디지털음성신호를 포함하고 일정의 주파수를 갖는 전파로 양방 음성통신하고, UAV음성통신 시스템과 ACC음성통신 시스템이 아날로그음성신호 또는 디지털음성신호를 포함하고 일정의 주파수를 갖는 전파로 양방 음성통신 가능하게 하여, 항공교통관제소와 무인항공기와의 통신을 가능하게 함으로서 무인항공기 조종사가 관제사의 비행통제지시를 용이하게 받아, 상호 통화 내용을 인근을 비행하는 타 유인항공기에서도 동시 청취함으로써 무인-유인항공기 또는 무인-무인항공기의 충돌을 방지 가능하게 하는 무인항공기 충돌방지 및 위치식별을 위한 음성관제 시스템 및 음성관제 방법이다.

기존 항공기 무선 통신시스템은 무인항공기와 항공교통관제소 간의 구체적인 통신시스템이 없어서 무인-유인항공기 또는 무인-무인항공기의 충돌사고가 발생할 우려가 있는 문제와 문제 해결하기 위하여 제도적으로 유인항공기의 비행항로에는 무인항공기의 비행을 금지하거나, 무인항공기의 비행이 유인항공기의 비행에 영향을 미치지 않도록 일정의 비행가능지역을 일정의 시간 동안만 할당해주는 방식으로 무인항공기의 비행을 제한해야 하는 문제를 해결한 방법이다.

② 개념도

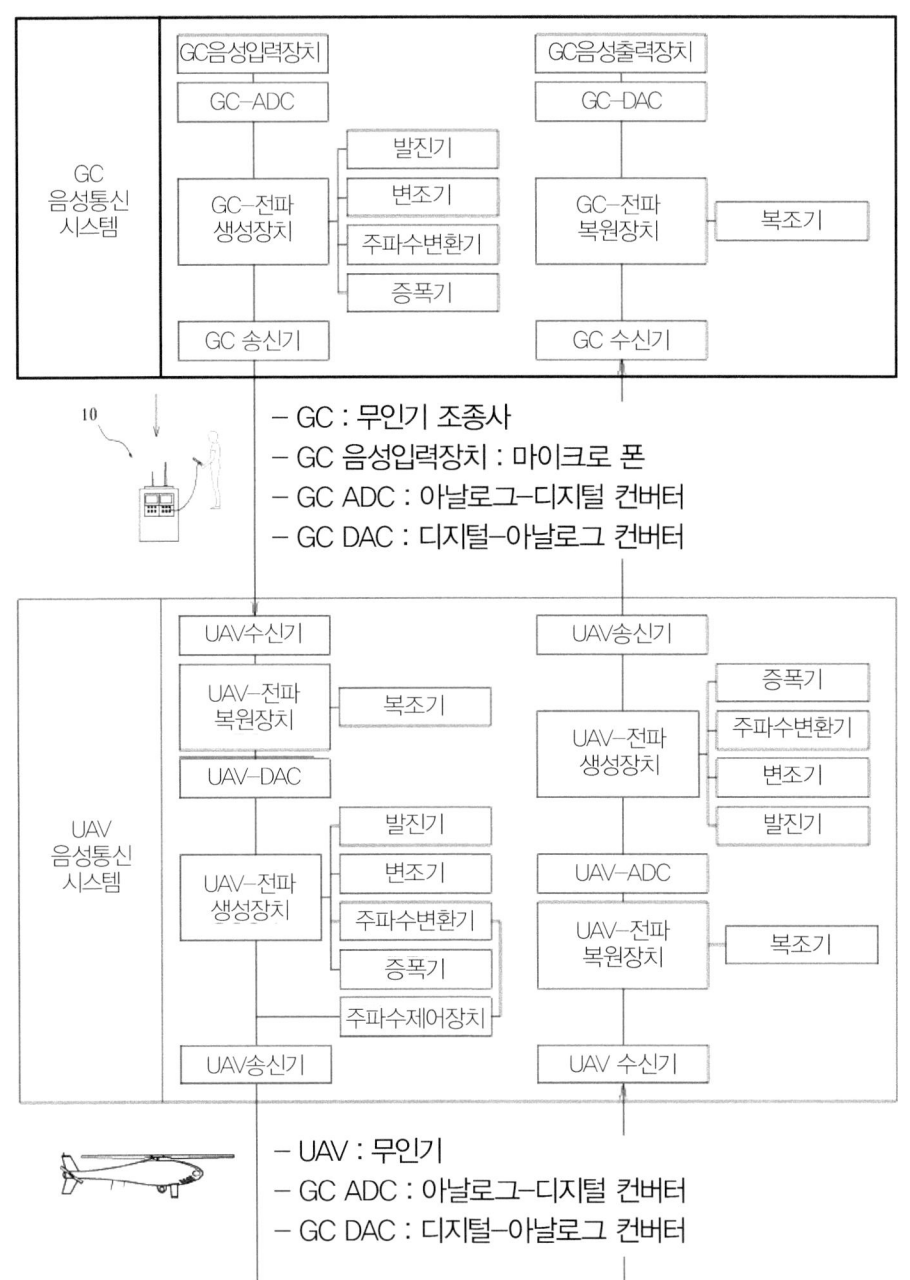

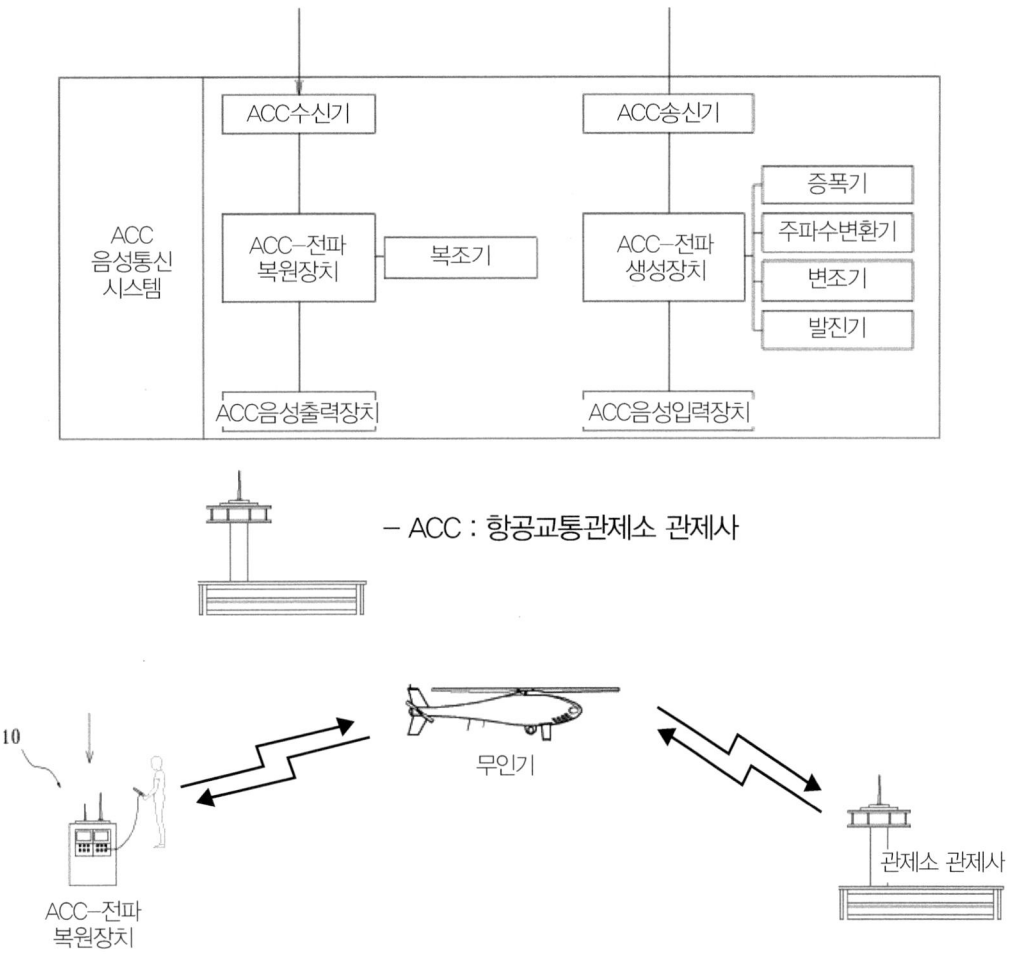

- ACC : 항공교통관제소 관제사

③ 효과

　이 통신방법은 첫째, 지상통제(GCGround control) 시스템의 GC음성통신 시스템과 무인항공기(UAVUnmaned Aerial Vehicle) 시스템의 UAV음성통신 시스템이 디지털음성신호를 포함하고 일정의 주파수를 갖는 전파로 양방 음성통신하고, 무인항공기(UAV) 시스템의 UAV음성통신 시스템과 항공교통관제소(ACCArea Control Center) 시스템의 ACC음성통신 시스템이 아날로그음성신호를 포함하고 일정의 주파수를 갖는 전파로 양방 음성통신 가능하게 하는 무인항공기 충돌방지 및 위치식별을 위한 음성관제 시스템 및 이를 이용한 음성관제 방법을 강구한다.

　둘째, 지상통제(GC) 시스템의 GC음성통신 시스템과 무인항공기(UAV) 시스템의

UAV음성통신 시스템이 디지털 음성신호를 포함하고 일정의 주파수를 갖는 전파로 양방 음성통신하고, 무인항공기UAV 시스템의 UAV음성통신 시스템과 항공교통관제소ACC 시스템의 ACC음성통신 시스템 역시 디지털음성신호를 포함하고 일정의 주파수를 갖는 전파로 양방 음성통신가능하게 하는 무인항공기 충돌방지 및 위치식별을 위한 음성관제시스템 및 이를 이용한 음성관제 방법이다.

3) 유인-무인 항공기 충돌방지 통신시스템 소개
[특허기술(등록특허 10-1098387), 박장환]

① 기본개념

향 후 무인항공 공역관리 시스템(UTM UAV Traffic Management)은 이러한 유사체계를 바탕으로 구성될 것으로 예상된다.

이 방식은 유인-무인항공기 간의 충돌방지를 위한 통신시스템에 관한 것으로서, 질문수신부와 응답기로 구성되는 트랜스폰더와; 통신 제어모듈과; 통신데이터베이스를 포함하는 통신시스템을 갖는 유인항공기와; 상기 유인항공기 통신시스템의 트랜스폰더와 연동 가능한 송신부, 수신부 및 디코더로 구성되는 UAV 인테로게이터와; 하기 GCS의 GCS 통신 송-수신부와 연동 가능한 주통신 송-수신부와 예비통신 송-수신부로 구성되는 UAV 통신 송-수신부와; UAV 통신 제어모듈과; UAV 비행정보데이터베이스를 포함하는 통신시스템을 갖는 무인항공기와; 상기 무인항공기의 UAV 통신 송-수신부와 연동 가능한 주통신 송-수신부와 예비통신 송-수신부로 구성되는 GCS 통신 송-수신부와; GCS 통신 제어모듈과; GCS 비행정보데이터베이스와; 조종사 조종기를 포함하는 통신시스템을 갖는 GCS(20)를 포함하고; 상기 유인항공기 및 무인항공기의 통신시스템이 상호 연동가능하여 소정의 정보 교환이 가능한 것을 특징으로 하는 유-무인항공기 충돌방지 통신시스템에 관한 것이다.

또한 본 발명은 상기의 구성으로 유인항공기 및 무인항공기의 통신시스템이 상호 연동 가능하여 정해진 정보 교환 가능하도록 구성함으로써, 근접한 항공기의 일정의 식별정보 및 운행정보(고도, 속도 등)를 유인항공기와 무인항공기가 상호 수득할 수 있고, 수득한 근접 항공기 정보를 이용하여 유인항공기 조종사 및 무인항공기 조종사가 충돌위험을 회피 가능하도록 항공기를 조종할 수 있는 효과가 있다.

② **개념도**

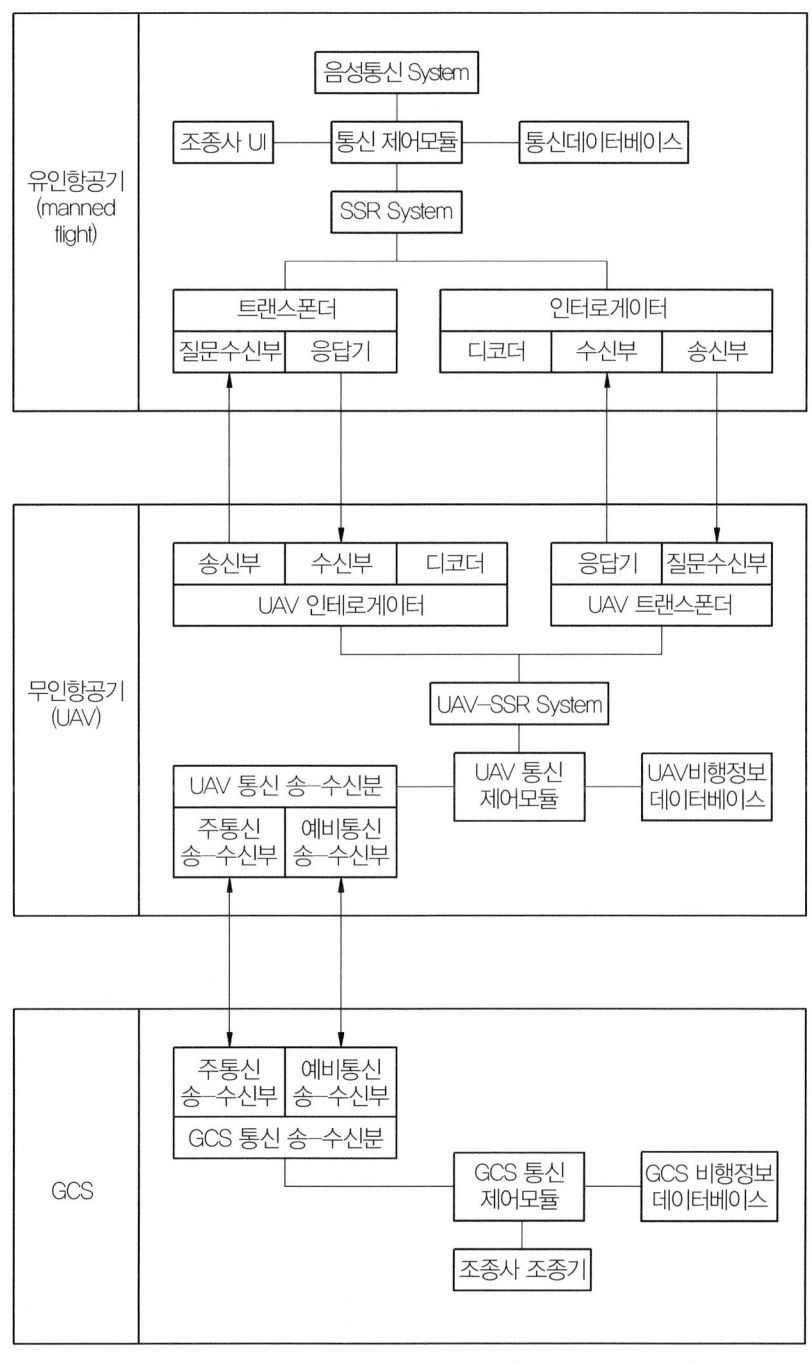

DRONE

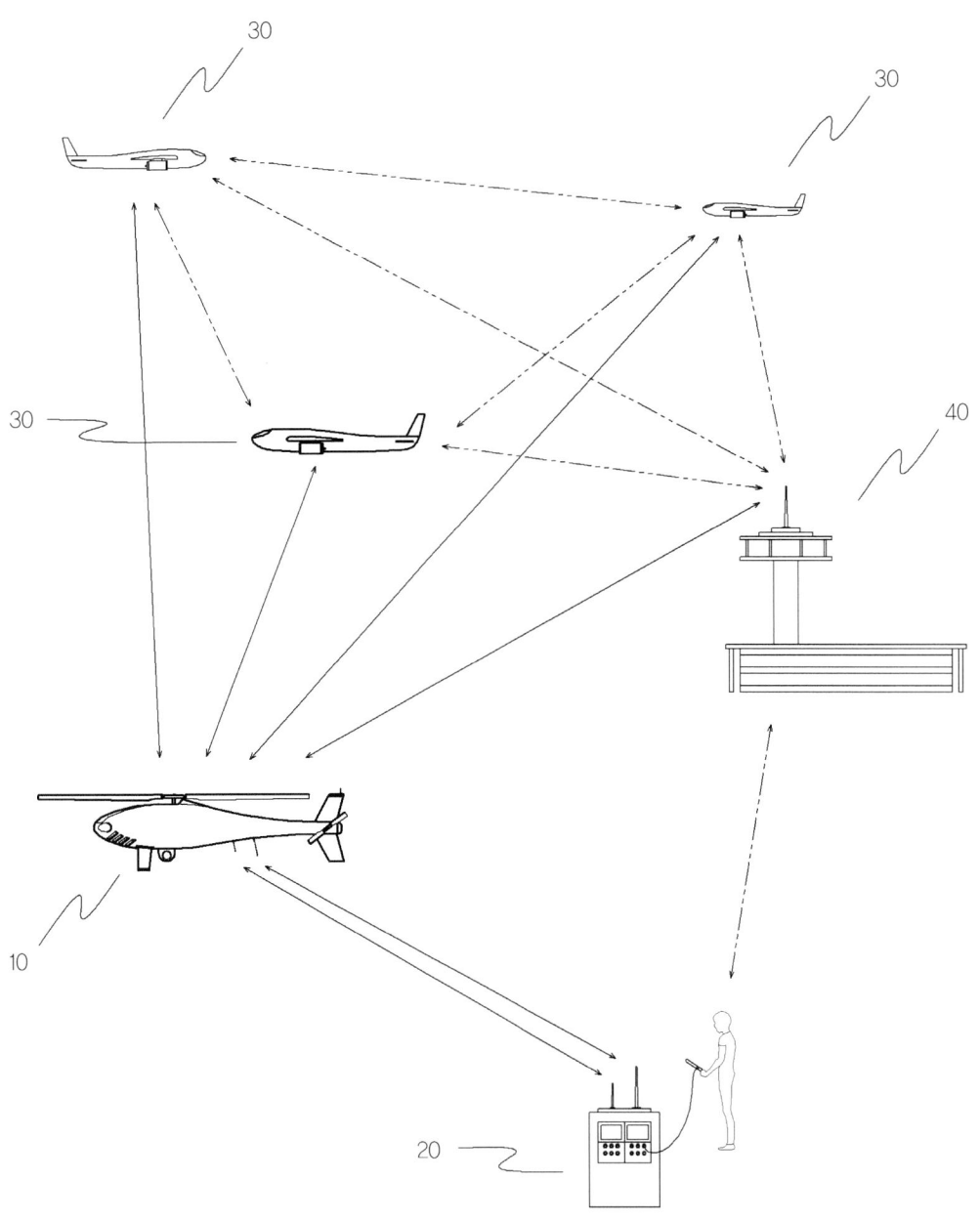

▲ 개념도

4) 관제기구 및 체계

① 항공관제기구

항공관제기구는 공중 교통의 안전하고 질서 있는 신속한 유통의 증진을 위해 운용되며, 항공교통센터, 접근관제소, 관제탑, 비행정보 제공소, 인가 전달소 등이 있다. 이들의 기능에 대하여 간단히 알아보고자 한다.

- 항공교통센터(ATC, ACC Air Traffic Control center)

  항공교통센터는 관제공역 내에서 계기비행계획에 의해 비행하는 항공기에게 항공교통관제업무를 제공하기 위해 설립되었으며 원칙적으로 항로비행을 하는 항공기를 위한 기구이다. 우리나라에는 인천 항공교통센터가 있다. 항공교통센터는 장거리 항로의 항공관제를 실시하고, 소관 관할 구역은 레이더로 전부 통제하는 개념으로 운용된다.

- 접근관제소 Approach Control

  접근관제소는 통상 그 지역의 고유 지명에 APPROACH를 붙여 무전교신에 사용하며 이 관제소는 ACC와의 협정서에 의해 이관 받은 책임공역내의 항공기 관제를 주 임무로 하고 있다. 이 접근관제소는 비행장 전 지역을 통제하는 공항 감시레이더와 Final지역을 담당하는 정밀접근레이더가 있으며, 이 두 가지를 합하여 우리나라에서는 지상통제 접근소(GCA Ground Control Approach)라고 한다.

- 관제탑 Control Tower

  비행장 반경 9.3km(혹은 5NM)내 고도 3,000피트 미만의 공역을 시각비행 상태에서 관장하는 관제기관으로 무인항공기가 활주로를 이용할 경우 이, 착륙을 위하여 필수적으로 교신하는 곳이다.

- 비행정보 제공소(FSS Flight Service Station)

  비행정보 제공소는 비행 중인 항공기 조종사에게 각종 정보를 제공하는 기관으로서 조종사가 이곳으로부터 제반 정보를 받을 수 있다. 우리나라에는 비행정보 제공소가 없고 이 기능을 비행작전반이 유사한 기능을 수행하고 있다.

② 육군항공부대 관제기구

육군항공부대의 항공관제를 위한 기구는 00항공관제대대에서 미00관제대대와 협조하여 한, 미 협조 체제로 운용되고 있으며 지역별 비행협조소(FCCFlight Cooperation Center)를 운용하고 있다.

FOCFlight Operation Center 미 가디언, FCC 고니, FCC 리, FCC 크레인, FCC 라이트 하우스를 운용하며, 관제사각지역 해소를 위해 망일산, 일월산 등에 무인중계소를 운용하고 있다. FCC는 비행추적업무를 중앙관제본부에 조력하고, 중앙관제본부와 FCC와의 통신유지, 비행계획 접수 및 변경통보, 공중교통 통제에 관한 정보제공, 조종사의 요청 시 비행정보 제공 등의 업무를 수행한다.

무인항공기의 비행 시 주요지역 통과, 주요비행지역에서의 Holding 등 비행에 관한 제반 변동사항을 FCC에 통보하여 비행하여야 한다.

5) 시스템을 이용한 음성관제절차(무인기에 해당사항 위주)

① 개요

무인항공기는 그 종류에 따라 유인항공기와 같이 활주로 시설을 이용할 경우와 헬리패드 개념의 어떤 특정한 지역에서 이, 착륙하는 경우로 나누어 볼 수 있다. 따라서 이곳에서는 두 가지 개념의 방법에 대하여 알아보고자 한다.

아울러 앞에서 소개한 음성관제 시스템을 이용할 경우 유인기 관제와 유사한 형태가 된다.(무인기 조종사가 음성관제 시스템을 이용하여 항공교통관제소 관제사에게 교신을 하기 때문이다.)

② 항공관제의 기본 용어

- 알파벳 국제발성법

항공관제에서는 국제발성법에 의거 명료하게 문자나 숫자를 사용하여 발음하며, 어려운 낮말이나 잘 사용하지 않는 단어를 사용할 때에는 낮말의 앞에 "I spell"이라는 말을 넣고 낮말의 한자 한자를 국제발성법에 따라 교신한다.

알파벳	발성	알파벳	발성	알파벳	발성
A	Alfa	B	Bravo	C	Charlie
D	Delta	E	Echo	F	Foxtrot
G	Golf	H	Hotel	I	India
J	Juliet	K	Kilo	L	Lima
M	Mike	N	November	O	Oscar
P	Papa	Q	Quebec	R	Romeo
S	Sierra	T	Tango	U	Uniform
V	Victor	W	Whiskey	X	X-ray
Y	Yankee	Z	Zulu		

■ 기본 숫자발성법

알파벳	발성	알파벳	발성	알파벳	발성
0	Ze-ro	1	Wun	2	Too
3	Tree	4	Fow-er	5	Fife
6	Six	7	Sev-en	8	Ait
9	Nin-er				

■ 병합된 일반 숫자 :

· 둘 이상의 숫자가 모여 어떤 수를 이룰 때는 아래와 같이 발음한다.

숫자	발성	숫자	발성
80	Ait Zero	500	Fife Hundred
6200	Six Thousand Too Hundred	10000	Wun Zero Thousand
12700	Wun Too Thousand Seven Hundred	11790	Wun Wun Seven Niner Zero

※ 100 또는 1000에 끝어지는 숫자는 "Hundred" 또는 "Thousand"를 붙여 발음한다.

· 항공기 및 각종 일련번호는 각기 숫자를 분리하여 읽는다.
  · 11495 : Wun Wun Fower Niner Fife
  · 20069 : Too Zero Zero Six Niner

· 고도
  · 고도는 "Thousand"와 "Hundred"를 붙여 숫자를 분리하여 읽는다.
    예) 17900 : Wun Seven Thousand Niner Hundred
  · 비행고도 : 18000피트 이상의 고도는 두 자리 수를 감하고, Flight Level 이라고 붙여서 읽는다.
    예) FL 275 : Flight Level Too Severn Fife

- 시간
  - 일반시간은 24시간제로 분리한다.
    예) 1:15 AM(0115) : Zero Wun Wun Fife
       1:15 PM(1315) : Wun Tree Wun Fife
  - 시간점검 : "Time"이라는 용어와 함께 숫자를 각각 읽고 초는 1/4단위로 읽는다. 단 같은 시간대는 시간을 생략하고 분 단위만 읽는다.
    예) 1315 3/4 : Time, Wun Tree Wun Fife Tree Quaters 1325 : Too Fife
- 비행장 표고 : "Field Elevation"을 앞에 붙이고 숫자는 각기 분리하여 읽는다.
    예) 817 : Field Elevation, Ait Wun Seven
       2817 : Field Elevation, Too Ait Wun Seven
- 풍향풍속 : "Wind"라는 말을 붙여 풍향은 3개 단위로 말하고, 풍속은 "At"을 붙여 5노트 또는 m/sec단위로 수치는 각각 분리하여 읽는다.
    예) 030/25 : Wind Zero Tree Zero At Too Fife
       030/5m/sec : Wind Zero Tree Zero At 5meter per sec
- 활주로방향 : "Runway"라는 용어와 함께 숫자는 분리하여 읽으며, 평행 활주로의 경우 이륙방향, 또는 착륙방향을 기준으로 좌, 우를 붙여 읽는다.
    예) 03 : Runway Tree or Runway Zero Tree
    예) 03(L) : Runway Tree Right(Left) or Runway Zero Tree Right(Left)

■ 기본용어

다음의 낱말 및 용어는 복잡한 낱말이나 용어를 임의로 사용하여 발생하는 혼돈을 방지하기 위하여 항공교통관제 시 사용한다.

관제용어	해석
Acknowledge	알았으면 응답하라.
Advice Intention	의도를 말하라.
Affirmative	예(확실함)
Approaching Glide Path	강하로 접근 중
Approved	승인되었다.
Attempt	수행하라.
Attention All Aircraft	모든 항공기는 주의하라.

Blink Landing Light	착륙등을 껐다 켰다 하라.
Call Clear(Report Clear)	관제권 이탈 시 (벗어나면) 보고하라.
Call Off(Departure, Report Off)	이륙 시에 보고(호출)하라.
Continue Approach	계속 접근하라.
Clear For Take Off	이륙을 허가함.
Taxi approved	활주를 허가함.
Cleared To Land	착륙을 허가함.
Clear Off Traffic(Pattern)	장주를 이탈하라.
Correction	정정
Closed Runway	활주로 폐쇄
Unable	불가
Use Caution Cobra Turning Final	코브라가 파이널에 있으므로 주의하라
Destination	목적지
Change Destination	목적지 변경
Change ETA	예상도착시간 변경
Departing point	출발점
Disregard	(방금 지시한 사항) 고려하지 말라.
Do Not Acknowledge	응답하지 말라.
Entering Down Wind	배풍로 진입 중임
Expedite Take Off	즉시 이륙하라.
Execute	수행하라.
Extend Down Wind(Ground Time)	배풍로(지상체류 시간)를 연장하라.
Estimate	예상
Full Stop	착륙 종료
Flight Plan	비행계획
Request Frequency Change	주파수 변경승인 요청
Go-Ahead	말하라.
Go-Around	복행
How(Do you hear) Me?	내 무전기 감도는 어떤가?
Hold your Position	너의 위치에서 대기하라.
Visual Identification	육안식별
Verify	확인하라.
Wilco	지시대로 수행하겠다.
Hold Present Position	현 위치에서 대기하라.

관제용어	해석
I have In sight	보인다.
I Say Again	다시 말하겠다.
Immediately	즉시
Landing	착륙
Left Traffic(pattern)	좌측 장주
Long Count	무전기 조성을 위해 1~10까지 숫자를 헤아려 주세요.
Maintain	유지하라.
Make Short Approach	최종 접근을 짧게 하라.
Make left(Right) 360 Turn	360좌(우) 선회하라.
Missed Approach	실패 접근
Make Circle to Right	우로 360도 선회하라.
Negative	아니오.
Out	교신 끝.
Out of Your Control Zone, Request Frequency Change.	관제권을 이탈하니 주파수 변경을 요청함.
On Course	원 항로
On The Go	이륙 실시
Passing Your Control Zone	관제권을 통과함.
Position Report	위치보고
Prepare to Begin Descent	강하 준비하라.
Ready for Take OFF	이륙 준비 완료되었음.
Request	요청한다.
Request Cross Wind Departure	1선회 이후 이탈을 요청함.
Request Taxing instruction	지상 활주 인가를 요청함.
Request Taxi and Take off	지상 활주 및 이륙인가를 요청함.
Request up Wind Departure	이륙방향으로 장주이탈을 요청함.
Request Left Base	좌 장주 3선회 시 보고하라.
Receiver	수신기
Remain Clear	진입하지 마라.
Report	보고하라.
Report Call Landing Assured	착륙이 확실 시 되면 보고하라.
Roger	알았다.
Request Present Weather	현재 기상을 알려 달라.
Request Approved	요청한 것을 인가함.

Report Down Wind	배풍로에서 보고하라.
Report Ready For Take Off	이륙준비가 완료되면 보고하라.
Request Frequency Change	주파수 변경요청
Request Transition South to North	남쪽에서 북쪽으로 통과 요구
Radio Procedure	무선교신절차
Separation	간격분리
Short Count	무전기 조성을 위해 1~5까지 숫자를 헤아려 주세요.
Say Again	다시 말하라
Say Your Intention	너의 의도를 말하라.
Stand By	잠시 대기
Stop and Go	착륙 후 다시 이륙할 경우
Take off Immediately or Taxi Clear of Runway	즉시 이륙하던가 아니면 활주로를 개방하시오.
Take off Immediately or Hold Position	즉시 이륙하던가 아니면 현 위치에서 대기하라.
Take Off Immediately	즉시 이륙하라.
Termination	종료
That is Correct	그렇다.
Touch And Go	연속 이착륙
Transmission	송신
Traffic in Sight	다른 항공기가 보임.
Taxi Without Delay	지체말고 활주하라.
Taxi Into Position And Hold	활주로 진입 후 대기하라.
Take Off	이륙
Turning Base	3선회를 실시하라.
Unable	불가
Loud And Clear	크고 잘 들린다.
Reasonable	적당히 잘 들린다.
Weak But Readable	약하나 들을 수 있다.
Weak And Gabbled	약하고 잡음이 많다.
Loud And Unreadable	크지만 잘 알아들을 수 없다.
Loud And Gabbled	크고 잡음이 많다.
Weak And Unreadable	약하고 잘 알아들을 수 없다.
Readable	잘 알아들을 수 있다.
Unreadable	알아들을 수 없다.
Gabbled	잡음이 많다.

■ 단계/상황별 시각비행 관제

· **개요**

출발 전 최초 접촉으로부터 비행장 정보의 요청 및 제공, 출발 관제지시, 활주로에서의 이륙요청 및 인가, 이륙인가, 이탈보고에 대한 관제절차를 기술한다.

· **최초 관제교신** Initial Contact

1. 최초 교신을 수렴하기 위해 호출하고자 하는 관제시설 또는 상대방(무인항공기)을 아래와 같이 호출한다.

   · 호출하고자 하는 상대방 관제탑 또는 항공기
   · This is (──)
   · 무인항공기 식별부호
   · 응답 요청(Over)

   [예문]
   - 상대시설 : Changgoung Tower 또는 Changgoung Ground Control
   - 호출자 : Sparrow 123
   - 조종사 : Changgoung Tower/GC (This is) Sparrow 001 Over
   - 관제사 : Sparrow 123, Changgoung Tower/GC, Go Ahead.

2. 최초 교신이 이루어지면 다음 교신 시에는 Tower 또는 This is를 생략하여 교신하며, 무인항공기 호출부호는 끝의 3계단 숫자만 사용한다.

3. 교신내용 자체가 상대방의 응답을 요구할 때, Over를 생략한다.

· **출발 전 비행장/이·착륙장 정보요청 및 제공**

1. 조종사가 관제사에게 요청 : 관제시설, 무인항공기 식별부호, 목적지, 비행장/이·착륙장 정보 등

2. 관제사가 조종사에게 통보하는 출발정보 : 사용할 활주로(또는 이륙방향), 풍향/풍속, 시간, 운고 및 시정, 지상활주 정보 등

- 조종사 : Changgoung Tower/GC, Sparrow 123   Request Terminal Informations.
- 관제사 : Sparrow 123, Weather, Ceiling 50 Broken, Visibility 3Mile Fog, Runway 02, Wind 060 4m/sec Over.

3. 지상 활주 인가요청 및 하달

- 지상 활주 인가요청 : 시설명칭, 식별부호, 위치, 목적지

  - 조종사 : Changgoung Tower/GC, Sp123, On UA Ramp
    Request Taxi Instructions, over 또는 request Taxi And Take-off

- 지상 활주 인가하달 : 식별부호, 시설명칭, 활주로방향, 풍향/풍속, 등

  - 관제사 : Sp123, Taxi to Runway 02, Wind 060 at 4m/sec Over.
  - 조종사 : Sp123 Roger.

4. 출발교신

- 이륙 전 관제사의 지시(Transponder 장착 시 할당부호 및 주파수 통보)

  - 관제사 : Departure Control Frequency Will Be(주파수),
    Squawk(코드)

- 이륙준비 보고 및 인가

  1. 이륙준비 보고 : 시설명칭, 식별부호, 위치 Ready For Take-Off, Over

     - 조종사 : Changgoung Tower/GC, SP123, Short Of Runway 02,
       Ready For Take-Off, Over.

  2. 이륙인가 : 식별부호, 시설명칭, Cleared For Take-Off Over.

     - 관제사 : SP123, Cleared For Take-Off Over.

  3. 회전익(헬리콥터, 멀티콥터)의 경우 활주로 중간지점 또는 현 위치 이륙

     이륙방향(Heading), 이륙 잔여 활주로 또는 이륙 가능거리를 고려 이륙
     - 관제사 : SP123, Cleared For Position Take-Off Over.

  4. 이륙준비완료 항공기의 활주로 진입 후 대기지시 : 여타의 목적으로 항공기를 활주로에서 대기시킬 경우
     - Taxi Into Position and Hold / Continue Holding

     식별부호, 시설명칭 Taxi Into Position and Hold
     - 관제사 : SP123, Taxi Into Position and Hold
     - 조종사 : SP123, Wilco.

5. 이륙취소 통보 : 비행장의 상황에 따라 이륙을 취소 시에는 취소하는 이유를 포함 지시
- Cancel Take Off Clearance For(이유)

5. 관제권 이탈

- 장주 이탈보고 : 시설명칭, 식별부호, Departing(이탈지점 및 방향), Over.

- 조종사 : Changgoung Tower/GC, SP123, Departing Traffic/Pattern To North
- 관제사 : SP123, Roger Departing To North Approved.

- 관제권Control Zone 이탈보고 : 시설명칭, 식별부호, Departing Control Zone, Request Frequency, Change, Over.

- 조종사 : Changgoung Tower/GC, SP123, Departing Control Zone,
  Request Frequency Change, Over.
- 관제사 : SP123, Frequency Change Approved, Over.
- 조종사 : SP123, Roger.

항로단계

1. 개요

비행 중인 무인기 조종사는 각종 보고를 절차에 따라 수행하여야 한다. 먼저 위치보고를 비롯하여 비행계획이 변경될 시 비행계획 변경보고, 목적지 변경보고, 체류시간 연장보고, 도착지 예정시간 변경보고 등 변경사항에 대하여 철저히 보고하여야 한다.

- 위치보고 : 식별부호, 위치, 시간, 고도, 다음 보고지점 및 도착시간

- 조종사 : FCC LEE, SP123, Over Won-ju AT23, 5000, Estimating
  Hong-Cheon AT 30, Terminate, Over.
- 관제사 : SP123, Roger, YK.

- 비행 중 비행계획 변경보고 : 변경사항만 보고한다.
- 목적지 변경보고 : 시설명칭, 식별부호, Change Destination to(목적지)

- 조종사 : LEE Control, SP123, Destination Change Over
- 관제사 : SP123, LEE Control, Go-Ahead
- 조종사 : Change Destination To 000, 20 Enroute, Over
- 관제사 : SP123, Roger, KC.

- 공중 체류시간 연장보고 : 시설명칭, 식별부호, Extend Holding Time . To(연장된 체류시간, 체류지점)

- 조종사 : LEE Control, SP123, Have Request, Over
- 관제사 : SP123, LEE Control, Go-Ahead
- 조종사 : Extend Holding Time To 40, At Hyeon-ri, Over
- 관제사 : SP123, Roger, YH.

- 도착예정시간 변경보고 : 시설명칭, 식별부호, ETA(Revised) ETA To (새로운 도착 예정시간) AT(목적지 명칭) Over.

- 조종사 : LEE Control, SP123, ETA Change, Over
- 관제사 : SP123, LEE Control, Go-Ahead
- 조종사 : SP123, Change ETA(Revised ETA) To 03:03 At " A point" Over
- 관제사 : SP123, Roger, YY.

- **도착단계**

1. 개요 : 착륙 전 인가요청 및 정보제공을 비롯하여 공중 대기, 착륙인가 등을 제공한다.
2. 착륙인가요청 : 시설명칭, 식별부호, 거리, 위치, Request Landing Instructions, Over.

- 조종사 : Changgoung Tower/GC, SP123, About 10Miles East of Base, Request Landing Instructions, Over.

3. 착륙정보제공 Landing Information

- 특별장주 정보

  - Enter Left/Right Base(좌/우 3선회 장주로 직진입)
  - Straight-In(직 진입)
  - Make Straight-In(직 진입토록 비행)
  - Right Traffic(우측 장주)
  - Request Straight-In Approach(직 진입 착륙 요청)

- 사용할 활주로(Runway In Use)
- 풍향/풍속(Surface Wind)
- 추가 위치보고 요청(Reporting Point)

- 운고 및 시정
- 기타 특별한 필요정보 사항

4. 착륙인가 하달 : 식별부호, 사용할 활주로, 풍향풍속, 다음 보고지점

- 관제사 : SP123, Runway 32, Wind 300 At 10, Report Down Wind, Over.
- 조종사 : SP123, Roger.

기타 맹목 통신

1. 개요

　무인항공기 관제에 있어서는 맹목통신을 하여야 할 경우가 많을 수 있다. 비행장 시설을 이용하지 않을 경우 대부분 맹목통신을 하여 항공안전활동에 기여하여야 한다. 비행장 관제시설이 없는 헬리패드 형태나 야지에서 이륙할 경우 주변을 비행하는 항공기나 무인항공기 조종사에게 경계와 안전을 위하여 실시하는 것으로 조종사는 운용중인 주파수를 이용하여 경고 형태의 무선교신을 실시하는 것이다.

- 최초 접근 시 : Attention All Aircraft, Vicinity Of (착륙하려는 장소)(식별부호)(위치) For Landing Out

    [상황]

    - 무인항공기 : SP123
    - 착륙하려는 장소 : C-000 또는 철정초등학교
    - 현재위치 : 철정초등학교 북쪽 7마일상공
    Attention All Aircraft, Vicinity Of C-000(또는 철정초등학교), SP123, About 7Mile North For Landing Out.

- 장주(배풍로) 접근 시 : Attention All Aircraft, Vicinity Of (착륙하려는 장소)(식별부호) Entering Down Wind, Out.

    Attention All Aircraft, Vicinity Of C-000(또는 철정초등학교), SP123, Entering Down Wind, Out.

- 3선회지점 선회 시 : Turning Base To Land, Out.

    SP123, Turning Base To Land, Out.

- 이륙 시 : Attention All Aircraft, Vicinity Of (이륙 장소)(식별부호) Take Off To(이륙방향), Out

> Attention All Aircraft, Vicinity Of C-000(또는 철정초등학교), SP123,
> Take Off To The South West Out.

- 비행장 부근 통과 시 : Attention All Aircraft, Vicinity Of (통과 비행장 또는 통과지역)(식별부호)(통과지역으로부터의 현 위치), Passing To(비행방향), Out

[상황]

> – 통과 비행장(지역)으로부터 위치 : 5마일 북쪽
> – 비행방향 : 남쪽
> – 통과하려는 비행장(지역) : G-000(현리)
> Attention All Aircraft, Vicinity Of G-000(또는 현리), SP123
> 5Mile North, Passing To South, Out

2. 공역

1) 공역의 개념

항공기 활동을 위한 공간으로서 공역의 특성에 따라 항행안전을 위한 적합한 통제와 필요한 항행지원이 이루어지도록 설정된 공간으로서 영공과는 다른 항공교통업무를 지원하기위한 책임공역이다.

2) 공역의 설정 기준

① 국가안전보장과 항공안전을 고려할 것
② 항공교통에 관한 서비스의 제공여부를 고려할 것
③ 공역의 구분이 이용자의 편의에 적합할 것
④ 공역의 활용에 효율성과 경제성이 있을 것

3) 공역의 종류

① **관제공역** : 항공교통의 안전을 위하여 항공기의 비행 순서·시기 및 방법 등에 관하여 제84조제1항에 따라 국토교통부장관 또는 항공교통업무증명을 받은 자의 지시를 받아야 할 필요가 있는 공역으로서 관제권 및 관제구를 포함하는 공역

- **관제권** : 비행장 또는 공항과 그 주변의 공역으로서 항공교통의 안전을 위하여 국토교통부장관이 지정·공고한 공역

- **관제구** : 지표면 또는 수면으로부터 200미터 이상 높이의 공역으로서 항공교통의 안전을 위하여 국토교통부장관이 지정·공고한 공역

② **비관제공역** : 관제공역 외의 공역으로서 항공기의 조종사에게 비행에 관한 조언·비행정보 등을 제공할 필요가 있는 공역
- **조언구역** : 항공교통조언업무가 제공되도록 지정된 비 관제공역
- **정보구역** : 비행정보 업무가 제공되도록 지정된 비 관제공역

③ **통제공역** : 항공교통의 안전을 위하여 항공기의 비행을 금지하거나 제한할 필요가 있는 공역
- **비행금지구역** : 안전, 국방상 그 밖의 이유로 항공기의 비행을 금지하는 공역
- **비행제한구역** : 항공사격, 대공사격 등으로 인한 위험으로부터 항공기의 안전을 보호 하거나 그 밖의 이유로 비행허가를 받지 아니한 항공기의 비행을 제한하는 공역
- **초경량비행장치 비행제한구역** : 초경량 비행장치의 비행안전을 확보하기 위하여 초경량 비행장치의 비행활동에 대한 제한이 필요한 공역

④ **주의공역** : 항공기의 조종사가 비행 시 특별한 주의·경계·식별 등이 필요한 공역
- **훈련구역** : 민간항공기의 훈련공역으로서 계기비행항공기로부터 분리를 유지할 필요가 있는 공역
- **군 작전구역** : 군사작전을 위하여 설정된 공역으로서 계기비행항공기로부터 분리를 유지할 필요가 있는 공역
- **위험구역** : 항공기의 비행 시 항공기 또는 지상시설물에 대한 위험이 예상되는 공역
- **경계구역** : 대규모 조종사의 훈련이나 비정상 형태의 항공활동이 수행되는 공역

4) 초경량비행장치 전용공역

우리나라에서는 전국적으로 UA-2(구성산), UA-3(약산), UA-4(봉화산), UA-5(덕두산), UA-6(금산), UA-7(홍산), UA-9(양평), UA-10(고창), UA-14(공주), UA-19(시화), UA-20(성화대), UA-21(방장산), UA-22(고흥), UA-23(담양), UA-24(구좌), UA-25(하동), UA-26(장암산), UA-27(미악산), UA-28(서운산), UA-29(옥천), UA-30(북좌), UA-

31(청나), UA-32(토천), UA-33(변천천), UA-34(미호천), UA-35(김해), UA-36(밀량), UA-37(창원) 등 28개의 초경량비행장치 공역을 지정 운영하고 있다. 아울러 서울지역에 4개소(가양비행장 : 가양대교 북단, 신정비행장 : 신정교 아래 공터, 광나루 비행장, 별내IC : 식송마을 일대)도 동일한 개념으로 운영되고 있다.

위치	수평범위	수직범위
UA-2:구성산	354421N 1270027E로부터 반경 1.8km	500ft AGL SFC
UA-3:약산	354421N 1282502E로부터 반경 0.7km	
UA-4:봉화산	353731N 1290532E로부터 반경 4km	
UA-5:덕두산	352441N 1273157E로부터 반경 4.5km	
UA-6:금산	344411N 1275852E로부터 반경 2.1km	
UA-7:홍산	354941N 1270452E로부터 반경 1.2km	
UA-9:양평	373010N 1272300E-373010N 1273200E- 372700N 1273200E-372700N 1272300N to the beginning	
UA-10:고창	352311N 1264353E로부터 반경 4km	
UA-14:공주	363225N 1265614E-363045N 1265746E- 363002N 1270713E-362604N 1270553E- 362805N 1265427E-363141N 1265417E- 363141N 1265417Eto the beginning	500ft AGL SFC
UA-19:시화호	371800N 12640004E-371724N 1265000E- 371430N 1265000E-371245N 1264029E- 371244N 1263342E-371414N 1263319E-to the beginning	
UA-20:성화대	344157N 126310E로부터 반경 5.4km	
UA-21:방장산	352658N 1264417E로부터 반경 5.6km	
UA-22:고흥	343640N 1271221E로부터 반경 5.6km	
UA-23:담양	352030N 1270148E로부터 반경 5.6km	
UA-24:구좌	332841N 1264922E로부터 반경 2.8km	
UA-25:하동	350147N 1274325E-350145N 1274741E- 345915N 1274739E-345916N 1274324E-to the beginning	
UA26:장암산	372338N 1282419E-372410N 1282810E- 372153N 1282610E-372211N 1282331E-to the beginning	
UA-27:미악산	331800N 1263316E로부터 반경 1.2km	
UA-28:서운산	A circle, radius 2.0km(1.1NM) centered at 365550N 1271659E	
UA-29:오촌	A circle, radius 2.0km(1.1NM) centered at 365711N 1271716E	
UA-30:북좌	A circle, radius 2.0km(1.1NM) centered at 370242N 1271940E	

UA-31:청라	A circle, radius 2.0km(1.1NM) centered at 373356N 1263750E	500ft AGL SFC
UA-32:토천	A circle, radius 0.3km(0.2NM) centered at 372800N 1271809E	
UA-33:변천천	363904N 1272103E − 363902N 1272111E − 363850N 1271106E − 363852N 1272059E − to the beginning	
UA-34:미호천	363710N 1272048E − 363705N 1272105E − 363636N 1272049E − 363650N 1272033E − to the beginning	
UA-35:김해	352057N 1284815E − 352101N 1284825E − 352047N 1284833E − 352043N 1284823E − to the beginning	
UA-36:밀양	352801N 1284642E − 352729N 1284714E − 352717N 1284659E − 352750N 1284627E to − the beginning	500ft AGL SFC
UA-37:창원	352238N 1283856E − 352238N 1283931E − 352216N 1283931E − 352213N 1283921E − 352213N 1283856E − to the beginning	

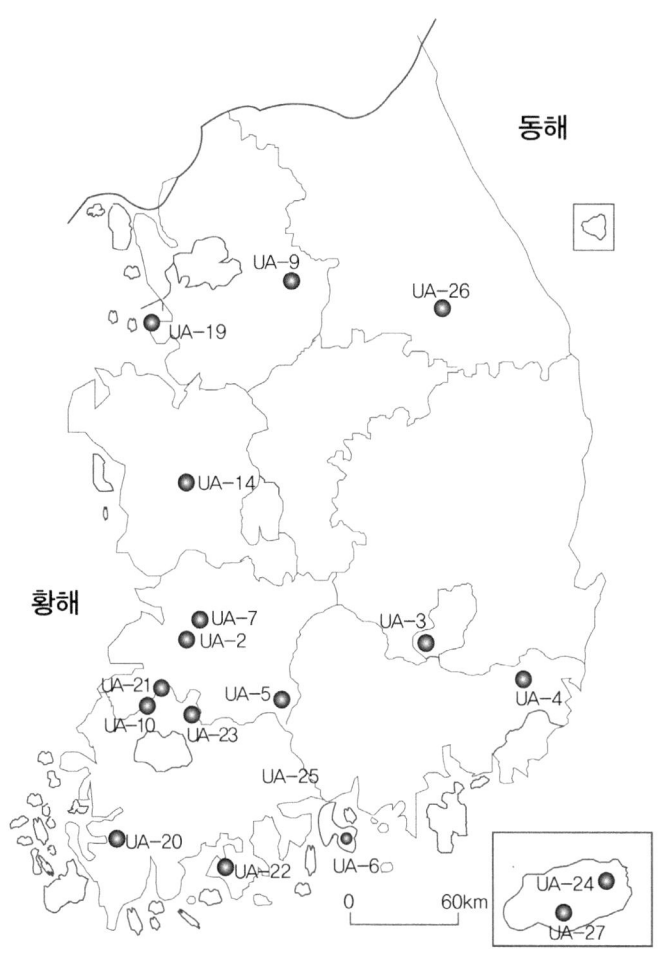

▲ 초경량 비행장치 비행공역

5) 비행금지구역, 제한구역 및 군 훈련구역

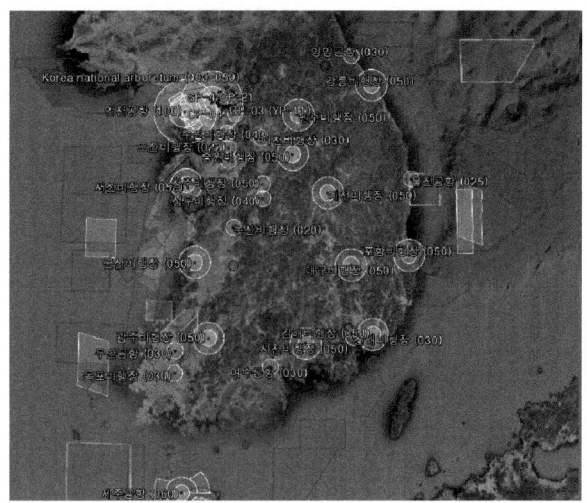

① (RK)P-73A

위치 : 생략, 중심반경 2.0NM

적절한 허가 없이 (RK)P-73A 침범 시 격추될 것임.

(RK)P-73A 내의 비행은 7일 전 육군 수도방위사령부의 승인을 받아야 함.

② (RK)P-73B

위치 : 생략, 중심반경 4.5NM

적절한 허가 없이 (RK)P-73B 침범 시 경고사격이 있음.

(RK)P-73B 내의 비행은 7일 전 육군 수도방위사령부의 승인을 받아야 함.

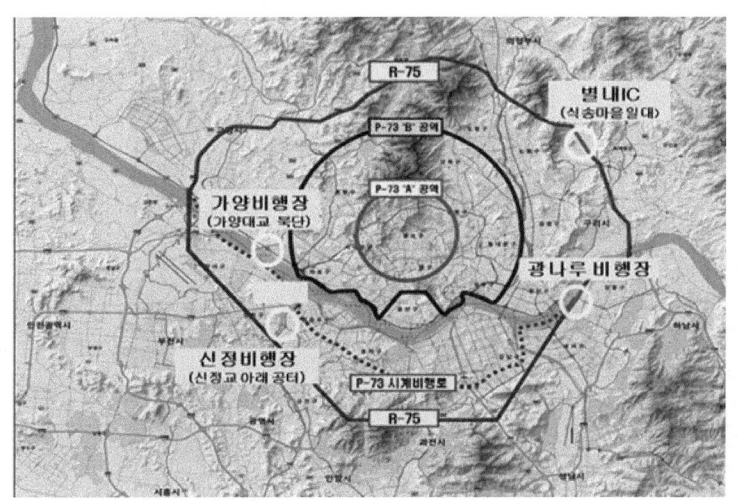

> **P-73**

서울시 중구, 용산구, 성동구, 서대문구, 강북구, 동대문구, 종로구, 성북구

> **R-75**

서울시 강서구, 양천구, 영등포구, 동작구, 관악구, 서초구, 강남구, 송파구(가락동, 송파동, 방이동, 잠실동) 강동구(천호동, 풍납동, 암사동, 성내동)

P-73A/B 지역의 비행 승인절차는 다음과 같다.

① P-73 비행금지공역 및 R-75 제한공역 해당(인근) 지역에서 비행하고자 하는 경우에는 사전에 수도방위사령부 해당 부서에 비행승인 대상지역인지를 확인해야 한다.

② P-73A/B 비행금지공역내의 비행을 위해서는 수도방위사령부(화력과)에 사전에 비행계획 승인을 받아야 한다.

③ R-75 비행제한공역 내 비행을 위해서는 수도방위 사령부(방공작전통제소)에 사전(항공기 2시간 전 및 초경량비행장치/경량항공기 4일 전)에 비행계획 승인을 받아야 한다.

③ (RK)P-112, 대청 : 폐쇄

④ (RK)P-518

위치 : 군사분계선으로부터 아래 다음지점을 연결한 선

3739N 12610E-3743N 12641E-3738N 12653E-3758N

12740E-3804N 12831E-3808N 12832E-3812N 12836E

⑤ 원전 지역 : 중심으로부터 A지역 : 3.7km, B지역 : 18.6km.

고리(P-61), 월성(P-62), 영광(P-63), 울진(P-64), 대전(P-65)

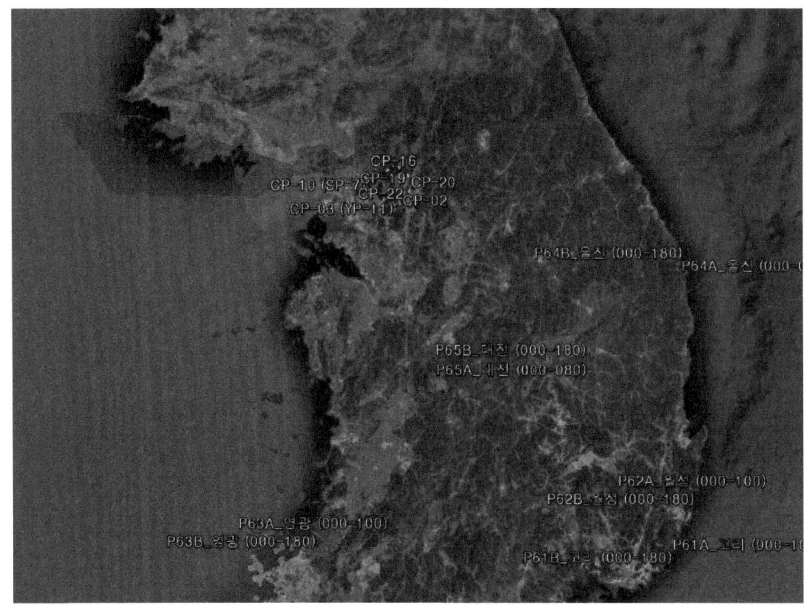

▲ 원전지역

⑥ 공군 작전공역(MOA, Military Operation Area)

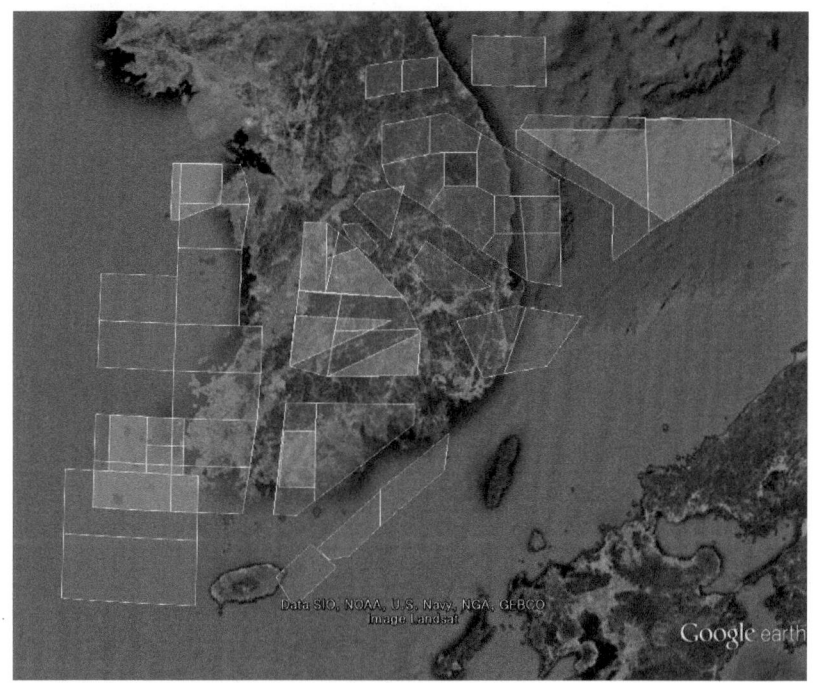

⑦ 공항지역 : 군/민간 비행장 주변 9.3km 비행 제한

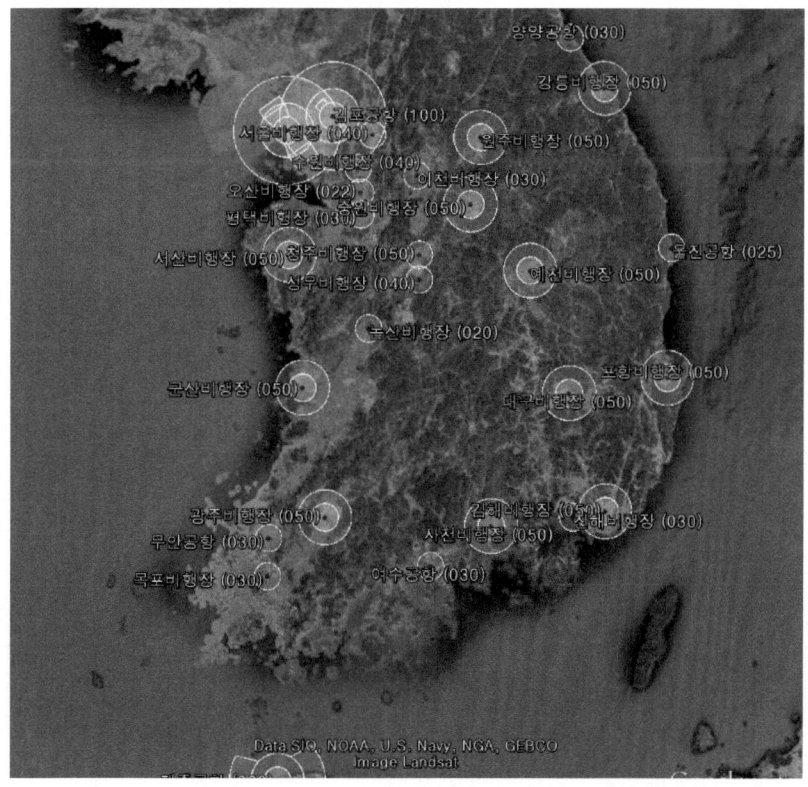

⑧ 기타 군 사격장 등 공역

(RK)R-1(용문), (RK)R-10(매봉), (RK)R-14(평동), (RK)R-17(여주), (RK)R-19(조치원), (RK)R-20(보은), (RK)R-21(언양), (RK)R-35(매산리), (RK)R-72(육지도), (RK)R-74, (RK)R-75C, (RK)R-75D, (RK)R-76, (RK)R-77(마차진), (RK)R-79A(고온리), (RK)R-79B(당진), (RK)R-79C, (RK)R-80,(RK)R-81(낙동), (RK)R-84, (RK)R-88,(RK)R-89(오천), (RK)R-90A, (RK)R-90B, (RK)R-97A, (RK)R-97B, (RK)R-97C, (RK)R-97D, (RK)R-99(거제도), (RK)R-100(남형제도), (RK)R-104(미여도), (RK)R-105(직도), (RK)R-107, (RK)R-108A, B, C, D, E, F(안흥), (RK)R-110(필승), (RK)R-111(웅천), (RK)R-114(비승), (RK)R-115(동해), (RK)R-116(대청도), (RK)R-117(자은도), (RK)R-118(제주), (RK)R-119(울산), (RK)R-120(동해), (RK)R-121(속초), (RK)R-122(천덕봉), (RK)R-123(어청도), (RK)R-124(덕적도), (RK)R-125(흑산도), (RK)R-126(추자도), (RK)R-127(벌교), (RK)R-128(서귀포), (RK)R-129(수련산), (RK)R-131(백령), (RK)R-132(동 대청도), (RK)R-133(초칠도), (RK)D-1 5개 지역, (RK)D-3, 4, 5, 6, 9, 10, 11, 12 지역

6) 우리나라 초경량비행장치 비행구역과 금지구역의 개념 정리

① 우리나라의 초경량비행장치 전용공역

초경량비행장치 전용공역은 구성산을 포함하여 32개 지역과 서울지역의 4개소 등이다. 이곳에서 초경량비행장치는 비행 계획없이 자유롭게 비행할 수 있다.

② 초경량비행장치 비행제한구역

초경량 비행장치의 비행안전을 확보하기 위하여 초경량 비행장치의 비행활동에 대한 제한이 필요한 공역을 말하며 우리나라는 위의 초경량비행장치 전용공역을 제외하고 전 지역이 초경량비행장치 비행이 제한되는 구역이다.

③ 항공안전법 시행규칙 제308조의 예외 규정

항공안전법 제127조2항의 본문에서 "동력비행장치 등 국토교통부령으로 정하는 초경량비행장치"란 제5조에 따른 초경량비행장치를 말한다. 다만, 다음 각 호의 어느 하나에 해당하는 초경량비행장치는 제외한다. 〈개정 2017.7.18.〉

따라서 제외되는 초경량비행장치 중 무인비행장치는 아래와 같다.

- 최대이륙중량이 25킬로그램 이하인 무인동력비행장치
- 연료의 중량을 제외한 자체중량이 12킬로그램 이하이고 길이가 7미터 이하인 무인비행선

④ 소결론(개념 정리)

현재 최대이륙중량 25kg이하 기체가 일반지역에서 비행이 가능한 것은 제외규정에 따라서 비행이 가능한 것이고, 25kg초과 기체는 전 지역이 비행제한구역이므로 비행승인을 모든 지역에서 받아야 비행이 가능한 것이다.

CHAPTER 03 무인항공안전관리

국제민간항공기구에서는 각 국가단위로 항공안전관리(경영) 프로그램을 운영하고, 각 기관단위로는 항공안전관리(경영) 시스템을 구축하여 운영하도록 하고 있다.

1. 안전관리

1) 무인항공 안전관리(경영) 체계

① **항공안전관리(경영) 프로그램(ASMP)**

국제민간항공기구에서는 각 국가단위로 항공안전관리(경영) 프로그램을 운영하고, 각 기관단위로는 항공안전관리(경영) 시스템을 구축하여 운영하도록 하고 있다. 최근에는 ISO 등 국제기구에서 기존의 Management란 용어 체계를 단순히 관리차원이 아닌, 경영 차원으로 발전시켜 사용하고 있다.

② **근거 법규**

제58조(항공안전프로그램 등)

① 국토교통부장관은 다음 각 호의 사항이 포함된 항공안전프로그램을 마련하여 고시하여야 한다.
1. 국가의 항공안전에 관한 목표
2. 제1호의 목표를 달성하기 위한 항공기 운항, 항공교통업무, 항행시설 운영, 공항 운영 및 항공기 설계·제작·정비 등 세부 분야별 활동에 관한 사항
3. 항공기사고, 항공기준사고 및 항공안전장애 등에 대한 보고체계에 관한 사항
4. 항공안전을 위한 조사활동 및 안전감독에 관한 사항
5. 잠재적인 항공안전 위해요인의 식별 및 개선조치의 이행에 관한 사항
6. 정기적인 안전평가에 관한 사항 등

② 다음 각 호의 어느 하나에 해당하는 자는 제작, 교육, 운항 또는 사업 등을 시작하기 전까지 제1항에 따른 항공안전프로그램에 따라 항공기사고 등의 예방 및 비행안전의 확보를 위한 항공안전관리시스템을 마련하고, 국토교통부장관의 승인을 받아 운용하여야 한다. 승인받은 사항 중 국토교통부령으로 정하는 중요사항을 변경할 때에도 또한 같다. 〈개정 2017.10.24.〉

1. 형식증명, 부가형식증명, 제작증명, 기술표준품형식승인 또는 부품등제작자증명을 받은 자
2. 제35조제1호부터 제4호까지의 항공종사자 양성을 위하여 제48조제1항 단서에 따라 지정된 전문교육기관
3. 항공교통업무증명을 받은 자
4. 항공운송사업자, 항공기사용사업자 및 국외운항항공기 소유자등
5. 항공기정비업자로서 제97조제1항에 따른 정비조직인증을 받은 자
6. 「공항시설법」 제38조제1항에 따라 공항운영증명을 받은 자
7. 「공항시설법」 제43조제2항에 따라 항행안전시설을 설치한 자

③ 국토교통부장관은 제83조제1항부터 제3항까지에 따라 국토교통부장관이 하는 업무를 체계적으로 수행하기 위하여 제1항에 따른 항공안전프로그램에 따라 그 업무에 관한 항공안전관리시스템을 구축·운용하여야 한다.

④ 제1항부터 제3항까지에서 규정한 사항 외에 다음 각 호의 사항은 국토교통부령으로 정한다.
1. 제1항에 따른 항공안전프로그램의 마련에 필요한 사항
2. 제2항에 따른 항공안전관리시스템에 포함되어야 할 사항, 항공안전관리시스템의 승인기준 및 구축·운용에 필요한 사항
3. 제3항에 따른 업무에 관한 항공안전관리시스템의 구축·운용에 필요한 사항

제131조(항공안전프로그램의 마련에 필요한 사항)

법 제58조제4항제1호에 따라 항공안전프로그램을 마련할 때에는 다음 각 호의 사항을 반영하여야 한다. 〈개정 2018.3.23.〉
1. 국가의 안전정책 및 안전목표
  가. 항공안전분야의 법규체계
  나. 항공안전조직의 임무 및 업무분장
  다. 항공기사고, 항공기준사고, 항공안전장애 등의 조사에 관한 사항
  라. 행정처분에 관한 사항
2. 국가의 위험도 관리
  가. 항공안전관리시스템의 운영요건
  나. 항공안전관리시스템의 운영을 통한 안전성과 관리절차
3. 국가의 안전성과 검증
  가. 안전감독에 관한 사항
  나. 안전자료의 수집, 분석 및 공유에 관한 사항
4. 국가의 안전관리 활성화

가. 안전업무 담당 공무원에 대한 교육·훈련, 의견 교환 및 안전정보의 공유에 관한 사항
　　나. 항공안전관리시스템 운영자에 대한 교육·훈련, 의견교환 및 안전정보의 공유에 관한 사항
　5. 국제기준관리시스템의 구축·운영
　6. 그 밖에 국토교통부장관이 항공안전목표 달성에 필요하다고 정하는 사항

2) 기타(항공안전 의무, 자율보고, 비행 중 금지행위)

① 항공안전 의무보고

제59조(항공안전 의무보고)

① 항공기사고, 항공기준사고 또는 항공안전장애를 발생시켰거나 항공기사고, 항공기준사고 또는 항공안전장애가 발생한 것을 알게 된 항공종사자 등 관계인은 국토교통부장관에게 그 사실을 보고하여야 한다.
② 제1항에 따른 항공종사자 등 관계인의 범위, 보고에 포함되어야 할 사항, 시기, 보고 방법 및 절차 등은 국토교통부령으로 정한다.

제134조(항공안전 의무보고의 절차 등)

① 법 제59조제1항 및 법 제62조제5항에 따라 다음 각 호의 어느 하나에 해당하는 사람은 별지 제65호서식에 따른 항공안전 의무보고서 또는 국토교통부장관이 정하여 고시하는 전자적인 보고방법에 따라 국토교통부장관 또는 지방항공청장에게 보고하여야 한다.
1. 항공기사고를 발생시켰거나 항공기사고가 발생한 것을 알게 된 항공종사자 등 관계인
2. 항공기준사고를 발생시켰거나 항공기준사고가 발생한 것을 알게 된 항공종사자 등 관계인
3. 항공안전장애를 발생시켰거나 항공안전장애가 발생한 것을 알게 된 항공종사자 등 관계인(법 제33조에 따른 보고 의무자는 제외한다)
② 법 제59조제1항에 따른 항공종사자 등 관계인의 범위는 다음 각 호와 같다.
1. 항공기 기장(항공기 기장이 보고할 수 없는 경우에는 그 항공기의 소유자등을 말한다)
2. 항공정비사(항공정비사가 보고할 수 없는 경우에는 그 항공정비사가 소속된 기관·법인 등의 대표자를 말한다)
3. 항공교통관제사(항공교통관제사가 보고할 수 없는 경우 그 관제사가 소속된 항공교통관제기관의 장을 말한다)
4. 「공항시설법」에 따라 공항시설을 관리·유지하는 자
5. 「공항시설법」에 따라 항행안전시설을 설치·관리하는 자
6. 제70조제3항에 따른 위험물취급자
③ 제1항에 따른 보고서의 제출 시기는 다음 각 호와 같다.

1. 항공기사고 및 항공기준사고: 즉시
2. 항공안전장애:
   가. 별표 3 제1호부터 제4호까지, 제6호 및 제7호에 해당하는 항공안전장애를 발생시켰거나 항공안전장애가 발생한 것을 알게 된 자: 인지한 시점으로부터 72시간 이내(해당 기간에 포함된 토요일 및 법정공휴일에 해당하는 시간은 제외한다). 다만, 제6호가목, 나목 및 마목에 해당하는 사항은 즉시 보고하여야 한다.
   나. 별표 3 제5호에 해당하는 항공안전장애를 발생시켰거나 항공안전장애가 발생한 것을 알게 된 자: 인지한 시점으로부터 96시간 이내. 다만, 해당 기간에 포함된 토요일 및 법정공휴일에 해당하는 시간은 제외한다.

② 항공안전 자율보고

제61조(항공안전 자율보고)

① 항공안전을 해치거나 해칠 우려가 있는 사건·상황·상태 등(이하 "항공안전위해요인"이라 한다)을 발생시켰거나 항공안전위해요인이 발생한 것을 안 사람 또는 항공안전위해요인이 발생될 것이 예상된다고 판단하는 사람은 국토교통부장관에게 그 사실을 보고할 수 있다.
② 국토교통부장관은 제1항에 따른 보고(이하 "항공안전 자율보고"라 한다)를 한 사람의 의사에 반하여 보고자의 신분을 공개해서는 아니 되며, 항공안전 자율보고를 사고예방 및 항공안전 확보 목적 외의 다른 목적으로 사용해서는 아니 된다.
③ 누구든지 항공안전 자율보고를 한 사람에 대하여 이를 이유로 해고·전보·징계·부당한 대우 또는 그 밖에 신분이나 처우와 관련하여 불이익한 조치를 해서는 아니 된다.
④ 국토교통부장관은 항공안전위해요인을 발생시킨 사람이 그 항공안전위해요인이 발생한 날부터 10일 이내에 항공안전 자율보고를 한 경우에는 제43조제1항에 따른 처분을 하지 아니할 수 있다. 다만, 고의 또는 중대한 과실로 항공안전위해요인을 발생시킨 경우와 항공기사고 및 항공기준사고에 해당하는 경우에는 그러하지 아니하다.
⑤ 제1항부터 제4항까지에서 규정한 사항 외에 항공안전 자율보고에 포함되어야 할 사항, 보고 방법 및 절차 등은 국토교통부령으로 정한다.

제135조(항공안전 자율보고의 절차 등)

① 법 제61조제1항에 따라 항공안전 자율보고를 하려는 사람은 별지 제66호서식의 항공안전 자율보고서 또는 국토교통부장관이 정하여 고시하는 전자적인 보고방법에 따라 한국교통안전공단의 이사장에게 보고할 수 있다. 〈개정 2018.3.23.〉
② 제1항에 따른 항공안전 자율보고의 접수·분석 및 전파 등에 관하여 필요한 사항은 국토교통부장관이 정하여 고시한다.

③ 비행 중 금지행위

제68조(항공기의 비행 중 금지행위 등) 항공기를 운항하려는 사람은 생명과 재산을 보호하기 위하여 다음 각 호의 어느 하나에 해당하는 비행 또는 행위를 해서는 아니 된다. 다만, 국토교통부령으로 정하는 바에 따라 국토교통부장관의 허가를 받은 경우에는 그러하지 아니하다.

1. 국토교통부령으로 정하는 최저비행고도(最低飛行高度) 아래에서의 비행
2. 물건의 투하(投下) 또는 살포
3. 낙하산 강하(降下)
4. 국토교통부령으로 정하는 구역에서 뒤집어서 비행하거나 옆으로 세워서 비행하는 등의 곡예비행
5. 무인항공기의 비행
6. 그 밖에 생명과 재산에 위해를 끼치거나 위해를 끼칠 우려가 있는 비행 또는 행위로서 국토교통부령으로 정하는 비행 또는 행위

3) 무인비행장치 비행안전

① 조종자의 책임

- 조종자는 자격증을 취득했을 때부터, 자신의 행동에 책임을 지는 것
- 적절한 "판단"에 의한 의사결정을 행하고
- 그 결과로서 올바른 행동이 기대됨.

자격증은 본인뿐만 아니라, 주위 사람들의 안전도 배려하는 조종자로서의 증명이다.

② 비행장치 조종자의 기본 소양과 적성

- 조종자는 기본적으로 적성 즉, 타고난 성질, 혹은 생활환경이나 교육, 훈련에 따라 그 사람이 갖게 된 정신적, 신체적 능력으로 어떠한 직무의 수행에 적합한지를

판단하여 선발되고 교육되어야 함.

- ■ 지적 능력
  - 조종자는 비행체를 3차원의 공간에서 운용하기 때문에 높은 지적 능력을 필요로 함.
  - 지적능력이라는 기초에서 나타나는 행동의 효율, 즉 높은 지적효율이 중요시 된다.
- ■ 정보처리 능력
  - 필요한 정보처리 능력의 훈련을 평소에 반복함 필요한 정보처리 능력을 높일 수 있음.

9회말 0:0 무사 만루의 핀치!
"당신이 투수라면, 이 상황을 어떻게 분석하여 다음 행동을 하겠습니까? 타자는 스퀴즈일까? 히팅일까? 그렇지 않으면. 다시 한 번 냉정을 찾고, 상대의 사인을 잡아볼까?"

- ■ 동기

  무인비행장치의 비행에 관하여 건전한 동기를 갖는 것은 훈련효과를 높이는 것은 물론, 훈련 이후에도 안전한 비행으로 이어질 가능성이 높다.

무인비행장치를 날린다는 건전한 의욕은 조종자가 되기 위한 첫 번째 단계이며, 행동의 원동력입니다.
목적이 없는 상태에서는, 훈련 효과를 높일 수 없습니다.

■ 정신적 안정성

　놀라거나, 당황하거나, 과도하게 긴장하는 등의 반응은, 인간이 갖고 있는 정상적인 반응이지만, 조종자로서는 과잉반응을 하지 않는 안정성이 요구된다. 항상 안전성을 유지하기 위해, 이러한 반응을 콘트롤할 수 있는 방법을 습득하는 것이 중요하다.

"혹시 차가 나타날지도 모른다"라고 위험을 예측하며 어떠한 사태에도 대처할 수 있도록 하자. 또한, 항상 기분을 안정시켜 주는 것이 조종자로서는 필요하다.

■ 정신적 성숙도

　정신적으로 성숙하다는 것은, 인간관계를 양호하게 하고, 사회에 적응하기 위해서도 중요한 것이다. 그 성숙도가 사회적인 악용방지로 이어지고, 무인비행장치의 안전한 비행으로도 이어진다.

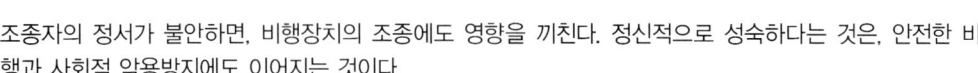

조종자의 정서가 불안하면, 비행장치의 조종에도 영향을 끼친다. 정신적으로 성숙하다는 것은, 안전한 비행과 사회적 악용방지에도 이어지는 것이다.

③ 비행에 있어서의 의사결정

■ 의사결정의 개념

　비행 상황에 관련된 온갖 정보 중에서 활용하는 것을 선택하여, 허용된 시간 내에 판단한다. 또한, 그에 대응하는 스스로의 행동을 특정하고, 그 행동에 기초한 결과를 예상하며, 더욱이 그 타당성을 검토·확인하여 자신을 갖고 실행하는 능력을 의사결정이라 한다. 따라서 의사결정의 행동은 "실행하는 것" 뿐만 아니라 "실행하지 않는 것"도 포함됨.

"적절하게 판단할 것" 조정자로서의 판단에 따른 의사결정 포인트는 그 행위의 결과를 좌우한다.

■ 의사결정 요소

조종자의 의사결정 과정에는, 여러 가지 요소가 영향을 끼친다. 그 사람의 자세(생활태도)나 인격이라는 타고난 정서적 측면은 지식이나, 표현능력 및 본인의 기술 등의 의사결정에 있어서 중요한 요소가 된다. 올바른 의사결정은, 훈련 및 교육에 의한 경험에 따라 배양되는 것임.

· **자세(생활태도)**

교육에 의한 경험이 비행에 관한 안전정인 자세를 배양한다.

· **지적 처리 능력**

양호한 "지적 처리"를 위해서는 바른 지식, 위험도의 식별과 평가, 경계심, 정보처리의 능력, 선택성을 갖는 주의, 문제해결 능력이 필요하다.

- **위험관리** : 비행장치 조종에 있어서 관리되어야 할 위험 요소들은 크게 다음과 같은 사항이 있다.
    - 비행장치 (본체의 상태와 연료 등)
    - 조종자 (정신적·신체적 건강상태나 음주 피로 등)
    - 환경 (기상상태, 주위 장해물 등)
    - 비행 (비행목적, 비행계획, 비행의 긴급도와 위험도 등)
    - 상황 (상기의 각 요소의 정확한 상황 확인)

- **상황판단 능력** : 빠른 상황판단 능력은 모든 조종사 및 조종자에게 필수 요소이다. 전반적인 주변 상황과 비행상태를 판단하고, 이러한 파악된 정보들을 처리할 수 있는 능력이 필요하다. 그 피해를 최소화시켜 2차 피해를 방지하기 위해 반드시 착지지점으로 갖고 오는 것이 아니라, 포장(논)안의 안전한 장소에 내리는 경우도 있다.

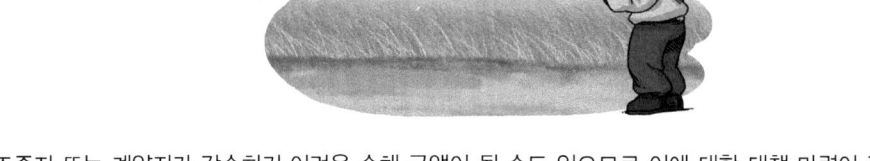

조종자 또는 계약자가 감수하기 어려운 손해 금액이 될 수도 있으므로 이에 대한 대책 마련이 필요하다.

2. 사고

1) 사고

① 사고의 정의(항공안전법 제2조 용어의 정의)

초경량비행장치 사고란 초경량비행장치를 사용하여 비행을 목적으로 이륙하는 순간부터 착륙하는 순간까지 발생한 다음 각목의 어느 하나에 해당되는 것으로서 국토교통부령으로 정하는 것을 말한다.

- 초경량비행장치에 의한 사람의 사망, 중상 또는 행방불명

- 초경량비행장치의 추락, 충돌 또는 화재 발생
- 초경량비행장치의 위치를 확인할 수 없거나 초경량비행장치에 접근이 불가능한 경우

② 사고발생 시 조치사항

- 인명구호를 위해 신속히 필요한 조치를 취할 것.
- 사고 조사를 위해 기체, 현장을 보존할 것.
    - 사고 현장 유지
    - 현장 및 장비 사진 및 동영상 촬영
- 사고로 인한 인명 피해 및 재산 피해 발생 시 지방항공청과 항공철도 사고조사위원회에 신속히 사고내용을 보고한다.
    - 서울지방항공청 항공안전과 사고조사 담당 : 032-740-2146(야, 2107)
    - 부산지방항공청 항공안전과 사고조사 담당 : 051-974-2142(야, 2200)
    - 제주지방항공청 항공안전과 사고조사 담당 : 064-797-1743(야, 1700)
    - 항공, 철도사고조사위원회(수도권 비상 대응팀) : 02-2665-9705

③ 사고 조사의 보상 처리

사고 발생 시 지체 없이 가입 보험사의 보험대리점 담당자에게 연락하여 보상/수리 절차를 진행한다. 이때 사고 현장에 대한 영상자료들이 정확히 제시되어야 한다.

④ 사고의 보고

초경량 비행장치 조종자 및 소유자는 초경량 비행장치 사고 발생 시 지체 없이 그 사실을 보고하여야 한다. 중사고가 발생 시 반드시 관할 항공청에 동시 보고하여야한다.

- 보고사항
    - 조종자 및 그 초경량 비행장치 소유자의 성명 또는 명칭
    - 사고가 발생한 일시 및 장소
    - 초경량 비행장치의 종류 및 신고번호
    - 사고의 경위
    - 사람의 사상(死傷) 또는 물건의 파손 개요
    - 사상자의 성명 등 사상자의 인적사항 파악을 위하여 참고가 될 사항

3. 보험
1) 항공보험 가입 의무(관련법령)

항공사업법 제70조(항공보험 등의 가입의무)

① 다음 각 호의 항공사업자는 국토교통부령으로 정하는 바에 따라 항공보험에 가입하지 아니하고는 항공기를 운항할 수 없다.
1. 항공운송사업자
2. 항공기사용사업자
3. 항공기대여업자

② 제1항 각 호의 자 외의 항공기 소유자 또는 항공기를 사용하여 비행하려는 자는 국토교통부령으로 정하는 바에 따라 항공보험에 가입하지 아니하고는 항공기를 운항할 수 없다.

③ 「항공안전법」 제108조에 따른 경량항공기소유자등은 그 경량항공기의 비행으로 다른 사람이 사망하거나 부상한 경우에 피해자(피해자가 사망한 경우에는 손해배상을 받을 권리를 가진 자를 말한다)에 대한 보상을 위하여 같은 조 제1항에 따른 안전성인증을 받기 전까지 국토교통부령으로 정하는 보험이나 공제에 가입하여야 한다. 〈개정 2017. 1. 17.〉

④ 초경량비행장치를 초경량비행장치사용사업, 항공기대여업 및 항공레저스포츠사업에 사용하려는 자는 국토교통부령으로 정하는 보험 또는 공제에 가입하여야 한다.

⑤ 제1항부터 제4항까지의 규정에 따라 항공보험 등에 가입한 자는 국토교통부령으로 정하는 바에 따라 보험가입신고서 등 보험가입 등을 확인할 수 있는 자료를 국토교통부장관에게 제출하여야 한다. 이를 변경 또는 갱신한 때에도 또한 같다. 〈신설 2017. 1. 17.〉

항공사업법 시행규칙 제70조(항공운송사업자 등의 항공보험 등 가입의무)

① 법 제70조에 따라 항공보험 등에 가입한 자는 항공보험 등에 가입한 날부터 7일 이내에 다음 각 호의 사항을 적은 보험가입신고서 또는 공제가입신고서에 보험증서 또는 공제증서 사본을 첨부하여 국토교통부장관에게 제출하여야 한다. 가입사항을 변경하거나 갱신하였을 때에도 또한 같다. 〈개정 2017.7.18.〉
1. 가입자의 주소, 성명(법인인 경우에는 그 명칭 및 대표자의 성명)
2. 가입된 보험 또는 공제의 종류, 보험료 또는 공제료 및 보험금액 또는 공제금액
3. 보험 또는 공제의 종류별 발효 및 만료일
4. 보험증서 또는 공제증서의 개요

② 법 제70조제1항 및 제2항에 따른 항공보험에 가입하는 경우의 책임한도액은 다음과 같다. 〈개정 2017.7.18.〉
1. 우리나라가 가입하고 있는 항공운송의 책임에 관한 제국제협약에서 규정하는 책임한도액
2. 제1호를 적용하기 불합리한 경우에는 국토교통부장관이 정하는 항공운송인의 책임한도액
③ 법 제70조제3항에서 "국토교통부령으로 정하는 보험이나 공제"란 「자동차손해배상 보장법 시행령」 제3조제1항 각 호에 따른 금액 이상을 보장하는 보험 또는 공제를 말하며, 동승한 사람에 대하여 보장하는 보험 또는 공제를 포함한다.
④ 법 제70조제4항에서 "국토교통부령으로 정하는 보험 또는 공제"란 「자동차손해배상 보장법 시행령」 제3조제1항 각 호에 따른 금액 이상을 보장하는 보험 또는 공제를 말하며, 동승한 사람에 대하여 보장하는 보험 또는 공제를 포함한다.[제목개정 2017.7.18.]

2) 보험의 종류

① 대인/대물(배상책임보험) : 모든 사용사업자 필수

- 사고시 배상 대상: 대인, 대물
- 보상금액 한도: 사용사업을 위한 기본 요구사항으로서 1인/건 당 1.5억원 배상 가액
- 보험료: 60~80만원/대

② 자차보험(항공보험 등): 교육기관 권유, 기타 사용사업자 선택

- 사고 시 배상 대상: 자가 장비
- 보상금액 한도: 수리비용 보상 한도에서 설계
- 보험료: 무인헬리콥터(약 2천만원/대), 무인멀티콥터(약 350만원/대)

③ 자손보험(개인배상책임 등): 교육기관 필수, 기타 사용사업자 선택

- 사고시 배상 대상: 자기 신체
- 보상금액 한도: 조종사 자신의 손상에 대한 치료비 등 보상
- 보험료: 인원별/기관별 수만원~수십만원

3) 우리나라 취급 보험사의 종류

① 현대해상화재보험

- 취급보험: 무인항공 통합보험 (대인/대물/비행체/조종자), 대인대물 배상책임보험
- 보험취급 대리점: 드론안전기술 대리점

② KB손해보험
- 취급보험 : 대인대물 배상책임보험
- 보험취급 대리점 : 매직드론 대리점

③ 기타 : 최근에는 위의 보험회사 외에 많은 보험회사들이 상품을 출시하고 있다.

④ 보험 배상 처리를 위한 사전 조건 및 준비사항
- **조종사** : 유자격자 조종 필수
- **방제 비행 시** : 신호수 편성운용 필수
- 교육원 교관 입회 조종 필수
- 개인비행시간기록부 / 기체비행시간기록부 / 정비이력부 작성 필수
- 조종기 비행로그 제공 / 기체 비행로그 제공
- 사고 발생 시 현장 사진 / 동영상 촬영 유지
- **정기점검** : 부품별 정비 및 비행기록 유지, 조종자 비행기록 유지
- 항공안전법 등 법 규정을 위반한 사고일 경우 심각성에 따라 보상 규모를 제한 받을 수 있다.
- **할인할증제도 실시** : 조종자 개인 및 소속 기관별 할인/할증제도가 있으니, 안전한 운항을 통해서 보험료 감면받을 수 있음.

4. 벌칙

1) 주요 벌칙

위반 행위	과태료 금액		
	1차위반	2차위반	3차이상 위반
음주, 약물 등을 하고 비행한 자	3년 이하 징역, 3,000만원 이하 벌금		
안전성 인증 검사 없이 비행한 경우 보험 없이 사용 사업한 자	50만원	250만원	500만원 이하
기체 신고, 변경, 말소하지 않고 비행한 자	50만원	250만원	500만원 이하 또는 6개월 징역
안전성검사 받지 않은 기체를 조종자 증명 없이 비행한자	1년 이하 징역, 1,000만원 이하		
신고 표시 하지 않거나 허위로 한 자	50만원	75만원	100만원 이하
말소 신고를 하지 않은 경우	15만원	22.5만원	30만원 이하
안정성 인증 검사 없이 비행한 경우	250만원	375만원	500만원 이하
조종자 증명 없이 비행한 경우	150만원	225만원	300만원 이하
고도, 관제, 통제, 주의 공역 비행 위반	50만원	75만원	100만원 이하
안전한 비행, 사고대비 장비 장착 위반	50만원	75만원	100만원 이하

조종자 준수사항 위반	100만원	150만원	200만원
사고에 관한 보고를 하지 않거나 허위보고 시	15만원	22.5만원	30만원
승인 받지 않고 야간비행 한 경우	100만원	150만원	200만원
업무보고 서류 허위보고	250만원	375만원	500만원
비행장치, 서류, 장부, 시설의 검사와 질문에 거짓 진술 시	250만원	375만원	500만원
안전운항을 위한 운항정지, 운용정지 또는 업무정지를 따르지 않은 경우	250만원	375만원	500만원 이하
안전운항을 위한 시정조치 등의 명령에 따르지 않은 경우	250만원	375만원	500만원 이하

5. 전파법규

1) 개요

모든 무인항공기는 비행명령, 비행상태 자료, 영상 등 탑재 임무장비에서 취득된 자료들을 무선 전파를 이용하여 비행체와 지상통제소 상호간에 실시간에 유기적으로 송수신함으로서 원활한 비행을 수행하게 된다. 무선주파수의 사용은 잘못 사용될 경우, 혼선으로 인한 단순한 지장에서부터 무인항공기 추락으로 까지 이어질 수 있는 중요한 사항이다. 또한, 타 용도로 분배되어 사용되고 있는 대역의 주파수나 비 인가된 높은 출력의 불법적인 전파 사용은 타 사용자들에게 심각한 문제를 유발시킬 수 있는 중요한 사안이다.

따라서, 무선 전파의 주파수, 송수신기, 탑재된 장비, 출력 등에 관한 제반 사용에 관련한 사전 전파 관련 규정을 정확히 인지하고, 규정에 적합한 장비 및 출력의 사용이 필수라 할 수 있다.

2) 무인항공기용 주파수 공급현황

▼ 무인항공기 주파수 공급현황(출처, 한국전파진흥협회)

구분	분배 현황	추가 공급	최대출력	합계
제어용	2400~2483.5 MHz	–	10mW/MHz	총 2,923.5 MHz폭
	5030~5091 MHz	–	10 W	
	–	11/12/14/19/29 GHz (2,520 MHz폭)	52 W	
임무용	–	5091~5150 MHz	1 W	
	–	5650~5725 MHz	10mW/MHz	
	5725~5825 MHz		10mW/MHz	
	–	5825~5850 MHz	10mW/MHz	
계	244.5 MHz폭	2,679 MHz폭		

▼ 주요 국가별 신산업 주파수 이용현황 및 국내 주파수 공급현황(출처, 한국전파진흥협회)

구분	유럽	미국	일본	한국
IoT	557.5	689.5	561.5	570 → 680
무인기	294.5	320.5	149.5	244.5 → 2,923.5
자율주행차	7,670	8,050	10,034	4,000 → 8,070

3) 무인항공기용 주파수 이용 가이드 라인(출처, 한국전파진흥협회)

- 최근 소형 무인항공기(일명 '드론')의 원격조정과 영상 등 데이터전송을 위해 탑재되는 무선설비 또는 무선기기는 국내 주파수 분배표 및 기술기준 고시에 따라 아래 〈표1〉, 〈표2〉에 정리된 여러 가지 주파수를 사용할 수 있다.

- 그럼에도 불구하고 최근 출시되는 많은 드론들은 주로 2.4GHz 및 5.8GHz ISM 대역으로 이용이 집중되는 추세이다.

- 그런데 ISM 대역을 이용하는 비면허 무선기기는 타 무선국에 유해한 간섭을 야기시키지 않고, 다른 무선기기로부터의 유해한 간섭을 용인하는 조건으로 사용할 수 있어 법적으로 드론의 안전한 운용을 위한 전파환경 보호를 요청할 수 없다.

- 또한, 2.4GHz 및 5.8GHz 대역은 국민 대다수가 사용하는 WiFi 로도 널리 사용되고 있어, 도심지역에서 드론 운용 또는 다수의 드론을 동시 운용 하는 등의 경우에는 드론-WiFi, 드론-드론 간의 전파 혼간섭으로 드론의 추락 등 안전사고 발생의 우려가 있다.

- 이에 따라 무인항공기에 비면허 무선기기를 탑재하는 경우 전파 간섭에 의한 안전사고 발생 가능성을 최소화 하기 위하여,
  - ▲ 2.4GHz 대역은 제어용, ▲ 5.8GHz 대역은 영상전송용으로 사용할 것을 권장한다.

※ 아울러 433.05~434.79MHz 대역은 유럽의 ISM 대역, 902~928MHz 대역은 미주 지역의 ISM 대역으로 국내에서는 ISM 대역에 해당되지 않아 이 주파수 대역을 이용한 무인항공기는 국내에서 운용될 수 없다.

※ 433.05~434.79MHz 대역은 아마추어무선, 타이어공기압측정, 902~928MHz 대역은 이동통신(904~915MHz), IoT(917~923.5MHz) 등의 용도로 이용되고 있다.

※ 다만, 기술연구·제품개발·시범사업 등을 위하여 한정된 공간에서 실험용으로 임시 주파수 사용을 희망하는 경우에는 정부의 허가를 받은 후 실험국을 개설, 운용 가능하다.

구분	주파수대역 또는 중심주파수	대역폭	출력 안테나 공급 전력	출력 안테나 이득	특이사항	비고
1	40.715MHz, 40.735MHz, 40.755MHz, 40.775MHz, 40.795MHz, 40.815MHz, 40.835MHz, 40.855MHz, 40.875MHz, 40.895MHz, 40.915MHz, 40.935MHz, 40.955MHz, 40.975MHz, 40.995MHz, 72.630MHz, 72.650MHz, 72.670MHz, 72.690MHz, 72.710MHz, 72.730MHz, 72.750MHz, 72.770MHz, 72.790MHz, 72.810MHz, 72.830MHz, 72.850MHz, 72.870MHz, 72.890MHz, 72.910MHz, 72.930MHz, 72.950MHz, 72.970MHz, 72.990MHz	20 KHz 이내	10 mV/m 이하 @ 10m ≒-46.92dBm erp ≒0.02 μW erp		무선조정용 (상공용)	비면허**
2	13.552~13.568 MHz 26.958~27.282 MHz 40.656~40.704 MHz	지정 주파수 범위 내			무선조정용 (완구조정기, 원격조정장치)	비면허**
3	2400~2483.5 MHz	무선 설비규칙 참조	10mW/MHz, 6 dBi (최대 1 W***)		무선데이터 통신시스템용	비면허**
4	5030~5091 MHz	1.1 MHz 이내	10W		지상제어	허가용* (실험국)
5	5091~5150 MHz	20 MHz 이내			임무용	허가용* (실험국)
6	5650~5850 MHz	80 MHz 이내	10mW/MHz 최대 1W***	6 dBi	무선데이터 통신시스템용	비면허**
7	10.95~11.2 GHz, 11.45~11.7GHz, 12.2~12.75 GHz, 19.7~20.2 GHz, 14~14.47 GHz, 29.5~30.0 GHz				위성제어	허가용* (실험국)

* 정부로부터 운용허가를 받고 사용해야하는 무선국 (정부의 허가를 받는 조건으로 개인도 사용가능)

** 정부로부터 운용허가를 받지 않고 사용할 수 있는 무선기기(단, 적합인증은 받아야 함)
  – 다른 무선기기에 간섭을 주지 않고, 다른 무선기기로부터의 혼신이나 간섭으로부터 보호를 요청할 수 없다는 조건으로 사용 가능

*** 실제 사용하는 채널 대역폭과 출력은 주파수 점유대역폭 등 설계 사양에 따라 달라질 수 있으니 반드시 아래 세부 기술기준 참고

1,2번) '무선설비규칙' 제29조제1항 참조
  4번) '항공업무용 무선설비의 기술기준' 제22조 참조
3,5번) '무선설비규칙' 제29조제7항 참조

6. 사생활 침해법

1) 개요

세계 인권선언 제12조에 "어느 누구도 자신의 사생활, 가정, 주거, 통신에 대하여 자의적인

간섭을 받지 않으며, 자신의 명예와 신용에 대하여 공격을 받지 아니한다. 모든 사람은 그러한 간섭과 공격에 대하여 법률의 보호를 받을 권리를 가진다."라고 하고 있다.

최근 드론(멀티콥터)에 장착된 카메라를 이용하여 다른 사람을 촬영하여 사생활침해로 고발당하거나 또는 의도와 관계없이 촬영된 경우도 초상권 침해로 고발당하는 경우가 있다. 따라서 촬영용 드론을 운용하는 사람은 모든 경우의 상황이 발생하지 않도록 주의하여 운용하여야 한다.

사생활 침해의 처벌 조항은 형법 제35장 제316조의 비밀 침해 죄로 규정되어 있다. 비밀 침해죄는 타인이 공개를 원하지 않는 비밀을 일정한 수단을 이용하여 알아내는 행위로, 개인의 사생활을 침해하는 범죄를 말한다. 보통 단독으로 문제되는 경우는 흔하지 않고 다른 죄목들과 묶어 가중 처벌을 받는 용도로 쓰이는 경우가 많다고 한다.

2) 비밀 침해 죄

① 형법 제35장

제316조(비밀침해)

① 봉함 기타 비밀장치한 사람의 편지, 문서 또는 도화를 개봉한 자는 3년 이하의 징역이나 금고 또는 500만원 이하의 벌금에 처한다. 〈개정 1995. 12. 29.〉

② 봉함 기타 비밀장치한 사람의 편지, 문서, 도화 또는 전자기록등 특수매체기록을 기술적 수단을 이용하여 그 내용을 알아낸 자도 제1항의 형과 같다. 〈신설 1995. 12. 29.〉

비밀 침해 죄는 타인이 공개를 원하지 않는 비밀을 일정한 수단을 이용하여 알아내는 행위로 개인의 사생활을 침해하는 범죄를 말한다.

② 성립요건

봉함 처리되거나(외부 인이 확인하지 못하도록 봉인된 것을 의미) 비밀장치로 처리된 문서나 전자기록 등을 개봉하거나 기술적 수단을 이용하여 탐지하는 경우에 있어서 그 비밀침해의 "고의"가 있는 경우라면 비밀 침해 죄가 성립되게 된다. 여기에서 기술적 수단 즉 촬영용 드론을 이용하여 탐지하는 경우도 포함될 수 있다는 것이다.

③ 사생활 침해 죄의 처벌

3년 이하의 징역이나 금고 또는 500만 원이하의 벌금에 처해지게 된다.

PART 05

무인항공기(드론)의 발전계획과 비즈니스

1. 드론 발전 계획과 비즈니스

CHAPTER 01 드론 발전 계획과 비즈니스

2018년부터 2026년까지의 우리나라 드론 발전계획을 담았다.
출처는 [드론 산업 발전 기본 계획(안) —국토교통부 발표] 이다.

1. 개요

드론산업은 항공, ICT, SW, 센서 등 첨단기술 융합산업으로서 그 성장 잠재력과 각 산업분야 활용에 대한 파급효과가 매우 크기 때문에 민간중심의 4차 산업혁명을 위한 산업기반을 정부가 조성하여야 할 필요가 있게 되었다. 이를 뒷받침하기 위해서 범부처가 협업으로 종합적·체계적으로 드론 산업기반 조성을 위한 드론산업 발전 기본계획을 발표하게 되었다.

2. 드론 산업의 특징

1) ICT 융합산업

드론산업은 항공, SW, 통신, 센서, 소재 등 연관 산업의 기술을 필요로 할 뿐만 아니라 반대로 그 연관분야로의 파급효과도 크다.

2) 활용분야의 다양성

군용, 취미용 뿐만 아니라 안전진단, 감시·측량, 물품수송, 파종·방제, 실종자수색, 시설물점검, 재난대비 등 그 활용분야가 다양하다.

3) 경제 파급효과

부품 및 완제기 제조업 외에도 운용·서비스 등 활용분야 시장에 미치는 경제적 파급효과가 크다.

4) 미래항공산업 기반

드론은 개인용 자율비행항공기(PAV Personal Air Vehicle)등 미래 항공교통산업 핵심기술의 기반이다.

5) 제 4차 산업혁명의 Test Bed

드론은 AI(자율비행), IoT(드론간 통신), 센서·나노(복합·소형화), 3D프린팅(기체제작) 등 제4차 산업혁명의 공통 핵심기술을 적용 및 검증할 수 있는 최적의 테스트베드이다.

3. 국내현황 및 실태분석

1) 시장현황 (민수시장 기준)

① 제작 분야

- 2016년 기준 약 231억원 추정.
- 농·임업(56%), 영상(20%), 건설·측량(10%) 등 분야 순.

② 활용 분야

- 2016년 기준 약473억원 추정.
- 농·임업(36%), 영상(32%), 건설·측량(7%) 등 분야 순.

③ 사용사업체 구성 현황

▶ 국내 드론 운영 현황, 누적 통계

구분		업체수	비율
농업	비료·농약 살포	294	23.8%
	병충해 관측	1	0.1%
콘텐츠 제작	사진 촬영	509	41.2%
	영상 제작	224	18.1%
	방송·보도	15	1.2%
측량·탐사	토지 측량	61	4.9%
	공간정보 구축	16	1.3%
건축·토목	건축물 설계	6	0.5%
	시공	16	1.3%
	안전진단·점검	69	5.6%
교육	조종 교육	69	5.6%
기타	조경, 환경감시 등	14	1.1%
합계		1,235	100%

구분	'13	'14	'15	'16	'17	'18
장치신고 대수	193	357	925	2,172	3,894	5,964
사용사업 업체수	131	383	698	1,030	1,501	1,949
조종자격 취득자수	52	667	872	1,326	4,254	11,291

2) 산업 구조

① 완제기 업체
- **국내 자체 개발형** : 대한항공, KAI, 유콘시스템, 네스앤텍, 휴인스, 두시텍 등이 있다.
- **외산부품 조립형** : 주로 소형 업체로서 약 40여 업체가 운영중이다.

② 부품 업체
- **모터·배터리·센서 등** : 대부분 중국산을 수입하여 사용하고 있다.
- **소프트웨어(SW)** : 수입산과 국산이 경합중이다.
- **핵심부품(항법·제어·핵심센서)** : 전문업체가 없는 상황이다.
- **임무용 SW(3D모델링, 영상분석)** : 일부업체는 있으나 초보적 수준이다.
- **유통·판매** : 취미·단순촬영용은 전문매장이나 온라인몰을 중심으로 유통되고 임무용은 대부분 주문 생산 방식으로 판매된다.
- **운영·서비스** : 농업용은 지역 농협이 주로 운영하고, 촬영은 개인 또는 소규모 업체가 운영한다.
- 최근에 항공측량업체, 안전진단업체, 공공기관 등의 드론 활용이 점차 증가하고 있어 보다 다양한 분야로 드론 활용이 확대될 전망이다.

3) 기술 수준

① 군수용 드론
- 세계 최고인 미국과 비교하여 약 85% 수준의 기술력을 보유하고 있고, 그 기술 격차는 약 5년 내외로 분석하고 있다(국방과학기술수준조사, 15년)
- 기술 순위 : 미국(100), 이스라엘(94), 프랑스·독일·영국(90), 중국(88), 러시아·한국(85)

② 민수용 드론
- 소형드론 분야의 경우 세계 최고 수준 대비 약 65% 수준의 기술력을 보유하고 있으나, 전반적으로 기술력과 가격경쟁력은 모두 열위로 평가된다(항우연).

③ 부품
- 항법·제어SW 등 고부가가치 부품은 선진국에 비해 비교 열위 상태이고, 소형모터·프로펠러 등 범용부품은 중국에 비해 비교 열위인 상태이다.

④ 잠재력
- 드론을 구성하는 8대 핵심부품은 선진국과 격차가 크지만, 스마트폰과 공통부품인 AP, 배터리, 디스플레이, 일부SW 등은 세계적 수준으로 잠재력이 크다.
- 드론 8대 핵심부품 : 로터·프로펠러, 동력장치, 추진장치, 전기식 작동기, 비행조종컴퓨터, 항법장치, 탑재안테나, 통신장비 등.

4) 규제 수준
- 우리나라 드론 관련 규제수준은 미국, 중국, 일본 등에 비해 고도제한과 조종자격 분야는 완화된 수준이고, 수도·공항·원전 주변 및 야간·가시권밖·고고도 비행금지 규제 등은 유사한 수준이다.

- **국가별 드론 규제수준 비교**

구분	한국	미국	중국	일본
고도제한	150m 이하	120m 이하	120m 이하	150m 이하
구역제한	서울 일부 9.3km 공항 반경 9.3km 원전 반경 19km 휴전선 일대	워싱턴 주변 24km 공항 반경 9.3km 원전 반경 5.6km 경기장 반경 5.6km	베이징 일대 공항 주변 원전 주변	도쿄 전역 인구 4천명/㎢ 이상 지역 공항 반경 9km 원전 주변
속도제한	제한 없음	161km/h 이하	100km/h 이하	제한 없음
비가시권 야간비행	원칙 불허 예외 허용	원칙 불허 예외 허용	원칙 불허 예외 허용	원칙 불허 예외 허용
군중 상공 비행	원칙 불허 예외 허용	원칙 불허 예외 허용	원칙 불허 예외 허용	원칙 불허 예외 허용
기체 신고·등록	사업용 또는 12kg 초과	사업용 또는 250g 초과	250g 초과	비행허가시 관련증빙 제출
조종자격	12kg 초과 사업용	사업용	7kg 초과	비행허가시 관련증빙 제출
사업범위	제한 없음	제한 없음	제한 없음	제한 없음

4. 목표 및 추진전략

1) 목표
- 드론산업을 육성하여 제4차 산업혁명을 선도하는 신성장 동력을 창출한다.
- 국내 드론 기술력 수준을 세계 5위권으로 진입시킨다(~26.).
- 사업용 드론 대수를 약 5만3천대 수준까지 보급 시킨다(~26.).
- 드론 관련 업종에 약 17만개의 일자리를 만들어 신규 고용을 창출한다(~26.).

2) 추진전략

① 사업용 중심의 드론산업 생태계 조성

사업용 드론을 특화하여 국내외 시장 점유율을 2배 이상 제고시키고 융합 생태계 조성을 통하여 세계 10위권의 드론 강소기업을 육성한다.

② 공공수요 기반으로 운영시장 육성

공공수요 창출(약 3조5천억원)을 통한 초기시장 성장동력을 확보하고, 조달혁신과 민관협력을 통하여 국산 제품의 도입율을 높인다.

③ 글로벌 수준의 운영환경 및 인프라 구축

- 미래 유무인 통합공역을 운영하기 위하여 드론 교통체계(UTM, UAV Traffic Management)를 정립한다.
- 스마트 드론 관리시스템 및 세계 최고수준의 인프라를 구축한다.
- 100만 드론시대에 대비한 드론 안전체계를 확립한다.

④ 기술 경쟁력 확보를 통한 세계시장 선점

글로벌 TOP5 진입을 위한 핵심·실용화 기술을 개발하고 드론시장 확대에 대비한 전문인력 양성 및 해외진출을 지원한다.

5. 주요 추진 과제

1) 사업용 중심의 드론산업 육성

① 사업용 시장 확대를 통한 국산 제품에 대한 시장 점유율을 단계적으로 확대 시킨다.

- 국내시장 점유율 : 2017년 9월 32% → 2026년 60%
- 세계시장 점유율 : 2016년 1.5% → 2026년 5%

② 유망분야 특화육성

- **영상촬영 분야** : 드론이 수집한 콘텐츠(영상, 공간정보)를 영상 촬영기술 및 영상처리기술과 융합을 통해 경쟁력을 확보한다.
- **관측·감시 분야** : 산악·해안·도심 등 수요처의 요구에 부합하는 기능과 성능을 갖춘 드론을 제작하고 실증을 통해 내풍성과 신뢰성을 높인다.

- **농업 분야** : 멀티콥터를 활용하여 농작물 생육·작황을 분석하는 등 SW와 융합한 신규시장을 창출한다.
- **물품배송 분야** : 도서·산간지역부터 물품배송 시장을 창출하고 이를 위한 내풍성, 안정성, 장거리, 장시간, 자율비행 등에 관한 기술력을 확보한다.
- **고기능 분야** : 군용 드론 및 항공기 개발기술을 활용하여 미래형 자율비행 항공기 및 성층권 장기체공 무인기 등을 개발한다.

③ **기술·인증 기준**
- 국제기준 수립(2021년, ICAO)에 맞춰 무인항공기에 대한 형식·제작 증명 등 제작 인증 기준 및 항공기 기술기준을 마련한다.
- 가시권 밖 비행 등을 위한 고성능 드론의 상용화에 대응하여 초경량비행장치 기술기준 및 안전성 인증 기준에 대한 고도화를 추진한다.

④ **특화분야 R&D**
- 농업방제, 건설관리, 하천조사, 재난·치안, 기상관측, 통신중계 등 유망 분야별 임무특화 기술개발을 지원한다.
- 드론의 안전성 평가기술, 표준형 모델 개발(인증기술), 충돌회피, 고정밀GPS, 비행기록·위치발신 등 제품 및 운영에 관한 안전성 향상 연구를 확대 한다.

⑤ **실증·검증**
- 물품수송, 산불감시, 안전진단, 국토 및 해안 감시·관측, 통신망 활용 등 유망 활용 분야별 비즈니스 모델을 지속적으로 발굴한다.
- 드론 전용공역에서 드론의 성능·적합성 검증 등 시범사업 확대 및 규제완화, 재정지원 등을 실제 현장에 적용하는 **"규제 샌드박스 프로젝트"**를 추진한다.

⑥ **시범사업 전용공역의 상설화 및 확대**

현재 임시공역으로 지정되어 있는 시범사업 공역을 상설화 하고, 수요가 많은 수도권 지역 등에 드론 전용공역을 추가 확보한다(현재 7개소 → 15개소 이상)

2) 산업 생태계 구축

① 강소기업 육성

SW 및 부품업체의 전문성 강화를 위해 강소기업과 대상부품을 선별하여 핵심부품 기술의 국산화, 선도기술 확보 등을 지원한다.

② 중소·벤처 단지조성

판교에 ICT·SW·IoT·콘텐츠 등 타 산업과 드론의 집적·융합을 위한 기업지원허브를 조성하여 2017년에 200여개 업체가 입주를 하였다.

③ 품질 안정 인증체계 구축

표준 가이드라인 마련 및 성능 검증을 통한 국내 개발 제품의 활용성 증대 및 경제성을 확보한다.

④ 고기능 특화

잠재시장이 큰 재난·재해 대응 등 특수 임무형 드론의 내부식·내열·내화학 성능 향상 등 기능 특화 개발을 지원한다.

⑤ 전문기업 진입 유도

경쟁력을 보유한 스마트폰 등 전문부품업체의 드론 시장 진입을 통해 경쟁력 있는 국내 드론산업 부품 공급망을 구축한다.

3) 공공수요 기반으로 운영시장 육성

① 공공수요 창출

- 건설·시설물 안전, 국토조사, 수자원, 도로, 철도 등 국토교통분야 약 850대, 농업·경찰·소방·해경·산림·해양 등 약 2,230대, 그 외 지방자치단체 약660대 등 5년 동안 약 3,700여대의 드론에 대한 공공 수요를 창출 시킨다.
- 국가기관의 드론 활용 수요를 발굴·구체화하여 성능·유형별 보급사업 및 공공기관의 시범운영사업을 추진한다.
- 항공안전기술원 등을 통해서 공공기관 업무에 필요한 수요를 구체화 하고 운영성능을 검증하며 컨설팅을 지원하는 등 활용촉진을 지원한다.

② 드론 활용 유망 분야

분야	상용화 모델
국토조사	영상촬영을 통한 국공유지 실태조사, 정사 영상제작, 지적 재조사 지구 촬영 등 토지보상 업무 및 측량의 보조수단으로 활용
수자원	특수임무장비(LiDAR, 초분광영상 등)를 통한 하천(수심)측량, 하상변동 조사, ICT 기술과 연계한 하천관리 등에 활용
도로·철도	도로 점용현황, 비탈면 조사, 철도·교량·송전선로 등 철도 시설물 점검 등에 활용
토지·주택·건설	사업대상지 사전조사, 공사관리, 지하매설물 등 현황조사 등에 활요
산림병해충	영상촬영·분석을 통한 병해충 발생 현황, 고사목 탐지 등 예찰, 약제 살포 응 방제임무에 활용
산불·산사태	산불·산사태 실시간 모니터링, 구호물품 수송, 진화 임무에 활용
산림관리	불법 산지전용 및 토석채취에 대한 점검 및 경계 확인 등 국유재산 관리 및 경영계획 수립지원에 활용
교통단속	버스전용차로 침범, 갓길 운전 등 도로교통 위반행위 단속에 활용
실종자수색	열감지, 위치 송수신기(비콘) 등 특수임무장비 사용하여 치매노인 등 실종자 수색에 활용
농경지 및 작물 관리	작물 재배 전 주기 모니터링 등 작물생육정보 측정, 농경지DB 구축 및 관리에 활용
파종·방제	파종 및 방제 등 농업활동에 활용
재난대비	풍수해 등 재난현장 실시간 파악, 조류 인플루엔자 등 국가 재난형 동물 질병 발생시 역학조사로 활용
소방	접근 곤란, 재난 위험지역에 대한 피해상황 등 위험정보 파악에 활용
설비점검	전봇대 단위의 전력설비 점검, 에너지·시설물·산업현장 설비점검에 활용 송전선 철탑 안전점검(철탑 42,372개)
도시관리	IoT기반 도시관리에 활용
녹조 모니터링	초분광센서가 탑재된 드론으로 녹조 정밀촬영 및 분석에 활용
화학사고 대응	화학사고 발생시 대응현황 파악, 피해복구 등에 활용
생태계 조사	생태계 교란종 실태조사 및 훼손지 현황 분석등에 활용
부지관리	수도권 매립지, 국립공원 내 불법행위 순찰 및 감시에 활용
해양생태조사	적조, 해파리등 유해생물과 부유성 해조류의 이동·확산 분포, 고래 등 해양생태 조사에 활용
시설물 진단·관리	항로 표지시설 유지관리, 항만시설물 안전진단에 활용
기상예보 지원	온도, 습도, 풍속, 풍향 등 기상변수 데이터 수집 및 분석에 활용

③ 국산 구매 촉진

드론을 중소기업간 경쟁제품으로 지정, 우수제품 등록 등 국내 중소기업 제품 구매를 우대하고 촉진하여 국내 드론산업 육성을 지원한다.

④ 선도기관 육성

- 분야별 드론 활용 선도기관(국토정보공사 등)을 육성하여 지자체·타기관의 유사업무 드론활용을 지원한다.
- 건설(LH), 산림(산림청), 수색·감시(경찰청) 등 중점분야를 발굴하고 우수사례 공유 등을 통해 유사기관 및 민간 확산을 유도한다.

⑤ 민관 협의체 운영

- 공공분야 드론 활용 활성화 및 수요-공급간 정보 비대칭 해소 등을 위해 공공기관, 제작업체, 연구기관 등 협의체를 운영한다.
- 국가 및 공공기관의 드론 도입·활용 수요를 구체화하여 업계와 공유하고, 드론 도입·활용 및 국내 우수제품의 활용 촉진방안 등을 논의한다.

4) 안전한 운영환경 구축

① 분류기준 합리화

- 현재 기체의 무게 및 용도 중심의 분류체계를 위험도·성능 기반의 분류체계로 고도화 한다.

현행		⇒	개편방향(안)			
구분	분류		위험도	분류	비행범위	안전관리
자체중량 150kg 초과	무인항공기		높음	항공기급	관제공역 150m 이상	계기비행영역 / 시계비행 영역 → 국제기준 적용
자체중량 150kg 이하	무인비행장치 (25kg 이하 완화관리)		높음	비행장치급	비관제공역 150m 미만	비가시권 비행 → 높음
			중간			비가시권 비행 (중대형) ↕
			낮음			가시권 비행 (소형)
			매우 낮음			제한영역 (완구류) → 낮음

- 국제기준에 맞춰 무인항공기 분류체계를 정비하고, 가시권 밖 비행과 고성능 무인비행장치 분류를 신설하는 등 위험도 기반의 안전관리를 차등화 한다.
- 위험도가 현저히 낮은 취미용 초소형 드론(완구류 등) 분류를 신설하고 이에 대해서는 야간비행, 비행금지구역 비행 등 조종자 준수사항을 최소로 적용한다.

② 스마트 드론 관리시스템 구축

IT·통신·빅데이터 등 첨단기술을 적용하여 드론 통합 DB관리, 모바일 서비스등 Life-Cycle(등록-운영-말소)에 대한 안전관리 시스템을 구축한다.

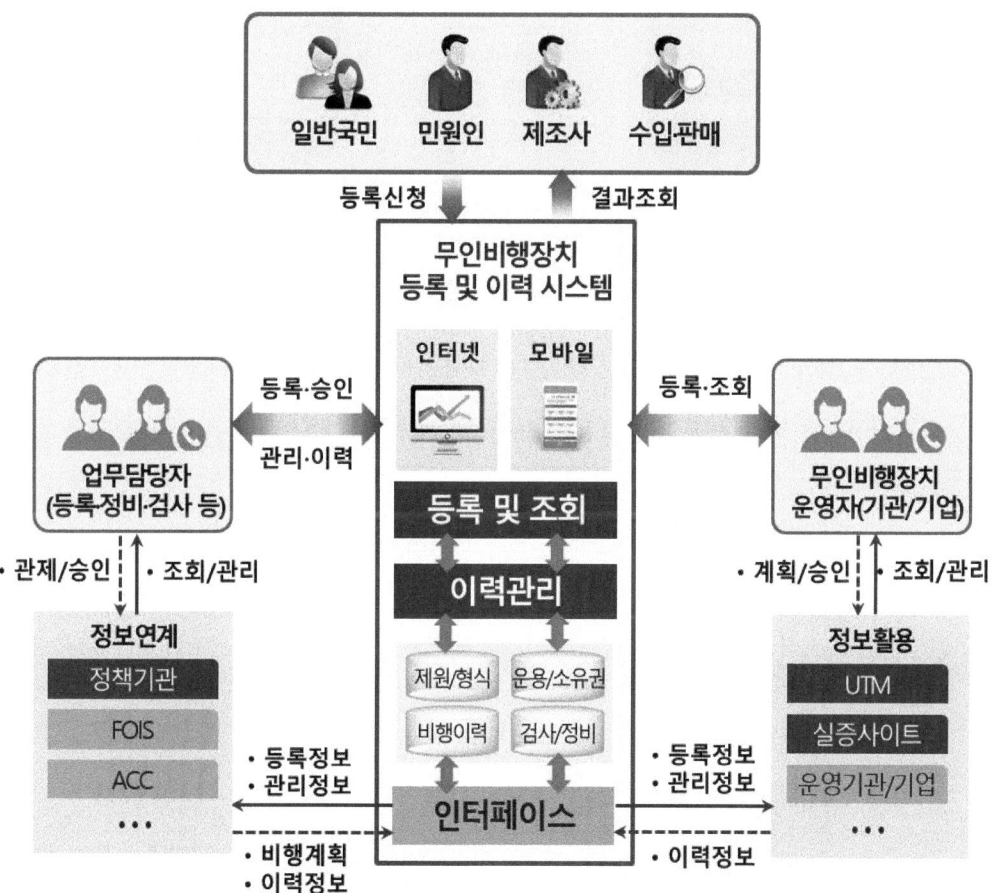

▲ 드론 이력관리 시스템 체계

모바일 서비스

▲ 드론 Life-Cycle 이력관리 시스템

③ **안전운영 지원**

- 드론에 대한 탐지·해킹방지 기술 연구, 사고조사 방법과 절차에 관한 연구 등 안전에 관한 연구·개발을 확대하고 스마트폰 앱을 통한 조종자 준수사항을 지속적으로 홍보한다.
- 차량·사람과의 안전거리, 군중 위 비행범위 등 운영기준을 구체화하고 드론의 멸실·해체에 따른 장치 말소 신고제에 대한 인식강화를 유도한다.

④ **보험 체계 개선**

- 드론의 사고 통계, 파손 부위, 사고 형태별 빈도 등의 데이터를 축적하고 이를 고려한 적정 보험료를 산정해 보험요율 인하를 추진한다.
- 드론의 추락, 충돌 등 사고의 정의 및 기준을 구체화하고 사고시 책임소재를 합리화하는 등 보험 관련제도를 개선한다.

⑤ **소형 드론 안전관리**

소형 취미용·레저용 드론에 대한 소유주 신고제 도입을 검토하여 소형 드론에 대한 안전관리를 철저히 한다.

5) 글로벌 수준의 인프라 구축

① 드론 시범사업 공역 현황 ('18. 7 현재)

- 강원도 영월군
- 대구광역시 달성군
- 전남 고흥군
- 전북 전주시
- 경남 고성군
- 부산광역시 영도구
- 충북 보은군
- 경기도 화성시
- 전남 광양군
- 제주도 서귀포시

② 드론 시범사업 주요 8개 분야

- 물품수송
- 산림보호 및 산림재해 감시
- 시설물 안전진단
- 국토조사 및 민생순찰
- 해안선 및 접경지역 관리
- 통신망 활용 무인기 제어
- 촬영, 레저스포츠, 광고
- 기타

③ 국제민간항공기구(ICAO) 무인기 공역 통합계획(ASBU Aircraft System Block Upgrade)

단계	기간	주요내용
Block 1	'18~'23	무인항공기 운영을 위한 기본제도 마련 및 기술개발
Block 2	'23~'28	1단계 기반으로 다양한 상황에서 무인항공기 운영
Block 3	'28~	전 공역에서 무인항공기 운영이 가능한 체계 마련

④ 공역 개편

- 항공안전을 확보하면서 미래 무인항공 시대에 진입하기 위하여 공역 성격에 맞춰 무인기 운영범위 확대를 추진하고 있다.
- 유·무인기 통합운영을 위한 국제기준 채택에 대비한 기술개발, 기초제도 마련 및 실증 후 단계별로 적용한다.
- 비관제공역에서 다수의 드론을 안전하게 운영하기 위한 교통관리체계(UTM)를 개발하고 상용시스템을 구축한다.

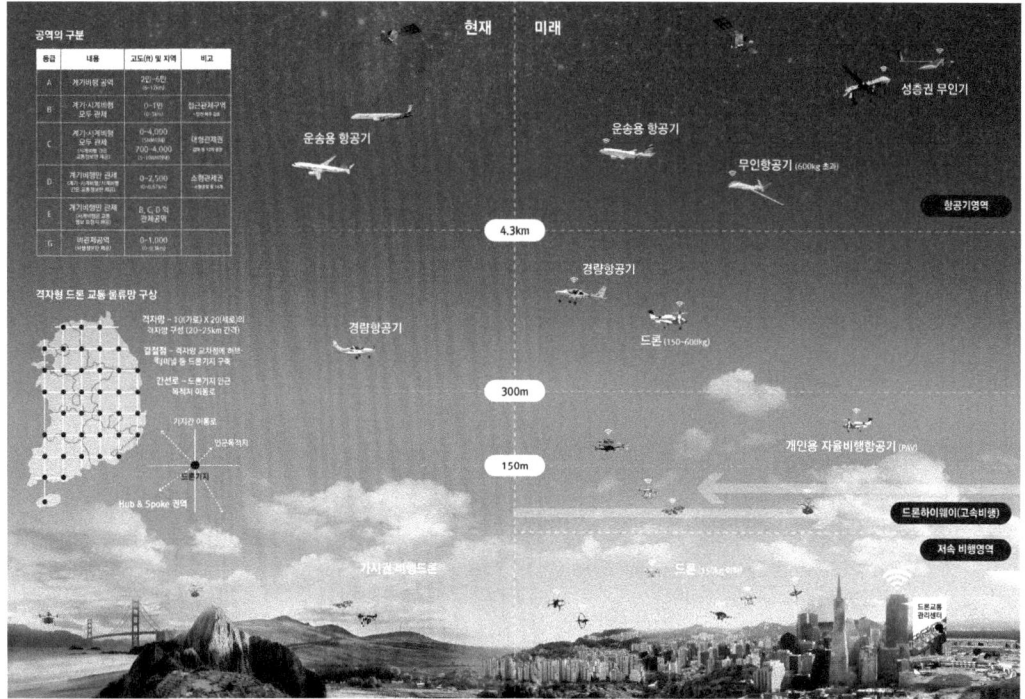

▶ 드론 등 무인기 공역통합 방향

구분	현행		무인기 통합 운영 방향(안)	
	고도	비행체	통합운영대상	관리 체계
계기비행	4,300m 이상	운송용 항공기	항공기급 무인기	유무인 통합(국제기준)
시계비행	300m~ 4,300m	소형 항공기	개인용 자율비행 항공기 등	K-드론 시스템 적용
비관제 공역	150m 이하	드론 등 초경량	드론	

⑤ K-드론 시스템 개발

- 5G · 클라우드 · 빅데이터 · AI 기술을 바탕으로 드론, SW, 항행시스템 등을 통합한 한국형 K-드론 시스템을 개발한다.
- 한국형 K-드론 시스템 구상도

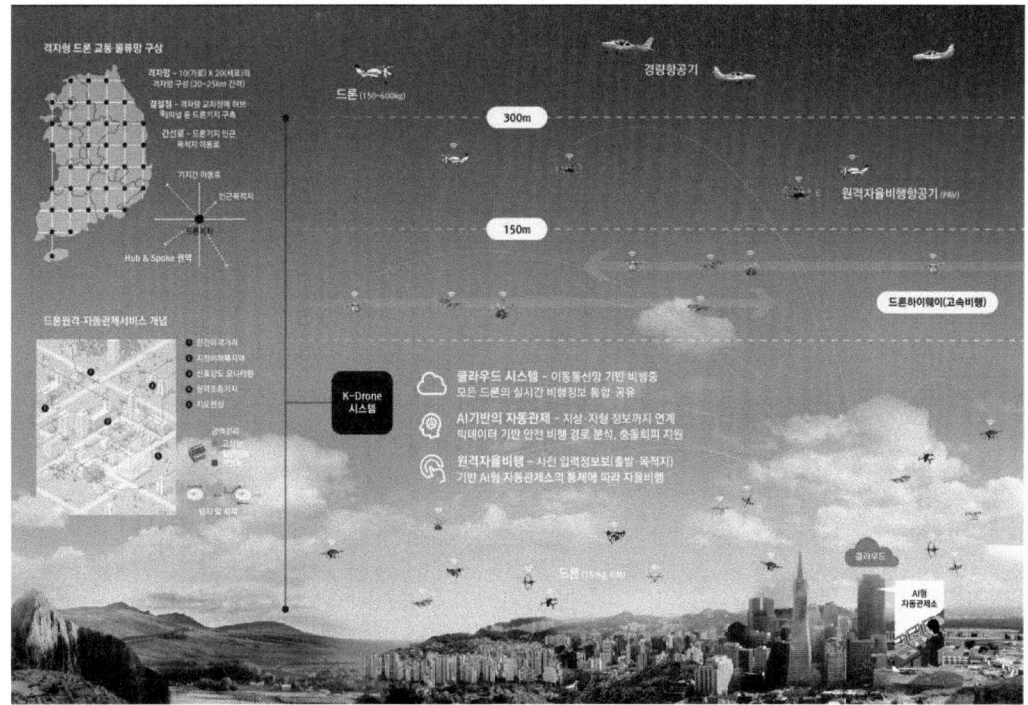

▶ 한국형 K-드론 시스템 구상도

- **핵심 구성 요소**
  - **클라우드 시스템** : 5G 등 이동통신망 기반으로 비행중인 모든 드론이 클라우드 시스템으로 실시간 통합되어 비행정보(위치·고도·속도·비행계획·경로 등)를 공유한다.
  - **AI기반의 자동관제** : 기상·지형 정보까지 연계한 빅데이터를 통해 안전 비행경로 분석, 충돌회피 지원 등 AI기반의 첨단 자동관제를 제공한다.
  - **원격 자율비행** : 출발지, 경유지, 목적지 등 사전 입력한 정보를 토대로 AI형 자동관제소의 통제에 따라 원격 자율비행 및 군집비행 등의 고도의 비행시스템을 구축한다.

⑥ 드론 하이웨이 등 교통관리 운영시스템 체계

- **드론 하이웨이**
  - 150m 이하의 저고도 공역에 드론 운영할 거점지역 및 거점 간 이동로 등 드론 하이웨이 설치 및 교통관리체계를 개발하고 적용한다.

▶ 드론 등 무인기 공역통합 방향

운영 고도	150m 이하 저고도 공역 (AGL 500ft 이하)
고속비행영역	· 수송등 장거리 드론 운영 · 고속비행 등 고성능 드론 · 드론하이웨이 전용고도 · 높은 안전도 요구 · 일정 속도 이상의 비행성능
저속비행 영역	· 일정 지역내 운영 · 다양한 산업용 드론 · 저속 비행 공역 · 상대적으로 낮은 안전도 요구 · 일정 속도 이하의 비행성능

■ 드론의 등록·이력 관리

　드론에 대한 등록 및 조회, 비행정보 및 인증, 보험, 운영자격, 위규정보, 사고정보, 말소 등 드론에 대한 모든 정보에 대한 통합관리 시스템을 웹이나 모바일로 제공한다.

■ 드론 통합 교통 관리

　드론 클라우드, 등록·이력관리 시스템, 기상·지형 정보등 외부 시스템과 연계하여 비행계획·경로·충돌위험 분석 등 드론 운항관리를 최적화한다.

▶ 드론 통합 교통관리

드론 통합 교통관리	
외부 연계	· 기상 및 지형정보 시스템 · 3차원 공역정보 · 항공정보 관리시스템(ATM) · 항공촬영허가 정보 등
내부 구성	· 드론 클라우드 시스템 · 드론 등록·조회·이력관리 시스템(자격, 인증, 보험 등 정보)
기능	· 다수의 드론 비행정보 및 외부상황 반영하여 비행경로 통제 및 관리 · 정적·동적 Geofence 구현을 통한 충돌회피 등 안전지원

⑦ 한국형 드론 교통관리 시스템 구현

　시범지역Test Bed에 거점지역Hub & Spokes 및 거점간 이동로Corridor를 설치 및 운영하는 등 한국형 교통관리시스템을 구현한다.

· **거점지역** : 근거리 수송 등 다양한 드론 활용 모델 실증·운영이 가능한 곳을 거점지역으로 선정한다.

- **거점간 이동로** : 거점지역간을 왕래하는 이동로로서 이용 수요와 특성 등을 고려하여 장거리 수송 및 관측 등의 실증·운영이 가능한 이동로를 선정하고 등급화한다.
- 드론 거점간 이동로 및 거점지역 운용 개념도

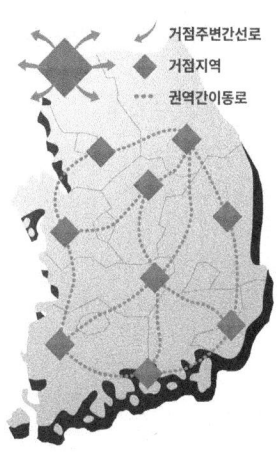

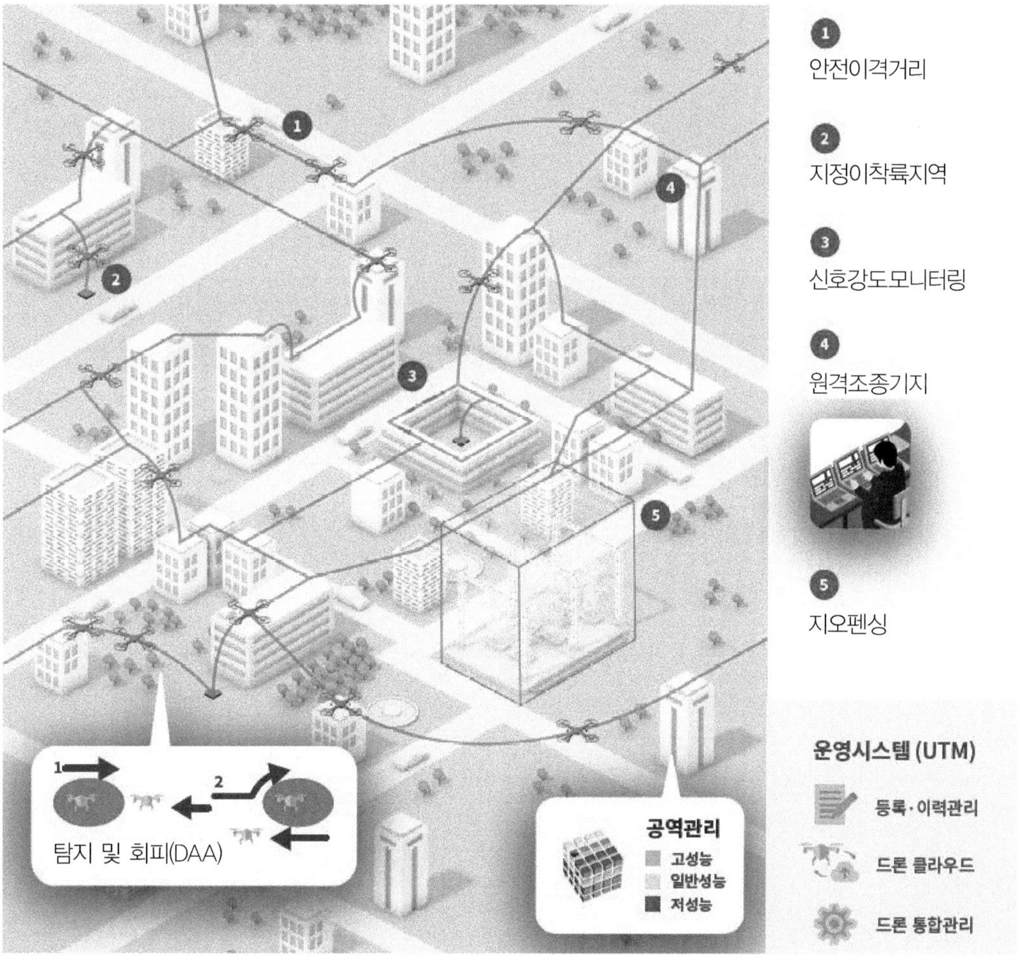

⑧ 국가 종합 비행성능 시험장 구축

유·무인 항공기급 개발 및 인증 시험을 위한 국가종합비행성능시험장을 전남 고흥에 구축 한다.

▶ 국가 종합 비행 시험장 조감도

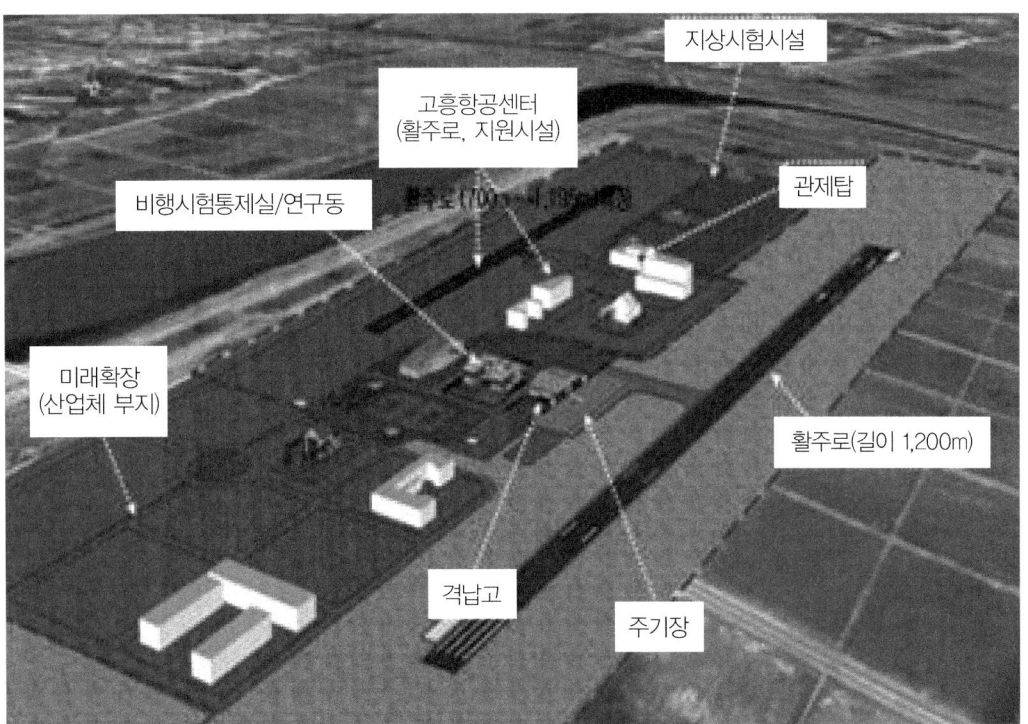

국가 종합 비행 시험장 구축 내용

주요시설	구축 내용
활주로	1,200m × 45m 아스팔트
비행시험 통제센터	비행시험 지휘·통제, 모니터링, 시험기술 연구등 지상4층 규모
항행장비	기상 측정 등 AMOS 및 풍향 등
지원시설	시험기 계류시설, 화학 소방차, 조경 및 보안시설(경비실, 펜스 등)

⑨ 드론 전용 비행 시험장 조성

드론 시범사업 공역을 대상으로 이·착륙장, 통제실, 정비고 등 시험 인프라를 갖춘 드론 전용 비행 시험장을 순차적으로 조성한다.

▶ 드론 전용 비행 시험장 조감도

드론 전용 비행 시험장 구축 내용	
주요시설	구축 내용
통제센터	비행통제실, 회의실, 사무실, 기계실 등 3층 규모
이착륙 시설	활주로 200m × 20m 또는 헬리패드 21m × 21m
정비고	시험기체 정비, 데이터 분석 등 1층 규모

⑩ 기타

- 비행시험 및 성능시험, 환경영향 시험 등 드론 성능을 평가할 실내외 인프라를 갖춘 드론 안전성 인증센터 구축을 추진한다.
- 드론의 비행성능 및 안전성 등을 종합적으로 평가할 수 있는 항목 및 지표, 시험방법 등 성능 평가체계 개발을 추진한다.

- 드론 교통관리체계 상용화에 맞춰 드론 안전 운영지원을 위한 권역별 드론 교통관리센터(UTM 센터UAV Traffic Management 센터) 설치를 검토한다.
- 무인항공기 제어용 주파수 기술기준 개정을 추진하고, 가상-실물 연동형 신기술 검증 테스트베드 구축을 추진한다.
- 드론의 자동 정밀비행 지원을 위해 GPS 오차를 3m 이내로 보정하는 정지궤도 위성기반의 SBAS를 개발 및 구축한다.
- 드론 택배등 배달점 위치를 사람과 시스템 간에 소통할 수 있도록 주소 기반 위치정보 인프라 구축을 추진한다.

6) 기술 경쟁력 강화를 통한 세계시장 선도

국내 민수용 드론은 초기 단계로서 8대 핵심부품은 선진국 최고 기술 수준과 격차가 많이 존재하나, 스마트폰과 공통부품인 AP, 배터리, 디스플레이, 일부 SW 등은 세계적 수준으로 경쟁력을 보유하고 있다.

① 드론의 8대 핵심부품 기술 수준 비교

	핵심부품	최고기술	국내수준(세계최고수준대비)
멀티콥터 드론 사진	로터 및 프로펠러	미국(KDE)	90%
	동력 전달장치	독일(ZF)	52%
	추진장치(소형엔진)	미국(UAV turbins)	80%
수직 이착륙 드론 사진	비행조종 컴퓨터	미국(BAE)	75%
	위성관성항법장치	미국(Honeywell)	75%
	탑재 안테나	미국(Allen)	75%
	통신장비	미국(L3COM)	60%

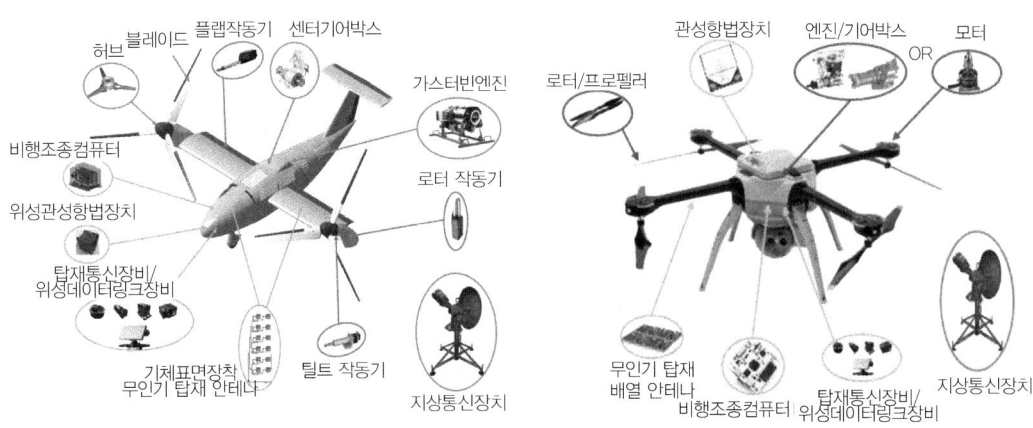

▶ 수직 이착륙 드론　　　　▶ 멀티콥터 드론

② 원천기술 개발
- **공통기술** : 탐지·인식, 동력원·작업, 인간-무인이동체간 인터페이스, 통신·네트워크 등 육상·해상·공중 무인이동체에 공통으로 적용이 가능한 핵심·원천기술을 개발한다.
- **통신·보안기술** : 드론 제어·통신 기술, 불법비행 방지용 레이다 개발, 재난치안용 무인기 데이터 링크 및 무선 중계 기술, 제어용 데이터 링크 기술, 통신링크 암호화 및 보안 기술 등 통신·보안기술을 연구 개발한다.
- **시장선도 기술** : 미래형 자율비행 개인항공기 및 운항체계를 개발한다.
- **차세대 원천기술** : 자율협력형, 극한형, 융복합형 등 향후 글로벌 시장을 주도할 차세대 무인이동체 원천기술 개발을 추진한다.
- **원천기술 개발연구 분야** : 충돌회피 기술, 하이브리드 동력시스템, 가스터빈 엔진, 제어·통신, 무인화 비행조종시스템, 최적설계기술, 드론 추적 레이더, 소형 통신장비개발 분야 등이 있다.

③ 기술 실용화 지원 확대
- **임무 특화 기술 장비** : 건설관리, 하천조사, 재난·치안, 기상관측, 통신중계, 산간·도서 배송용 무인기, 고압선 감시용 탑재장비 개발 등 수요기반 활용 분야별 기술·장비 개발에 대한 지원을 확대한다.
- **민군 기술협력 확대** : 장기체공 동력기술 및 체계기술, 안티재밍Anti Jamming항공용 통합항법 기술 등 군사용 무인기 기술·경험을 바탕으로 민수시장 기술력 확보 등 민간지원 관련 기술개발을 확대 추진한다.
- **인프라·인증 기술** : UTM, SBAS 등 무인항공기 안전운항기술 관련 인프라 및 인증체계를 구축한다.

④ 수출지원

해외인증, 수출상담회, 전시회 참가지원 등 해외시장 진출을 지원한다.

7) 추진기반 조성

드론 시장 확대에 대비한 전문인력 양성 및 제도정비를 지속하고 무인항공분야 전문기관의 역할 및 협력을 강화한다.

① **인력 양성**
- 드론 상용화 확대에 따른 드론 조종자 양성을 위해 교육 수요에 맞춰 조종 전문교육기관의 지속적인 확대를 추진한다.
- 드론 등 무인기 관련 학과 정원을 확대 추진 및 산-학 연계 교육 프로그램 운영을 통해 드론 개발 등 전문 인력을 양성한다.· 드론 조종 인력 저변확대를 위해 자격·교육정보 웹서비스를 구축한다.

② **자격제도 고도화 추진**
- 성능·위험도 기반의 무인기 분류체계 정립과 연계하여 용도와 형식에 따라 조종자 증명 제도의 고도화를 추진한다.
- 자격제도 고도화 정립을 할 때에 활용목적(영리/비영리), 비행범위(야간, 비가시권 등) 등 성능, 기체형식(고정익/회전익) 등을 고려한다.

드론 자격제도 개편 방향(안)

현행				개편방향(안)		
구분	분류	자격	성능·위험도	분류	비행범위	자격
자체중량 150kg 초과	무인항공기	국제기준 마련중	높음	항공기급 (관제공역)	계기비행 영역	국제기준 적용
					시계비행영역	
자체중량 150kg 이하	무인비행장치	사업용 자체중량 12kg 초과 (고정익/회전익)	높음	비행장치급 (비관제공역)	비가시권 비행	교육/자격 차등적용
			중간		가시권 비행 (중대형)	
			낮음		가시권 비행 (소형)	
			매우 낮음		제한영역 (완구류)	미적용

③ **단계적 규제완화** : 초소형 완구류는 준수사항 적용을 완화하고 고성능 드론은 안전관리를 체계화하는 등 위험도를 기반으로 규제를 합리화 한다.

④ 드론 실내 시험장, 레저용 비행장 등 기반시설 조성뿐만 아니라 드론 챔피언십, 로봇 항공기 경연대회 등 드론 관련 다양한 행사를 개최하는 등 드론에 대한 국민생활 저변을 확대한다.

⑤ **전문기관 역할의 강화** : 국내 드론산업의 체계저 육성·지원을 위해 R&D, 인증, 정책, 자격 등 각 분야별 전문기관의 역할 및 기능을 강화한다.

전문기관별 역할·기능					
기관	국토교통과학기술진흥원	항공안전기술원	교통안전공단	한국항공우주연구원	한국교통연구원
기능 및 역할	·신규 R&D 발굴 ·R&D 지원·관리 ·중장기 계획수립을 통해 무인항공 분야 R&D 확대	·인증 등 안전기준 고도화 ·시범 사업 ·인프라 구축 ·기술·성능 평가 ·드론 전담부서 편성·운영	·조종자격 관리 ·전문교육기관 관리강화 ·교육 콘텐츠 및 인프라 확충 ·자격 포털 등 대국민 서비스	·드론 핵심기술 및 미래비행체 탐색 및 기획 ·핵심 선도기술 개발 및 실용화 ·미래비행체 연구개발	·국제기구와의 협력강화 ·중장기 정책 수립 지원 ·중장기 법제화 과제연구

6. 국내 드론 활용분야

1) 드론 활용 기관 1

① 군부대

- 대대급 무인기
- 사단급 무인기
- 군단급 무인기
- 서방사 해병대
- 드론봇 전문부대
- 지작사/공군 대형 무인기
- 해군 무인기

② 경찰청

- 각 지방청 드론 전담부서
- 실종자 수색, 범죄추적 등

③ 해양경찰청

- 불법어로 단속 감시
- 해양안전, 해양오염 감시 및 관리

④ 소방청

- 중앙소방학교 소방공무원 드론 교육 및 재난현장 업무 지원

⑤ 산림청

- 산불 감시, 병충해 감시, 산사태 조사 등 (준비중)

⑥ **농촌진흥청**
- 농업기술센터
- 생육 상태 모니터링

⑦ **국토교통부**
- 하천 시설물관리, 조사, 불법단속

⑧ **법무부**
- 교도소 공중 순찰

⑨ **농축산식품부**
- 산간오지, 위험우려지역 등 접근곤란지역 현장조사

⑩ **해양수산부**
- 해양오염 예방순찰 및 유류유출 사고 대응업무

⑪ **환경부**
- 미세먼지 농도 측정, 미세먼지 배출 사업장 단속

⑫ **조달청**
- 국유 문화재 실태조사

⑬ **농촌진흥청**
- 농작물 감시, 배수로, 저수지 등 시설 감시 등 (준비중)

⑭ **문화재청**
- 고건물, 시설물 점검, 병해충 예찰, 산불감시

⑮ **관세청**
- 관세국경 우범지역 감시 및 순찰

⑯ **국정원/기무사/경호처 등**

2) 드론 활용 기관 2

① **국토정보공사**
- 국토조사 분야
- 지적재조사 분야
- 국가인프라 분야
- 정사영상 구축, 국토정보 모니터링 플랫폼 구축

② **토지주택공사**
- 설계~시공~감리~준공
- 안전관리 / 진단.
- 건축–토목 전 분야에서 활용
- 사업진행지구 현장(공정, 안전 등) 관리

③ **한국전력공사**
- 송전선로 감시 및 점검

④ **한국도로공사**
- 도로 건설 / 유지보수 / 진단

⑤ **한국수자원공사**
- 녹조 관리
- 댐/하전 변화 탐지
- 녹조발생 감시, 주요 행사 및 보도관련 항공영상 촬영

⑥ **국토지리원**

⑦ **교통안전공단**
- 자격시험 관리 등
- 무인비행장치 안전검사

⑧ **한국공항공사**
- 항행안전시설 성능측정, 공항주변 전파혼신발생원인 정밀 추적
- 시설물안전진단

⑨ **한국시설안전공단**
- 터널, 교량, 댐, 항만, 비탈사면, 옹벽 등 시설물 상세 외관조사

⑩ **한국철도공사**
- 철도시설물 점검 및 시설물(낙석, 교량, 방음벽, 옹벽), 전기(송전선로, 철탑) 안전 점검

⑪ **한국농어촌공사**
- 영농현황 조사, 농업생산기반시설 관리(사용허가, 수질관리 등)

⑫ **부산항만공사**
- 항로침범 선박 단속, 장기계류 부선, 방치폐선 단속

⑬ **인천항만공사**
  · 인천항 건설 공정 기록, 인천항 입출항 미신고 선박 촬영 및 계도, 시설물 안전 점검

⑭ **부산항보안공사**
  · 부두 감시, 외각 침입 감지

⑮ **한국석유관리원**
  · 인적이 드문 지역에 위치한 가짜석유 제조장 등 불법행위 단속

⑯ **한국전기안전공사**
  · 다중이용시설 점검

⑰ **국립생태원**
  · 드론을 활용한 생태관찰, 기후변화와 생태계 조사

⑱ **수도권매립지관리공사**
  · 부지 식생 유지관리, 모바일앱 악취감시시스템

⑲ **한국해양환경공단, 한국환경공단**
  · 해양부유쓰레기 모니터, 관리사각지대 관리감독 및 소재파악

⑳ **국립공원관리공단**
  · 무인도서지역, 접근이 불가한 위험지역 순찰

3) 지방자치단체

① **서울특별시**
  · 행정업무 효율성을 위한 공공서비스 지원사업 시범

② **부산광역시**
  · 부산항(북항) 미세먼지 등 대기오염물질 입체적 측정시스템 구축(운용, 관리 포함)

③ **대구광역시**
  · 산불감시 및 피해 조사업무, 산림연접지 속각행위 단속, 산사태
  · 피해조사, 산림병해충 예찰 등

④ **인천광역시**

- 행정업무 효율성을 위한 공공서비스 지원사업 시범

⑤ **광주광역시**
- 농약 비료 살포, 종자 파종 등 농작업 및 농업용 드론 방제 전문인력양성 교육 등

⑥ **대전광역시**
- 건설, 도로 등 시설물 관리, 하천,산림 등 자연자원 관리, 재난현장의 실시간 파악

⑦ **울산광역시**
- 행사, 관광지 홍보 영상 촬영, 드론을 활용한 3차원 공간정보 구축

⑧ **세종특별자치시**
- 지적재조사 측량 및 건축물 구조물 위치파악

⑨ **경기도**
- 과학적 환경감시 차량 활용, 지붕 및 상부 배관 시설물 점검

⑩ **강원도**
- 병해충 드론방제

⑪ **충청북도**
- 지적재조사 사업, 농약살포

⑫ **충청남도**
- 주거 밀집지역, 산지 등 측량이 불가한 지역 지적측량

⑬ **전라북도**
- 소나무재선충병 등 주요 산림병해충 예찰

⑭ **전라남도**
- 농업용 저수지 제방, 물넘이, 취수시설 결함 및 노후화 점검

⑮ **경상북도**
- 농업방제, 농업인 교육훈련 지원, 산림병해충예찰, 산불현장조사

⑯ **경상남도**
- 장애물로 인한 방제 사각지역 방제

⑰ 제주특별자치도
- 공간정보 구축, 무단 점유 의심지역 측량, 무단 적치

4) 드론 활용 기관 3

① 방송사/영화/CF 항공촬영
- KBS / MBC / SBS 등
- 지상파 방송
- 종합편성 채널
- 영화촬영
- CF 촬영

② 택배/배송
- CJ 대한통운
- 긴급 재난 구호품 전달

③ 드론 레저-스포츠
- 레이싱
- 축구
- 전투
- 배틀
- 드론 낚시

④ 교육기관(교수/교관/강사)
- 대학교
- 전문대학
- 직업학교
- 전문교육기관
- 사설 교육원

⑤ 농업분야
- 전국 농업 법인 / 개인 업체

⑥ 건축/건설 기업
- 설계 단계
- 공정 관리

⑦ 조선소
- 선박 검사

⑧ 전국 농협
- 농업 방제

5) 드론 제조 기업

① 대형 무인정찰기 제조 관련
- 한국항공우주산업
- LIG Nex1
- 한화
- 대한항공
- 퍼스텍
- 기타

② 소형 무인기(드론) 제도
- 유콘시스템
- 두시텍
- 숨비
- 엑스드론
- 드론안전기술
- 기타

③ 기타 완구용 / 교육용 드론
- 바이로봇 등
- 헬셀 등

④ 부분품 관련 기업
- KT, LGU+, SK 등 LTE 업체
- 기타 부분품 별 제조 / 서비스 업체

6) 관련 연구 기관

① 대기업 연구소
- 대한항공 항공기술연구원
- 한화 연구소
- 한국전력연구소
- 한국전력공사 전력연구원

② 국가연구소
- 국방과학연구소
- 한국항공우주연구원
- 한국전자통신연구원
- 국립재난안전연구원
- 농진청/농업기술원
- 해양연구원
- 산림연구원
- 항공안전기술원
- 한국원자력안전기술원

③ 각 대학 연구소

7) 드론 개인 사업 분야 1

① 드론 판매업
- 산업용 판매
- 완구/상업용 판매

② 드론 정비업
- 완구/상업용 정비샵
- 산업용 드론 정비샵

③ 드론 전문 서비스업
- 항공방제업
- 드론 이벤트
- 공간정보/맵핑 용역
- 재난안전분야 용역
- 환경감시 용역
- 기타 활용분야별 용역

④ **항공 촬영업**
- 웨딩 촬영업
- 이벤트 촬영
- 관광지 촬영
- 홍보물 촬영
- 사진 촬영
- 방송 촬영
- 영화 촬영

8) 드론 교육 분야

① **대학**
- 4년제 항공우주공학과
- 2년제 드론 관련학과
- 전문학교 드론 관련과

② **전문 자격교육기관**
- 국가지정전문교육기관 150여 곳(2019. 2월말 기준)
- 사설 교육기관 410여 곳(2019. 2월말 기준)
- 전문 활용분야별 강사

③ **초중고**
- 전국 고등학교
- 전국 실업계 고등학교
- 초중고 실습교사 등

④ **방과후/체험학습**
- 초중고 방과후 교사
- 초중고 자유학년제 교사
- 초중고 체험학습장 교사

7. 기대 효과

1) 일자리 창출
- 향후 10년간 취업유발효과는 약 17.4만명으로 전망된다.
- 활용분야가 약 15.8만명, 제작분야가 약 1.6만명으로 활용분야가 약 10배로 높게 예측된다.
- 활용분야 내에서는 농·임업, 건설·측량, 영상 분야 순으로 일자리가 창출될 것으로 기대된다.

2) 경제적 파급효과
- 향후 10년간 드론 수요에 의해 각 산업에서 직·간접적으로 유발되는 생산유발효과는 약 21.1조원으로 전망된다.(활용 16.9조원, 제작 4.2조원)
- 부가가치 유발효과는 약 7.8조원으로 예측된다.(활용 6.7조원, 제작 1.1조원)

Index

가나다 별

ㄱ

가변로터형 무인항공기	67
가속도의 법칙	284
감시 드론(Surveillance Drone)	12
감지 측정 정보관리	137
감지운용	128
거리측정기 (Laser Ranger Finder)	70
경계층 이론	281
경보와 주의보	323
고고도 유사위성 (HAPS)	26
고고도 체공형 무인기 (High Altitude Endurance UAV)	15
고기압과 저기압	320
고도계	77
공간정보	143
공간정보법	151
공간정보산업 진흥법	152
공기의 작용	278
공역	407
공항시설법	353
과 냉각수	316
관성의 법칙	283
관성항법장치Inertial Navigation System	245
관제공역	407
교수기법	365
구름과 강수	334
국제 민간항공기구(ICAO)의 표준 대기조건	318
그라프너(Graupner) 조종기	263
근거리 무인기 (CR : Close Range)	17
글로벌 포지셔닝시스템 기술 (Global positioning system technology)	24
기단과 전선	346
기류박리	282
기온 감률	315
꽃가루 비행 분사장치	216
감지측정운용	134
강수	338
거리분류	17
경계층 이론	281
계절풍	332
고도분류	15
고정익 드론	53
공간정보 개념	153
공간정보 운용	173
공격용 무인기	12
공구 셋	257
공역	407
관제	388
관제용어	398
구름	334
군수용 드론	41
군수용 드론	46
기대효과(드론활용)	462
기류박리	282
기만용 무인기	12
기압경도력 (pressure gradient force)	327
기온	313
꿀벌	10

ㄴ

난류turbulence	350
날개	278
날개이론	278
높새바람(푄현상)	333
뉴턴의 운동법칙	283
니퍼	273

ㄷ

단거리 무인기 (SR : Short Range)	17
달리아웃(Dolly Out)	104
달리인(Dolly In)	104
대기압(Atmospheric pressure)	315
대기와 대기권	310
대류권 계면(Tropopause)	311
대형 무인기	15
돌풍과 스콜	333
동압(Dynamic Pressure)	285
동축반전형 무인항공기	67
뒷바람Tail Wind	328
드론 볼	227
드론 축구	221
드론 택배	139
드론(drone)	10
등압선	321
디지털지도부	79
다목적 드론(Multi-roles Drone)	12
대기	310
뒷바람(Tail Wind)	328
드론 활용 기관	455
드론축구	221
등압선	321

ㄹ

라이언 파이어비(Ryan Firebee)	12
레이놀즈 수 (Reynolds Number)	281
로터리 엔진	82
롱로즈	273
리모아이-006A	56
리모엠-001	55
리튬이온폴리머(Li-Po)	87

ㅁ

망간(MN-ZNMangan Zine)	86
맞바람(Head Wind)	328
멀티콥터형 무인항공기	67
무인멀티콥터 (Unmanned Multi-copter)	11
무인비행장치 (Unmanned Aerial Vehicle)	10
무인항공기	10
무인 전투기(UCAV : Unmanned Combat Aerial Vehicle)	17
무인항공 공역관리 시스템	392
무인항공안전관리	416
무인비행장치 비행안전	420
물	311
목적분류	17
민수용 드론(고정익)	48
민수용 드론(회전익)	50
모터	84
맞바람(Head Wind)	328

ㅂ

방위고등연구계획국(Defence Advanced Research Projects Agency)	24
방전율	88
방향계	77
배터리(Battery)	86
버드아이(Bird Eye)	104
벌칙	428
베가스 프로Vegas Pro	105
베르누이 정리	285
변속기(ESC)	268
보험	426
바람	324
방위	309
배터리	86
베르누이 정리	285
비행 플랫폼	238
비행교시요령	385
비행승인	100
비행제어 시스템	244
비행체	68
비행통제부	79

ㅅ

항목	쪽
상대 풍	282
센츄리온(Centurion)	48
소나무 재선충 병	201
소방방재	197
속도계	77
송골매	53
수직상승(Rocket Shot)	104
수직이착륙 복합형 고정익	63
수직이착륙 비행로봇(VTOL Hybrid UAV Systems)	62
스마트무인기	34
스키드와 슬립	307
스펙트럼 이미지 카메라	133
시설안전	198
시정	345
신호자	122
실속 Stall	306
산불진화	207
사생활 침해법	431
산곡풍(산들바람, mountain breezes, valley breezes)	331
살포장치	115
소방방재 드론	204
소형드론(고정익)	55
소형드론(회전익)	60
수신기(Receiver)	270
수직이착륙 드론(VTOL)	62
스펙트럼 이미지 카메라	133
습도	315
시스템 설계	236
실무(드론정비)	272
실무(항공방제)	117
실종자 탐색	199

ㅇ

항목	쪽
아네로이드 기압계	318
안개	341
안개와 시정	341
안전관리	416
안정성	305
알카라인(Alkaline)	86
야간방제	126
야라라(Yarara)	49
양력 Lift	288
어원	10
에어리얼 팬(Aerial Pan)	104
엔진	81
역사(무인항공기-드론)	18
역사(방제드론)	112
역사(택배드론)	141
연료전지(Fuel Cell)	87
열적외선 카메라	132
영각(받음각, Angle of attack)	279
왕복엔진	81
운용개념(Concept of Operation)	240
원격조종항공기시스템(Remotely Piloted Aircraft System)	10
원격탐지장치	18
원격통제시스템	76
위성제어장치	18
위성항법장치 (Global Positioning System)	245
윈드쉬어(wind shear)	351
유도기류	283
응결(Condensation)	312
이동형 지상통제소 (PGCS: Potable Ground Control Station)	76
인공 수분	213
인명구조	208
인원편성	239
일기기호	323
일기도	319
일자형 육각렌치	273
일회용 전지	86
임무 계획소 (MPS Mission Plan Station)	260
임무탑재장비	255

ㅈ

항목	쪽
자동비행장치(Autopilot Flighta Control System)	30
자료관리	105
자전 Rotation과 공전 Revolution	307
작용과 반작용의 법칙	284
장거리 체공형 무인기 (LR : Long Range)	17
재해관측	198
저고도 무인기(Low Altitude UAV)	15
전동 모터	84
전선(front)	348

용어	페이지
전이성향	295
전이양력과 전이비행	296
전자전용(EW : Electronic Warfare)	17
전자전용 무인기	12
전파법규	429
전향력	327
정비 규칙	275
정사영상	181
정압Static Pressure	284
정지비행(Hovering)	104
정찰 드론(Reconnaissance Drone)	12
제자리 비행(Hovering)	293
조수충돌	218
조종기 모드	74
조종기(바인딩)	262
조종기	73
조종방법(모드 2)	75
중거리 무인기(MR : Medium Range)	17
중고도 체공형 무인기(Medium Altitude Endurance UAV)	15
중력Gravity	288
중소형 무인기(OAV: Organic Aerial Vehicle)	15
증발(Evaporation)	312
지도조종자의 자질	361
지리정보시스템 매핑(Geographic information systems mapping)	24
지리정보체계(GISGeographic Information System)	155
지면효과(Ground Effect)	293
지상/함상통제장비	70
지상중계기(GDT Ground Data Terminal)	252
지상지원체계	256
지상통신장비(GDTGround Data Terminal)	70
지상통제 시스템	68
지상통제 시스템	247
지상통제시스템(GCS 또는 RPS)	76
지자기 방위 센서(Magnetic Compass Calibration)	270
짐벌	94

ㅊ

용어	페이지
착빙	349
초경량 무인회전익 동력비행장치	11
초경량비행장치	10
초경량비행장치 비행제한구역	408
초경량비행장치 사고	424
초소형 무인기(MAV: Micro Air Vehicle)	15
초음파 센서	132
초음파 센서	132
촬영기법	104
추력(Thrust)	288
충전기	271
취부 각(붙임 각)	280

ㅋ

용어	페이지
콘텐츠	188
콘티(continuity)	191

ㅌ

용어	페이지
탄소아연(C-ZNCarbon Zine)	86
탑재임무장비(Payload)	70
탑재통신장비(ADTAirborne Data Terminal)	70
택배드론	146
텔레메트리	132
토크(Torque) 작용	295
통신 데이터 링크	252
통신	252
통제공역	408
트래킹(Tracking)	104

ㅎ

용어	페이지
학습	354
항공관제기구	395
항공교통관제란(Air Traffic Control)	388
항공기의 축과 운동	304
항공방제	110
항공안전법, 항공사업업	353
항공안전법	10
항공전자시스템	81
항공촬영	92

항력(Drag)	288
해륙풍	330
해상구조	202
해수면	309
행글라이더	11
헬리오스(Helios)	49
화소	97
활용모델	109
회전운동의 세차	296
회전익 드론	58
회전익 무인항공기	66
후타바(Futaba) 조종기	262
흥미유지 방법	357

숫자, 알파벳

3D Survey	107
A-160 Humming Bird	47
ADS-B(Automatic Dependent Surveillance-Broadcast)	244
ADT(Airborne Data Terminal)	70
Aerial Pan	104
Aerial Shot	92
Aerial Target Project	18
Aerial Vehicle	17
Aerosonde UAV	31
AFOX-1	27
AFox-1/s	113
AI4	55
Air Mule(일명:Tactical Robotics Cormorant)	48
Albris	61
amazom	143
Anti Jamming	453
APID-60	47
ARCH-50	29
ARIS SPIKE	63
ASBU	445
ASCL M-1	60
ASMP	416
Autopilot Flighta Control System	30
AUVSI	110
Avenger(일명:Predator C)	42
BDDS	219
Bird Eye	104
BLDC	84
BQM-74 Chukar	43
Burst	88
Camcopter S-100	47
Cannon PowerShot	163
Cannon	164
CCS	70
Co-axial	67
Continuous	88
Copter	11
CR(Close Range)	17
Decoy	22
DeltaQuad MAP	64
Desert Hawk	46
Dodeca	40
Dolly In	104
Dolly Out	104
DPA	108
Drone Mobile Station (이동통제 시스템)	211
drone	10
DWAP-01	55
Eagle Eye	47
EAV-3	54
eBee Plus	58
ED-815A MONSTER	59
EMT Aladin	46
EO/IR	70
EO[(Electro-Optic)/IR(Infra-Red), 주야간 영상감지기]	68
EW(Electronic Warfare)	17
FC	269
FDS-TMPN 1000	54
FDS-TMPN 2000	54
Fire Bee	21
Fixed Wing	66
FLIR Quark 640	165
GDT(Ground Data Terminalp)	70
Gimbal	94
GIS(Geographic Information System)	155
Global Hawk	12
GMTI(Ground Movind Target Indicator, 지상이동표적지시기)	68
Google	13

GoPro Hero	165
GPS	270
HARPY	31
Helios	24
Hermes 900	43
Hermes900	26
Heron	43
Hexa-copter	40
HF-04 Mini Albatross	57
HF-30 Ghost Hawk	54
High Altitude Endurance UAV	15
Hovering	104
IMUInertia Measurement Unit	269
INSPIRE	96
KD-2 Mapper	56
KnDrone	61
KUS-VH	58
KUS-VT	63
LaCie	105
Li-Po	87
Lidar(Laser detection and ranging)	143
LOS 가시선 분석	62
Low Altitude UAV	15
LR : Long Range	17
LRF ; Laser Ranger Finder	70
LRS	76
LTE(Long-Term Evolution)	60
MATRICE 600 PRO	96
Matrice600	27
MAVIC PRO	96
MCMain Controller	269
Medium Altitude Endurance UAV	15
METAR	352
MILVUS-M	64
MQ-1C Grey Eagle	44
MQ-8 Fire Scout	46
MQ-9 리퍼 (Reaper, 일명:Predator B)	42
Multi-Copter	67
Multi-roles Drone	12
Multi	11
MX-10 주, 야간 정찰용 탑재 카메라	256
NSDI(National Spacial Data Infrastructure)	160
Octo-copter	40
Pathfinder	24
Payload	70
PENGUIN C_민수용	55
PGCS	76
PHANTOM 4 PRO	96
Phantom Ray	26
Phase One iXM	97
Pioneer	23
Pitch	302
Pitch	75
Pix4D	108
PMUPower Management Unit	269
POI(Point Of Interest)	104
PPI 크롭캠(CropCam)	50
Predator MQ	102
Prime Air	143
Quad-copter	40
Quad-Tilt-Prop UAV	64
Queen Bee	20
RCASS	112
Rocket Shotp	104
Roll	75
Rotary Wing	66
RPAS(Remotely Piloted Aircraft System)	10
RQ-1/MQ-1 Predator	44
RQ-11 Ravan	46
RQ-170 Sentinel	42
RQ-2 Pioneer	44
RQ-4 Global Hawk	41
RQ-7 Shadow	45
RTK : Real Time Kinematics	127
Ryan Firebee	12
SAR	70
Scou	23
Shadow 400	38
Solara 50	26
Sony Alpha 6000	164
Sony Alpha 6000	164
Sperry Aerial Torpedo	18
Sperry Messenger	18
SR : Short Range	17
Surveillance Drone	12
Target Drone	12

TAROT PEEPER 소방방재용 멀티콥터	203
TB-40	150
Throttle	75
Tilt-Rotor	67
TOF(Time of flight)	133
TR100	62
Tracking	104
UAS	10
UCAV(Unmanned Combat Aerial Vehicle)	17
V-100	59
VTOL(Vertical Take Off Landing)	62
WDMA-1500	58
Workswell WIRIS	166
X-47B 페가수스(Pegasus)	42
XQ1700SP	59
YAMAHA-Motor RMAX	35
Yaw	302
ZOOM LION - Z Lion 10	113

참고문헌

참고 문헌

1. 국방과학기술조사서, 제6권 항공, 우주, 국방기술품질원 / 2013
2. 국방기술품질원, 미국의 무인체계 통합 로드맵 / 2012
3. 국토교통부, 드론 산업 발전 기본 계획 / 2017. 12
4. 국토교통부, 저위험 드론 보다 쉽게, 고위험 드론 보다 안전하게 / 2018
5. 국토교통부, 조종사 & 항공교통관제사 표준교재 항공교통/통신/정보업무 / 2018
6. 국토해양부, 상업용 민간 무인항공기 보급기반 구축기획 보고서 / 2012
7. 디지털타임즈 기사, 공공기관 드론 띄우기 나섰다 / 2016
8. 류영기 외. 무인비행장치운용 이론&필기시험, (주)골든벨 / 2018
9. 무인항공기 주파수 연구반, ICT 융합 신산업 활성화를 위한 무인항공기 주파수 공급 / 2016
10. 문화산업진흥기본법, 법제처 국가법령정보센터 / 2019
11. 미래창조과학부, 다목적 민군 육·해·공 무인기기 원천 요소기술 개발사업 기획연구 보고서 / 2015
12. 마틴J. 도허티 저 / 이재익옮김 〈드론백과사전〉 Human & Books / 2007
13. 박장환 외, 드론 실기 및 구술시험, (주)골든벨 / 2018
14. 박장환의 무인항공기센터 / www.uavcenter.com / 2000.12.~
15. 세계의 민간 무인항공기 시스템 관련 규제현황, 항공우주산업기술동향 / 2015
16. 스마트한 세상의 스마트한 군(하늘을 지배하는 소형무인항공기 드론), 국방과 기술 / 2014
17. 이강희, 항공기상, 비행연구원 / 2018
18. 이강희, 헬리콥터 역학과 비행, 비행연구원 / 2016
19. 전파법·시행령·시행규칙, 법제처 국가법령정보센터 / 2019
20. 통상산업자원부, 신산업기술로드맵_항공·드론, 산업기술진흥원 / 2018
21. 한국콘텐츠진흥원, 콘텐츠산업백서, 문화체육관광부 / 2016
22. 항공안전법·시행령·시행규칙, 법제처 국가법령정보센터 / 2019
23. 형법 제35장 비밀보호, 법제처 국가법령정보센터 / 2019
24. ACSL, Logistics / Home Delivery Solution. www.acsl.co.jp / 2017
25. Barnhart R. K. Introduction to Unmanned Aircraft Systems. New York, USA : Taylor & Francis. / 2012
26. Etview Plus, 무인항공기 시대가 온다. 정보통신산업진흥원 / 2014
27. Hurd M.B. Control of a Quadcopter Aerial Robot Using Optic Flow, degree of 5. Master of Science : University of Nevada, Reno, USA. / 2013
28. KSG 뉴스, 드론 숲을 보자 / 2016
29. UAS Integration Pilot Program (FAA home). https://www.faa.gov / 2017

※ 이 책의 내용에 관한 질문은 아래의 명기된 분께 E-mail로만 접수합니다.
류영기 (ryuleo@naver.com), 박장환 (kouavc@gmail.com), 이재원 (cto0522@gmail.com)

무인항공기「드론」운용 총론

초 판 인 쇄 | 2019년 3월 4일
제 2판 2쇄 | 2023년 3월 1일

저　　자 | 류영기 · 박장환 · 이재원 · 민수홍 · 류종목
발 행 인 | 김길현
발 행 처 | (주) 골든벨
등　　록 | 제 1987-000018호　ⓒ 2019 GoldenBell Corp.
I S B N | 979-11-5806-379-5
가　　격 | 28,000원

편　　　집	이상호	일러스트 및 사진	조경미 · 엄해정 · 남동우
표지 및 본문 디자인	김주휘	제작진행	최병석
웹매니지먼트	안재명 · 서수진 · 김경희	오프 마케팅	우병춘 · 이대권 · 이강연
공급관리	오민석 · 정복순 · 김봉식	회계관리	김경아

(우)04316 서울특별시 용산구 원효로 245(원효로 1가 53-1) 골든벨 빌딩 5~6F
• TEL : 도서 주문 및 발송 02-713-4135 / 회계 경리 02-713-4137
　　　　내용 관련 문의 02-713-7452 / 해외 오퍼 및 광고 02-713-7453
• FAX : 02-718-5510　•http : //www.gbbook.co.kr　•E-mail : 7134135@naver.com

이 책에서 내용의 일부 또는 도해를 다음과 같은 행위자들이 사전 승인 없이 인용할 경우에는 저작권법 제93조
「손해배상청구권」에 적용 받습니다.
① 단순히 공부할 목적으로 부분 또는 전체를 복제하여 사용하는 학생 또는 복사업자
② 공공기관 및 사설교육기관(학원, 인정직업학교), 단체 등에서 영리를 목적으로 복제 · 배포하는 대표, 또는 당해 교육자
③ 디스크 복사 및 기타 정보 재생 시스템을 이용하여 사용하는 자